건강의 뇌과학

건강의 뇌과학

날마다 젊어지는 뇌의 비밀

제임스 굿윈 지음 | 박세연 옮김

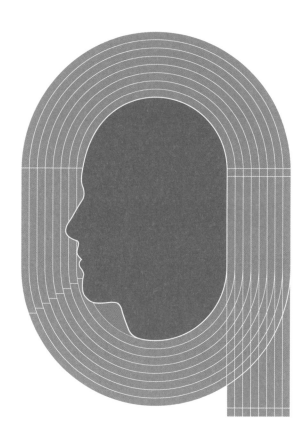

현대
지성

이 책을 만난 것은
내 인생의 행운이다

자청
사업가, 종합베스트셀러 『역행자』 저자

이렇게 말하면 재수 없다고 여기겠지만, 내 인생은 현재 완벽해졌다. 30대 나이에 130명의 직원과 함께 일하고 있으며, 2022년 종합 베스트셀러 작가가 되기도 했다. 운 좋게도 『역행자』라는 책이 대박을 터뜨렸다. 이외에도 많은 스포츠와 운동을 하면서 건강한 삶을 이어나가고 있다.

하지만 나는 20대 초반만 하더라도 심각한 문제들을 갖고 있었다. 공부는 열심히 해도 꼴찌를 면치 못했고, 식단 관리가 최악이라 얼굴 피부가 심각하게 좋지 않아 항상 '못생겼다'라는 말을 달고 살았으며, 중고등학생 때는 '오타쿠' 취급을 받으며 체육 시간엔 멀찌감치 벤치에 앉아 허약한 친구들과 수다만 떨었다.

이랬던 내가 갑자기 인생을 해킹한 비결은 무엇이었을까? 최악의 인생을 살던 어느 날 나는 깨달았다. 인간은 로봇(기계)과 같다고 믿게 된 것이다. 우리는 처음 보는 로봇을 사용하기 전에 '사용 설명서'를 읽는다. 나는 인간 사용 설명서를 알게 되었고, 빠르게 인생을 역전할 수 있었다. 바로 '돈', '관계'에 대한 비법을 책을 읽으며 깨달은 것이다.

천재들에 따르면, 우리가 세 가지를 공략하는 순간 인생에는 '행복'이 따라온다고 한다. 그 세 가지는 돈, 관계, 건강이다. 나는 책을 읽으며 그중 '관계'를 먼저 공략했고, 그 이후 '돈'을 공략했다. 그리고 둘을 완성했을 때 '건강'을 공부했다.

내 인생에서 후회되는 것 중 하나는 20대 초반에 『건강의 뇌과학』과 같은 책을 접하지 못한 것이다. 이 책에 나온 내용을 더 빨리 알고 실천했더라면, 나는 더 빠르게 행복해지고, 관계와 부를 얻었을 것이다. 하지만 지금이라도 이 책을 만난 것을 행운이라고 여긴다. 일단 이런 책은 대부분 어렵거나 쉽기 마련인데, 저자는 매우 깊이 있는 내용을 정말 쉽고도 머리에 쏙쏙 들어오게 잘 썼다. 학자면서 대중적인 글쓰기까지 잘하기 어려운데 이 책은 두 가지를 다 잡았다.

　이 책을 읽고 난 뒤에는 당신도 행복해질 수밖에 없다. 더 건강한 상태에서 오래 사는 인사이트가 이 책에 가득하니 말이다. 게다가 주변 사람들과 더 관계가 좋아지며, 부가적으로 수익도 늘 것이다. 처음엔 믿기지 않겠지만, 책을 덮을 때 내가 왜 이렇게 말했는지 깨닫게 될 것이다.

마흔 이후, 소중한 터닝포인트가 되어줄 책

중년 이후 노화를 방지하고 젊음을 유지하려면 뇌를 건강하게 관리해야 한다. 유명한 뇌과학자이자 세계 두뇌건강위원회 고문인 저자는 이 책에서 중년 이후의 삶을 행복하게 살아가는 방법을 과학적인 데이터를 바탕으로 실감 나게 제시하고 있다.

지속적인 신체 활동이 가장 중요하다. 가벼운 걷기에서부터 달리기에 이르기까지 유산소 운동은 노화를 방지하고, 뇌 기능을 확실히 업그레이드한다. 두뇌 성장 요인인 BDNF(뇌유래신경영양인자)를 강화해 새로운 뇌세포와 시냅스 형성을 강화하여, 학습이나 인지 기능을 탁월하게 개선하고 우울증 등 정신 질환을 예방한다.

영양 균형도 뇌 건강에 중요하다. 과식은 활성 산소를 많이 생성하여 뇌에 부담을 준다. 먹는 양의 20~30%만 줄이면 노화를 늦추고 건강한 삶을 살 수 있다. 그 외에도 건강한 장내 미생물의 존재, 뇌 건강에 도움이 되는 식생활 유지 방법, 섹스, 수면 습관, 스트레스 관리 등 뇌를 건강하게 유지하는 데 필요한 원리와 실천적인 방법을 알려주고 있다. 특히, 사회적 고립과 외로움이 뇌에 부정적 영향을 미친다는 연구 결과와 함께 사회적 관계의 소중함을 실감 나게 역설한다.

전체 두뇌 기능에서 25%만이 DNA로 결정되고, 75%는 환경과 생활 방식 개선 즉 우리의 행동 변화와 실천으로 달라질 수 있다. 이 책은 과학적으로 검증된 뇌과학 지식과 (쉽고 효과도 확실한) 실천법을 소개하면서, 마흔 이후 우리의 정신과 몸을 획기적으로 달라지게 하는 소중한 터닝포인트를 알려준다. 이 책을 읽고 몸과 마음 건강에 놀라운 유익을 얻길 바란다.

권준수_ 서울대학교 정신과학교실, 뇌인지과학과 교수

일상 구석구석에 적용할 수 있는 뇌 사용 설명서

"건강한 육체에 건강한 정신." 근대 올림픽의 창시자 쿠베르탱 남작의 명언이다. 과연 마음과 건강은 어떤 관계가 있을까? 누구나 한 번쯤 해봤을 이 질문은 아직도 뇌과학 분야의 빅퀘스천으로 남아 있다.

저자 제임스 굿윈 박사는 검증된 과학적 진실을 바탕으로 우리 일상 구석구석에 적용할 수 있는 뇌 건강 꿀팁을 제공한다. 우리가 마음먹고 하는 행동에 따라 몸의 건강도 따라온다고 하면서 '뇌와 몸의 활발한 소통'이 건강의 필수요건이라고 말한다. 뇌는 면역세포를 활성화해 질병을 예방 및 치료하고 장내 미생물과도 대화하면서 몸과 마음의 건강을 유지한다. 잠을 많이 자야 할까, 적게 자야 할까? 섹스는 건강에 도움이 될까 아니면 그 반대일까? 건강하면 행복해질까 아니면 행복하기에 건강해질까? 등등 흥미로운 질문과 실험 사이에서 번득이는 인사이트와 실생활 적용 아이디어는 이 책의 백미다.

뇌과학 분야의 방대한 임상 데이터가 잘 정리되어 있고, 뇌와 건강의 관계에 대한 비밀을 한 권의 책에 담았다. 평생 건강을 위한 뇌 사용 설명서로 일독을 권한다.

김대수_ 카이스트 생명과학과 교수, 뇌과학자

자연은 필요 없는 발명을 하지 않는다.
자연은 모든 진정한 지식의 원천이다.

레오나르도 다빈치

목차

"도로시는 허수아비를 물끄러미 바라보았지."

뇌과학 최전선에 서다

머리만 있다면 꽤 괜찮은, 그리고 더 훌륭한 사람도 될 수 있어. 머리야말로 유일하게 손에 넣을 만한 거거든. 까마귀든 사람이든 간에 말이야.

오즈의 마법사

프랭크 바움이 『오즈의 마법사』를 쓴 것은 1900년이었다. 노란 벽돌 길(『오즈의 마법사』에서 도로시가 친구들과 함께 마법사를 찾아 떠났던 길—옮긴이)은 지금도 인간 경험의 핵심을 나타내고 있다. 더 나은 삶과 자아를 찾으려는 모험 이야기는 우리 모두에게 공감을 불러일으킨다. 거기서 양철 나무꾼은 심장을 얻고자 했다. 겁쟁이 사자는 용기를 원했다. 그리고 허수아비 영웅이 원했던 것은 다름 아닌 두뇌였다.

두뇌를 이해하고 비밀을 밝혀내기 위해 과학은 앞으로 긴 여정을 걸어야 한다. 그 여정은 1848년 미국 버몬트주에서 시작되었다. 당시 철도공사 현장에서 벌어졌던 끔찍한 사고는 두뇌에 관해 지난 1500년간 쌓아왔던 지식을 완전히 뒤엎을 만했다. 피니어스 게이지Phineas Gage는 당시 캐번디시와 벌링턴을 잇는 철도공사에서 현장 감독으로 일하고 있었다. 어느 날 게이지는 화강암을 폭파하기 위해 구멍에 화약을 집어넣고 있었는데, 두 명의 인부가 벌이던 말싸움 때문에 그만 집중력을 잃고 말았다. 그리고 그 순간 화약이 폭발해 180센티미터 길이의 쇠막대가 그의 머리를 관통했다. 막대는 게이지의 왼쪽 눈 아래로 들어가서 왼쪽 두개골을 뚫고 나와 10미터를 날아갔다. 그런데 놀랍게도 그는 살아남았다.

하지만 게이지는 더 이상 예전의 게이지가 아니었다. 침착하고, 부지런하고, 온화했던 게이지는 이제 성급하고, 비열하고, 믿음직하지 못하고, 격렬하게 화를 내며 욕설을 퍼붓는 사람으로 변했다. 두뇌 손상이 게이지의 성격과 인격, 기질 변화의 원인이었을까? 그의 치료를 담당했던 마틴 할로우 박사는 '두개골을 관통한 쇠막대'에 관한 자신의 유명한 논문(같은 해 『매사추세츠 의료협회저널』에 게재됐다)에서 그렇다고 시인했다.

피니어스 게이지의 사례는 두뇌를 이해하는 과정에서 대단히 중요한 사건이었다. 이제 사람들은 더 이상 그 유기 물질('회색질')을 '머릿속에 든 내장' 정도로 치부할 수 없었다. 이후 수십 년에 걸쳐 경험적 방법론과 촬영 기술 발전 그리고 가설 검증이 많은 과학적 논의로 이어지면서, 현대에 들어와서는 두뇌를 대단히 복잡한 기관으로 보기 시작했다. 또한, 골상학이나 최면술 같은 유사 과학이 심리학과 신경과학, 정신의학에 자리를 내어주면서 두뇌는 더 이상 '기계 속에 들어 있는 유령'으로 취급받지 않았다. 이후로 '유기 물질 없이는 의식도 없다'라는 원칙이 두뇌 과학의 신조로 자리 잡았다.

그 이후 2000년에 벌어진 한 우연한 사건은 뇌과학 연구에서 또 다

자기 두개골을 관통한 쇠막대를 손에 든 피니어스 게이지

른 도약의 시발점이 되었다. 그해 7월에 두 스코틀랜드 과학자는 모레이 하우스 교육대학 건물 지하실을 뒤지다가 50년 된 중요한 자료를 발견했다. 1947년에 이뤄진 놀라운 연구에 대한 결과물이었다.

당시 스코틀랜드는 다른 나라가 감히 시도하지 못했던 일에 도전했다. 7만 명에 달하는 아동의 IQ를 테스트하는 프로젝트였다. 그 무렵 스코틀랜드에 사는 11세 아동 전체와 맞먹는 규모였다. 스코틀랜드 정부가 이 조사를 했던 이유는 무엇일까? 당시 스코틀랜드 노동 계층이 자녀를 너무 많이 낳았고 이들이 국가 전체의 IQ를 크게 떨어뜨렸다는 주장이 있었다(사실은 그렇지 않았다). 이후 과학자들은 이 자료를 출발점으로 아동들에 대한 평생 정보를 추가적으로 기록해나갔다. 즉, 그들의 의료기록과 직업, 건강에 대한 관심, 생활방식, 사회적 영향력을 추가했다. 이를 통해 과학자들은 대상이 된 사람들의 삶의 지도를 그려보고, 그들의 사고 능력이 시간에 따라 어떻게 달라졌는지 추적하고자 했다. 그 과정에서 두뇌 기능에 관한 비밀이 다수 밝혀졌다.

소위 "단절된 마음The Disconnected Mind"이라는 이름이 붙은 이 연구가 12년째로 접어들었을 때였다. 우리는 나이 들어가는 동안 예상되는 다양한 변화와 관련해 다음과 같은 질문을 던지고 답을 얻었다. 즉, 어떤 사람이 정신적 예민함을 유지하고 살아갈 수 있는지, 운동과 활동은 어떤 역할을 하는지, 술과 흡연, 섹스는 어떤 영향을 미치는지, 우정은 얼마나 중요한지 그리고 스트레스와 빈곤, '사회 경제적 계층'은 삶에 어떤 영향을 미치는지…. 이와 관련된 정보는 우리를 노란 벽돌길, 즉 건강한 두뇌의 비밀을 밝혀내는 여정으로 안내한다. 피실험자의 오랜 삶을 추적하면서 연구 결과를 쌓아왔는데, 1936년 '로디언 출생 명부 Lothian Birth Cohort'에 등록되었던, 그리고 지금은 80대로 접어든 천 명을 대상으로 이제 세 번째 단계에 접어들었다.

이후 몇몇 놀라운 발견이 이어졌다. 예를 들어 2012년 『네이처』에 발표된 한 논문은 두뇌 과학에서 가장 논란이 되는 한 가지 질문을 던졌다. "IQ를 결정하는 것은 자연(유전자)인가, 아니면 양육(환경)인가?" 연구 결과, 성인 지능의 50퍼센트는 어릴 적(11세) IQ로 설명 가능한 것으로 드러났다. 그렇다면 다른 요인은? 성인기에 걸쳐 IQ, 즉 두뇌 기능에서 나타난 변화 중 4분의 1만이 DNA에 의해 결정되는 것으로 밝혀졌다. 나머지 4분의 3은 환경과 생활방식, 다시 말해 '우리 행동'에 의해 결정되었다.

오늘날 과학은 두뇌와 관련해서 어떤 이야기를 들려주는가? 최근 신경과학과 심리학 분야의 발전 속도는 대단히 인상적이다. 지난 2년에 걸쳐 나타난 다음과 같은 중요한 혁신은 내가 왜 이런 이야기를 하는지 설명해준다.

- 현재 기술로 치료가 쉽지 않은 퇴행성 뇌질환도 식습관 변화와 같은 방법을 통해 '예방 가능'하다.
- 새롭게 프로그래밍 된 줄기세포를 이식하는 방식으로 재생 의학을 두뇌에 적용할 수 있다.
- 두뇌에 전기 자극을 가하면 기억력을 향상시킬 수 있다.
- 초음파와 미세기포를 사용해서 두뇌에 접근하는 새로운 치료법의 장을 열었다.
- 성행위 횟수는 인지 개선과 관련이 있다.
- 유전자 치료를 활용해 두뇌의 지지 세포(교세포glia)를 일하는 뇌세포로 새롭게 프로그래밍할 수 있다.

하지만 문제가 하나 있다. 새롭고 혁신적인 연구에서 도출된 메시지가 균형 잡힌 형태로 대중에게 전달되지 못하고 있다는 사실이다. 그 과정에서 흥분과 혼란 그리고 상충 지점이 생긴다. 주요 사례를 살펴보자.

2018년 영국의학저널에 소개된 한 논문은 술을 전혀 마시지 않거나 혹은 일주일에 14병 이상을 마시는 경우에 치매 위험이 더 높다는 사실을 보여줬다. 다시 말해, 적당량의 음주가 치매 예방에 도움이 된다는 말이다. 이 논문은 BBC와 여러 TV 뉴스 프로그램을 포함하여 많은 언론의 주목을 받았다. 하지만 안타깝게도 치프메디컬오피서Chief Medi-cal Officer(영국 정부의 건강 관련 자문기구─옮긴이)에서 "안전한 수준의 음주란 없다"라는 결론을 내놨을 때, 적당량의 음주가 치매 위험을 줄여준다는 메시지는 대중의 관심 밖으로 사라지고 말았다.

갈수록 많은 책과 언론 보도가 이러한 혼란을 가중시킨다. 이들은 건강 관련 문제에 관한 개인적인 입장을 선정적으로 보도하고, 심지어 과장하거나 악용하기까지 한다. 다양한 건강 관련 서적들이 공격적인 마케팅으로 판매되지만, 신뢰성이 부족하고 오해를 불러올 위험이 다분하다. 이러한 현상이 가장 뚜렷하게 나타나는 분야가 바로 식품과 다이어트(그리고 그것이 두뇌에 미치는 영향)이다. 예를 들어 건강보조식품 사례를 보자. 현재 미국식품의약국FDA에는 8만 5천 가지의 건강보조식품이 등록되어 있으며, 시장 규모는 4백억 달러(2018년, 약 48조 원)를 넘어섰다. 영국도 마찬가지다. 그리고 전 세계 시장 규모는 2018년에 1,210억 달러(약 145조 원)를 넘어섰다. 건강에 대한 우려를 보조식품이 어느 정도 잠재워준다는 생각에 사로잡힌 사람들이 이렇게 많다. 마치 도로시와 그 친구들처럼 마법 지팡이를 휘두르며 자기 욕망을 실현해줄 마법사가 있다는 생각이라도 하는 듯하다.

그런데 이러한 생각이 뭐가 문제일까? 약간의 상상력을 동원하자면, 이런 제품을 만드는 기업들은 (특정 질병을 치료한다고만 하지 않는다면) 자기가 하고 싶은 주장을 마음껏 할 수 있다. '기억력 증진'을 내세우는 해파리 제품이 대표적이다(심지어 채식주의자를 위한 제품이라고 광고한다. 최근에는 복제 방식으로 생산되고는 있지만, 유효 성분이 동물성 제품이라는 점에서 흥미롭다). 기업들은 이런 식으로 주장하면서 논란을 살짝 비껴간다. "노화에 따른 기억력 감퇴에 도움을 준다는 임상 보고가 있음." "더 건강한 두뇌와 더 명료한 생각 그리고 더 분명한 사고에 도움을 준다."

하지만 나는 이런 말을 믿지 않는다. 세계두뇌건강위원회Global Council on Brain Health 설립 구성원인 나는 위원회가 이러한 주장을 검토할 때 코웃음을 쳤다.[1] 앞으로도 살펴보겠지만, 무엇이 효과가 있고 무엇이 없는지와 관련해서 시장에서 돌아다니는 수많은 거짓된 혹은 입증되지 않은 주장을 접할 때, 충분히 비판적인 시각으로 바라보길 당부한다. 증거는 쉽게 조작되고, 과장은 일반적이며, 신뢰성은 찾아보기 힘들다. 대부분 순진한 소비자에게서 경제적 이익을 뽑아내기 위해서다. 중요한 것은 주장의 증거가 무엇이고, 어떻게 만들어졌는지 면밀하게 들여다보는 노력이다.

동시에 두뇌와 관련해서 기술적으로 복잡한 연구 결과가 엄청난 규모로 발표되고 있다. 이들 자료는 대단히 복잡하다. 두뇌가 대단히 복잡하기 때문이다. 그리고 연구가 진행되는 방식 또한 점점 복잡해지고 있다. 그 규모는 어마어마한데, 신경과학과 심리학 그리고 정신의학 분야에서 과학적 진보의 속도가 놀라울 정도로 빠르기 때문이다. 우리는 매일 더 많은 것을 알아가고 있다.

한번은 아주 유능한 사서에게 이런 질문을 던진 적이 있었다. 내 생각에는 간단한 질문이었다. "하루에 발표되는 과학 논문은 몇 건일까요?" 대답은 무려 3,000건이었다. 하루에 3,000건! 『왕립학회철학회보 Philosophical Transactions of the Royal Society』가 처음 설립된 1962년 이후로 논문 출간 속도는 평균 9년마다 두 배로 증가했다.

지난 몇십 년간 드러난 중대한 발견 중 하나는, 노화가 평생 이뤄지는 하나의 과정이며 삶의 초반(열한 살 무렵)부터 시작된다는 것이다. 그리고 우리 몸에서 일어나는 노화의 속도는 조절이 가능할 뿐 아니라 대부분 우리 통제하에 있다는 부분이다(이 문제에서 DNA나 유전이 차지하는 비중은 25퍼센트 정도에 불과하다). 전반적으로 우리는 식습관과 운동, 수면, 섹스, 술, 커피, 스트레스, 사회적 관계, 두뇌 사용 방식과 같은 위험 요인에 대한 '노출'을 조절함으로써 두뇌 노화를 억제하고 이와 더불어 두뇌 건강을 유지할 수 있다.

이러한 발견은 우리를 다시 허수아비와 노란 벽돌길로 안내한다. 물론,『오즈의 마법사』에서처럼 우리가 원하는 것을 이뤄주는 마법사는 존재하지 않는다. 기적의 만병통치약은 없다. 다만 보이지 않는 곳에서 보이지 않는 두뇌에 관해 새롭고 흥미로우며 혁신적인 발견을 해나가는 과정에서 과학자들은 우리에게 최고의 자아를 만드는 방법을 이해하도록 도움을 준다.

세계두뇌건강위원회와 함께한 연구에 기반을 둔 이 책은 중요한 것과 그렇지 않은 것, 사실과 미신, 우리가 이미 알고 있는 것과 앞으로 밝혀내야 하는 것을 명확히 구분한다.

이 책은 우리가 기대해도 좋은 것을 말해주고, 이 분야 연구의 지평을 보여줄 것이며, 또한 우리 두뇌가 평생에 걸쳐 변화하는 동안 일어나게 될 다양한 사건에 어떻게 대처해야 할지를 말해줄 것이다. 그리고 위험을 어떻게 피할 것인지, 피해야 할 실질적인 위협(질병과 수면 부족, 비만, 사회적 고립 등)은 무엇인지 말할 것이다. 우리가 두뇌 건강을 어떻게 강화하고 유지할 수 있는지, 그리고 어떻게 지적 능력을 유지하면서 노화에 따라 나타나는 퇴행 조짐에 대처할 것인지에 관해 도움을 줄 것이다. 또한, 활동성을 유지하는 방법과 두뇌 건강을 통제하는 전략에 관해 조언할 것이다. 삶을 통해 조금씩 얻을 수 있는 지혜와 더불어 기능 상실을 최소화하면서 중년 이후로 심리적 행복감을 높이고 치매를 포함한 위험 요인을 억제할 수 있도록 도움을 줄 것이다. 또한, 미래를 내다보면서 최근 과학이 두뇌 기능 개선과 관련된 비밀을 어떻게 밝혀내고 있는지 살펴볼 것이다.

도로시는 '모든 문제가 사라진 어딘가'를 갈망했다. 두뇌와 관련해서 그러한 곳이 있는지는 잘 모르겠다. 하지만 우리의 개인 여정에 그

저 험난한 길과 장애물만 있는 것은 아니다. 도움의 손길도 많다. 이 책
역시 그중 하나가 되기를 바란다.

1장

날마다 젊어지는 뇌

1953년, 캠브리지 캐번디시 연구소 소속 과학자인 제임스 왓슨과 프랜시스 크릭은 유전암호를 발견했다. 64개 염기쌍의 다양한 조합으로 만들어지는 유전암호는 놀랍게도 그 모양이 단순했다.

그러나 DNA의 전체 알파벳, 즉 게놈Genome에 도달하기까지는 또 다른 반세기의 세월이 필요했다. 인간게놈프로젝트Human Genome Project는 1990년에 시작되어 2000년에 완성되었고 총 10억 달러가 투입되었다. 이 프로젝트는 30억 개의 유전암호와 2만 3천 개의 유전자로 우리 몸을 어떻게 지어갈 것인지에 관한 지침을 각자가 갖고 있음을 보여줬다. 이제 우리는 그 지침의 수가 2만 3천 개를 훌쩍 넘어선다는 사실을 알고 있다. 각각의 유전자는 생명의 근간을 이루는 단백질 수만 개에 대한 암호를 담고 있다.

유전학이 복잡하다면 인간 두뇌를 떠올려보자. 간단하게 말해, 인간 두뇌는 과학적으로 가장 복잡한 기관이다. 대부분 신경과학자는 우리가 두뇌를 이해할 수 있다는 생각을 비웃는다. 시애틀에 있는 앨런 두뇌과학 연구소Allen Institute for Brain Science 대표인 크리스토프 코흐Christof Koch는 이렇게 인정했다. "우리는 벌레의 두뇌조차 이해하지 못합니다."[1] 그가 이 말을 할 때 생각했던 벌레는 예쁜꼬마선충Caenorhabditis elegans인데, 녀석의 두뇌는 302개의 세포와 7천 개의 연결로 이뤄져 있다. 이 수치는 860억 개의 세포와 각각 수천 개에 달하는 연결로 이뤄진 인간 두뇌와 비교할 때 초라하기 그지없다. 우리는 인간 두뇌세포의 전체 개수와 형태 그리고 그 기능에 대해 거의 알지 못하고 있다.

여기서 중요한 것은 우리가 무엇을 모르는가보다, 어떤 것을 아는가이다. 2007년 '두뇌 훈련brain fitness'이라는 개념이 학계에 소개된 이후, 두뇌 과학에 관한 과학적 발견이 광범위한 규모로 이뤄졌다. 두뇌 훈련은 '신경가소성neuroplasticity'이라는 과학적 발견에 기반을 두었는데, 평생에 걸쳐 새롭게 나타나는 환경 변화에 대응하면서 두뇌에 새로운 연결을 만드는 능력을 의미한다. 두뇌의 가소성에 관해서는 이번 장 후반부에서 더욱 자세히 다룰 것이다.

주요 연구 결과는 우리의 생활방식이 유전적 특성만큼이나 두뇌 건강에 중요하다는 사실을 보여줬다. 새로운 아이디어는 가히 혁명적이다. 연구 결과는 두뇌 노화가 '생애 초반'부터 시작되며, 전반적인 노화 속도와 관련이 있다는 사실을 보여줬다. 똑같이 획기적인 또 다른 연구가 있는데, 이 연구는 우리가 이러한 변화에 제동을 걸 수 있고 정신적으로 젊음을 유지할 수 있다는 사실을 알려주었다. 예를 들어 (두뇌 건강을 염려하기에는 한참 이른 나이인) 20, 30대에 '특정 활동'을 한다면 40, 50대에 두뇌 건강을 개선할 수 있다고 밝힌다. 이처럼 변화의 속도를 늦출 수 있다는 생각은 2~30년 전만 해도 비웃음을 샀다. 그러나 새로운 연구는 더 나아가 두뇌 건강을 개선하기에 너무 늦은 나이란 없다는 사실을 보여줬다. 어느 연령대에 있든, 자신을 더 똑똑한 사람으로 만들 가능성은 항상 열려 있는 셈이다.

인간 두뇌와 그것이 할 수 있는 일에 관한 오늘날의 발견은 오랜 여정의 결과물이다. 약 5백 년 전에 벌어졌던 놀라운 사건을 통해 그 이야기를 시작해보고자 한다.

▎인간 성격은 뇌가 좌우한다

때는 1543년 여름. 조만간 신성로마제국 황제의 주치의로 임명될 안드레아스 베살리우스Andreas Vesalius의 머리는 복잡했다. 당시 베살리우스는 인체 해부에 관한 최초의 실증 도해서인 『인체 해부에 대하여De humini corporus fabrica』를 발표하면서 의도하지 않았지만 의학계를 혁신하게 되었다. 이 책은 명백하게 모순적인 두 가지 요소인 과학적 실증주의와 예술적 창조성을 하나로 묶었다. 이탈리아 화가 티치아노의 제자 얀 스테펜 반 칼카르Jan Stephen van Calcar가 삽화를 그리고, 베살리우스의 고된 연구가 기반이 된 이 책은 천재의 기념비적 작품이었다. 책에 삽입된 인체 그림은 예술가의 기발한 상상에 따른 것이 아니었다. 인류 역사상 처음으로, 당시로는 놀랍게도 '시체 해부'에 기반을 둔 것이었다. 그때까지도 시체 해부는 교회와 국가 그리고 인체 해부를 금하는 그리스 전통을 따랐던 갈레노스 학파에 의해 금지되었다. 마치 운명의 장난이라도 되는 듯, 교황 레오 10세가 레오나르도 다빈치의 해부 활동을 금지한 1514년에 베살리우스가 태어났다. 이는 결국 베살리우스의 신성한 작품으로 가는 문을 열어줬다. 베살리우스의 성공은 그의 재능 덕분만은 아니었다. 문화적인 변화와 유럽 학계의 진보 그리고 유럽 최고의 인쇄업자이자 목판 기술자 요하네스 오포리누스Johannes Oporinus가 활용했던 신기술에서 많은 도움을 받았다. 베살리우스 덕분에 인간 두뇌에 대한 정확한 해부가 그 자연적인 화려함과 더불어 세상에 공개되었다.

하지만 두뇌가 실제로 무슨 기능을 하는가는 차원이 다른 질문이었다. 의사들은 가장 미묘하고 복잡한 두뇌의 아름다움에 비로소 접근할

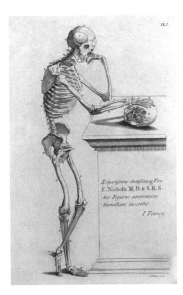

역사상 최초로 '시체 해부'에 기반을 둔 실증 도해서

수 있게 되었지만, 그 기능에 대해서는 아무것도 몰랐다.

베살리우스의 위대한 작품이 세상에 모습을 드러내고 몇십 년이 지나지 않아, 불과 수백 킬로미터 떨어진 스트랫퍼드에서 셰익스피어는 『헨리 4세』 1부와 씨름하고 있었다. 그 희곡에서 네 명의 주인공은 인간 특성을 드러내는 '네 기질'을 상징했다. 아리스토텔레스와 히포크라테스로 대변되는 고대 그리스인들로부터 시작된, 이 호기심을 자극하는 생각은 인간의 몸이 네 가지 기질, 즉 우울질과 담즙질, 다혈질, 점액질로 구성된다는 잘못된 개념에 기반을 뒀다. 그들은 이러한 네 기질의 상호작용으로 나이와 성, 감정, 성격 차이까지 설명하고자 했다. 그 기질의 영향은 계절과 하루 시간대 그리고 평생에 걸쳐 바뀌었다. 열기는 행동을 자극하고 냉기는 행동을 억제한다. 그리고 젊은 전사의 담즙은 용기를 부여하는 반면, 점액질은 두려움을 자극한다. 젊은이는 뜨겁고 습하며 늙은이는 차갑고 건조하다. 남성은 여성보다 더 뜨겁고 건조하다. 이때 두뇌가 중요한 역할을 담당한다고 했다면 비웃음만 살 뿐이었다.

『헨리 4세』 1부에 등장하는 네 주인공에게 이 '기질' 체계를 적용했을 정도로 셰익스피어가 보인 믿음은 강력했다. 심지어 셰익스피어는 『헨리 4세』 1부에 등장하는 주인공들의 지면 분량까지도 균등하게 배분했다. 폴스타프는 점액질, 할 왕자는 다혈질, 홋스퍼는 담즙질 그리고 왕은 우울질이었다. 사람들은 그 주인공들의 관계와 그 이면의 아이디어를 사랑했다. 1500년 동안 사람들과 사회, 과학 및 의학계의 관심을 사로잡아온 생각이었다. 버몬트에서 일어난 철도공사 사고로 쇠막대가 그 생각을 산산조각 내버렸던 1848년까지는 말이다.

그 섬뜩한 사건은 과학이 인정하기 싫은 진실을 대면하게 한 역사적

고대로부터 열광했던 '네 가지 기질' 개념

인 변곡점이었다. 1500년에 걸쳐 이어져 내려온 의학적 진실이 허구로 몰락하는 순간이었다. 그 사건은 인간 성격을 담당하는 것이 심장이나 영혼 혹은 기질이 아니라 뇌라는 사실을 말해주는 최초의 증거였다. 실제로 이러한 사건은 과학계에 큰 도움을 준다. 하버드 대학교의 토머스 쿤 교수는 1962년에 발표한 『과학혁명의 구조』에서 그러한 순간의 가치를 역설했다. 여기서 그는 보수적인 접근방식을 근간으로 하는 과학은 반대 견해를 뒷받침하는 증거가 임계점을 넘어설 때 기존의 지위를 잃어버린다고 설명했다. 쿤은 이러한 현상을 '패러다임 변화'라고 불렀다. 피니어스 게이지 사례가 촉발한, 두뇌의 본질에 관한 생각의 혁신 역시 패러다임 변화로 인정받는다.

　1848년, 게이지를 치료했던 마틴 할로우 박사가 쓴 논문은 이 끔찍한 사례 연구를 의학계에 알리는 것 이상의 역할을 했다. 두뇌 기능에 대한 사회적인 이해 수준에 근본적인 변화를 일으키는 출발점이 된 것이다. 오늘날에도 심리학 입문서 중 3분의 2 이상이 게이지 사례를 언급하고 있다. 그 중요성을 확인하듯 게이지의 두개골과 쇠막대는 하버드 의과대학에 영구 보존되어 있다.

▌ 두뇌가 만들어지는 과정

두뇌는 우리가 아는 한 세상에서 가장 복합한 조직이다. 최근 신경과학이 밝혀낸 바에 따르면, 성인 두뇌는 860억 개의 신경세포(뉴런)로 이뤄져 있으며, 각각의 뉴런은 1만 5천 개의 연결(시냅스)로 이어져 있다. 그리고 850억 개의 지지 세포(교세포)와 85만 킬로미터에 달하는 전송섬유 그리고 16만 킬로미터에 달하는 혈관을 통해 분당 750밀리리터의 혈류가 흐른다.

우리 몸이 치러야 할 비용 관점에서 볼 때, 두뇌는 대단히 값비싼 기관이다. 무게는 체중의 2퍼센트에 불과하지만, 심장으로부터 나오는 전체 혈액 중 15퍼센트를 받아들인다. 걷기와 언어, 집단 생존에 필요한 사회적 교류가 가능할 정도의 두뇌를 갖춘 신생아를 출산하기 위해 여성의 골반은 최대 한계까지 벌어졌다. 그리고 산소 소비 관점에서 볼 때, 두뇌는 많은 것을 요구한다. 두뇌는 몸의 신진대사가 필요로 하는 산소 중 20~25퍼센트를 차지하며, 이는 하루에 500칼로리 정도에 해당한다(기본적인 기능을 발휘하기만 해도 그렇다). 왜 우리 두뇌는 이렇게 놀라운 수준으로 신진대사의 특권을 누리는가? 기본적인 생존 메커니즘(체온, 수분, 산성도, 혈압, 호르몬 분비, 자세, 균형, 움직임)뿐만 아니라, 고차원적 사고(계획 수립과 의사결정)와 사회적 관계 및 감정을 통제하는 중요한 기능을 담당하기 때문이다.

그러나 기본적인 차원에서, 두뇌는 염분 있는 물에 담긴 가방에 불과하다고도 볼 수 있다. 좀 더 정확하게는, 기껏해야 두께 5밀리미터에 불과한, 길고 접힌 관이 담긴 가방이다. 어떻게 그렇게 간단한 구조로 이루어진 두뇌가 우리 몸에서 가장 정교한 기관이 될 수 있는 걸까? 이 질문에 대한 대답은 인간 태아의 두뇌가 성장하는 과정에서 찾을 수 있다.

인간의 두뇌는 수정 후 약 21일 후에 단순한 관, 즉 신경관neural tube 형태로 자리 잡기 시작한다. 그 이후, 앞쪽에서 볼 때 신경관은 양쪽으로 크게 팽창한다. 이 팽창은 '대뇌반구', 즉 두뇌를 이루는 두 개의 반구로 이어진다. 두 반구는 완전히 분리되지 않고, 넓은 조직다발인 뇌량을 통해 서로 의사소통을 한다. 이와 관련해서 여성의 두뇌는 남성 두뇌에 비해 이러한 '상호 의사소통'에 더 능하다는 증거가 있다. 펜실베이니아 대학교 연구원들은 8~22세에 해당하는 남성 4백 명과 여성 5백 명의 두뇌를 촬영했는데, 13세 이후의 여성 두뇌에서 더 많은 (우뇌와 좌뇌 사이의) 연결이 이루어진 것을 확인했다. 이는 감정 처리를 활성화해서 사회적 교류를 더욱 원활하게 만드는 기능을 한다.

다음으로 놀라운 전개가 시작된다. 수정 후 약 35일이 되면 신경관 전면이 위쪽과 뒤쪽으로 이동하면서 스스로 접혀 그 끝이 반구 뒤쪽에 도달한다. 바로 그 기간에 정교한 주름이 발생하면서 두뇌는 이랑gyri과 고랑sulci과 더불어 우리에게 익숙한 '호두' 모양을 하게 된다. 두뇌에 주름이 발생하는 이유는 단 하나다. 그것은 가능한 한 많은 두뇌 물질을 한정된 두개골 속에 집어넣기 위함이다. 주름진 두뇌 표면의 얇은 벽을 '피질cortex'이라고 하는데, 이 피질을 완전히 펼쳤을 때는 1.5~2평방미터 넓이가 된다. 이는 신문지 두 쪽에 해당하는 넓이다. 오직 이러한 방식으로 860억 개 뉴런이 1.4킬로그램의 두뇌 안에 공존할 수 있다. 여기서 두뇌 크기는 성인들 사이에서 상당한 차이가 있으며, 또한 일반적으로 여성의 두뇌가 남성보다는 작다. 남성들이 우쭐해하기 전에 두뇌 크기는 지능과 별로 상관관계가 없다는 사실을 언급해야겠다. 2012년 미시건 대학교 니처드 니스벳 교수는 관련 증거를 검토하여 남성과 여성의 전반적인 지능 사이에는 뚜렷한 차이가 없다는 결론을 내렸다. 40년 전 아서 젠슨의 발견을 한 번 더 확인한 셈이다.

두뇌 발달은 제한된 시간 안에 이뤄져야 하는 중대한 과제다. 임신 과정 전반에 걸쳐 분당 약 25만 개의 뉴런이 생성된다. 이 뉴런은 대단히 촘촘하게 들어차 있고, 또한 DNA를 담고 있는 세포핵은 어두운 빛을 띠고 있어서 두뇌 피질은 전반적으로 회색으로 보인다(흔히 말하는 '회색질'). 성숙한 두뇌는 대단히 정교하며, 두 살배기 두뇌는 성인의 80퍼센트 크기에 불과하다. 두뇌 성장은 약 25세까지 계속된다. 새롭게 생성된 뉴런은 이미 정해진 영역으로 이동하고, 그 영역에서 특화된 세포로 분화된다. 그리고 [그림 1.1]에서처럼 결국에는 다양한 구조를 형성한다.

두뇌를 유지하는 문제는 정말 중요하기에 뉴런 중 적어도 50퍼센트(대단히 활동적이고 복잡한 피질은 그 비중이 훨씬 더 높다)는 '교세포'라고 하는 지지 세포로 구성되며, 이들은 실질적으로 기능하는 뉴런을 보호하고 지원하는 역할을 맡는다. 교세포에도 다양한 종류가 있는데, 그중 희소돌기아교세포oligodendrocyte는 두뇌의 배선(백질)을 절연하는 기능을 한다. 지방을 함유하고 있어 그렇게 불리는 백질은 수많은 섬유를 통해 860억 개의 모든 세포를 서로 연결하며, 이를 일컬어 두뇌의 커넥톰connectome이라고 한다. 두 반구는 뇌량의 횡단섬유로 연결되어 있다. 또한, 연합섬유association fiber는 반구 내 다양한 영역을 연결하며, 투사 섬유projection fibres는 이들 영역을 척수로 연결하는 역할을 맡는다.

뇌량의 위, 아래에는 다양한 조직이 자리 잡고 있으며, 이들은 하나로 뭉쳐서 강력한 원시적 시스템인 변연계limbic system를 형성한다. 심리학에서 '감정적 두뇌'라고 부르는 변연계는 가장자리를 뜻하는 라틴어, '림버스limbus'에서 왔는데, 이 강력한 시스템은 해마와 같은 '사고하는' 피질과 더불어 시상하부, 편도체, 시상과 같은 깊고 원초적인 조직을 포함한다. 변연계의 구조는 [그림 1.2]에서 확인할 수 있다. 시상

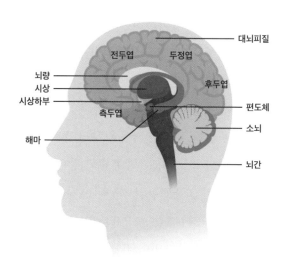

그림 1.1 뇌의 주요 영역

하부는 중요한 통제 센터로서 호르몬과 성적 행동, 혈압, 체온, 배고픔과 갈증을 관장한다. 그리고 편도체는 우리 몸의 강력한 '분노 기계'로서 화와 두려움, 걱정, 스트레스를 담당한다. 다음으로 시상은 두뇌로 유입되는 모든 감각 정보, 가령 시각 이미지와 촉각(통증을 포함하여), 온도 등을 처리한다. 또한, 시상은 우리 몸속과 주변 상황이 어떻게 돌아가는지 말해주고, 그 모든 정보에 반응한다. 게다가 각성과 경계에서 핵심 역할을 수행한다.

변연계가 '감정-반응 두뇌'라고 불리는 데는 이러한 이유가 있다. 변연계에게는 중대한 목표가 있다. 그것은 다름 아닌 생존과 자기보호다. 두뇌로 들어오고 나가는 양방향 고속도로에 의해 몸의 나머지 부분과 연결되어 있는 변연계는 강력한 반응을 촉발해 몸 전체로 전달한다. 우리는 때로 자신의 행동을 설명하지 못한다. 혹은 이해하지도 못한다. 그리고 어떤 행동은 통제하기가 대단히 힘들다. 붉게 피어오르는 분노와 두려움을 느끼고 달아나려는 충동 그리고 사랑하고, 미워하고 혹은 즐기려는 충동…. 이 모든 원초적인 충동은 바로 '감정적 두뇌'의 고삐 풀린 활동에서 비롯된다.

변연계는 전두엽에 저장되어 있는 학습된(혹은 본능적인!) 사회적 가치의 지배와 통제를 받는다. 하지만 과음을 하면 전두엽은 일시적으로 통제력을 잃고, 공격이나 분노, 화, 욕망 분출과 같은 고삐 풀린 변연계 활동이 시작된다. 뇌 절제술로 전두엽 기능이 영구히 상실되면(영화《뻐꾸기 둥지 위로 날아간 새》에서 잭 니콜슨이 간호사 래치드에게 겪을 운명처럼), 계획을 세우는 능력이 사라지면서 평안이 찾아온다.

두뇌를 바라보는 관점에서 최근에 떠오르는 변화 하나를 들자면, 기능의 '국소화localization' 개념에서 점차 벗어나고 있다는 점이다. 이 개

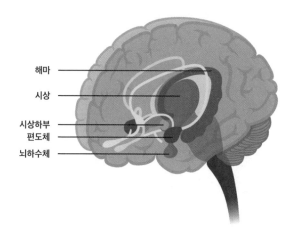

해마

시상

시상하부
편도체
뇌하수체

그림 1.2 변연계

념은 1878년 존 헐링스 잭슨John Hughlings Jackson(왕립협회회원이자 런던병원
의사였다)이 처음 주장한 것으로, 두뇌의 특정 부분이 운동이나 시각 같
은 단일 기능을 담당한다는 생각이다. 이 개념은 독일 과학자이자 생
체해부를 지지했던 프리드리히 골츠와 데이비드 페리어가 1881년에
격렬한 논쟁을 벌인 끝에 의학계의 정설로 자리 잡았다.

　이 싸움에서 골츠는 패했다. 하지만 두뇌의 다양한 영역이 온전히
통합적인 방식으로 기능한다는 사실이 점차 분명해지면서, 현대 신경
과학은 골츠의 주장에 손을 들어주고 있다. 예를 들어, 시각 피질에서
시상으로의 정보 이동이 놀랍게도 그 역방향보다 훨씬 더 활발하게 일
어난다. 시상의 전달 기능을 감안할 때 후자가 더 활발할 것이라고 쉽
게 떠올릴 수 있음에도 말이다. 시각 피질이 눈에서 유입되는 메시지
를 받아들일 때, 시상을 통해 해마로부터 접근 가능한 기존 이미지(우
리의 '세계관')를 기준으로 계속해서 검토함으로써 감각이 우리에게 무

슨 말을 하는지 이해함을 의미한다. 이처럼 복잡한 기능을 수행하려면 복잡하고 상호 연결된 시스템이 필요하다.

다음으로 신경관에서 주름이 형성되지 않은 나머지 부분은 두뇌와 몸을 연결하는 관, 즉 척수가 된다. 척수는 두뇌에서 기능적으로 가장 발달된 부분이며, 삶을 지탱해주는 메시지(대부분 무의식적이다)를 주고받는 일종의 고속도로다. 몸에서 발생하는 모든 정보는 거의 예외 없이 척수와 뇌신경을 통해 그리고 주로 시상을 거쳐 두뇌로 전달된다. 여기서 시상은 피질 하부에 자리 잡은 대단히 강력한 배전반으로 기능한다. 그리고 이와는 반대로, 두뇌 역시 신체에 메시지를 전달한다. 이처럼 중요한 상호 통제 경로가 없다면, 정상적인 일상생활은 불가능해질 정도다.

인간 두뇌의 길고도 복잡한 성장 과정은 우리를 예외적인 종으로 만든다. 다른 영장류에게도 적용되는 진화의 법칙에서도 인간은 예외다. 가령 피질에서 전두엽이 차지하는 비중은 인간(29퍼센트)이 침팬지(17퍼센트)나 붉은털 원숭이(11.5퍼센트)보다 훨씬 높다. 물론 인간의 수준 높은 사고 및 인지 기술은 그저 큰 '전전두엽' 때문만은 아니다. 중요한 것은 두뇌 크기가 아니라 피질이 조직된 방식이다. 인간 두뇌 속 뉴런은 대단히 복잡한 연결 형태를 이루고 있으며, 과학자들은 이를 일컬어 '수상돌기분지dendritic arborization'라고 부른다(라틴어에서 비롯된 이 용어는 '나뭇가지와 비슷한 패턴'이란 뜻이다). 그리고 인간 두뇌는 회색질을 기준으로 예상하는 것보다 훨씬 더 거대한 백질을 포함하고 있다. 우리는 모든 생물종 중에서 가장 강력하게 연결된 두뇌를 갖고 있다. 이는 특히 여성의 두뇌에서 두드러지며, 앞서 잠깐 언급했듯 여성의 두뇌는 좌뇌와 우뇌가 남성보다 더 강력하게 연결되어 있다.

인류가 최고 영장류가 된 것은 우연이 아니다. 거의 모든 측면에서 지구상 다른 모든 동물 종은 환경에 적응함으로써 생존해왔던 반면, 인간은 적응을 넘어 환경을 변화시키면서 생존해왔다. 인간은 거대한 두뇌를 기반으로 냉혹한 사회적 집단 속에서 협력하고, 원초적이고 감정적인 행동을 냉철한 논리로 통제함으로써 자연 세상을 지배하고 스스로 먹이사슬의 맨 꼭대기로 올라섰다.

▎한 시간에 2천 번의 결정을 내리는 뇌

건강에 관한 우리의 생각은 지난 50년 동안 크게 달라졌다. 우리는 더 이상 건강을 '질병이 없는 상태' 정도로 생각하지 않는다. 이제는 주변의 변화하는 물리적, 정서적, 사회적 압력에 대처하는 능력, 즉 변화에 적응하고 관리하는 능력을 효과적으로 발휘하는 상태로 이해한다. 두뇌 건강에 관한 의견에서 이러한 생각이 가장 뚜렷하게 나타난다. 두뇌가 엄청나게 복잡한 조직임을 감안할 때 두뇌 건강 유지는 너무나 힘든 과제처럼 보인다. 두뇌 건강은 본질적으로 두뇌의 세 가지 핵심 기능을 효과적으로 수행하는 것과 관련된다. 즉, 관리 기능(의사결정, 문제해결, 추론, 학습 및 기억), 활발한 교류(신경과학자들이 말하는 '사회 인지 social cognition') 그리고 감정적 균형 혹은 행복 누리기다.

어떤 TV 채널을 시청하고, 아침에 어떤 커피를 마시고, 어제 저녁에 요리했는지 아니면 외식했는지, 강아지와 산책했는지 아니면 그냥 집에 있었는지 등은 모두 간단하고 일상적인 의사결정에 관한 질문이다. 그런데 예일 대학교 신경과학자들은 놀랍게도 두뇌가 이러한 3만

5천 가지 의사결정을 '매일' 내린다는 사실을 확인했다. 하루에 약 7시간을 잔다면(의사결정을 내리지 않는 시간이다), 우리는 깨어 있는 한 시간에 약 2천 가지 혹은 2초에 한 번씩 뭔가를 결정하는 셈이다. 이처럼 많은 의사결정을 내리자면 놀라운 수준의 컴퓨팅 파워가 필요하다. 그리고 실제 우리 두뇌는 참으로 놀랍다. 두뇌는 1조 바이트에 달하는 데이터를 저장할 수 있는 메모리를 갖고 있으며, 초당 100조 회가 넘는 작업을 처리할 수 있다. 최고급 성능의 슈퍼컴퓨터만이 비슷하게 흉내 낼 수 있는 수준이다(이에 대해서는 나중에 자세히 살펴보겠다).

이러한 능력을 기반으로 우리는 문제를 해결하고, 추론하고, 학습한다. 그리고 이 능력은 경쟁자(포식자든, 사냥감이든, 동료 인간이든 간에)보다 더 뛰어나게 생각하고 움직여야 한다는 요구를 기반으로 진화했다. 오늘날 우리는 선조들이 직면했던 생존 요구에 똑같이 직면해 있지는 않지만, 그럼에도 심한 압박을 받고 있다.

이 책 전반에 걸쳐 나는 우리가 받는 여러 다양한 압박을 살펴보고, 이에 대처하기 위한 전략과 함께 두뇌 파워를 지속해서 유지하는 데 필요한 조언을 제시하려 한다. 예를 들어 이제 훈련을 통해 두뇌의 활동 속도를 높일 수 있다는 사실이 알려져 있다. 밴더빌트 대학교 연구원들은 실험을 통해 학생들의 멀티태스킹 능력을 시험했다. 학생들은 두 가지 소리 중 하나에 반응하면서 화면에 두 얼굴 중 어떤 얼굴이 등장하는지 확인했다. 이러한 훈련을 2주간 실시한 후, 연구원들은 피실험자들이 하나의 작업을 수행하는 것만큼 빠른 속도로 두 작업을 동시에 처리할 수 있게 되었음을 확인했다. 우리 두뇌의 작업 능력은 이 정도로 우수하다.

그렇다면 사회 인지social cognition는 어떤가? 사회 인지는 두뇌가 다른 사람과 사회적 상황에 관한 정보를 처리하고, 저장하고, 활용하는 방식을 말한다. 사회 인지는 인간을 다른 영장류와 구분해주는, 근본적인 경쟁력이다. 약 1만 년 전, 인간 두뇌는 생존 경쟁 속에서 다른 동료와 함께 일하기 위해 인지 네트워크를 개발했다.

이런 면에서 여성은 남성에 비해 더 많은 경쟁력을 확보했다. 여성은 비언어적인 사회적 메시지를 보내고 받는 데 더 능숙하다. 여기에는 표정과 몸짓에서 감정을 읽어내는 능력이 포함된다. 20명의 여성 중 17명이 같은 연령대의 '평균적인' 남성보다 사회적 신호를 더 정확하게 읽어낸다. 이러한 경쟁력은 특히 여성만 있는 집단 내에서 더 뚜렷하게 드러난다. 여성은 남성의 메시지보다 다른 여성의 메시지를 더 잘 읽어낸다. 이러한 결과는 생물학적 진화에서 나타난 선택압selection pressure 차이로 설명할 수 있다. 사회적 고립이 두뇌의 기능 방식에 미치는 부정적인 영향에 관해서는 이후 장에서 다룰 것이다.

다른 사람의 감정을 읽는 것과 자신의 감정을 통제하는 것은 서로 다른 문제다. 평정심을 유지하는 것은 대단히 중요한 과제다. 그러한 통제력이 부족할 때, 성과는 떨어지고 사회적 관계는 허물어진다. 집단 사냥에서 한 명이 이탈할 때, 집단은 먹잇감을 놓친다. 그에 따라 집단의 생존은 위험에 처할 수 있다. 감정 통제가 힘든 구성원은 사회적, 상호적 관계를 망칠 위험이 있으며, 집단 결속을 저해할 수 있다. 이 문제에 대한 진화적 열쇠는 거대한 전두엽 피질을 개발해 '파충류 뇌'의 감정적 충동, 즉 화와 분노, 공격성을 제어하는 힘을 확보하는 것이었다. 즉, 감정이 행동을 지배하도록 내버려두지 않고, 그 감정을 이해하고 받아들일 때 우리는 정서적 균형을 유지할 수 있다.

이러한 정서적 균형 상태가 어떻게 그리고 왜 일어나는지 그리고 그러한 상태에 도달하기 위해 어떻게 해야 하는지를 말해주는 연구가 속속들이 나오고 있다. 예를 들어, 사이코바이오틱스psychobiotics라는 분야는 장 속 미생물 활동이 대단히 중요한 요인으로 작용하면서 우리의 감정과 느낌에 지대한 영향을 미친다는 사실을 보여준다. 이는 대단히 놀라운 발견이다. 이와 관련해서는 4장에서 자세히 살펴본다.

▌뇌가 기억을 저장하는 방식

오늘날 과학은 평생을 살아가는 동안 두뇌에 무슨 일이 벌어지는지 보여준다. 우리는 신경심리학 테스트를 통해 인지 능력 혹은 '사고 기술'을 추적할 수 있다. 신경과학자들에 따르면, 인간은 이미 20대 중반부터 '공간' 능력이 쇠퇴하기 시작한다. 기억과 사고 능력은 30대 초반부터 서서히 감퇴하기 시작하며, 정보 처리 속도는 30대 중반부터 더뎌진다. 이러한 변화는 초기에는 미미하지만, 세월이 흐를수록 누적되고, '망각의 순간forgetting moment'이 시작되는 50세를 넘기면서 더 뚜렷하게 나타난다.

26~38세에 해당하는 비교적 젊은 성인을 대상으로 '노화 속도'를 측정한 연구에서, (이론적으로 추정된) 예상 속도보다 전반적으로 더 높은 생물학적 노화(다양한 건강 기준으로 확인된)를 보여준 이들은 더 높은 수준의 인지 감퇴 및 두뇌 노화를 보여줬다. 게다가 그들은 더 나이 들어 보였다! 다시 말해, 두뇌 노화 속도는 젊은 나이에서조차 폐와 심장, 간, 신장 및 면역 체계와 같은 다른 신체 시스템의 노화와 밀접한 관련이 있다. 그렇기 때문에 우리는 전반적인 건강 상태를 확인함으로써 두뇌

건강도 가늠할 수 있는 것이다. 이 점에 대해서는 뒤에서 상세히 살피겠다.

우리는 기억을 유지하는 데 관심을 기울여야 한다. 기억은 신체 건강만큼 중요하다. 우리는 단기 기억을 활용해 지금 읽는 단어를 기억하고, 문장을 다 읽었을 때 그 전체 내용을 이해한다. 그리고 장기 기억은 성격과 삶의 근간을 형성한다. 하지만 기억이 지금까지 많은 오해를 받아온 것도 사실이다. 인간 두뇌는 영상을 녹화하는 방식으로, 다시 말해 보고 듣고 경험한 것을 모조리 저장하도록 진화하지 않았다. 두뇌는 생존을 위해 필요한 것을 위주로 생각하고 계획하고 실행하도록 진화했다.

또한, 기억은 정확하지 않다. 정확성과는 거리가 멀다. 우리 기억은 인류가 존재했던 2만 년 동안 충분히 잘 작동해서, 통제 기능을 충분히 잘 발휘한 것은 맞다. 하지만 우리 두뇌는 기술이 지배하는 오늘날 세상에 대처하도록 진화하지는 못했다. 기억이 어떻게 저장되는지 그리고 어떤 것을 기억하는지와 관련해서는 아무런 논리가 없다. 우리의 기억은 전반적으로 감정적인 기준, 즉 우리에게 보상을 주고, 우리가 중요시하는 것을 근간으로 구성된다.

우리를 미치게 만드는 기억의 한 가지 특성에 대해 살펴보자. 얼굴을 보고 이름을 붙이지 못하는 경우가 있다. 흔히 말하는 '안면인식 장애face blindness'를 모두가 어느 정도는 경험한다. 일반적으로 젊을 때는 별로 걱정하지 않지만, 실제로 경험하면 크게 당황한다. 그러나 신경과학은 우리에게 다소 위안이 되는 이야기를 들려준다. 우리가 이름을 잘 기억하지 못하는 것은 기억해야 할 이유가 없기 때문이다. 얼굴은 의미를 전하고 이야기를 들려준다. 그리고 기억을 자극한다. 반면 이름은 그 자체만으로 우리에게 아무런 이야기도 들려주지 않는다. 게다가 단기 기억은 연습하지 않는 한 의미 없는 항목을 그냥 방치한다. 일반적으로 뚜렷하게 나타나는 망각을 우리가 '기억을 잃어버리고 있다'는 증거로 받아들이지 말라는 것이다. 오히려 대중문화가 알려주는 것보다 우리는 훨씬 더 오래 정신건강을 유지할 수 있다고 말한다.

신경가소성이라고도 불리는 두뇌가소성이란 새로운 위협과 도전 과제에 대처하기 위해 구조적, 생리적 변화를 수행하는 두뇌의 특별한 능력을 말한다. 이 두뇌가소성 덕분에 우리는 경험을 통해 반응하고 적응할 수 있다. 두뇌가소성은 시냅스 변화 그리고 새로운 두뇌 세포의 성장을 통해 가능하다. 예전에는 아동기에서만 나타나는 특성으로 생각했지만, 20세기 후반에 이뤄진 많은 연구에서 두뇌는 성인기 전반에 걸쳐 변화한다(즉, '가소성 있다')는 사실을 보여줬다. 이에 대해 노먼 도이지Norman Doidge는 자신의 책, 『기적을 부르는 뇌The Brain that Changes Itself』에서 "요람에서 무덤까지"라는 표현을 사용해서 설명했다. 이 말은 많은 사람이 삶의 오랜 기간에 정신적으로 건강하고 유능하게 자신을 지킬 수 있으며, 심지어 지식을 습득하고 새로운 활동을 배우면서 젊은 사람보다 더 높은 성과를 올릴 수 있다는 뜻이다. 분명하게도 이는 야심차고 '더 똑똑한' 동료들과의 경쟁을 두려워하는 모든 이들에게 좋은 소식이다.

두뇌가소성의 존재를 잘 보여주는 가장 좋은 사례는 아마도 두뇌 절반을 제거하는 수술인 반구절제술hemispherectomy일 것이다. 이는 대단히 극단적인 형태의 수술로, 대안이 없을 때만(가령 두뇌 반쪽이 라스무센 뇌염에 감염되어 죽기 직전) 시행된다. 그런데 놀랍게도 우리 두뇌는 대단히 탄력적이고 유연해서 이처럼 극단적인 형태의 수술을 하고서도 인격이나 기억에서 중대한 영향을 받지 않는다. 이러한 측면은 영향을 받지 않은 두뇌 영역에 보존되어 있으며, 그것이 가능한 것은 전적으로 신경가소성 덕분이다. 한쪽에만 위치한 특정한(가령 좌뇌의 언어 중추처럼) 두뇌 기능 또한, 시간이 흐르면서 반대쪽 반구가 기능을 맡게 되는 것으로 보인다. 물론 수술 후 지속해서 결함은 발견된다. 예를 들어 지속적인 간질을 통제하기 위해 반구절제술을 받은 58명의 아동에 관한 연구에서, '편측 마비hemiparesis' 증상이 대부분은 반대쪽 팔(제거된 두뇌의 반대쪽에 있는 팔)에서 나타났다. 하지만 아이들은 모두 걸을 수 있었고 일부는 달리기도 했다. 이처럼 극단적인 형태의 수술에서 예상할 수 있는 여러 영향이 있었지만, 두뇌가소성(이 경우, 트라우마 이후에 변화하고 적응하는 능력) 덕분에 크게 축소되어 나타났다. 가소성은 두뇌에 내재된 특성이며, 두뇌 기능을 유지하는 핵심이다.

▎두뇌 건강에서 유전자보다 더 중요한 것들

우리는 어떻게 두뇌를 돌봐야 할까? 쉽지 않은 질문이다. 두뇌 건강에 관여하는 요인을 확인하는 가장 좋은 방법은 아마도 종단적 연구(아이나 유아를 선발해서 그들의 삶을 추적하는 방식의 연구)일 것이다. 이러한 연구로 유전학, 후생유전학(기존 유전자가 작동하는 방식에 따른 변화) 그리고 환경의 상대적 영향도 밝혀낼 수 있다. 예를 들어 앞서 소개한 '단절된 마음' 연구 결과는 성인기 지능의 50퍼센트는 어릴 적 IQ로 설명할 수 있다는 사실을 보여줬다. 그리고 나머지 50퍼센트 중에서 약 4분의 1(전체의 12.5퍼센트)은 유전자로 설명이 가능하다. 이 말은 우리가 살아가면서 겪는 지능의 변화 요소 중 4분의 3은 생활방식에 따른 것임을 알게 한다. 이를 일컬어 '변화 가능한 위험 요소modifiable risk factor'라고 부른다. 이러한 요소들이 두뇌에 미치는 영향을 밝혀내는 데 충분한 증거를 수집하려면 갈 길이 멀다. 나는 이 책의 여러 장을 통해 운동과 수면, 섹스, 사회적 관계, 스트레스, 행복, 장내 미생물, 영양, 두뇌 활동 등 주요한 요소와의 관계를 살펴볼 예정이다. 두뇌 건강을 위한 가장 일반적인 원칙은 전반적인 건강을 보살피는 것이다. 특히 염증 수치를 장기적으로 낮게 유지하는 것이 중요하다.

일반적으로 염증에 대해 사람들은 부상이나 감염에 대한 면역 시스템의 반응이라고 생각한다. 로마 시대의 저자 코르넬리우스 켈수스가 기원전 100년에 처음으로 언급했던 "열과 통증을 동반한 붉음과 부풀어 오름rubor et tumor cum calore et dolore"는 염증 질환의 대표적인 임상 진단이 되었다. 염증은 본질적으로 면역 시스템의 보호 반응이다. 또한, 염증은 만성적이다. 즉 당뇨병이나 비만, 동맥 질환처럼 스트레스와 지속적인 질환에 대한 낮은 수준의 장기적 반응이다. 일상적으로 우리 몸에서 진행되고 나이가 들어가면서 증가하는, 미묘하면서도 눈에 띄지 않는 과정이다.

우리 몸에서 전반적인 염증 수치는 매년 증가한다. 장기적인 질병이 없더라도, 분명히 건강해 보여도 조직 내 염증 수치는 면역 체계가 일상의 도전과제와 스트레스에 대응하는 과정에서 서서히 증가한다. 오늘날 과학은 '염증 생성자', 즉 콜레스테롤과 CRP(C-반응성 단백c-reactive protein), 사이토카인cytokines, 피브리노겐fibrinogen 등 트라우마나 스트레스에 대한 반응으로 혈액 속에 나타나는 물질을 추적하고 있다. 이들 물질은 모두 현재, 임박한 혹은 미래의 질병을 말해주는 지시자 혹은 예측자다. 면역 체계는 조직 내부의 피해나 감염 혹은 변화에 대한 반응으로 이러한 물질을 생성한다. 예를 들어 CRP은 '감시' 분자로 기능하면서 면역 체계에 뭔가 잘못이 있다는 조기 경보를 알린다. 또한, 이들 물질은 우리 몸과 두뇌의 노화 속도를 예측하기도 한다.

노화에 따른 염증 수치의 증가는 필연적 과정이다. 하지만 이제 우리는 이런 염증 수치를 낮출 수 있고, 우리 몸과 더불어 활력 있고 건강한 두뇌를 유지할 수 있다. 염증 수치를 낮출 수 있다면, 우리는 전반적인 노화 속도를 늦추면서 만성질환의 위험성도 동시에 낮출 수 있다. 일반적으로 30, 40대에는 만성질환을 찾기 어렵지만, 65세가 되면 평균 하나 정도 만성질환 진단을 받는다. 그리고 85세가 되면 평균 5~6가지 만성 질환을 앓고, 10~15가지 처방약을 복용한다. 주변을 둘러보면 어떤 사람들은 젊음을 유지하면서 길고, 활동적이고, 생산적인 삶을 살아간다. 그러나 누군가는 그 반대다. 조기에 만성질환을 겪고 낮은 생산성, 독립성 상실 그리고 짧은 수명을 경험한다. 몇십 년 전만 해도 이러한 차이가 어디서 오는지 제대로 설명하지 못했다. 이제는 노화가 11세 무렵으로부터 시작하는 평생 과정이며 '변화 가능한 위험 요인'으로부터 영향을 받는다는 사실을 알고 있다. 그리고 이러한 위험 요인들 모두는 어느 정도 염증을 유발한다. 음식과 영양, 수면, 사회적 삶, 신체 활동, 술, 담배, 약물 그리고 스트레스 등등.

예를 들어 우리가 음식을 먹을 때마다 체내 염증 수치는 증가한다. 단지 외부 물질을 흡수한다는 사실만으로 말이다. 더 많이 먹을수록 염증 수치는 더 올라간다. 수면이 부족해도 염증 수치는 올라간다. 또한, 스트레스를 받을수록 염증 수치는 증가한다. 이러한 변화는 전 연령에서 일어난다. 20대, 30대, 40대, 50대는 물론 죽을 때까지 일어난다. 우리 몸은 나이가 들어가면서 이러한 요소에 잘 대처하지 못한다. 그렇기 때문에 나이를 먹을수록 염증 수치를 낮추기 위한 노력이 필요하다. 염증inflammation과 노화aging 사이의 관계는 대단히 강력해서 어떤 과학자는 이를 합쳐 'inflammaging'이라는 용어를 사용하기도 한다.

나이가 들어가면서 변화는 두뇌를 포함하여 몸의 구석구석에서 일어난다. 특히 학습과 여러 복잡한 정신 활동 그리고 뉴런 간 의사소통에 중요한 두뇌의 특정 영역이 쇠퇴한다. 동맥 경화가 일어날 때, 두뇌 혈류는 감소한다. 또한, 우리는 두뇌 속 신경-염증은 일반적인 몸속 염증과 마찬가지로 나이와 함께 증가한다는 사실도 알고 있다. 하지만 동시에 이 속도는 얼마든지 늦출 수 있다. 그리고 이 책의 핵심 메시지이기도 하다.

치매 혹은 '경도인지장애mild cognitive impairment'(사고능력 감퇴) 증상이 나타나기 이미 2~30년 전에 신경퇴행neurodegeneration과 염증이 시작된다. 현재 영국에서는 65세 '이하' 인구 중 4만 2천 명이 치매를 앓고 있다. 놀랍게 들리겠지만, 이 사람들은 이미 35세부터 질환이 시작되었을 것이다. 치매를 비롯한 다양한 형태의 인지퇴행은 노년기 삶을 위협하는 한 가지 원인으로, 종종 '새로운 암'이라고까지 불린다. 1950년대만 해도 암의 조기 발견과 치료는 거의 불가능했고 환자와 그 주변인은 절망감과 무력감을 느껴야 했다. 오늘날 암 치료법이 점차 개발되고 있는 것과는 달리, 치매와 그 치료법에 대한 이해는 여전히 생소한 영역으로 남아 있다. 최근까지도 두뇌에서 벌어지는 인지퇴행을 막기 위해 무엇을 할 수 있는지 누구도 알지 못했다. 적어도 핑거 연구 FINGER Study가 나오기 전까지는 말이다.

▎WHO도 주목한 치매 예방 실험

핑거(FINGER, Finnish Geriatric Intervention Study to Prevent Cognitive Impairment and Disability: 인지장애 예방을 위한 핀란드 노인 개입 연구) 프로젝트는 2년에 걸쳐 수행되었다. 이 연구는 60~77세 사이의 2,554명을 대상으로 두 집단을 비교함으로써 '인지 퇴행' 예방 효과를 살펴봤다. 여기서 한 집단은 식습관과 운동, 인지 훈련, 혈관 위험 요인에 대한 조언을 따르도록 했고, 다른 집단에게는 일반적인 건강 지침만을 제시했다.

그 결과는 분명하고 놀라웠다. 첫 번째 집단을 대상으로 한 개입은 위험군에 속한 사람들의 인지 상태를 개선하거나 유지시켰고, 또한 인지퇴행 위험을 줄였다. 연구원들은 핑거에서 드러난 인지 능력에 대한 긍정적인 효과가 치매와 알츠하이머 질환 시작을 어느 정도 늦출 수 있다면, 개인은 물론 인구 전반에 엄청난 영향을 미칠 것이라고 결론을 내렸다.

이 연구 결과는 대단히 중요해서 세계보건기구WHO는 전 세계에 걸친 예방(정확히 말해, 위험 감소) 시도 네트워크인 WW-FINGERS를 설립했다. 여기서 우리는 생활방식을 바꿈으로써 얼마든지 인지퇴행 위험을 낮출 수 있음을 교훈으로 얻는다. 결론적으로 이 연구는 삶에서 위험 요인을 낮춤으로써 전반적인 건강을 증진하고 만성질환 위험을 줄일 수 있다는 사실을 보여줬다는 데 그 의미가 있다.

우리는 언제나, 어느 나이에서나 시작할 수 있다. 나는 '들어가며'에서 세계적으로 유명한 관련 연구인 '단절된 마음' 프로젝트를 소개했다. 예전에 한번은 〈BBC 투데이〉 프로그램에 출연하여 그 연구에서 가장 놀라운 발견이 무엇인지에 대한 질문을 받았다. 그때 내 머릿속엔 한 가지 대답이 떠올랐다.

7만 명이 넘는 아동을 대상으로 했던 원래 IQ 테스트에서 만점을 받은 사람은 아무도 없었다. 그러나 60년이 흘러 평균 나이가 74세가 된 그들 중 많은 이들이 만점을 받았다. 이는 연구팀에게 대단히 놀라운 결과였다. 30, 40, 50 그리고 나이를 먹을수록 모름지기 명료한 정신상태를 유지하기 어렵고 흐름에 뒤쳐질 수밖에 없다고 하는 전문가들을 한 방 먹이는 결과였다.

역사는 나이를 떠나 위대한 사상가와 리더, 성취자로 우뚝 선 인물들 사례로 가득하다. 조 파베이 Jo Pavey는 마흔 살의 나이에 유럽 선수권 1만 미터 경주에서 금메달을 땄다. 다이애나 니아드 Diana Nyad는 64세에 플로리다에서 쿠바까지 수영해서 건넜다. 윈스턴 처칠은 65세에 세계대전 한가운데서 영국의 총리가 되었다. 팔머스톤 경은 71세에 총리가 되었다. 영국 왕립학술원 회원 피터 로젯은 73세에 『시소러스Thesaurus』를 펴냈다. 넬슨 만델라는 76세에 남아프리카공화국 대통령으로 취임했다. 그리고 도로시 허쉬는 89세의 나이로 북극을 정복했다. 그 목록은 끊임없이 이어진다. 그리고 우리에게 영감을 준다.

그렇다. 일반적인 믿음과는 반대로 뇌 기능은 나이가 들어감에 따라 떨어지는 것만은 아니다. 어떤 이들은 나이를 먹을수록 오히려 정신적으로 '성장'한다는 사실을 보여주는 연구도 있다. 아동기의 높은 지능을 그대로 유지하는 것도 여기에 해당된다. 대부분의 경우 두뇌 기능은 대단히 안정적이다. 그러나 어휘나 단어 활용과 같은 정신적 기술은 '거의 모든 사람에게서 개선된다'. 심리학자들은 이러한 기술을 '결정적 지능crystallized intelligence'이라고 부르며, 세월에 따라 유지하기 힘든 기술인 '유동적 지능fluid intelligence'과 구분한다.

'유동적 지능'이란 추상적으로 사고하고, 재빨리 추론하고, 관계를 식별하고, 패턴을 파악하고, '문제를 해결하는' 일반적인 능력을 말한다. 이 능력은 교육이나 학습, 경험이나 지식에 의존하지 않으면서도 훌륭한 문제 해결사가 되도록 우리를 돕는다. 흔히 말하는 '상자 밖에서 사고하기'를 위해 필요한 기술이며, 우리를 혁신적이고 창조적이고 탁월하게 만든다.

우리는 이 유동적 지능을 어떻게 강화할 수 있을까? 지난 40년간 이 질문에 명쾌한 답을 제시하지 못한 게 사실이다. 하지만 과학적 증거가 새롭게 속속 밝혀지면서 유동적 지능도 어느 정도 훈련 가능함을 알게 되었다. 두뇌에 도전하고, 안락 지대에서 벗어나며 일반적으로 꺼리는 활동을 시도함으로써 우리는 유동적 지능을 개선할 수 있다. 새로운 경험과 기술, 심지어 새로운 위험으로 우리 정신은 더욱 명료해진다.

▎최근 2년간 벌어진 놀라운 발견

신경과학이 우리 일상생활에 미치는 영향은 급속도로 증가하고 있다. 몇 가지 사례를 제시해 독자들의 의심을 해소하려 한다. 이 모두는 지난 2년 동안 벌어진 일이다. 대단히 놀랍고, 위협적인 일도 많다.

- 두뇌를 컴퓨터에 연결할 수 있게 되었다. 어마어마한 가능성과 위험이 함께 있는 혁신이다. 샌프란시스코의 캘리포니아 대학교에서 수행한 흥미로운 연구에서는 컴퓨터가 두뇌 신호를 인식하여 단어로 옮길 수

있음을 보여줬다. 2020년 말을 기준으로 몇몇 미국 기업은 두뇌와 기계를 연결하는 인터페이스를 개발하고 있으며, 일론 머스크의 뉴럴링크 Neuralink도 그중 하나다.

- 2019년 4월에 수행한 한 연구는 성인 두뇌가 90대까지 새로운 뉴런을 생성한다는 사실을 보여줬다. 이 말은 90대에도 우리 두뇌는 계속 새로워진다는 뜻이다. 이는 신경가소성에 대한 분명한 증거이자, 두뇌 건강과 기능을 오랫동안 유지할 수 있다는 가능성을 보여준다.

- 당이 높은 음식은 코카인이나 헤로인과 같은 마약과 정확하게 같은 방식으로 두뇌에 보상을 준다는 사실이 밝혀졌다.

- 인간을 다른 종과 구분하는 새로운 형태의 전기 신호가 인간 두뇌에서 발견되었다.

- 미 식품의약국은 성인 우울감 완화를 위한 스프레이 약품으로 코에 뿌리는 스프라바토Spravato를 승인했다.

- 의식이라는 개념에 관해 중대한 영향을 미친 섬뜩한 연구가 있다. 뇌사가 마지막 단계라는 인식에 도전하듯, 예일대 연구원들은 돼지를 안락사하고 네 시간 후에 몸통을 제거한 돼지의 두뇌를 되살려내는 데 성공했다.

- 우리의 의식과 관련하여 과학자들은 사고 능력을 갖춘 '미니 두뇌'를 만들어냈다. 여기서 미니 두뇌란 5~6밀리미터 크기의 뉴런 다발로 실험실에서 배양된다. 이는 스스로 두뇌와 비슷한 구조로 조직된다. 이 발견은 영원한 고통의 굴레에 갇힌, "육체 없는 두뇌"라는 악몽을 떠올리게 만든다.

- 미국 기업 바이오젠Biogen은 아두카누맙Aducanumab을 알츠하이머 치료제로 승인받았다. 그들의 성과는 신경 치료에 관심을 쏟지 않았던 많은

제약 기업에 큰 충격이었다. 우리 사회는 아직 의학이 분류한 400가지 신경 질환에 대해 어떠한 치료법도 없는 처지다.

앞으로 읽게 될 내용 일부는 아마도 불편한 마음이 들 것이다. 이 책에서 조언하듯, 불편하거나 혼란스럽다면 신체 활동을 통해 스트레스를 날려버리자. 20분이면 충분하다. 의자에 전쟁을 선포하면 정신을 명료하게 유지할 수 있다(2장). 껌을 씹으면 두뇌 기능을 향상시킬 수 있다(4장). 비행기에서 내리기 전에 비타민 B6를 먹자(5장). 더 많은 오르가슴을 느끼자. 두뇌에도 좋다(7장). 이러한 주제와 그에 따른 조언이 두뇌 건강 유지법에 관해 더 높은 이해를 가능하게 할 것이다. 우리 삶은 바로 두뇌를 어떻게 사용하는가에 달렸다.

2장

건강에 가장 치명적인 습관

2004년 인구 통계학자 지오반니 페스Giovanni Pes와 미셸 풀랭Michel Poulain은 이탈리아 섬 사르디니아의 한 지역을 100세 이상 노인들이 가장 많이 사는 곳으로 꼽았다. 두 사람은 푸른색 원으로 표시하면서 조사 범위를 좁혀나가는 방식으로 최고 수명을 자랑하는 지역을 확인했다. 이 발표에 이어 미국인 탐험가이자 저자 댄 뷰트너Dan Buettner는 페스, 풀랭과 함께 추가 연구를 거쳐 장수의 축복을 받은 다른 네 지역을 꼽았다(이 과정은 쉽지 않았다. 장수에 관한 주장을 뒷받침할 만한 기록이 부실했기 때문이다). 바로 오키나와, 캘리포니아 로마린다, 코스타리카 그리고 그리스 섬 아카리아였다. 사르디니아를 포함하여 이들 다섯 지역은(『내셔널 지오그래픽』 2005년 11월 호에 '블루존Blue Zone'으로 처음 소개했다) 아홉 가지 공통점을 갖고 있었다.

그중 하나는 적절하고 주기적인 그리고 지속적이며 일상적인 신체 활동이었다. 이 지역에서 살아가는 사람은 적어도 매일 1만 보 이상 걸었다. 이들은 대개 양치기나 염소지기 혹은 농부였다. 이들에게는 체육관이나 개인 트레이너도 없었고, 마라톤을 하거나 전문 훈련을 받지도 않았다. 모든 직업 현장에서 육체노동이 자취를 감추면서, 우리는 비교적 최근이라 할 수 있는 신석기 시대의 농경문화는 물론, 수렵 채집에 생존을 의지했던 지난 150만 년 동안 개발된 자연적 생리학과 충돌하게 되었다. 종일 앉아 지내는 서구적 생활방식은 비만과 당뇨, 심장병, 치매 등 퇴행성 질환을 가져왔다. 하지만 블루존에서는 치매를 비롯한 다양한 형태의 신경퇴행 질환은 찾아보기 어려웠으며, 발병률은 서구 세상보다 75퍼센트가량 낮았다.

▌오랑우탄과 맞먹었던 강한 뼈

1830년대 초 법률가이자 런던 킹스 칼리지의 지질학 교수인 찰스 라이엘Charles Lyell은 당시로선 놀랍고도 도발적인 주장을 했다. 그것은 지구 나이가 수백만 년이 되었으며, 지금 일어나고 있는 것과 다르지 않은 기후 변화로 그 형태가 갖춰졌다는 주장이었다.

지질학은 지구가 오랫동안 얼어 있었다는, 즉 얼음으로 뒤덮여 있었다는 이야기를 들려준다. 마지막 빙하기는 260만 년간 지속되었고, 불과 만 년 전에 끝났다. 그리고 빙하기 시대 30만 년 동안 현대 인류는 '수렵채집자'로서 진화하면서 지구를 지배하기 시작했다. 이후로 거대한 기후 변화가 일어나면서 빙하기가 끝나고 신석기 시대가 개막되었다. 기후가 따뜻해지면서 인류는 농사를 짓기 시작했다. 그리고 이러한 변화는 전 세계 여러 지역에서 동시에 일어났다. 가장 유명한 지역으로 중동의 '비옥한 초승달 지대'(오늘날 이라크 영토)를 꼽을 수 있으며, 이 지역에서 시작된 농경문화는 이후 유럽으로 퍼져나갔다. 이와 더불어 인간 행동 유형에서 큰 변화가 찾아왔다. 가축을 키우려면 여전히 오래 걸어 다녀야 했지만, 광활한 영토를 돌아다니는 삶에서 이제 농업에 기반한 정착생활을 시작하게 된 것이다.

수렵 채집 시대는 현대적인 신체를 위한 진화적 기반을 마련했다. 식량이 부족한 상황에서 인간의 생리 기능은 오랜 사냥 기간을 견뎌내는 방향으로 발전했으며, 그와 더불어 집중적인 사냥 활동을 감당하기 위한 길고 느린 이동도 함께 진행되었다. 인간은 사냥 후 게걸스럽게 먹었고 다음 사냥을 위해 혹은 포식자에게서 도망치거나 짝을 찾기 위한 에너지를 보존하기 위해 쉬었다. 흥미롭게도 선조들의 생활방식이 죽은 고기를 찾아 먹는 것에서 직접 사냥으로 넘어가면서 '성적 이형성sexual dimorphism'이 감소했다. 즉, 남성과 여성의 외형적 차이가 줄어들었다. 예를 들어 신체를 통한 여성의 성적 신호 전달은 외모에서는 눈에 띄는 변화가 나타나지 않는다. 이러한 변화의 주된 장점은 번식 능력에 있다. 여성은 다른 영장류와 달리 1년 내내 임신이 가능하다. 행동심리학자들은 이를 일컬어 ERV(Ever Ready Vagina, 항상 준비된 질)라고 설명한다. 여성은 연중 언제나 아이를 가질 수 있기 때문에 인간 집단은 인구 감소의 압박을 잘 버텨낼 수 있다는 뜻이다. 하지만 강화된 생식 능력 덕분에 인간은 또한, 충분한 식량 마련을 위해 사냥에 더욱 의존해야 했고, 그래서 더 많이 활동했다.

수렵채집자들은 생존을 위해 먼 거리를 이동했으며, 더 이상 다른 포식자가 남긴 먹이를 뒤지는 것이 아니라 장거리 사냥에 나서서 스스로 먹잇감을 찾기 시작했다. 백 명의 수렵채집자 집단이 생존하려면 약 1,300~1,800제곱킬로미터에 달하는 영토가 필요했을 것으로 추정된다. 그리고 사냥을 위해서는 무엇보다 신체 시스템, 즉 혈관계와 내분비계, 근골격계 건강 유지가 중요했다. 두뇌 역시 중요했는데, 움직임과 인식, 반응, 대응, 적응을 거치면서 두뇌의 진화도 이뤄졌다. 현대 과학에 따르면 두뇌 건강은 신체 활동을 위해 꼭 필요하다.

인간의 생리 기능은 지난 150만 년 동안 거의 바뀐 것이 없다. 진화는 인간 신체의 기본적인 틀을 형성했다. 이러한 사실을 이해할 때, 오늘날 종일 앉아서 지내는 생활방식이 우리의 신체적, 정신적 건강에 어떤 영향을 미치는지 그리고 진화적 차원에서 오늘날 우리의 건강을 어떻게 개선해야 할지 가늠해볼 수 있다.

이러한 수렵채집자의 생활 방식과 오늘날 서구의 생활 방식만큼 극명한 대조를 이루는 것도 없다. 현대적인 삶에 적응하며 진보해가는(그렇게 부를 수 있다면) 우리는 신체적, 정신적으로는 쇠퇴하고 있다. 예를 들어 약 7천 년 전 수렵채집자의 뼈는 오늘날 오랑우탄과 맞먹을 만큼 강했지만, 그로부터 6천 년 이후 같은 지역에 살았던 농부의 뼈는 훨씬 더 가볍고 약했으며 부러지기 쉬웠다. 과학자들은 인간의 뼈가 약해진 근본 이유는 식습관 변화가 아니라, 수천 년에 걸쳐 신체 활동이 감소했기 때문이라고 주장한다. 그 어느 때보다 몸을 덜 움직이면서 이러한 흐름이 이제 위험 수위에 달했다. 실제로 영국에서는 2천만 명 이상의 인구가 신체적인 비활동 상태로 추정된다. 2019년 온라인 훈련 앱 프릴렉틱스Freeletics가 의뢰한 연구 조사에 따르면 42퍼센트에 달하는 응답자가 운동할 시간이 없다고 답했으며, 56퍼센트는 시간이 있어도 업무에 너무 지쳐 있다고 답했다. 놀랍게도 41퍼센트는 운동하기에 너무 나이가 들었다고 답했다. 불과 40세 정도였음에도 말이다.

신체 활동 부족은 비만, 고혈압, 심장병, 당뇨병 등 다양한 신체 질환을 일으키는 위험 요인이다. 이러한 퇴행성 질환은 두뇌 건강에도 위험하다. 예를 들어 오늘날 서구화된 국가에서 비만은 13~20퍼센트에 달하는 아동과 젊은이에게 영향을 미친다. 다양한 측면에서 건강에 부정적인 영향을 주는데, 가령 아동기 두뇌 기능 위축, 노년기 알츠하이머 및 치매 위험 증가 등이 그렇다. 비만은 또한, 제2형 당뇨병 위험을 높이는 것으로 잘 알려져 있는데, 성인기 신경 질환에 대한 가장 강력한 위험 요인 중 하나다. 아동 및 청소년에게 혈당 과다는 두뇌 성장 둔화 그리고 두뇌 회백질 및 백질 크기와 관련되며, 삶의 초반에 신진대사를 신중하게 조절하려는 노력은 장기적인 두뇌 건강에 무엇보다 중요하다.

▌ 최소한의 기준, 매주 유산소 150분

1884년 7월 20일, 미국의 유명인이자 베스트셀러 『달리기의 모든 것The Complete Book of Running』의 작가는 버몬트에서 조깅을 하던 중 52세에 급성 심장마비로 사망했다. 담배를 끊고 운동의 효과를 널리 알리려 애썼던 짐 픽스Jim Fixx였다. 픽스는 미국 사회에서 운동 혁명을 시작한 것으로 인정받고 있다. 일부는 그의 조기 사망을 둘러싼 아이러니한 상황을 놓고 운동에 관해 그가 평소 주장했던 메시지를 폄훼하기도 한다. 하지만 그건 옳지 않다. 이듬해 출판된 『두려움 없이 달려라 *Running Without Fear: how to reduce the risk of heart attack and sudden death during aerobic exercise*』에서 케네스 쿠퍼는 짐 픽스와 그의 아버지가 심장질환에 유전적으로 취약한 유형이었다고 지적했다. 그래도 담배를 끊고, 체중을 줄이고, 조깅을 해서 픽스는 자기 삶에 십 년을 더했을지도 모른다. 스탠퍼드 대학교에서 21년 동안 이어졌던 한 연구는 달리기 하는 사람이 그렇지 않은 다른 사람에 비해 더 길고, 더 건강하게 살아간다는 사실을 보여줬다. 『타임』은 이것을 "달리는 사람이 오래 산다joggers live longer"라고 표현했다.[1]

짐 픽스 시대 이후로 과학은 우리에게 필요한 운동을 정량화하는 연구에 착수했으며, 여러 정부기구는 "매주 150분 운동"을 권고했다. 이 정도로도 심혈관 질환, 심장질환, 비만, 고혈압 등 다양한 만성질환 예방에 도움이 된다. 하지만 운동의 양만 중요한 것은 아니다. 오늘날 과학은 얼마나 운동해야 하는지는 물론, 어떤 유형의 운동을 해야 하는지 그리고 나이에 따라서 어떻게 달라져야 하는지를 말해준다. 중요한 것은 활동 수준이다. 전문가들은 '격렬한' 운동(달리기, 자전거, 열정적인 춤 등)과 '적절한' 운동(걷기, 잔디 깎기, 사교댄스 등)을 구분해 설명한다.

영국의 NICE(National Institute for Health and Care Excellence, 국립임상연구원) 같은 공공의료 자문기구들은 지침을 내놓기 전에 건강 관련 문제에 대한 증거를 비판적으로 검토한다. NICE의 검토과정은 전문가와 실무자 그리고 시민 대표들이 모여 대답을 내놓아야 할 주요 질문을 선정하는 것부터 시작된다. 가령 어떤 연령 집단과 어느 정도의 강도 그리고 어떤 유형의 활동을 포함할 것인지 고려한다. 다음으로 자료 조사에 착수한다. 신체 활동 및 운동과 관련해서, NICE는 만 건이 넘는 과

**연령대에 따른 운동, 어떻게 할 것인가
(NHS 권고안 요약)**

▶ **5세 이하**

- 신체 활동은 태어나면서부터 하도록 한다. 특히 안전한 환경의 바닥이나 물에서 한다.
- 불편하거나 앉은 자세로 취하는 수면 시간은 최소한으로 줄인다.

▶ **5-18세**

- 매일 60분 이상 신체 활동을 해야 한다. 여기에는 자전거나 운동장 놀이처럼 적당한 활동에서 달리거나 테니스와 같은 격렬한 활동이 포함된다.
- 일주일에 3일, 근육과 뼈 강화 운동이 필요하다. 그네타기, 뛰거나 점프하기, 체조나 테니스 같은 스포츠 등

▶ **19-64세**

- 매주 150분 이상 자전거나 빨리 걷기와 같은 적절한 유산소 운동하기
- 이에 더하여, 일주일에 2일 이상 주요 근육(다리, 엉덩이, 등, 배, 가슴, 어깨, 팔)을 사용하는 근력 운동하기

▶ **64세 이상**

- 어떤 활동이라도 하지 않는 것보다 나으니 매일 신체 활동을 할 것. 가벼운 움직임이라도 많이 할수록 좋다.
- 일주일에 이틀 이상 힘과 균형감, 유연성을 높이는 운동하기
- 매주 150분 이상 적절한 강도의 운동을 하거나, 어느 정도 활동적이라면 75분 이상 격렬한 운동하기. 혹은 두 가지 모두 병행하기
- 앉거나 누워 있는 시간 최소화하기. 그리고 활동을 통해 움직이지 않는 시간을 줄이기

학 분야 출판물을 검토했다. 다음으로 증거를 검토하고, 여기에 비용 측면을 추가 고려한다. 다음으로 주제별 위원회는 그러한 검토를 바탕으로 대략적인 지침을 마련한 후, NICE 권고집행부가 최종 서명을 하기 전 엄격하고 포괄적인 논의를 위해 다시 공공 보건기구와 같은 이해관계자들이 가담한다. 이 단계에 이르면, 권고안 내용은 방대한 규모의 증거 자료에 기반을 두고 있다고 자신할 수 있다. 이는 분명한 지식의 보고다. 운동과 관련해 NHS(National Health Service, 영국 건강보험)가 채택한 권고안은 [상자 2.1]에 요약되어 있다.

이 조언은 분명 도움이 되지만 한 가지 빠진 것이 있다. 기대수명이 높아지고 신경퇴행 문제가 건강과 관련해서 걱정거리가 된 시대인데도 "신체 활동이 두뇌 건강에 주는 이익"에 관한 조언은 거의 없다는 부분이다.

▎꾸준한 운동은 노화 진행을 강력히 저지한다

신체 활동과 두뇌에 관한 초창기 연구 중 하나로 텍사스 대학교 연구원 워닌 스퍼두소Waneen Spirduso가 약 40년 전 텍사스 오스틴에서 수행했던 실험을 꼽을 수 있다. 스퍼두소는 네 집단(비활동적인 노년, 활동적인 노년, 비활동적인 청년, 활동적인 청년)을 대상으로 반응 시간과 특정 활동에서 움직이는 시간에 대한 테스트를 실시했다. 반응 시간은 나이에 따른 정신 능력과 운동수행 능력을 평가하는 주요 기준이다. 스퍼두소는 이 실험 과정에서 몇 가지 예상치 못한 발견을 했다.

첫째, 활동적인 노년의 성과(간단한 반응 테스트 및 운동 과제)가 비활동적인 노년의 성과보다 훨씬 더 높았다. 둘째, 놀랍게도 활동적인 노년의 성과는 비활동적인 '청년'의 성과와 비슷하게 나타났다. 다시 말해, 신체 활동과 관련된 '생활방식'은 두뇌 성과를 결정하는 데에서 나이 그 자체보다 더 중요한 요인으로 드러났다. 이러한 결과가 무엇을 의미할까? 습관에 따라 운동을 하는 중년의 경영자는 운동하지 않는 청년과 비슷한 혹은 더 나은 성과를 보여준다. 이 실험과 더불어 다른 연구 결과들은 규칙적으로 신체 활동을 하는 생활방식을 통해 노화를 늦출 수 있다고(일부는 되돌릴 수 있다고까지) 주장한다.

이후에 이뤄진 많은 실험이 이러한 주장을 검증했다. 특히 2007년 신체 활동이 고령자의 인지 기능에 미치는 영향에 관한 메타분석me-ta-analysis(이전의 다양한 연구 결과를 검토하고 대조하는 연구)은 스퍼두소의 혁신적인 연구 결과를 뒷받침했다. 미국의 두 과학자는 1966~2001년 동안에 이뤄진 18가지 종단 연구를 분석함으로써 다음과 같은 질문에 답하고자 했다. "유산소 운동은 대부분 앉은 채 생활하는 성인의 인지적 활력[명료함]을 높여주는가?" 대답은 확실히 '그렇다'였다. 그들의 결론은 앉아서 생활하는 성인의 사고 능력에 유산소 운동이 뚜렷하게 긍정적 영향을 미친다는 것이었다. 유산소 운동은 의사결정과 사고 속도, 기억력 등 모든 유형의 사고 기능을 개선하는 것으로 밝혀졌다. 그리고 여성을 위한 좋은 소식이 있다. 운동에 따른 효과는 남성 집단에 비해 여성 집단에서 더욱 뚜렷하게 드러났다는 사실이다.

결론적으로, 유산소 운동에 따른 심혈관 개선은 '시계를 거꾸로 되돌리는' 것으로 드러났다. 오늘날 과학은 어떻게 이런 일이 가능한지 밝혀내기 시작했다. 확인된 바에 따르면, 유산소 운동은 DNA 메틸화 methylation라는 과정을 통해 인간 게놈(인간의 완전한 DNA 집합)을 바꾼다.

DNA 노화 속도를 늦추거나 심지어 되돌리는 화학적 변화를 촉진한다는 뜻이다. 더 나아가, 건강한 노령자, 나약한 환자 그리고 경증 인지 장애 및 치매를 앓는 사람에 대한 종단적, 횡단적 연구 모두, 신체 활동이 노화에 따른 인지퇴행 및 신경퇴행적 질병을 예방하는 강력한 비약물적 방법이라고 주장한다.

두뇌 영상 또한 운동이 두뇌 구조에 긍정적인 영향을 미친다는 사실을 보여준다. 2011년 미국 국립과학연구소 보고서는 120명의 노령자 대상 연구를 인용했는데, 여기서 유산소 운동이 해마의 크기를 증가시켰으며, 이는 기억력 개선으로 이어졌다. 습관을 따라 운동을 할 때, 해마의 크기가 1년에 2퍼센트씩 증가하여 노화에 따른 위축 과정을 실질적으로 되돌렸다. 대부분 중년을 지나면서 해마의 크기는 매년 1~2퍼센트 줄어든다. 과학자들은 이러한 현상이 기억력 감퇴와 밀접한 관련이 있다는 사실을 밝혀냈다. 하지만 꾸준한 유산소 운동은 실질적으로 우리의 신경 기능을 보호한다. 이것이야말로 우리가 바라는 바다.

운동은 어떻게 두뇌를 단련하는가

유산소 운동이 기분 전환이나 인지 능력(사고 기술) 향상을 비롯하여 두뇌에 긍정적인 영향을 미친다는 연구 결과는 무척 많다. 이제 우리는 '어떻게' 이러한 일이 가능한지 조금씩 이해하고 있다.

인간은 고정된 수의 두뇌 세포를 갖고 태어나며, 25세부터 그 세포를 잃기 시작한다는 생각은 오랫동안 과학적 정설이었다. 하지만 이제 과학자들이 이러한 믿음에 도전하고 있다는 소식이 들린다. 실제로 새 두뇌 세포가 평생에 걸쳐 생성된다는 사실을 말해주는 연구 결과들이 나오고 있다. 두뇌 세포가 새롭게 생성되는 과정을 신경생성neurogenesis이라고 하는데, 이는 기억과 감정 통제에 중요한 역할을 하는 해마에서 일어난다고 알려져 있다.

여기서 끝이 아니다. "운동이 성인 두뇌에서 신경생성 과정을 촉진한다"라는 사실이 인지 신경과학계를 완전히 뒤집어놓고 있다. 나아가 운동 습관은 두뇌의 성장 요인, 즉 BDNF(brain-derived neurotrophic factor, 뇌유래 신경영양인자)를 강화하는 역할을 한다. BDNF는 기존 두뇌 세포를 유지하고 새 세포 성장을 자극하며, 뇌세포 사이의 연결(시냅스) 형성을 촉진한다. 그리고 이 모두는 두뇌가소성, 두뇌 손상에 대한 저항력 그리고 학습 및 인지 기능을 개선한다. 강화된 신경생성은 인지 기능(정신적 처리 능력) 개선과 관련이 있고, 새 뉴런 숫자의 감소는 노화 및 우울증과 관련이 있어 보인다. 이러한 생각은 아직 과학적으로 입증되지는 않았지만, 어느 나이대에서든지 운동 및 활동 수준을 높여 두뇌 건강을 개선할 수 있다는 이야기로 들린다.

운동이 시냅스와 신경전달물질에서 새로운 혈관 형성 및 포도당 관리와 같은 두뇌 신진대사에 이르기까지 다양한 두뇌 영역과 시스템에 영향을 미친다는 사실도 알고 있다. 기존 이론과는 달리 두뇌가 인슐린과 무관하게 체내 포도당 수치를 조절한다는 사실이 점점 더 많은 과학적 증거를 통해 밝혀지고 있다.

여기서 우리는 이러한 질문을 던질 수 있다. '운동하면 뇌를 통해 포도당 관리에 영향을 미칠 수 있는가?' 이 질문에 대한 대답은 '그렇다'이다. 우리가 운동하는 동안 두뇌는 더 많은 에너지를 요구하고, 이는 두뇌 세포가 포도당을 사용하는 것에서 다른 물질(가령 우리가 일상적으로 섭취하는 당분인 '젖산')을 사용하는 것으로 이동하게 한다는 사실을 알고 있다. 다시 말해, 운동은 근육(그리고 간)뿐 아니라 두뇌까지 훈련시킨다는 뜻이다. 게다가 이러한 과정은 양방향으로 이뤄진다. 즉, 운동하는 동안 두뇌는 체내 조직에 영향을 미치고, 이 조직은 다시 두뇌에 영향을 미침으로써 다양한 상호이익을 만들어낸다. 한 가지 사례로, 운동은 근육 세포로부터 아이리신irisin이라는 특수 단백질 분비를 촉진하며, 이는 다시 해마에서 BDNF 생성에 도움을 준다. 운동하면 신체 스트레스에 대한 저항력이 높아진다. 활동하는 근육에서 분비되는 아이리신은 스트레스 저항 시스템이 작동 중이라는 사실을 말해주는 중요한 '근육-두뇌' 신호다.

이러한 메커니즘은 사실 수백만 년이나 되었다. 진화 관점에서 볼 때, 간헐적인 달리기와 식량 결핍(비자발적 단식)은 두뇌에서 일어나는 "변화의 가장 강력한 동인"으로 작용했다. 우리 두뇌가 용량을 확장함으로써 신체 활동에 반응하고, 용량을 축소함으로써 비활동에 반응하고 에너지를 절약한다는 것은 이제 놀라운 사실이 아니다. 메시지는 분명하다. 두뇌는 최적의 건강과 기능 유지를 위해 전적으로 활동에 의존함을 보여준다. 이제 운동으로 두뇌 건강을 개선하는 데 무슨 일을 할 수 있을지 살펴볼 예정이다.

그전에 먼저 우리가 어디에 서 있는지를 확인해보자. 현재 이 땅에 살아 있는 대부분은 앞서갔던 이들보다 훨씬 더 오래 살 것이다. 최근 자료에 따르면, 1천만 명의 인구가 100세를 넘길 것으로 예상된다. 하지만 현대적인 생활방식은 당뇨병, 고혈압, 심장질환, 골다공증 증가와 더불어 노년의 삶을 퇴행과 질병의 세월로 바꿔놓았다.

질병이 노화의 자연적 결과라는 생각은 틀렸다. 절대 그렇지 않다.

우리는 자연스럽고 건강하게 늙어가야 한다. 실제로 많은 노인이 아무런 만성질환 없이 건강하게 살아가고 있다. 말년의 삶에서 신체적 비활동이 노화와 관련된 질환의 중요 원인이라는 사실을 보여주는 증거도 많다. 우리는 40, 50, 60 나이를 먹어가면서 너무 많이 먹고, 너무 많은 치료를 받고 그리고 너무 오래 앉아있는 경향이 있다.

믿기지 않는다면, [도표 2.1]을 보자. 이 그래프는 우리가 평생에 걸쳐 직장 생활 및 활동을 통해 얼마나 에너지를 소비하는지 보여준다. 에너지 소비는 45세 무렵부터 크게 떨어진다. 그리고 70대로 접어들면 완전히 게으르고 비활동적으로 된다. 플로리다 대학교 토드 마니니 교수는 이렇게 표현했다. "노화되면서 사람은 점점 더 움직이지 않는다."[2]

이러한 흐름을 되돌리려면 우리는 어떻게 해야 할까? 두뇌 건강에 관한 증거 자료를 들여다보면, 첫 번째로 '신체 활동'과 '의도적인 운동'을 구분하는 것이 중요함을 알게 된다. 신체 활동이란 근골격계가 수행하는 움직임으로 에너지를 요구한다. 다시 말해 모든 움직임은 신체 활동이다. 침대에서 일어나는 것도 신체 활동에 해당한다. 반면 '의도적인 운동'은 계획하고 구성하는 반복적인 움직임을 말한다. 그 목적은 신체 건강을 개선하고 유지하기 위한 것이다. 이러한 점에서 운동은 신체 활동의 하위 범주에 속한다. 일상적인 활동 수준을 높이고, 동시에 의도적인 운동을 실행함으로써 우리는 노화에 따른 신체적 비활동의 흐름을 역전시킬 수 있다.

이번 장에서 이미 살펴봤듯이, 우리는 높은 수준의 습관적인 활동을 유지하기에 적합한 신체를 물려받았다. 신체적으로 활동적인 생활방식은 두뇌 건강을 위한 실제적인 이익과 조화를 이룬다. 우리는 나이

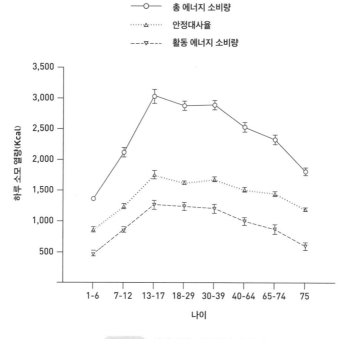

도표 2.1 연령대에 따른 에너지 소비

에 상관없이 행동을 변화시킴으로써 신체적으로 더 활발해질 수 있으며, 이를 통해 두뇌 건강을 개선할 수 있다는 것이 오늘날 노화 연구의 결론이다.

이 책 전반에 걸친 핵심 메시지 중 하나는, 두뇌 건강 개선에 너무 늦은 나이란 없다는 것이다. 전염병에 관한 연구 결과는 신체적으로 활동적인 삶을 살아가는 사람들은 오히려 '중년 이후'에 인지 퇴행 위험이 줄어든다는 사실을 보여준다. 또 다른 연구는, 앉아 있는 습관과는 반대로 신체 활동은 두뇌 퇴행 속도를 늦추고, 또한 나이가 들어가면서 발생하는 백질(두뇌 연결) 손상을 줄일 수 있다고 말한다. 백질 연결을 보호함으로써 11세 이후로 삶의 전반에 이르기까지 지능 수준을 유지하는 과정에 상당히(약 15퍼센트) 기여할 수 있다.

더 많이 움직이기 위한 행동 변화의 일부 사례는 다음과 같다. 운전 대신 걷기, 승강기 대신 계단 이용, 운전 시 최대한 멀리 주차하기, 요가나 춤, 정원 가꾸기 등 다양한 취미나 스포츠 즐기기 등등. 태도를 바꾸는 것은 결코 쉬운 문제가 아니다. 태도 변화는 원래 좀처럼 일어나지 않는다. 사실 우리는 웬만해서는 기존 방식을 바꾸려 하지 않는다. 신체 활동 수준을 높이기 위한 실용적인 방법에 대해서는 [상자 2.2]를 참조하자.

상자 2.2 **신체 활동: 실용 팁**

- 나에게는 무엇이 운동 동기가 되는지 생각해보자. 신체 활동을 강화하고 유지하기 위한 의미 있고 즐거운 방법이 있는가? 예를 들어 등산이나 강아지 산책 등.

- 다른 사람과 함께 실천하는 방법을 고려해보자. 이런 사회적 측면은 꾸준한 실천을 뒷받침하고, 그 자체로 두뇌 건강에 도움을 준다.

- 신체 활동을 위한 구체적인 계획을 세우자. 언제, 어디서, 누구와 함께 할 것인지 생각해두자.

- 장기적으로 도전과제를 제시하자. 예를 들어 (1) 평소 별로 활동적이지 않다면 느린 속도로 스트레칭을 하거나 걷기 시작하기, (2) 이미 걷거나 달리고 있다면 속도를 높이거나 거리 늘리기, (3) 열심히 달리고 있다면 근력과 지구력 훈련도 함께 시작하자.

- 끈기 있게 계속하기. 나이를 떠나 우리 몸이 높아진 활동 수준에 적응하려면 적어도 한 달 이상 시간이 필요하다.

의도적인 운동(빨리 걷기, 달리기, 자전거, 근력 운동, 그룹 운동 등)은 적절

한 강도라면 두뇌 건강에 도움을 준다. 예를 들어 심박수를 높일 정도로 충분히 빠르게 걷기, 근력 및 지구력 훈련(가령 프리웨이트나 스쿼트, 런지) 그리고 심박수를 높여주는 유산소 운동(자전거, 조깅, 달리기, 수영, 그룹 운동)이 그렇다. 여러 무작위 대조군 연구(과학적 연구의 표준으로 통한다)는 의도적인 운동을 실행하는 사람들이 두뇌 구조 및 기능에서 긍정적인 변화를 보여준다는 사실을 끊임없이 입증하고 있다. 비록 최근 공공보건 지침은 심혈관계 훈련에 집중하고 있지만, 일주일에 이틀 이상 근육 강화 운동을 포함, 매주 150분간 적절한 강도의 유산소 활동을 하는 것이 바람직하다. 두뇌 건강에 긍정적인 효과를 미치는 실용 팁은 [상자 2.3]에 정리했다.

상자 2.3 의도적인 운동: 실용 팁

- 즐겁게 할 수 있는 새로운 운동과 신체 활동에 도전해보자.
- 유산소 운동 외에 유연성과 균형감을 길러주는 근력 운동을 하자. 하나보다는 여러 가지가 더 낫다.
- 운동 프로그램을 짜는 데 도움을 주는 트레이너에게 조언을 구하자.
- 일상적인 신체 활동을 늘리는 방법으로 운동량을 보충하자. 승강기 대신 계단을 이용하거나, 자동차 대신 자전거를 타거나 걷자.
- 휴일이나 휴가 혹은 공휴일이 낀 긴 주말을 이용해서 운동 프로그램에 한두 가지를 추가하자.

이 모든 것을 실천한다고 해도, 우리가 반드시 기억해야 할 비밀이 남아 있다. 정말 중요하다.

┃ 건강에 가장 치명적인 습관

2005년 미네소타 메이요 클리닉의 제임스 레빈 박사는 운동의 효과와 관련해서 우리가 알고 있는 지식에 통찰을 더하는 혁신적인 논문을 발표했다. 단지 활동을 늘리는 것만으로는 충분하지 않다는 주장이었다. 레빈은 진정한 살인자는 '신체 활동 수준과 상관없이' 오랫동안 앉아 있는 습관이라고 지적했다.

앉아 있는 습관은 드러나지 않는 중독이다. 통근하는 사람들은 매일 자동차나 지하철 혹은 버스에 오랜 시간 앉아 있다. 근로자의 70퍼센트가량은 일주일에 5~6일씩 일곱 시간을 사무실 의자에 앉아 보낸다. 일어나는 것은 짧은 휴식을 취할 때뿐이다. 집에서도 우리는 앉아서 먹고, TV를 시청하고, 책을 읽는다. 외출해서도 레스토랑이나 술집, 영화관에 앉아 있다. 그리고 나갈 때나 들어올 때 운전을 하거나 버스나 지하철에 앉아 있다.

1950년 영국에는 160만 대의 자동차가 있었다. 그런데 지금은 3천 8백만 대로 늘었다. 대부분 사람이 일주일 동안 깨어 있는 119시간 중 30시간을 TV를 시청하며 보낸다. 서구 문화는 의자와 사랑에 빠졌다. 이러한 사실은 우리에게 전혀 좋은 소식이 아니다. 우리를 병약하게 만드는 이 사랑이 어떻게 시작된 걸까?

1700~1750년에 영국은 농업 경제가 기반이었고, 인구 6백만 명의 인구는 대단히 안정적으로 유지되었다. 당시 남성과 여성 모두 오랜 시간 육체노동에 종사했고, 아침 일찍 일어나 일터로 걸어가고 저녁에는 다시 걸어서 집으로 돌아왔다.

그로부터 150년이 흘러 20세기로 넘어가는 시점에도 영국 시골 지역은 대부분 똑같은 패턴을 따랐다. 플로라 톰슨은 『캔들포드로 날아간 종달새*Lark Rise to Candleford*』에서 우리 대부분이 한 번도 경험하지 못한 당시 생활방식을 아름답게 묘사했다. 톰슨의 3부작은 힘든 육체노동, 걸어서 다니는 장거리 이동, 느리고 보기 드문 커뮤니케이션 그리고 작은 일에 기뻐하는 삶을 촘촘히 그려냈다.

1750년에 영국은 약 110만 킬로그램에 달하는 목화를 수입했고, 그 대부분은 랭커셔 지역에서 가내 공업 방식으로 가공되었다. 그러다가 1787년 목화 수입은 1천만 킬로그램으로 급증했고, 그중 대부분은 기계를 통해 세척, 분류 및 가공되었다. 산업혁명이 시작된 것이다. 이와 더불어 도시가 성장했다. 1800년에 인구 7만 명이었던 버밍엄은 1850년에 30만 명으로 늘었다. 산업혁명으로 도시 이동 인구가 폭발했고, 그 이면에는 거대한 사회적 이동 시대에 더 많이 벌고 성공하기 위한 기회가 있었다.

대부분 삶은 여전히 힘든 육체노동에 시달렸지만, 그러한 중에도 지속적인 기술 변화와 더불어 점점 더 오래 앉아 있는 삶이 시작되었다. 이후 일터와 학교, 가정 그리고 공공장소는 점차 인간 움직임과 신체 활동을 '최소화하는' 방향으로 설계되었다. 이러한 변화는 두 가지 치명적인 영향을 미쳤다. 즉, 우리는 덜 움직이게 되었고, 더 오랫동안 앉아있게 되었다.

하나의 종으로서 인류의 생존은 움직임에 의존했고, 인간 신체와 두뇌 진화를 가동한 것 역시 움직임이었다. 신체적으로 고된 삶으로부터 신체적인 어려움이 거의 없는 삶으로의 이동은 불과 250년 동안 벌어진 일이었다. 이 기간은 인류가 생존해온 세월에 비해 극히 일부에 불과하다. 하지만 그사이에 우리는 앉아 있는 삶에 서서히 중독되었고,

이제 그 영향은 극단적인 방식으로 나타나고 있다.

이제부터 섬뜩한 진실을 이야기하겠다. 우리가 매일 운동한다고 해도, 그리고 권장되는 운동량 이상을 실천한다고 해도 지속해서 앉아 있는 습관은 신체 활동의 모든 장점을 상쇄시킬 수 있다는 것이다! 역설적으로 들리겠지만, 우리는 신체적으로 활동적이면서도 동시에 오랫동안 앉아서 생활할 수 있다. 이탈리아인 의사 베르나디노 라마치니가 17세기에 처음 언급한 이후, 앉아 있는 습관이 건강에 부정적인 영향을 미친다는 사실이 분명하게 밝혀진 것은 2005년 레빈의 연구를 통해서였다.

레빈은 칼로리를 거의 소모하지 않은 채 일상적으로 오랫동안 앉아 있는 행동을 "앉아 있는 습관"이라고 정의했다. 과학적인 용어로 설명하자면, 에너지 소비가 1.5 'MET' 이하에 해당하는 모든 활동은 앉아 있는 것에 해당한다. 여기서 1MET metabolic equivalent of task란 1분 동안 신체가 몸무게 1킬로그램당 3.5밀리리터의 산소를 태우는 속도로 칼로리를 소비하는 것을 말하며 신진대사 정도를 측정하는 단위다. 실질적인 에너지 소비량은 체중에 따라 다르긴 해도 MET 값은 모든 활동의 강도를 표시하는 기준이 될 수 있다. 예를 들어 수면은 0.9MET에 해당하는 활동이며, 가만히 앉아 있는 것은 1MET다. TV 시청은 1.3MET이며 쇼핑은 2.3MET, 느린 걷기는 3.6MET, 여유로운 자전거 타기는 4.0MET 그리고 섹스는 5.8MET에 해당한다. 달리기의 경우, 일반적인 조깅은 7.7MET이며, 1마일을 4분 이내 전력질주로 주파하는 경기는 23MET에 이른다.

앉아 있는 습관은 엄청나게 파괴적이며 우리 몸에 막대한 피해를 입힌다. 데이터 분석 결과는 하루에 앉아 있는 시간이 한 시간 더 늘수록 사망률이 2퍼센트 증가하며, 하루에 앉아 있는 전체 시간이 8시간을 넘을 때 사망률은 8퍼센트가 증가한다는 사실을 말해준다. 앉아서 지내는 생활방식은 지속해서 낮은 수준의 신체 활동과 더불어 심장병이나 고혈압, 당뇨, 비만 그리고 암을 포함하여 거의 모든 주요 만성질환의 위험성을 높인다. 더 오래 앉아 있을수록 건강에 대한 부정적인 영향은 커진다.

모든 관련된 연구 결과가 이를 입증한다. 이는 우리가 외면할 수 없는 과학적 진실이다. 그리고 모든 연령에 해당되기도 하다. 5~17세의 아동 및 청소년도 마찬가지다. 영국의 아동 및 청소년 중 적절하거나 격렬한 활동에 하루에 한 시간 이상을 보내는 비중은 10퍼센트도 채 미치지 못한다. 대부분 화면을 보면서 '활동'을 한다고 답했다.

테니스 대회 우승자들, 1920년

신체 활동에서 이익을 얻으려면 한계점을 넘어야 하는데, 그 기준은 대단히 높다. 오래 앉아 있는 생활방식에서 오는 피해를 상쇄하려면 적절하거나 격렬한 운동을 '매일 60~75분' 동안 해야 한다. 앉아서 지내는 생활방식은 필연적으로 아동 비만율 증가와 건강 악화 그리고 흥미롭게도 자존감 상실과 사회 활동 및 학업 성취도 하락으로 이어진다. 이러한 상황은 나이가 들어도 나아지지 않는다. 성인의 경우 TV 시청 시간과 일상적으로 앉아 있는 총 시간 그리고 자동차 안에서 보내는 시간은 심혈관계 질환을 비롯하여 실질적으로 모든 다른 질환에 따른 사망률 증가와 밀접한 관련이 있다. 1천 5백 명의 노인을 대상으로 한 최근 연구 결과는 하루에 10시간 동안 앉아 생활하면서 적절한 일상적인 운동을 40분도 하지 않는 이들의 신체와 건강 상태는 그들보다 8년은 더 나이든 사람의 상태와 같다는 사실을 확인시켜줬다.

이 분야를 탐구한 역사는 그리 오래되지는 않았지만, 그럼에도 앉아 있는 습관이 우리 몸에 어떻게 피해를 입히는지에 대해 충분히 많은 이야기를 들려주고 있다. 최근 연구 결과는 성인 TV 시청 시간(대부분 앉아서 시청한다)과 몸에서 일어나는 대단히 부정적인 건강 관련 변화 사이에 깊은 연관이 있다는 사실을 알려준다.

지방 증가(허리둘레 증가)와 함께, 굶을 때조차 혈류 내 지방이 증가했고(트리글리세리드 수치) 인슐린 저항성(인슐린 기능 저하로 포도당을 제대로 연소시키지 못하는 현상)이 높아져 혈당도 함께 상승했다. 인슐린 저항성 증가는 실질적으로 포도당에 대한 내성 감소를 의미하며, 이는 노화의 대표적인 특성이다. 이러한 변화는 우리가 더 오래 앉아 있을수록 근육을 덜 사용하게 되므로 일어난다. 그리고 이는 지방 분해와 트리글리세리드 제거 감소 그리고 포도당에 자극을 받은 인슐린 분비의 감소를 의미한다. 이 모든 변화는 건강에 해로우며, 건강에 도움을 주는 운동 효과와 별개로 나타난다. 우리가 움직이지 않을 때 단지 운동 화학 exercise chemistry만 느려지는 게 아니다. 비활동성은 그 자체로 우리 몸에서 대단히 해로운 화학적 변화를 독자적으로 일으킨다.

그리고 훨씬 더 걱정스럽게 하는 발견이 여럿 나오고 있다. 오랫동안 앉아 생활하는 습관은 '체내 염증'을 일으킨다. 1장에서 살펴봤듯이 염증은 노화의 신호다. 체내에 염증이 많을수록 신체는 더 빠른 속도로 노화된다. 즉, 더 오래 앉아 있을수록 더 빨리 늙는다. 앉아 있는 습관은 평생에 걸쳐 엄청난 영향을 미친다. 혈중 포도당 수치가 높아지면 염증을 촉발하고, 이는 체내는 물론 뇌동맥경화로 이어진다. 하루에 화면 앞에 앉아 있는 시간이 한 시간 늘 때마다 텔로미어tel-omere(DNA를 보호하는 염색체 말단 부위) 길이를 짧게 할 가능성은 7퍼센트씩 높아진다. 텔로미어 단축은 수명 단축과 밀접한 연관이 있다. 또한, 염증은 체내 지방세포에도 영향을 미쳐 저장된 지방이 체중 감소에 더욱 저항하도록 한다(이 과정은 'FATflammation'이라고 불린다).

칼로리를 줄이는 방법만으로는 이 문제를 해결할 수 없다. 해결책은 앉아 있는 습관이 유발하는 염증을 줄여서 장기적으로 활동 수준을 높이고 염증을 줄이는 식습관을 실천하는 것이다. 식습관에 관해서는 영양과 두뇌 건강을 다루는 5장에서 좀 더 자세히 살펴볼 것이다. 앞서 추천했던 규칙적인 유산소 운동이 혈액 속 염증 생체지표를 낮추는 것으로 드러나고 있다. 일상적인 신체 활동은 물론, 달리기나 조정 같은 지속적인 고강도 훈련(일주일에 두세 번, 약 한 시간 동안 심박 수를 최대치의 80퍼센트까지 끌어올리는 운동을 말한다)이 특히 염증 완화에 도움이 된다.

앉아 있는 생활습관이 우리 몸에 끼치는 피해를 고려할 때, 두뇌 역시 그와 비슷한 부정적인 영향에서 벗어날 수 있다고 기대할 수는 없을 것이다. 실제로 과학적인 증거는 그렇게 드러나고 있다. 연구 결과는 앉아 있는 습관이 알츠하이머의 전조라는 사실을 보여준다. 전 세계적으로 알츠하이머 사례의 약 13퍼센트가 활동 부족의 결과로 추정된다. 앉아 있는 시간을 25퍼센트 줄이면, 전 세계에서 약 1백만 건의 알츠하이머 질환을 예방할 수 있을 것으로 예측한다(현재 전 세계적으로 약 5천만 명이 알츠하이머 관련 질환으로 고통받고 있다).

다른 연구는 이러한 관계의 근간, 다시 말해 앉아 있는 습관이 기억과 관련된 두뇌 영역을 위축시킨다는 사실을 보여준다. 로스앤젤레스에 있는 캘리포니아 대학교 연구원들은 45~75세 35명을 대상으로 설문조사를 통해 그들의 평균 신체 활동 수준과 하루에 앉아 지내는 시간을 확인했다. 그러고 나서 고해상도 MRI로 그들 두뇌를 스캔해 새로운 기억 형성에 관여하는 두뇌 영역인 내측 측두엽MTL, medial temporal lobe 세부 이미지를 확인했다. 여기서 연구원들은 앉아서 지내는 습관과 내측 측두엽이 얇아지는 현상 사이에 '강력한 연관성'을 확인할 수 있었다. 내측 측두엽이 얇아지는 것은 중년 및 노년기에 나타나는 인지퇴행 및 치매의 전조 현상이기도 하다.

또한, 연구원들은 높은 수준의 신체 활동도 오랫동안 앉아 있는 습관이 내측 측두엽에 미치는 부정적인 영향을 상쇄하기에는 충분하지 않다는 사실도 확인했다. 비록 오래 앉아 있는 습관이 내측 측두엽을 얇아지게 한다는 직접적인 증거는 밝혀내지 못했지만, 연구 결과에 따르면 오랜 시간 앉아서 생활하는 사람의 내측 측두엽이 더 얇은 경향이 있었다. 그리고 이러한 경향은 위험에 대한 중요한 경고 신호다.

┃ 의자와의 전쟁을 선포하라

고맙게도 과학은 또한, 앉아 있는 습관이 미치는 치명적인 영향에 어떻게 맞서야 할지까지 우리에게 알려준다. 이는 세 단계로 생각해볼 수 있다.

첫 번째 단계는 메시지를 받아들여야 한다. "가만히 앉아 있는 것은 내 몸에 좋지 않다." 일단 이 메시지를 받아들이면, 우리는 변화에 도전할 동기를 부여받게 되고, 삶에 근본적이고 지속적인 영향력을 행사한다. 간단하게 말해, 의자에 전쟁을 선포하라는 말이다.

두 번째 단계는 앉지 않기 위해 유연한(현실적으로 유지할 수 있는) 계획을 세우는 것이다. 명심하자. 중요한 것은 하루 실천이 아니라 매일의 실천이다. 이를 위해 먼저 자신이 매일 앉아 있는 시간을 측정해보자. 주중과 주말 하루를 선택해, 스톱워치를 가지고(대부분 스마트폰에 이 기능이 있다) 자신이 하루에 얼마나 오랫동안 앉아 있는지 확인하자. 그리고 이러한 확인 작업을 몇 주 동안 반복하자. 자신이 앉아 있는 시간의 평균을 구했다면, 다음 4주에 걸쳐 그 시간을 '20퍼센트 줄이는' 목표를 세우자.

마지막으로 세 번째 단계는 '일일 작전 계획'을 실행에 옮기는 것이다. 먼저 서 있을 수 있을 때는 앉지 않는 것을 원칙으로 삼자. 쉬워 보이지만 결코 쉬운 게 아니다. 우리 사회 전반이 앉아서 뭔가를 하도록 조직되어 있기 때문이다. 하지만 최근 많은 사무실이 입식 책상이나 높이 조절이 가능한 책상으로 바꾸고 있다. 서 있을 수 없다면, 앉아 있는 시간을 한 번에 최대 1시간 이상 넘기지 말자. 45분이나 50분마다 10분간 휴식을 취하면서 몸을 움직여보자. 그동안 화장실에 가거나 차를 마시고 혹은 계단 오르내리기로 심박수를 높일 수 있다. 휴식 시간을 즐겁고 의미 있는 시간으로 만들자. 그리고 그 시간을 동료와 잡담을 나누거나 커피 혹은 차를 마시는 것처럼 즐거운 일과 통합하자. 의지에만 의존한다면 머지않아 나가떨어질 것이다. 어쨌든 우리는 이러한 변화를 계속 이어나가야 한다.

상자 2.4 의자와의 전쟁

▶ **단계 1: 심각성 인식하기**
- 앉아 있는 것은 드러나지 않는 중독이다
- 앉아 있는 것은 건강에 나쁘다
- 하루 한 시간 더 앉아 있을수록, 사망률은 2퍼센트 증가하고, 하루 8시간 이상이면 사망률은 8퍼센트 증가한다
- 너무 오랫동안 앉아 있으면 운동 효과도 사라진다
- 운동만으로는 앉아 있는 습관이 주는 부정적인 영향을 상쇄하지 못한다
- 알츠하이머 사례의 13퍼센트는 활동 부족의 결과로 추정된다

▶ **단계 2: 앉지 않기 위한 유연한 계획 세우기**
- 자신이 하루에 얼마나 오래 앉아 있는지 확인하기
- 4주 동안 그 시간을 20퍼센트 줄이기
- 유연하고 관대할 것: 어떤 날은 목표에 도달하지 못하겠지만, 그렇다고 중단하지 않기

▶ **단계 3: 일일 작전 계획을 실행하자**
- 앉지 말자: 가능하다면 언제 어디서나 서 있자
- 한 번에 한 시간 이상 앉아 있지 말자
- 휴식 시간을 즐겁고 의미 있는 시간으로 만들자
- 가능하다면 집단의 일원으로 함께 일하자

우리는 이러한 '즐거움의 원칙'을 세계적으로 유명한 러프버러 대학교의 스포츠 과학연구소에서 실행한 실험에서 분명하게 확인한다. 연구원들은 젊은 성인을 대상으로 등받이에 기대지 않고 얼마나 오랫동안 가만히 앉아 있을 수 있는지 테스트했다(이 자세를 취해보면 얼마나 고통스러운지 이해할 것이다). 다음으로 점심을 먹기 전, 이들을 두 집단으로 나누고 30분 동안 앉아서 설문조사를 하도록 했다. 그리고 그동안 한 집단에게는 따뜻하고 맛있는 향기가 나는 도너츠 접시를 보여주면서 이를 먹지 못하도록 했다.

반면 다른 집단(대조군)에는 그러한 유혹을 제시하지 않았다. 그리고 바로 다음으로 두 집단 모두에게 다시 한번 등받이에 기대지 않고 앉아 있게 했다. 그 결과, 놀랍게도 도너츠 향의 유혹을 받았던 집단의 절반 이상은 그 자세를 제대로 유지하지 못했다. 그들은 의지력이 담긴 제한된 창고에서 모든 에너지를 써버렸던 것이다. 심리학자들은 이를 '자아 고갈의 방해 효과hindering effects of ego depletion'라고 부른다.

이러한 결과가 우리에게 주는 메시지는 무엇일까? 의지력은 대단히 중요하지만 그 양은 제한되어 있다는 것이다. 그러므로 어떤 행동을 지속해서 유지하려면 '즐거움 보상'을 효과적으로 활용해야 한다.

마지막으로 혼자 하려고 애쓰지 말자. 가능하다면 집단(가족, 친구, 동료) 일원이 되어 같은 목표를 향해 함께 노력하자. 부모라면 자녀에게 소파에 누워 있지 말고 나가서 놀라고 할 수 있다. 하지만 우리는 모두 나이를 떠나 똑같이 노력해야 한다.

속옷 실험

이러한 단순한 변화가 가져오는 힘을 믿지 못하겠다면, 메이요 클리닉에서 실행했던 유명한 '속옷 실험'에 주목해보자. 과학자들은 스무 명에게(열 명은 말랐고, 열 명은 스스로 뚱뚱하다고 여긴 과체중이었다) 특별하게 설계된 속옷을 입도록 했다. 상의는 러닝셔츠 혹은 라이크라 브래지어였고 하의는 앞과 뒤가 트인(그래서 바지를 내리지 않고도 볼일을 볼 수 있는) 이상하게 생긴 반바지였다. 왜 그렇게 만들었을까? 옷에 부착된 운동 감지 센서가 대단히 민감했기 때문이었다. 피실험자들은 1년 중 따로 구분된 열흘에 해당하는 3번의 기간에 종일 그 속옷을 입었다. 단, 샤워하거나 새 세트로 갈아입기 위해 하루 15분 동안만 벗는 것이 허용되었다. 그동안 피실험자들이 먹는 음식 또한, 엄격하게 통제되었다. 이러한 고충을 감안해 연구원들은 피실험자들에게 각각의 열흘 마지막에 2천 달러를 보상으로 지급했다. 즉, 실험 참여자들은 각각 6천 달러를 받을 수 있었다. 연구원들은 보조 요원을 150명까지 동원해 각 피실험자의 움직임에 관해 2천 5백만 건에 달하는 데이터를 수집했다.

그 결과 연구원들은 무엇을 발견했을까? 과체중인 사람들은 가만히 앉아 있는 성향이 강했던 반면, 마른 사람들은 가만히 있지 못하면서 하루 두 시간 이상 서 있었고, 이리저리 서성이며 돌아다녔다. 놀랍게도 움직임 습관에서 드러난 이러한 차이는 하루에 약 350칼로리 차이를 가져왔으며, 이는 연간 14~18킬로그램의 체중 감소를 나타내기에 충분한 열량이었다. 실험하는 동안 피실험자 모두 체육관은 한 번도 가지 않았다. 연구원들은 움직이지 않으려는 경향이 비만으로 이어진다고 결론을 내렸다(그 반대가 아니라).

이 연구 결과에서 어떤 메시지를 얻을 수 있는가? 이와 관련해서 우리는 『사이콜로지 투데이』의 한 기사를 통해 명확한 설명을 확인할 수 있다.

> 부산하게 움직이는 사람이 움직임을 멈추는 것보다 그렇지 않은 사람이 부산하게 움직이기 시작하는 게 더 힘들 것이다. 만일 당신이 부산하게 움직이는 사람이라면, 그것을 참을성 없고, 정신없는 것과 연관 짓지 말고, 하나의 긍정적인 특성으로 볼 필요가 있다. 그리고 움직임이 적다면, 좀 더 많이 움직이고, 자주 휴식을 취하면서 1-2분간 책상 주변을 돌아다니거나 스트레칭을 하고 혹은 팔다리를 움직이는 방법을 시도해보는 것이 좋겠다.[3]

이쯤 되면 드는 의문이 있다. "여기에 소개한 조언을 모두 따르면 내 두뇌가 더 건강해진다는 보장이 있는가?" 이 중요한 질문에 두 가지 답을 내놓을 수 있다.

첫 번째, 지금까지 이뤄진 모든 과학적인 연구 결과를 보면 신체 활동 수준을 높이는 수년간에 걸친 장기적이고 지속적인 변화는 분명하게도 두뇌 건강을 개선할 가능성을 높인다는 사실을 말해준다. 여기에는 두 가지 중요한 주의사항이 있다. (1) 높아진 신체 활동 수준은 다른 중요한 생활방식 변화와 통합되어야 한다. 즉, 중요한 것은 하루 활동이 아니라, 평생에 걸쳐 매일 하는 활동이다. (2) 과학에서 '보장한다'고 말할 때, 대단히 신중해야 한다. 아무도 예측하지 못하는 소위 '무작위 사건'도 자주 발생하기 때문이다. 이러한 주의사항을 감안한다면 (두뇌 건강을 포함해) 미래 행복은 우리에게 도움이 되는 수치를 최대한 높이

쌓아나가는 노력에 달렸다. 그리고 신체 활동은 그러한 수치를 높여주는 중요한 요인이다.

두 번째 대답은 1장에서 소개했던 핀란드의 핑거FINGER 연구와 관련 있다. 이 연구는 생활방식을 바꿈으로서 인지퇴행 위험을 낮추는 가능성을 보여준 대표적 사례였다. 다시 요약하자면, 핑거 실험은 생활방식과 관련된 다양한 요인에 개입함으로써 위험군에 속하는 고령자의 인지퇴행을 예방할 수 있음을 보여준 최초의 무작위 대조군 연구였다. 연구원들은 2년 동안 2천 5백 명을 대상으로 연구를 진행한 끝에 생활방식의 특정 측면을 수정하면 평생에 걸쳐 인지퇴행 위험을 30퍼센트나 줄일 수 있음을 보여줬다. 이 연구의 강점은 식습관과 혈관 위험 그리고 신체 활동을 포함하여 다양한 요인에 주목했다는 사실에 있다.

다시 한번 주의할 부분이 있다. 그 발견이 유용하고 긍정적이기는 하나, 사실 핑거는 단지 하나의 연구 사례에 불과하다. 즉, 두뇌 건강을 위한 지침은 아직 불완전하며 계속 개선되고 있음을 말해준다. 어떤 유형의 운동이 더 나은지 확실하게 조언할 수는 없다고 해도, 활동이 부족한 사람이 활동량을 늘리면 두뇌 건강에 도움이 된다는 사실은 분명하다.

더 나아가, 최근 증거에 따르면 비활동적이거나 앉아서 생활하던 사람이 운동 프로그램을 시작하면 이미 활동적인 사람이 새로운 운동을 시도하거나 운동량을 늘리는 것보다 더 많은 도움을 받는다. 새롭게 시작하는 사람에게서는 개선 효과와 변화 속도 증가가 더 뚜렷하게 나타나기 때문이다. 특히 혈관 내부에 발생하는 염증 감소에는 더욱 그렇다. 두뇌 건강을 위해 어떤 유형의 운동이 가장 좋은지 짚어주는 연구가 지금 당장 충분하지는 않다고 해도, 사람들이 일터 혹은 여가 시간에 하는 운동 유형과 횟수, 기간과 강도를 검토해보고, 그것을 어떻게 늘리거나 바꿀 수 있을지 고려해야 한다고 조언할 정도의 증거는 이미 충분하다. 결론적으로, 의도적인 운동을 포함하는 모든 신체 활동이 두뇌 건강에 긍정적인 영향을 미친다고 결론 내릴 수 있다.

▌ 블루존으로 돌아가자

블루존에서 살아가는 100세 노인들은 마라톤, 운동 강좌, 개인 트레이너, 헬스클럽 회원권 등 우리가 운동에 집착하는 모습을 보며 아마도 코웃음을 칠 것이다. 그들 대부분은 염소나 양을 키우고, 농사를 짓는 등 전통 직업에 종사하면서 오랫동안 걸어 다닌다. 심박수는 전반적으로 높은 상태이지만 극단적으로 치솟지는 않는다. 그리고 정신 기능은 퇴행하지 않고 그 자리를 지킨다. 또한, 가족 및 공동체와 가까운 거리에서 살아간다. 반면 오늘날 우리의 비활동적인 생활방식은 자신감을 떨어뜨리고, 에너지를 고갈시키고, 쉽게 짜증이나 화를 내도록 만든다. 그리고 가족을 비롯하여 다른 사람과 함께 시간을 보낼 기회를 앗아간다.

오늘날 많은 이들이 외로워하고 자신이 뒤쳐져 있다고 느낀다. 6장에서는 이 문제를 보다 집중적으로 살펴보겠다. 그 전에 먼저 우리가 의식하지 못하는 '두 번째 뇌'를 들여다보도록 하자.

3장

내 몸 안에 다른 뇌가 있다

한 편에 두 남자가 서 있다. 한 사람은 미국 TV 퀴즈 프로그램, 〈제퍼디〉에서 74번 연속 우승한 켄 제닝스이고, 다른 한 사람은 역시 같은 프로그램에서 총 324만 달러를 상금으로 받은 브래드 러터였다. 그 반대편에는 '왓슨Watson'이라는 기계가 놓여 있다. 왓슨은 리눅스 기반의 자연어 프로세서 시스템으로, IBM의 최고 연구원 25명이 4년에 걸쳐 개발한 결과물이었다. 2011년 2월 14일, 이 이상한 조합의 두 상대가 〈제퍼디〉 특별편에서 맞붙었다. 문제는 일반 상식 퀴즈였는데, 방식은 반대였다. 참가자는 주어진 답변을 먼저 보고 실마리를 찾아 그에 맞는 적절한 질문을 알아내야 했다. 이 경쟁에서 승리는 결국 왓슨에게 돌아갔고, 『PC월드』 잡지는 그것을 '완패'라고 선언했다.

왓슨 뒤에는 8개의 코어 프로세서가 탑재된 서버(IBM Power 750 Express)들이 있었고, 왓슨 한 대당 네 대의 서버가 있었기 때문에 총 32개 프로세서가 그 시스템을 가동하고 있었다. 총 처리 용량은 80테라플롭으로, 1테라플롭은 1초당 1조 회 연산 작업을 수행한다는 뜻이다. 저장 용량은 15테라바이트에 달했다. 왓슨 개발자 토니 피어슨은 인간 두뇌가 약 1.25테라바이트 데이터를 저장할 수 있고, 약 100테라플롭 속도로 작업을 수행한다는 미래학자 레이 커즈와일의 말을 인용하면서 이렇게 선언했다. "왓슨은 80퍼센트 인간이다."

사실 왓슨은 인간과는 거리가 먼 존재였다. 한 번에 질문 하나만 처리할 수 있었다. 반면 인간 경쟁자들은 염분과 수분을 조절하고, 호흡하고, 심박 수와 혈압을 조절하고, 균형을 유지하고, 무의식을 통제하는 등 생존에 필요한 과제를 수행하면서 동시에 용기까지 내야 했다. 1년 뒤 왓슨은 '디베이터Debater'라는 이름의 새로운 기계로 모습을 드러냈다. 이는 까다로운 주제에 대해 토론을 할 수 있는 최초의 인공지능 시스템이었다. 100억 개에 달하는 문장으로 구성된 데이터베이스로 무장한 디베이터는 2019년에 세계 토론 챔피언십 결승 진출자이자 2012년 유럽 토론 챔피언인 하리쉬 나타라얀Harish Natarajan을 상대로 토론 시합을 벌였다. 결과는 디베이터의 '패배'였다. IBM이 내놓은 최신 첨단 장비도 창조성과 상식, 언어, 공감 능력을 필요로 하는 다양한 과제를 동시에 수행하는 시합에서는 인간의 적수가 되지 못했다. 인간은 디지털로 전환할 수 없거나 알고리즘으로 설명할 수 없는 과제에서 여전히 기계보다 훨씬 더 우월하다. 스티븐 호킹 박사는 인공지능이 인류 생존의 최대 위협이라고 주장했지만, 오늘날 컴퓨터는 여전히 직접 명령을 받아 움직인다. 게다가 혼자서 하는 학습은 이제 막 시작되었을 뿐이다.

결정적인 차이점은 다름 아닌 '에너지 효율성'이다. 최신 컴퓨팅 기술은 어마어마한 자원을 기반으로 가동된다. IBM 왓슨은 약 75만 와트의 전력을 소비했다. 엑스터에 위치한 영국기상청이 사용하는 영국 최대의 슈퍼컴퓨터는 24시간 동안 도시 전체와 맞먹는 에너지를 소비한다. 반면 인간 두뇌는 '겨우 12와트'만 소비한다. 60와트 전구가 방출하는 에너지의 5분의 1밖에 되지 않는다. 그럼에도 두뇌는 어쨌든 우리 몸에서 에너지를 고갈시킨다. 사실 인간 두뇌는 어떤 영장류의 뇌보다 게걸스럽다. 이러한 사실은 인류 진화 과정에서 중대한 문제였다. 세상 살아가면서 에너지를 얻는 것이야말로 가장 중대한 과제이니까. 그것은 적자생존의 기반이기도 하다. 그렇다면 인류는 가장 중요한 이 문제를 어떻게 해결했을까?

▌인류가 발견한 엄청난 경쟁력

백만 년 전, 새 기술이 등장하면서 인류 문화와 진화 과정을 획기적으로 바꾸었다. 우리 선조는 이 기술을 통해 에너지를 더 많이 활용할 수 있게 되었다. 그리고 그 과정에서 두 가지 중요한 진화적 발전이 이뤄졌다. 그것은 두뇌가 엄청나게 커지고, 내장 크기는 그만큼 감소한 것이다. 여기서 새 기술이란 '요리'를 의미한다. 그중에서도 특히 '고기 요리'였다. 요리는 인간 두뇌가 진화하는 과정에서 대단히 중요한 요인으로 작용했다.

첫째, 요리는 신진대사를 위해 더 많은 에너지를 사용할 수 있도록 했다. 두뇌는 에너지 관점에서 대단히 값비싼 장기다. 무게는 전체 체중의 2퍼센트에 불과하지만, 에너지 소비율은 20퍼센트를 차지한다. 침팬지나 원숭이 같은 다른 영장류는 그 비율이 약 8퍼센트에 불과하다. 고기는 높은 에너지를 선사하지만, 날것으로 소화하기는 상당히 힘들다. 그런데 요리는 고기의 조직을 분해하고 소화를 더 쉽게 만들어줌으로써 에너지 가용성을 높인다.

둘째, 요리는 인간 내장의 크기가 줄어들게 했다. 에너지 수준이 낮은 식물을 엄청나게 많이 먹어치워야 하는 짐을 덜게 되면서, 인간은 주로 식물을 섭취했던 선조에 비해 상대적으로 내장이 빈약한 형태로 진화했다. 오늘날에도 여전히 수렵채집 방식으로 살아가는 부족들을 보면, 구성원 중 70퍼센트 이상이 에너지 섭취를 위해 절반 이상 고기에 의존한다. 당연하게도 고기는 인간 두뇌의 진화 과정에서 뚜렷한 역할을 했다. 인간은 '잡식성omnivore'이면서 동시에 '음식을 요리해서 먹는cocktivore' 동물이다. 이는 치아 배열만 봐도 알 수 있다.

요리는 두 가지 측면에서 인간 진화에 기여했다. 요리는 인간이 지구의 모든 서식지에 성공적으로 이주할 수 있도록 도움을 주었다. 다른 지역에 성공적으로 이주하려면 새로 만난 식량 환경을 이용할 줄 아는 능력이 핵심이다. 이때 요리는 인류에게 엄청난 경쟁력을 선사했다. 요리하지 않으면 소화시킬 수 없는 것 중 많은 부분을 요리는 식량으로 전환시킨다. 인간은 무엇을 발견하든 간에 요리해서 먹을 수 있었다. 인간의 사회적 삶에서 요리는 대단히 중요하고, 문화적 차원에서 구성원을 함께 연결하는 활동이 되었다(지금도 마찬가지다).

또한, 요리는 인류를 수렵채집 생활방식에서 다른 절반인 채집gathering 단계로 데려다줬다. 인류가 한편으로 사냥을 통해 필수적인 에너지 원천을 확보했다면, 잎과 열매, 뿌리, 씨앗 채집은 또 다른 필수적이고 다양한 자산이었다. 인류가 적어도 십만 년 전부터 곡물을 먹었다는 증거가 있다. 인간 내장이 곡물을 소화하도록 진화하기에 십만 년은 충분히 긴 세월이었다. 통곡물 섭취는 인간에게 대단히 자연스러운 일이었다. 구석기 시대에 사람들이 먹었던 음식은 오늘날 수많은 현대인이 일반적으로 섭취하는 협소한 서구식 음식에 비해 훨씬 다양했다. 인류는 그처럼 다양한 원천을 통해 비타민 그리고 미네랄과 같은 미량 영양소를 섭취했고, 이러한 영양분은 모두 두뇌 신진대사 발달을 촉진했다. 채집은 단지 부수적인 에너지 원천만은 아니었다. 사냥은 '불확실한' 비즈니스다. 종종 실패로 끝난다. 그럴 때 채집가(주로 여성)들은 힘든 시기를 버텨내기 위해 비상 에너지를 공급했다.

진화 여정은 일방통행 길은 아니었다. 모든 조직이 두뇌 개발을 위해 각자 자기 몫을 해냈다. 두뇌 발달에 들어가는 높은 에너지 비용을 충당하기 위해 인간은 내장, 즉 체내 일부 기관의 크기를 줄이는 방식으로 대응한 것이다. 내장이 두뇌를 개발했던 것처럼, 두뇌도 내장을 다시 개발했다. 그리고 더 나아가, 두뇌와 장기를 연결하는 전용 커뮤니케이션 라인이 개설되었다.

▎내장은 두 번째 뇌다

고질라는 오랫동안 영화에서 누구도 제압하기 힘든 괴물로 그려져 왔다. 그런데 고질라에게는 치명적인 약점이 있었다. 고질라의 뇌는 두 개인데, 그중 하나는 신기하게도 몸통과 꼬리가 만나는 지점에 들어 있었다. 이것이 고질라를 무찌를 수 있는 비밀이었다.

인간 역시 두개골 내부와 함께, '몸 안에' 또 다른 뇌를 갖고 있다. 그 뇌는 5억 개의 뉴런으로 이뤄져 있으며, 20가지 다른 유형의 신경세포와 다양하고 복잡한 '초소형 회로'로 구성되어 있다. 말하자면 이것이 바로 우리의 고질라 뇌다. 이 뇌는 음식물이 몸에 들어오는 것을 감시하고 맛과 질감, 상태를 기록한다. 또한, 소화도 관장한다. 음식물을 분해하고 장기를 통과하게 하고 분해된 음식물을 흡수하고 잔여물 배출과정을 관리한다. 그 과정 일부는 물론 만족스럽지 않다. 이때 두 번째 뇌는 두뇌와 계속 의사소통을 한다.

우리는 내면에서 무슨 일이 일어나는지 그리고 사회적으로 어떻게 행동해야 하는지에 대해 끊임없이 의식적으로 결정한다. 혀가 인식하는 네 가지 맛 또한 생존을 위해 개발되었다. 짠맛은 신경 시스템의 전기적 기능에 필수적이며, 단맛은 칼로리의 지표다. 그리고 쓴맛과 신맛은 식물 독소로부터 자신을 보호하려는 경고 신호다. 이러한 점에서 맛과 보상 그리고 에너지는 온전히 생존을 위한 도구다. 음식물과 섭취에 관한 우리의 행동은 심리학과 생리학의 복잡한 분야에 해당하며, 이 책의 범위를 훌쩍 넘어선다. 다만 여기서는 두뇌와 내장은 함께 정교한 통제 시스템을 이루어 섭취한 음식물을 소비하고 관리한다는 사실 정도만 알아두자.

두 번째 뇌는 내장의 가장 주변부(소화 과정이 끝나는 결장)에서 두뇌 시스템(포만과 만족 중추)에 이르기까지 그리고 무의식적 변연계(탐닉)에서 뇌 반구(섭취 행동의 의식적 통제)에 이르기까지 걸쳐 있다. 또한, 그 뇌에는 다이어트를 하는 사람들이 가장 두려워하고 미워하는, 체중 변화를 제어하는 자동조절장치가 들어있다는 연구 결과도 있다.

'속이 뒤틀리는Gut wrenching', '직감으로 알 수 있어I feel it in my gut.', '그만 좀 투덜대Stop belly-aching', '속이 메스껍다Butterflies in the stomach'와 같은 다양한 일상 표현들은 내장에 있는 고질라 뇌와 머릿속에 있는 두뇌 사이에 커뮤니케이션 시스템이 존재한다는 사실을 말해준다. 과학자들은 이러한 시스템을 일컬어 '내장-두뇌' 축이라고 부르며, 이는 우리의 건강과 행복에 무척 중요한 역할을 한다. 두뇌에서 내장으로 이르는 주요 신경경로는 미주신경vagus nerve이다. 이 용어는 라틴어 '바구스vagus'에서 유래되었는데, 이는 '돌아다니다' 혹은 '머무르다'라는 의미다. 그것은 미주신경이 다양한 내장 기관을 위해 일하기 때문이다. 이러한 거대한 뇌신경cranial nerve(척수를 제외하고 체내에서 가장 크다) 안에서 개별 신경 섬유의 80~90퍼센트는 두뇌와 내장 사이의 메시지에 전적으로 집중한다.

그리고 더 놀라운 소식이 있다. 이러한 상호연결 신경에서 '두뇌에서 내장으로' 메시지를 전달하는 역할은 10퍼센트 정도에 불과하고, 오히려 나머지 90퍼센트는 '내장에서 두뇌로' 메시지를 전달한다는 것이다! 즉, 고질라 뇌는 자기 내부에서 무슨 일이 일어나고 있는지 자신에게 말해준다. 눈과 귀, 손가락 혹은 피부만 생각하지 말자. 내장이야말로 우리 몸에서 가장 거대한 감각기관이다.

몸 안에서 일어나는 일은 대단히 중요해서 메시지 전달 시스템은 초단위로 내장에서 시상으로 정보를 전달한다. 그리고 메시지가 임계점에 도달하면, 그 메시지는 피질로 전달되어 편안하거나 불편한 느낌을 생성한다. 그리고 이러한 느낌들 사이의 미세한 50가지 단계는 감정 상태에 영향을 미친다.

그리고 두뇌의 가장 중요한 메신저 물질 중 하나안 '행복 호르몬' 세로토닌은 두뇌에서만 만들어지는 것이 아니다. 놀랍게도 전체 세로토닌의 약 90퍼센트는 내장에서, 정확하게 말해 장내 미생물상microflora 혹은 미생물군microbiota이라고 알려진 수조 마리의 박테리아 속에서 생성된다. 세로토닌은 감정 상태에 영향을 미치는 대단히 중요한 물질이다. 즉, 나쁜 음식은 나쁜 기분을 만든다.

이 모든 복잡성과 관련해 우리는 이러한 질문을 던지게 된다. "도대체 왜 고질라 뇌를 진화시키면서까지 그처럼 강력한 상호작용 시스템이 필요하단 말인가?"

▌내장이 에너지를 확보하는 방식

에너지를 얻고 사용하는 것은 인간을 포함해 자연 세계를 살아가는 모든 생명체를 움직이게 만드는 공통적인 이유다. 독립영양생물auto-troph이라고 하는 생명체는 에너지를 '공짜'로 얻고, 이를 활용해 살아 있는 물질을 만들 수 있다. 이들 생명체는 인간이 속한 생물권의 모든 생태계에서 먹이사슬의 근간을 이룬다.

독립영양생물은 햇볕처럼 주변 환경에서 에너지를 흡수하거나(녹색 식물), 유황과 같은 무기 화학물질을 흡수해(박테리아) 포도당과 같은 에너지가 풍부한 혹은 '고도로 환원된' 유기 분자를 만들어낸다('유기organ-ic'란 탄소 원자에 기반한다는 의미다). 반면 인간은 '종속영양생물heterotroph'로 에너지를 스스로 만들어내지 못한다. 그래서 우리는 (녹색 식물 같은) 독립영양생물을 섭취하거나 그런 생물을 먹고 사는 다른 유기체(동물)를 소비함으로써 간접적으로 에너지를 얻는다. 우리가 섭취하는 음식물은 주로 '고도로 환원된' 혹은 에너지가 풍부한 거대 유기물인 탄수화물, 지방, 단백질로 구성되어 있다.

여기서 소화 시스템, 즉 내장의 주요 목적은 대단히 단순하다. 우리가 이러한 거대 분자를 섭취하면 내장은 이를 혈액으로 흡수하기에 충분히 작은 분자로 분해한다. 그리고 혈액은 이를 다시 온몸 구석구석을 돌면서 배분함으로써 다양한 세포가 에너지를 얻을 수 있도록 한다. 이러한 분해 과정, 즉 소화는 화학 용어로 '가수 분해'(말 그대로, '물에 의한 분해')라고 하는데, 체내의 따뜻한 온도에서조차 그 과정은 대단히 느리게 이루어지기에 우리의 에너지 수요를 제대로 따라잡지 못한다. 그러므로 '효소'라는 강력한 촉매제를 활용해 거대 음식물 분자의 분해 속도를 높이는 작업을 한다.

효소는 소화 시스템의 세포 내부에서 만들어지며, 음식물이 내장을 통과할 때 해당 음식물 속으로 분비된다. 소화 과정을 통해 분해된 미세 분자들은 체내 세포로 이동하고, 세포는 산소를 이용해 이들 분자를 '연소'함으로써 에너지를 방출한다. 그리고 이러한 에너지를 다른 장기보다 더 많이 소비하는 기관이 바로 두뇌다.

1543년 해부학자 안드레아스 베살리우스가 내장에 대한 정확한 도해를 발표한 후 300년이나 지나면서도 과학자들은 내장이 어떻게 움직이는지는 물론, 그 안에서 무슨 일이 벌어지는지에 대해 실마리를 거의 얻지 못했다.

과학에서 종종 있는 일이지만, 이에 대한 깨달음을 얻기까지는 우연한 사건이 필요했다.

┃ 인간의 소화 작용에 눈을 뜨다

1777년에서 오늘날에 이르기까지 매사추세츠는 총기 매매를 통해 가장 많은 돈을 벌어들인다. 1816년, 당시 가장 혁신적인 창조성을 등에 업고 치명적인 무기 중 하나인 0.69인치 구경 머스켓 소총이 탄생한다. 1822년 6월 6일, 매키녹 섬의 모피 거래 진지에서 벌어진 끔찍한 사고에서 머스켓 소총의 위력이 제대로 발휘된 것이다. 이 사건으로 인간 소화에 대한 지식뿐 아니라, 실험 생리학에도 혁신이 일어났다. 그리고 알렉시스 생 마르탱Alexis St Martin의 삶도 완전히 달라졌다.

안전장치가 걸린 머스켓 소총에서 어떤 문제가 생겼던 것일까? 소총을 비스듬하게 세워놨던 사냥꾼은 서서히 타오르는 불씨가 환기구 통로에서 소총을 향해 서서히 날아왔던 것을 몰랐다. 화약이 폭발하면서 사냥꾼의 친구이자 동료 알렉시스를 향해 사냥용 총알이 날아갔다. 뜨거운 납덩어리는 가엾은 알렉시스 마르탱의 근육과 피부, 뼈를 뚫고 나가면서 가슴에는 주먹만 한 구멍이 남았다. 그 총알은 마르탱의 위를 뚫고 몸 밖으로 빠져나갔다.

마르탱이 흥건하게 피를 흘리며 바닥에 쓰러져 있을 때, 누구도 그가 살아날 거로 기대하지 않았다. 하지만 운 좋게도 군대에서 수술로 오랜 경력을 쌓았던 군의관 윌리엄 버몬트가 급히 치료했고, 몇 개월 후 그는 회복했다. 하지만 치료는 그에게 특이한 유산을 남겼다. 마르탱의 위에 구멍이 남은 것이다. 이 구멍은 밖에서도 보였다. 18개월 후 구멍에는 괄약근이 생겼고, 버몬트는 그 구멍을 통해 위 속 내용물을 볼 수도 있었다. 그렇게 십 년에 걸친 일련의 실험이 시작되었다. 버몬트는 다양한 형태의 음식물을 실에 매달아 마르탱의 위 속으로 집어넣

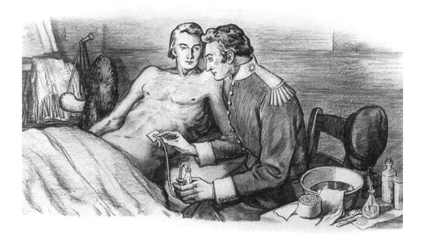

의사 윌리엄 버몬트와 그의 환자 알렉시스 생 마르탱

은 뒤 나중에 이를 꺼내 그 상태를 기록했다. 고기, 생선, 계란, 빵, 채소, 과일 등 다양한 음식물이 실험에 동원되었다. 그리고 실험 전후에 음식물의 맛을 보기까지 했다. 또한, 버몬트는 그 과정을 거꾸로 수행하기도 했다. 마르탱이 먹고 마시는 동안 혹은 그 전후에 각각 다른 시간대에 걸쳐 위액을 추출한 것이다. 이렇게 비극적인 사고와 부지런한 의사 덕분에 인간의 '소화 과정'에 대한 과학적인 연구가 시작되었다.

이 불행한 사건에서 버몬트의 노력은 의학적 기적으로 이어졌다. 그의 역할은 단지 한 사람의 생명을 살리는 것을 뛰어넘었다. 이로부터 인간의 소화 과정을 들여다보는 중대한 여정이 시작되었고, 이는 지금도 진행 중이다. 베스트셀러 작가 기울리아 엔더스Giulia Enders가 "인체에서 가장 저평가된 기관"[1]이라고 했던 장은 대단히 발전된 조직을 갖고 있다. 입에서 항문에 이르기까지 40미터에 달하는 소화 통로는 400평방미터 넓이에 달하는 거대한 면적으로 이뤄져 있으며, 이를 따라 복잡한 주변 기관들(침샘, 췌장, 담낭 등)이 함께 소화를 돕는다. 장과 음식물 그리고 소화에 대한 오늘날의 지식은 이제 우리가 당연하게 여기는 다양한 정보를 하나로 연결하기 위해 개인의 명예와 생계를 걸었던 선구자들의 힘든 노력이 있었기에 가능했다. 그 여정에서 대표적인 인물로 윌버 올린 애트워터Wilbur Olin Atwater를 꼽을 수 있다.

▮ 칼로리를 줄이자 두 배 더 건강해졌다

당신이 금속과 나무로 된 작은 방안에 갇혀 있다고 해보자. 그 방은 1.2미터와 2.1미터 넓이에 높이는 1.8미터다. 이 공간에서 당신은 먹고, 마시고, 일하고, 쉬고, 잠을 자야 한다. 거기에는 신선한 공기를 위한 환기 장치가 있고, 온도는 적절하게 맞춰져 있다. 그리고 그 안에는 작은 접이식 침대와 의자, 탁자가 있다. 모든 음식물과 음료는 밖에서 들어오고, 모든 배설물은 밖으로 나간다. 이 방은 편안함을 위해 신중하게 설계되었다. 그것은 당신이 며칠 동안이나 그 안에 있어야 하기 때문이다. 때는 1896년, 당신은 이 실험에 참여한 5백 명 중 한 명이다. 이 실험의 목적은 음식물의 에너지 함유량을 측정하기 위한 것이었다. 오늘날 우리가 칼로리 계산에 집착하게 된 것은 모두 이 '사악한' 기계와 그 기계를 작동했던 과학자 때문이다.

'칼로리'라는 개념은 1887년에 애트워터가 『센추리』 잡지에 발표한 논문과 함께 서구 사회에 널리 알려졌다. 이는 구체적으로 물 1킬로그램을 1℃ 높이는 데 들어가는 에너지의 양을 의미했다. 여기서 이야기

윌버 올린 애트워터와 그가 만든 호흡 열량계 장치

를 더 풀어가기 전에, 혼란스러운 상황을 좀 정리해야겠다. 유럽에서 소문자 'cal'은 물 1그램을 기준으로 한 것이다. 당신은 이것이 학술적으로 엄격하게 정의된 기준이라고 생각할지 모르겠지만, 이는 과학계와 대중 사이에 쉽게 드러나지 않는 혼란을 촉발했다. 정확한 설명은 다음과 같다. 1Cal는 1000cal와 같고, 때로 1Kcal로 표기된다. 식품 포장에 표기된 열량은 대부분 Cal 단위로 표기되며, 때로는 'Kcal'로 표기되기도 한다. 우리가 일상적으로 '칼로리'라고 말할 때는 이 단위를 의미한다.

애트워터를 비롯하여 많은 과학자의 연구 덕분에 오늘날 우리는 대부분의 음식물에 대한 에너지 함유량을 알고 있다. 그것도 1인분을 기준으로 조리할 때와 하지 않을 때 각각에 대해서도, 모든 인간 활동에 얼마나 많은 에너지가 필요한지도 알고 있다. 이러한 데이터는 건강과 체중 증가 및 감소, 식습관, 활동 그리고 앞으로 살펴보겠지만 두뇌 건강과도 밀접한 관련이 있다. 나이와 성별에 따라 일상적으로 필요한 에너지가 얼마인지 확인하기 위해, 우리는 다만 온라인에서 적절한 데이터베이스만 찾아보면 된다. 시간 절약을 위해 영국 정부가 최근에 발표한 주요 데이터를 [상자 3.1]에 요약해 놨다.

상자 3.1 **영국 정부가 권고한 일일 에너지 섭취량**

연령	19-64		65-74		75+	
성	남성	여성	남성	여성	남성	여성
Kcal	2,500	2,000	2,342	1,912	2,294	1,840

앞서 했던 이야기를 다시 반복하자면, 하루에 필요한 전체 에너지 중 20퍼센트는 두뇌로 공급된다. 당신이 40세 여성이라면 약 400칼로리 그리고 같은 나이의 남성이라면 500칼로리가 두뇌로 공급된다. 이는 오늘날 우리가 아침에 섭취하는 칼로리에 해당한다. 즉, 우리 두뇌는 하루에 한 끼 식사를 차지한다!

일반적으로 1944년 '미네소타 기아 실험'이 일일 칼로리 섭취를 제한한 최초 연구로 알려져 있지만 그건 사실이 아니다. 이와 관련해 1934년에 기념비적인 논문이 발표되었다(이후로 50년간 제대로 주목받지 못했다). 논문을 통해 알려진 단순하면서도 중요한 메시지는 이랬다. "음식 공급을 제한한 쥐들은 풍부하게 공급한 다른 쥐들에 비해 거의 두 배나 오래 살았다." 이 논문의 저자 클라이브 맥케이 코넬 대학교 생물학 교수는 전시 식량 전문가로 널리 이름을 알리기도 했다. 덕분에 '코널 빵'이라는 이름도 생겼다. 맥케이는 칼로리 제한 원칙이 이후 80여 년의 연구와 실험 검증 속에서도 당당히 살아남아, 오늘날 수명을 늘리고 노화 관련 질환의 발병을 지연시키는 데 가장 효과적인 식습관 개입법으로 각광받으리라고는 생각하지 못했을 것이다. 이 원칙은 효모에서 초파리, 곤충, 설치류, 영장류에 이르기까지 모든 생명체에 적용된다. 그렇다면 인간은?

첫째, 칼로리 제한은 단지 '체중조절 식단'의 다른 이름 정도가 아니다. 칼로리 제한이란 필수 영양소 부족이나 결핍을 초래하지 않는 한도 내에서 평균 일일 칼로리 섭취량을 일반 수준보다 크게 줄이는 것을 말한다. 인간을 대상으로 한 단기 실험 결과는 칼로리 제한을 통해 체중이나 혈압, 혈당 그리고 인슐린, 혈중 콜레스테롤, 트리글리세리드 수치와 같은 다양한 주요 건강 지표를 개선할 수 있음을 분명하게 보여줬다. 또한, 혈액과 두뇌 속 CPR 같은 염증 수치도 낮추는 역할을 했다. 이러한 실험에서 연구원들은 피실험자에게 칼로리 섭취를 20~30퍼센트로 낮추도록 했다. 하지만 대부분은 잠재적으로 유효한 결과를 이끌어내기 위해 필요한 칼로리 제한 수준을 지속적으로 유지할 수 없었다. 이를 위해서는 엄청난 의지력이 요구되며, 배고픔과 박탈감은 고통스럽고 비참한 느낌과 함께 사기를 떨어뜨린다. 피실험자들은 평균 칼로리 섭취량에서 약 10퍼센트 정도밖에 줄이지 못했던 것이다.

그래서 '유사 칼로리 제한' 연구가 시작되었다. 과학자들은 이렇게 물었다. 칼로리 섭취량을 줄일 때 세포 안에서 무슨 일이 벌어지는지를 이해하고, 이러한 효과를 동일하게 나타내는 치료 물질을 발견한다면 그렇게 적게 먹지 않고도 질병 위험을 줄이고 수명을 늘릴 수 있지 않을까? 지나치게 이상적으로 들리는가? 하지만 놀랍게도 과학자들은 오늘날 아스피린, 커큐민, 라파마이신, 메트포르민, 레스베라트롤처럼 여러 후보 물질을 발견했다. 그리고 이러한 물질에 대해 현재 2천 건이 넘는 실험이 진행 중이다. "이러한 물질로 만든 제품을 이미 온라인에서 살 수 있다"라는 사실에 관심을 보일 독자도 많을 것이다.

그렇다면 칼로리 섭취를 줄이면 두뇌 건강 개선에 도움이 되는가? 앞서 살펴봤듯 우리 두뇌는 에너지 관점에서 몸 전체 에너지의 20퍼센트를 소비하는 아주 값비싼 기관이다. 하루에 2천 칼로리를 섭취한다면 그중 400칼로리를 두뇌가 가져간다. 두뇌를 더욱 부지런히 가동한다면 그 양은 더욱 늘어날 것이다. 그렇더라도 단지 체중을 줄이기 위해 더 열심히 '생각'하는 것은 별로 좋은 아이디어는 아니다. 그에 따른 에너지 소비 증가는 약 20칼로리 정도이며, 탐욕스러운 두뇌의 섭취량에 비해 사소한 수준이기 때문이다.

우리는 과식이 두뇌 기능 손상 위험을 높인다는 사실을 알고 있다. 2012년 1천 2백 명이 넘는 70~90대 성인 대상으로 미국에서 실시한 한 연구는 중년 이후 높은 칼로리(하루에 2,143Kcal 이상)를 섭취할 경우, 하루에 1500Kcal 이하로 섭취하는 대조군과 비교해 노년에 기억 상실이 나타날 위험이 '두 배'로 증가한다는 사실을 보여줬다. 우리는 과도한 칼로리 섭취가 두뇌 건강에 어떤 피해를 입히는지 분명히 알고 있다. 주로 우리가 '활성 산소'라고 부르는 것과 더불어 두뇌 세포에 과도한 부하를 주기 때문이다. 이들은 과잉 전자를 가진 전기적으로 하전된 입자(가령 과잉 산소처럼)이며 세포 내 물질과 DNA까지 찾아내 공격함으로써 '산화 스트레스'를 유발한다. 우리는 활성 산소로부터 두뇌 포함, DNA에 매일 3만 회 이상의 공격을 받는다. 활성 산소는 세포가 만들어내는 정상적인 산물이지만, 그 양이 지나치게 많을 때 신진 대사를 파괴한다. 그리고 과식했을 때, 세포 내 에너지 생산 공장인 미토콘드리아는 피해를 입히는 많은 활성 산소를 배출한다. 이러한 점에서 과식은 좋은 습관이 아니다. 거꾸로, 이러한 활성 산소에 맞서 싸우는 많은 '항산화' 물질을 포함한 식품이 있다. 건강한 식단에는 반드시 이러한 식품이 포함되어야 한다. 이에 대해서는 5장에서 자세히 살펴보기로 한다.

위에서 제시한 질문으로 다시 돌아와, 칼로리 섭취를 줄이는 것이(가령 10~11퍼센트 정도 수준이라도) 두뇌에 여러 이익을 준다는 많은 증거가 나와 있다. 우리가 섭취하는 칼로리 수를 제한함으로써 염증과 산화 스트레스를 줄이고, 두뇌의 '시냅스 가소성'을 높이며, 두뇌 세포 성장을 촉진하는 신경 영양적 요인(운동과 관련해 2장에서 논의했던 BDNF 같은)을 강화한다. 결론적으로, 소식은 노화가 두뇌 세포에 미치는 피해를 '예방'한다. 메시지는 비교적 간단하다. 적게 먹어라. 그 기준은 적어도 하루 한 번은 배고픔을 느낄 정도가 되어야 한다.

그 증거를 확인하기 위해 「먼스터 연구Munster Study」로 눈길을 돌려보자. 2008년 독일 먼스터에서 수행된 이 연구는 평균 나이 60세의 건강한 성인 50명을 세 그룹으로 나눠 진행되었다. 연구원들은 그룹1 구성원에게 칼로리 섭취를 30퍼센트 줄이도록 했다(대부분 약 10퍼센트 감소에 머물렀다). 그리고 그룹2에게는 식단에서 포화지방보다 불포화지방 비중을 높이도록 했다. 마지막으로 그룹3은 대조군으로서 식단에서 어떤 변화도 주지 않았다. 3개월에 걸친 실험 시작과 끝에 모든 피실험자는 기억력 테스트를 수행했다. 그 결과, 칼로리를 줄인 그룹만 기억력 점수에서 약 20퍼센트 개선을 보였다. 게다가 이 그룹은 다른 그룹에 비해 인슐린 수치도 낮고(칼로리 제한의 두드러진 특징), 염증 수치CRP 또한 낮았다.

이러한 결과는 무엇을 의미하는가? 첫 번째는, 높은 칼로리 섭취가 심장뿐 아니라 두뇌에도 좋지 않다는 것이다. 그리고 두 번째는 칼로리 제한이 두뇌 건강에 도움을 준다는 것이다. 먼스터 연구의 규모가 크진 않았지만, 전 세계 많은 연구 프로젝트가 그 결과를 입증했으며, 여기에는 '오키나와 다이어트' 프로젝트도 포함되어 있다. 이 프로젝트는 피실험자에게 80퍼센트 정도 배가 불렀을 때 식탁에서 일찍 자리를 뜨도록 했다. 일반적으로 오키나와 다이어트를 실천하는 사람은 일본인 평균보다 20퍼센트 정도 칼로리를 덜 섭취한다. 앞서 2장 초반에서 살펴본 것처럼, 전통적인 생활 방식을 기반으로 살아가는 오키나와는 세계에서 대표적인 블루존 중 한 곳으로 오랜 수명과 알츠하이머 질환 발병률이 낮은 것으로 유명하다.

칼로리 섭취 그리고 두뇌와 관련해 지금까지 밝혀진 내용은 [상자 3.2]에 요약되어 있다.

상자 3.2 칼로리 제한과 두뇌 건강

- 20~30퍼센트 칼로리 제한은 거의 모든 생명체에서 수명을 연장하고 노화 관련 질환의 발병을 늦추는 가장 효과적인 식이요법이다.
- 하지만 이러한 수준의 칼로리 제한은 정규 식단 시스템으로 추천할 수는 없다. 지속적인 실천이 대단히 힘들기 때문이다.
- 현실적으로 일상적인 칼로리 섭취에서 약 10퍼센트 제한을 유지할 수는 있다. 우리는 이를 '칼로리 축소'라고 부른다.

[다음 쪽에 계속]

- 10퍼센트 칼로리 축소로도 우리는 건강상 여러 이익을 얻는다. 체중을 개선하고, 혈압과 혈중 인슐린, 혈중 콜레스테롤, 트리글리세리이드 수치를 낮추며, 혈중 염증 표식을 줄인다.
- 칼로리 섭취를 줄이면 기억력이나 학습 같은 인지 기능 개선에 도움이 된다고 알려져 있다.
- 반면 과식(하루 2천 칼로리 이상)은 두뇌 기능 손상 위험을 높인다.

▌우리 몸의 자연스러운 재활 프로젝트, 간헐적 단식

삼시 세끼에 간식까지 챙겨먹는 오늘날 일반적인 식습관은 사실상 진화 역사를 정면으로 거스르는 일이다. 150만 년에 걸쳐 산발적으로 식량을 섭취하는 동안, 우리 두뇌는 흔히 '간헐적 단식'이라고 말하는 패턴에 대응하면서 진화했다. 종종 발생하는 식량 부족이라는 진화적 압박에 대해, 인간 두뇌는 배가 고프거나 굶었을 때 그 활동이 더욱 강렬해지는 방향으로 진화했다. 12시간 동안 아무것도 먹지 않을 때 간에 대한 에너지 공급이 중단된다. 그럴 때 대부분은 먹을 것에 집착한다. 공복 시간이 24시간이나 48시간까지 이어질 경우, 두뇌에는 포도당이 하나도 남아 있지 않다. 그러면 우리는 체내에 저장된 지방을 화학적으로 분해하는 과정인 '케톤체 생성ketogenesis'의 최종 결과물인 케톤에 의존한다. 사냥처럼 활발한 활동을 하는 경우, 12시간이 채 지나지 않아 케톤체 생성 단계에 이른다. 기술적으로 말해, 케톤은 단순한 유기 분자로 그 중심에 있는 단일 탄소 원자가 단일 산소 원자와 강력한 '이중' 결합으로 이어진 구조를 취하고 있다. 그리고 탄소를 중심으로 다른 분자가 연결되는데, 이는 케톤을 분해해 에너지를 얻는 과정을 더 힘들게 만든다. 다시 말해, 케톤은 산화에 저항한다. 두뇌가 케톤을 산화시켜 에너지를 얻으려면 세포 내 강력한 효소가 필요하다. 진화적 관점에서 케톤은 포도당에 대한 대안적인 에너지 원천이다. 하지만 현대의 삶은 그 원천을 거부한다. 우리 두뇌는 진화 과정에서 편안함이 아니라 외부의 충격과 도전을 통해 성장해왔다. 그리고 강제적인 식량 부족이라는 중대한 압박에 대응해야 했다. 여기서 한 가지 분명한 질문이 떠오른다. 삼시 세끼에 간식까지 챙겨먹는 패턴으로부터 간헐적 단식을 기반으로 하는 패턴으로 이동한다면 우리 두뇌의 성능, 즉 인지 기능은 더 개선될 수 있을까?

이러한 생각은 동물 연구를 통해 검증되었다. 간헐적 단식은 몸집이 작은 포유동물에게 많은 이익을 제공하는 것으로 밝혀졌다. 가령 두뇌를 스트레스에서 보호하고, BDNF와 같은 신경 영양적 요인의 생성을 촉진하고, 해마에서 두뇌 세포 성장을 돕는다. 우리 두뇌는 단식이라는 과제에 대응하기 위해 행동을 바꾸기 시작한다. 즉, 자원을 보존하고, 죽어가거나 손상을 입은 세포를 재활용한다. 그러다가 다시 음식물 섭취가 시작되면, 두뇌는 성장 모드로 돌아가서 많은 단백질을 생성하고 새로운 시냅스를 형성한다. 이 모두는 우리가 신경가소성이라고 부르는 특성의 일부다.

간헐적 단식이 피실험자의 인지 기능을 향상시키는지 확인하기 위한 통제 실험은 아직 실행되지 않았다. 그러나 많은 독자는 간헐적 단식의 근간이 되는 화학적 원리를 이해할 것이다. 이것은 본질적으로 '케토 식이요법keto-diet'(저탄고지)이다. 우리가 케토 식단을 따를 때, 탄수화물 대신 지방을 태우게 되고, 이로써 자유로운 케톤은 소변으로 배출된다. 즉, 우리는 소위 '케토시스ketosis' 상태에 놓인다.

케토 식단과 인지 기능과의 관계에 주목한 학자도 있다. 2019년 『알츠하이머 저널』에 발표된 한 연구 결과에 따르면 케토 식단이 인지퇴행의 조기 신호를 나타내는 사람들에게 도움이 된다는 사실을 보여줬다. 이 연구는 볼티모어 존스홉킨스 대학교에서 실행한 소규모 예비연구였다. 여기서 연구원들은 경증 인지장애가 있는 노인 14명을 대상으로 '개량 케토 식단MAD, modified Atkins (keto) diet'를 따르게 했고, 다른 피실험자 다섯 명에게는 그냥 일반 '건강' 식단을 요청했다. 개량 케토 식단을 따를 경우, 칼로리 섭취에 대한 제한 없이 탄수화물을 하루에 20그램 덜 섭취하게 된다(일반적으로 우리는 하루 250그램의 탄수화물을 섭취한다). 그리고 그들이 식단을 잘 지키는지 확인하기 위해 두 집단은 소변 검사를 실시했다. 소변에서 케톤이 발견된다는 것은 탄수화물 대신 지방을 연소함으로써 에너지를 얻고 있다는 증거다.

이제 그 결과를 살펴보자. 과연 케톤 그룹은 인지 기능 테스트에서 더 높은 점수를 기록했을까? 케토 다이어트 팬이라면 아마도 '개량 케토 식단' 그룹이 기억력 테스트에서 훨씬 더 높은 점수를 기록했다는 사실에 기뻐할 것이다. 게다가 케톤 수치가 가장 높은 사람이 최고 성적을 기록한 것으로 드러났다.

선조들을 생각해보자. 사냥 여행을 떠났을 때 케토시스는 자연스럽게 발생했고, 그래서 두뇌는 포도당이 고갈되었을 때 케톤을 태워 에너지를 얻도록 진화했다. 이와 관련해, 간헐적 단식이 우리 두뇌가 진화 과정의 천연 비상 연료인 케톤을 태우도록 강제함으로써 두뇌 기능을 최적화할 수 있다는 주장이 있다. 하지만 여기서 한 가지 짚고 넘어가야 할 점이 있다. 그것은 이러한 실험이 아직 초기 단계에 머물러 있

간헐적 단식, 당신의 기억력을 좋게 한다

으며, 대규모 임상 실험을 통한 직접적인 증거는 아직 완성되지 않았다는 사실이다. 그래도 2019년 뉴잉글랜드 의학저널에는 최근에 나온 연구 결과에 대한 검토 논문이 실렸다. 이 논문의 저자인 미국 국립노화연구소의 라파엘 드 카보 교수와 존스홉킨스 대학교 마크 맷슨은 암과 심장혈관 질환, 당뇨 그리고 간질, 다발성 경화, 파킨슨 및 알츠하이머 질환 등 여러 다양한 신경 질환의 경우에 간헐적 단식이 긍정적인 효과를 나타낸다는 사실을 확인했다. 비록 두 사람이 검토한 연구 대부분이 인간이 아닌 동물 대상 실험이긴 하지만 말이다.

█ 35세에 시작되는 인지 퇴행 과정

이번 장에서 지금까지 우리는 건강한 두뇌와 관련해 식단과 영양 그리고 두뇌 건강을 유지하는 방법에 대해 살펴봤다. 그렇다면 연구 결과는 알츠하이머와 같은 두뇌 질환에 대해 무슨 이야기를 들려주는가? 여기서 우리는 알츠하이머 질환을 일으키는 퇴행성 과정이 '35세의 나이에' 우리가 모르는 동안에 이미 시작되었을 수 있다는 점을 기억해야 한다.

다양한 동물 연구는 지속적인 간헐적 단식이 인지퇴행 속도를 늦춘다는 사실을 확인해줬다. 간헐적 단식 프로그램의 대상인 작은 포유류 동물들은 더 나은 인지 기능을 보이고 더 오래 살았으며, 두뇌에서 플라그 축적plaque buildup(신경퇴행 변화의 분명한 신호) 정도가 더 낮게 나타났다. 이와 관련해 기반이 되는 정확한 메커니즘은 아직 밝혀지지 않았지만, 그래도 우리는 실마리를 확인할 수 있다. 즉, 간헐적 단식은 활성 산소의 공격(산화 스트레스)에 대한 저항력을 높이고, 우리 몸을 포도당 대사에서 케톤 대사(케톤 식이요법에서처럼)로 전환한다고 알려져 있다.

지금으로서는 간헐적 단식이 인간 두뇌의 신경 퇴행적 질환을 예방하는지 장담할 수 없다. 아마도 그렇겠지만 확실한 증거는 없다. 서던 캘리포니아 대학교 수명연구소 소장이자 단식과 노화 과정 전문가 및 단식 모방 다이어트인 프롤론ProLon® 식이요법의 개발자이기도 한 발테르 롱고는 최근 이탈리아에서 많은 가능성을 보여주는 연구를 추진하고 있다. 롱고는 그 연구에서 프롤론 식이요법이 알츠하이머나 경증 인지장애가 있는 이들에게 어떤 영향을 미치는지 살핀다. 물론 간헐적 단식을 실행해야 한다고 주장할 만한 명백한 증거를 찾을 때까지는 좀 더 기다려야 할 것으로 보인다. 그러나 이론적인 차원에서 지금까지 나온 연구 결과는 간헐적 단식이 두뇌에 도움을 준다는 생각을 뒷받침하고 있다.

▌섭취량 축소의 황금 조합

과학적 증거를 찬찬히 살펴보면 대부분 과식이 두뇌에 좋지 않다고 말한다. 긍정적인 측면에서 칼로리 섭취량을 적극 줄이는 노력이나 두뇌를 정기적으로 케톤으로 전환시키는 간헐적 단식은 두뇌 건강에 대단히 좋아 보인다. 끼니마다 끊임없이 식사하고 간식거리에 둘러싸여 관성적으로 살아가는 것은 그리 좋은 생각이 아니다. '대사 전환'을 통해 두뇌에 '충격'을 주는 것, 다시 말해 주 에너지원을 포도당에서 케톤으로 전환하는 것이 더 낫다.

그렇다면 이러한 생각을 실천으로 옮기는 데 필요한 최고의 방법은 무엇일까? 장기적으로 두뇌 건강을 개선하기 위해 식습관을 수정하는 방법과 관련하여 다음과 같은 여러 현실적인 방안이 있다.

1. 극단적인 칼로리 제한, 즉 음식물 섭취량을 한번에 20~30퍼센트 줄이는 시도는 하지 말자.

이 정도의 칼로리 제한이 권장할 만한 식이요법이라고 주장할 만한 증거는 충분치 않다. 과학자들은 '진정한' 칼로리 제한 그리고 장기적이고 가혹한 단식이 비만 아닌 사람들, 특히 고령 성인의 전반적인 건강과 두뇌 건강에 어떤 영향을 미치는지 대해서는 좀 더 알아야 할 것이 많다고 한다. 우리는 20~30퍼센트 칼로리 감소에 기반한 섭취 패턴이 장기적으로 안전한지 혹은 성취 가능한지 아직 확신하지 못한다. 하지만 지금까지 발견된 사실은 안전하지 않다고 말해준다. 앞서 지적했듯, 그 정도로 칼로리 섭취를 실질적으로 줄일 수 있는 사람은 거의 없다.

2. 그렇다고 해도 칼로리 섭취를 줄이기 위해 애쓰는 것은 중요하다.

연구 결과는 섭취량의 "10퍼센트 감소"가 두뇌에 확실한 도움을 준다는 사실을 보여준다. 즉, 염증과 산화 스트레스를 줄이고, 두뇌 세포 성장을 촉진하는 (BDNF와 같은) 신경 영양적 요인은 높인다. 10퍼센트 칼로리 섭취 줄이기는 현실적인 목표이기도 하다. 그것이 삶의 방식으로 자리 잡으려면 지속적인 실천이 필요하다. 이를 위한 방법 하나는 "배가 부르기 전에 식탁을 떠나라"는 오키나와 원칙을 따르는 것이다. 그러나 오늘날 사람들은 대개 정반대로 행동한다. 즉, 완전히 배가 부를 때까지 식탁을 떠나지 않는다. 우리는 얼마나 자주 그렇게 하는가? 가끔이라면 큰 문제가 없을 것이다. 하지만 과식이 나쁜 습관으로 자리 잡을 때, 문제가 발생한다.

3. 하루에 두 번이나 세 번 식사하는 '일반적인' 패턴을 따를 것인지, 아니면 간헐적으로 굶을 것인지 결정하고(아래 5번), 이번 장에서 소개한 건강 관련 주의사항을 기억하자(아래 6, 8번).

예를 들어 건강 체중이거나 쉽게 살을 뺄 수 있다면 혹은 65세 이상이라면(체중이 건강 범위 안에 있다는 가정하에) 당신은 권고 칼로리 범위 안에서 하루 세 번 적절한 양의 식사와 100칼로리 미만으로 한 번의 저당분(당분 함유량이 5그램 이하) 간식을 먹을 수 있다. 가령 설탕과 소금이 들어가지 않은 생견과를 떠올리면 된다. 이에 대해서는 5장에서 자세히 살펴보도록 하자.

4. 간헐적 단식은 신경 세포를 보호하고, 그 세포들이 더 오랫동안 효과적으로 기능하도록 만든다는 충분한 증거가 있다.

간헐적 단식을 실행하면 살이 빠질 것이다. 하지만 체중 감소는 사전 임상실험에서 관찰된 건강 이득의 주요 동인은 아니다. 그보다 핵심 메커니즘은 '대사 전환'에 있다. 즉, 두뇌가 포도당에서 케톤으로 에너지원을 전환하도록 만드는 것이다. 이는 현대인의 일상에 큰 피해를 입히지 않고도 자연스러운 전환이 가능하게 한다.

5. 두 가지 형태의 간헐적 단식이 있다.

(a) 먹는 시간 제한하기. 하루에 음식물을 섭취하는 '구간'을 6~10시간으로 좁히는 것이다. 그럴 때 우리는 저녁과 다음 날 아침 사이에 적어도 14시간 동안 아무것도 먹지 않게 된다. 이러한 방법은 우리 몸이 밤새 케톤으로 전환하도록 만들어준다. 보다 쉽고 지속 가능하게 하려면, 4개월 동안 느슨하게 실천한 뒤 본격적으로 '6시간 시스템'에 돌입할 수 있다. 여기서 한 가지 주의할 점이 있다. 중대한 심리적, 신체적 문제에 직면했을 때 자기 능력을 그대로 유지하길 원한다면, 케톤에 의존해서는 안 된다는 사실이다.

(b) 5:2 간헐적 단식. 이 방법은 일주일에 5일은 정상적으로 먹고 이틀(연속이 아닌)은 종일 차나 물을 마시면서 1천 칼로리나 500칼로리 정도로 섭취량을 크게 줄이는 것이다. 이러한 유형의 간헐적 단식은 존 스홉킨스 대학교 교수이자 미 국립보건원 신경학과 과장인 마크 맷슨이 추천하는 방식이다. 이 방법을 지속해 실천하기 위해서는 상당한 노력이 필요하지만, 개선된 에너지 수준과 더 높은 행복감을 얻을 수 있다. 도움이 될 만한 다양한 간헐적 단식 앱은 온라인에서 쉽게 찾을 수 있다.

[상자 3.3]을 보면 간헐적 단식을 4개월에 걸쳐 어떻게 점진적으로 실천해 나갈 것인지 한눈에 확인할 수 있다.

개월 차	섭취 구간 제한	5:2 간헐적 단식
1	10시간 구간, 일주일에 5일	1,000칼로리, 일주일에 1일
2	8시간 구간, 일주일에 5일	1,000칼로리, 일주일에 2일
3	6시간 구간, 일주일에 5일	750칼로리, 일주일에 2일
4	6시간 구간, 일주일에 5일	500칼로리, 일주일에 2일

6. 간헐적 단식은 아이들이나 저체중, 1형 당뇨병 환자, 섭식 장애가 있는 사람 혹은 노약자에게 권장할 만한 방법은 아니다.

7. 칼로리를 크게 줄일 수 없다면 과식만큼은 피하도록 하자.

적절한 한 끼 식사는 대단히 중요하다. 과식은 심장뿐 아니라 두뇌에도 좋지 않다. 그리고 살짝 배고플 때 숟가락을 내려놓으라는 오키나와 원칙을 기억하자. 물론 쉽지 않은 일이다!

8. 칼로리 섭취량을 큰 폭으로 바꾸기에 앞서 의사의 조언을 구하자.

인간은 아주 영리한 종이다. 우리는 노련한 이중 전략으로 에너지 확보라는 과제를 해결했다. 즉, 협동 사냥과 채집 활동을 통해 높은 에너지를 함유한 식량(고기와 생선)을 구했고, 다양한 유형의 식물 식량을 저장함으로써 비상시 영양소와 다양한 미량 영양소를 확보했다. 또한, 요리를 통해 어떤 환경에 처해있든 간에 식량 에너지를 쉽게 소화시킬 수 있도록 했다. 우리는 사냥의 불확실성에 직면해 대단히 중요한 두뇌 메커니즘을 개발했다. 다시 말해, 식량이 부족한 시기를 버티고, 사냥에 실패할 때 필수 에너지를 확보하기 위해 두뇌가 에너지원을 포도당에서 케톤으로 전환하도록 진화했다. 그렇게 인간의 섭취 행동은 자연스러운 패턴으로 진화했다. 즉, 먹을 수 있을 때 먹고, 먹을 수 없을 때 쪼그려 앉아 있는 것이다. 하지만 이제 식량이 흘러넘치는 현대 사회 속에서, 먹을 수 있을 때 먹어야 한다는 고대의 충동은 두뇌 건강에 도움이 되는 것보다 훨씬 더 많이 먹게 하고, 밤낮없이 우리 몸에서 영양소가 흘러넘치게 만들고 있다.

또한, 인간은 음식을 섭취하면서 고유한 감성적 관계를 형성하는데, 이러한 사실은 섭취량 제한 노력을 더욱 힘들게 한다. 그러나 두뇌 건강 관점에서 바라본 연구 결과는 분명하게도 오키나와 프로젝트의 손을 들어주고 있다.

4장

두뇌와 미생물,
완벽한 운명 공동체

약 6천 년 전 덴마크 반도의 작은 섬 롤랜드 해안에서 검은 피부의 한 젊은 여성이 바위에 앉아 바다를 바라보며 자작나무 껍질에 열을 가해 만든 물질을 씹고 있었다. 그러고는 그것을 뱉었다. 이 평범한 사건은 우리에게 선조들의 몸에 살았던 다양한 박테리아, 즉 수렵채집자들의 미생물군에 관한 놀라운 깨달음을 선사했다. 이로써 과학자들은 선조들의 입에 어떤 박테리아가 서식했는지 이해할 수 있게 되었다. 그녀가 씹었던 물질과 그 안에 있던 DNA는 물질 속 낮은 수분 함량, 천연 살균제 그리고 그것이 묻혀 있던 진흙 안의 낮은 산소 함유량 덕분에 잘 보존되었다. 또한, 덴마크 군도에 있는 두 섬을 연결하는 공사 현장에서 인류학자들이 유적을 발굴하기 위해 바삐 움직이면서 운

좋게 발견한 것이기도 했다. 2019년 『네이처』에 발표된 이 연구는 다른 실증 분석(보존된 인간 배설물)과 함께 초기 인류의 미생물 생태계, 즉 미생물군의 유전자가 현대인의 것과는 완전히 다르다는 사실을 보여 줬다. 도시 생활과 서구 식단은 인간의 장에 서식하는 미생물군의 형태를 크게 바꿔 놨다. 오늘날 전 세계적으로 전체 식량의 75퍼센트가 12가지 식물과 5가지 동물 종에서 비롯된다고 추정된다. 현대인은 몸과 내장 그리고 두뇌 건강에 상당한 영향을 미치는 '오랜 친구'인 다양한 박테리아를 잃어버린 것이다.

▍나 43%, 미생물 57%

인체는 30~37조 개의 세포로 이뤄져 있다. 그런데 2016년 『네이처』에 보고된, 이스라엘 과학자들의 논문에 따르면 인체에는 50조 개의 미생물이 살고 있다. 이 말은 우리가 43퍼센트의 '인간'과 57퍼센트의 '미생물'로 이루어져 있다는 뜻이다. 아무리 열심히 몸을 씻더라도 말이다! 간단하게 말해 우리는 우리가 아닌 셈이다. 우리는 인간 세포 그리고 모든 조직의 안과 밖에 서식하는 미생물로 이뤄진 '슈퍼조직'이다. 미생물은 피부, 눈, 코, 입에, 성기와 분비물에, 안구에 그리고 당연하겠지만 내장에도 살고 있다.

미생물군이라고 하는 내장 미생물 집합은 주로 박테리아와 더불어 바이러스, 균류 그리고 몇몇 고세균archaea으로 이뤄져 있다. 2019년 케임브리지 과학자들의 추산에 따르면, 인체 안팎에는 약 2천 가지 박테리아 종이 서식하고 있다(대부분 실험실에서 배양할 수 없는 이러한 박테리아 표본을 어떻게 장내에서 채취하는지 궁금할 것이다. 방법은 대단히 기발하다. 과학자들은 배설물 속 DNA를 분석해 그 핵산으로부터 박테리아의 존재를 확인한다).

세포 이야기로 충분하지 않다면, 게놈에 대해 생각해보자. 우리의 세포 하나하나는 약 2만 개의 유전자로 이뤄진 집합적 게놈을 갖고 있다. 그런데 여기서 체내 미생물 속에 있는 모든 유전자까지 더하면 깜짝 놀랄 만한 숫자를 만난다. 그 수는 2백만에서 2천만 개에 이른다. 그리고 각각의 미생물이 수천 개의 대사 물질(생물학적으로 활발한 화학 물질)을 만들어낸다는 점을 고려할 때, "나는 나 자신만큼, 내부에 있는 박테리아의 산물이다"라는 필연적인 결론에 도달한다. 맛있는 식사 후 내장이 소리를 내며 움직일 때에도 복잡한 화학이 진행되며, 내장 신경은 이를 인식해 두뇌로 전달한다. 우리의 긴장 상태와 기분, 불안, 피로 그리고 사고 과정까지도 장내 미생물군이라는 엄청난 조합에 영향을 받는다.

그 엄청난 조합의 상당 부분은 씹어 삼켰던 물질보다 훨씬 더 오래 보존되었다. 지금 우리는 박테리아보다 더 오래되고, 더 많은 그리고 더 깊이 뿌리 내린 생명체, 즉 바이러스에 대해 이야기하고 있다. 바이러스는 인류의 초기 진화 단계에서 정액이나 수정란을 감염시키는 방식으로 우리의 DNA 속으로 파고든 아주 오래된 생명체다. 인간 태아의 발달은 신시틴syncytin이라는 단백질을 생성하는 바이러스 유전자에 절대적으로 의존한다. 바이러스에 의한 감염은 진화 과정에서 상호 도움이 되는 우연한 사건으로, 뜻밖에도 필연적인 평화적 공존의 형태를 취하고 있다. 특히 코로나19라는 악성 바이러스가 일으킨 유행병에 직면한 지금, 이러한 사실에 주목할 필요가 있다.

우리가 태어났을 때는 장에 균이 없다. 그렇다면 그 균들은 대체 어떻게 우리 몸 안으로 들어오게 되는 걸까? 그 경로는 다양하고 흥미롭다. 첫 번째는 아기가 태어날 때 어머니의 질로부터(혹은 제왕절개를 할 때 피부로부터) 유입된다. 그리고 그렇게 유입된 균은 스스로 '미생물군'을 형성한다. 두 번째 유입은 음식물을 먹을 때 우유병이나 어머니의 가슴으로부터 이뤄진다. 이는 다시 한번 그 자체의 내부 미생물군 그리고 '전이유전인자mobile genetic element'라는 항체를 갖는다. 모유 속에는 세균이 살지만, 일반적으로 병원균은 없다. 장내 세균의 약 25퍼센트는 모유로부터 오고, 약 10퍼센트는 젖꼭지에 서식하는 피부 박테리아로부터 온다. 그러므로 우리의 미생물군은 처음부터 외부 감염을 막을 수 있는 강력한 항생 인자를 갖고 있는 셈이다. 세 번째 유입은 음식을 포함하여 아기의 입속으로 들어가는 모든 것에서 온다.

출산 이후 장내 미생물군이 아기 몸속에 자리 잡기까지는 3개월의 시간이 필요하다. 이 기간에, 아기의 발달하는 면역 시스템이 '면역

**장내 세균의 약 25퍼센트는 모유로부터 오고,
약 10퍼센트는 젖꼭지에 서식하는 피부 박테리아로부터 온다**

관용tolerogenic' 상태를 유지함으로써 성장하는 박테리아 공동체를 공격하지 않도록 하는 것이 대단히 중요하다. 그래야만 장내 미생물군이 충분히 성장할 수 있다. 면역관용적인 상태는 몸 전체에 퍼져 있는 '수지상 세포dendritic cell'라고 하는 특수 세포에 의해 유지되며, 이 세포는 면역 반응을 조절하거나 완화하는 기능을 한다. 수지상 세포는 1973년 캐나다 의사 랠프 스테인먼Ralph Steinman이 처음으로 발견했는데, 그는 이 업적으로 노벨상을 수상했다. 우리는 수지상 세포 덕분에 어느 정도의 '낯선' 혹은 침투적인 병원균과 항원을 '참아낼 수' 있는 것이다. 일단 균형 잡힌 장내 미생물군이 형성되면, 수지상 세포는 림프절에 있는 다른 세포와 함께 면역 시스템에 정상적인 장내 박테리아를 공격하지 말라는 메시지를 전달한다.

일단 면역 시스템이 성숙 단계에 접어들면, 미생물군은 우리로부터 보호를 요구하고, 우리는 미생물군으로부터 보호를 요구한다. 이러한 구분은 장 내벽에 의해 이뤄지는데, 이는 이중 기능을 한다. 장 내벽은 포도당 같은 작은 분자의 소화 산물은 혈류 속으로 들어가도록 허용하면서, 동시에 미생물(그리고 다른 대사산물)이 포도당과 함께 혈류로 들어가는 것을 막는다. 이러한 장 내벽은 '긴밀한 연결'로 형성된 상피 세포로 이뤄져 있으며, 여기에 젤 코팅을 생성하는 무신mucin이라는, 단백질이 풍부한 점액층이 함께 작용한다. 이러한 분리 시스템이 무너질 때, 우리는 '장 누수' 상태에 이르며, 그때 미생물은 벽을 뚫고 혈류로 들어가 거대한 규모로 염증을 유발한다. 이러한 보호 기능은 대단히 중요해 우리 면역 시스템의 약 70퍼센트는 장내에서 발견되며, 여기서 미생물군은 염증과 감염을 최소화하도록 줄여 우리의 면역 시스템을 보완하는 역할을 한다.

| 행복한 장, 행복한 몸

우리는 균에게 집이 되어주고, 균은 우리가 건강을 유지하도록 협조한다. 균은 우리가 먹는 것을 먹고, 우리가 삶의 다양한 문제에 직면할 때 스트레스를 받는다.

성인기에 이르면 장내 균은 비교적 안정된 상태를 유지한다. 하지만 그 상태는 개인마다 크게 다르다. 우리는 모두 고유한 '균 지문bug fingerprint'을 갖고 있다. 장내에 사는 박테리아는 총 여섯 그룹으로 나뉘며, 그중 두 가지(퍼미큐티스Firmicutes와 박테로이데테스Bacteroidetes)가 전체 박테리아의 90퍼센트를 차지한다. 이 여섯 그룹은 미묘한 균형을 이루며 우리와 함께 살아간다. 이들 그룹의 비중은 내장의 다양한 부위별로 다르게 나타난다. 예를 들어 입과 결장에서 그 균형은 차이를 보인다. 입의 경우, 미생물 비율은 전 세계에 걸쳐 전반적으로 동일하게 나타난다. 반면 결장은 그렇지 않다. 우리 건강은 우리와 미생물 사이의 균형 그리고 미생물끼리의 균형에 달렸다. 여기서 미세한 불균형은 큰 차이를 만들어낸다.

조금은 전문적인 한 가지 사례를 살펴보자. 2019년 『네이처』에 발표된 한 논문에서 이스라엘 바이츠만 연구소의 데이비드 지비Zeevi 박사는 인간 미생물군 DNA에 놀랍게도 7천 가지 구조적 변이가 존재한다는 사실을 보여줬다. 여기서 각각의 변이는 질병에 대한 위험 인자이거나 혹은 우리 몸의 화학적 균형에 중요한 추가 요소다. 생소한 이름의 장내 박테리아인 아네로스티프스 하드루스Anaerostipes hadrus는 그 DNA에 변이가 있으며, 이노시톨inositol(알코올의 일종)을 발효시켜 부트라트butyrate라는 물질을 만들어낸다. 이는 케톤으로서 매우 중요한데,

장 내벽 세포에 영양을 공급할 뿐 아니라 장내 염증 질환의 위험성을 낮춘다. 전체 인구 중 약 20퍼센트는 과민성대장증후군을 보이고, 하드루스 변이는 갖고 있지 않다.

많은 요인이 장내 미생물의 균형을 허물어뜨릴 수 있다. 먹는 것, 식품 위생 습관, 식습관 및 섭취 습관이 여기에 포함된다. 그리고 다소 놀랍게도 비만도와 운동 횟수, 나이, 계절, 생활방식, 장 감염 그리고 약물(특히 항생제) 같은 것도 포함되어 있다. 그리고 노화는 장내 미생물 구성에 영향을 미친다. 나이가 들면서 미생물의 다양성이 줄어드는데, 장에서 작동하는 면역 메커니즘 기능이 떨어지기 때문이다. 다음으로 장내 세균이 계절에 따라 달라지는 것은 어찌 보면 당연한 일이다. 계절마다 구할 수 있는 식품이 달라지고, 또한 박테리아 유형이 식품 유형과 함께 달라지기 때문이다. 또한, 우리는 계절마다 다른 식품을 선호한다.

그래도 좋은 소식은 우리는 이런 많은 요인을 어느 정도는 통제할 수 있다는 데 있다. 장내 세균의 균형을 허물어뜨리는, 식품과 관련 없는 요인 목록은 [상자 4.1]에 정리되어 있다. 너무 길다면, 이와 관련된 첫 연구인 FGFP(Flemish Gut Flora Project, 플레미시 장내 세균 프로젝트)가 "장내 세균 구성과 관련된 69가지 요인"(비교적 중요한)을 발견했다는 사실에 주목하자. 게다가 그것은 일회성 발견이 아니었다. 네덜란드 '라이프라인LifeLine' 프로젝트가 발표한 목록 역시 90퍼센트 중복으로 나타나면서 강한 인상을 줬다.

장내 미생물 구성 교란은 심각한 영향을 미칠 수 있다. 가령 비만과 당뇨, 심혈관 질환, 간 질환, 암 그리고 신경퇴행성 질환 같은 '두뇌 질환'과 밀접한 관련이 있다. 이에 대해서는 다음에 다시 살펴보도록 하

자. 여기서는 [상자 4.1]에서 언급했듯 장 건강을 위한 몇 가지 주요 요인을 자세히 들여다보도록 하자. 바로 비만과 약물, 운동, 인간관계 그리고 스트레스다.

상자 4.1 **장내 미생물 구성에 영향을 미치는 주요 비식품 요인들**

- 체질량 지수(과체중)
- 낮은 수준의 신체 활동이나 운동
- 나이
- 계절
- 시간대에 걸친 여행('시차')
- 불규칙하고 부족한 수면
- 과도한 심리적 스트레스
- 장기적인 불안
- 흡연
- 친밀한 인간관계와 성행위
- 약물과 처방약, 특히 항생제
- 지나친 음주
- 치아 위생 불량
- 탈수(충분한 물을 마시지 않는 것)
- 밤낮에 걸친 산발적인 식사
- 아스파르테임 같은 인공 감미료

비만과 관련해, 우리는 마른 사람과 비만인 사람이 미생물군에서 주요한 차이를 보인다는 사실을 알고 있다. 예를 들어 비피더스균은 무지방 신체 질량lean body mass과 밀접한 관련이 있다. 비피더스균은 대단히 중요한 미생물로 임신 기간에 산모의 질 내에서 그 수가 급격하게

증가한다. 그리고 출산 시 태아는 입을 통해 많은 양의 비피더스균을 섭취한다. 일단 장에 들어가면, 비피더스균은 파이토뉴트리언트(phyto-nutrient, 식물성 생리활성물질—옮긴이)를 먹고 많은 주요 화학물질(가령 다양한 비타민)을 만들어내며, 또한 새롭게 형성된 장을 병원균으로부터 보호하는 항생 기능을 한다. 일부 박테리아 종은 '용량 반응'(dose response, 투여한 양에 비례하여 효과를 나타내는 현상—옮긴이)을 보이는데, 이는 체질량지수body mass index, BMI에 따라 달라진다(예를 들어 유산균은 저체중, 마른 상태, 과체중, 비만의 경우에 전체 장내 균에서 각각 7, 8, 22, 34퍼센트의 비중을 차지한다). 축산업에 종사하는 사람들은 먹이에 다량의 항생제를 투여하는 방식으로 가축의 장내 균을 대량으로 제거함으로써 가축의 체중을 크게 늘릴 수 있다는 사실을 오랜 경험으로 알고 있을 것이다.

위장 내 미생물군은 비만 발병에 중요한 요인으로 드러나 있다. 그 인과관계가 아직 명확히 밝혀지지는 않았지만, 장내 미생물군 구성을 바꿈으로써 에너지 생산을 높이고, 염증 수치를 낮추고, 인슐린 내성을 강화하고, 지방산 조직의 형성을 가속화할 수 있다는 사실이 입증되어 있다.

장내 미생물군은 우리 식습관에 영향을 미친다. 예를 들어 특정 음식의 맛이 더 좋게 느껴지게 만든다. 그것은 박테리아가 성장을 위해 특정 음식을 필요로 하기 때문이다. 폭식과 건강에 해로운 식습관 역시 장내 박테리아 유형으로 설명할 수 있다. 이는 진화생물학에서 잘 알려진 현상이다. 즉, 박테리아는 자신의 생존 가능성을 높이기 위해 숙주의 두뇌를 통해 행동에 영향을 미친다. 이를 일컬어 '행동적 숙주 조작behavioural host manipulation'이라고 한다. 코로나-19 바이러스가 자신의 생존과 번식을 강화하기 위해 사용하는 한 가지 전략은 인간 두뇌의 전측대상회anterior cingulate cortex를 감염시키는 것이다. 이 감염은 인간의 사회적, 정서적 행동을 수정하며, 증상이 나타나기 전에 나가서 다른 사람과 어울리도록 만든다.

그렇다면 여기서 조언은 분명하다. BMI를 건강한 수준(25이하)[1]으로 유지하기 위해 최선을 다하라. 그리고 미생물(프리바이오틱스와 프로바이오틱스) 섭취를 개선함으로써 장내 미생물군의 균형을 유지하라. 이를 위한 구체적인 방법은 이번 장 후반부에서 다루고 있다.

약물은 어떨까? 일반적으로 다양한 처방 약물은 장내 미생물군에 부정적인 변화를 미친다. 하이델베르크에 있는 유럽 분자생물학 연구소의 아타나시오스 티파스Athanasios Typas 박사와 동료 연구원들은 항생제가 아닌 835종의 약물이 일반적인 장내 박테리아 40종에 미치는 영향을 분석했다. 그 결과, 약 4분의 1에 해당하는 약물이 하나 이상의 박테리아 성장을 제한했고, 5퍼센트에 가까운 약물이 적어도 10가지 종에 영향을 미친 것으로 드러났다. 또한, 이들 연구원은 이러한 약물을 복용하는 사람들이 항생제와 비슷한 부작용을 경험한다는 사실을 확인했다. 가령 아목시실린amoxycillin은 항생제와 마찬가지로 장내 박테리아를 대량으로 제거했고, 이후로 정상적인 장내 미생물 수준을 회복하기까지 수주 혹은 수개월이 걸렸다. 1944년 이후로 항생제 사용이 급격하게 증가하면서, 장기적인 항생제 내성을 포함하여 인류의 '글로벌' 장내 미생물군에 광범위한 영향을 미치고 있다. 그러므로 처방약, 특히 항생제를 먹어야 할 때 나타날 수 있는 부작용에 대해 의사와 이야기를 나눠보라고 조언한다.

앞서 우리는 운동이 어떻게 전반적인 건강, 특히 두뇌 건강을 개선하는지 살펴봤다. 그러므로 운동이 장내 미생물군의 건강도 개선한다는 사실은 어렵지 않게 예측할 수 있다. 적절한 강도의 운동을 하는 사람들을 대상으로 한 연구 결과는 아미노산과 탄수화물, 천연 항생제의 생성 증가처럼 장내 미생물군 화학에서 긍정적인 변화를 보여준다. 2017년 스페인 유러피언 대학교의 카를로 브레사가 수행한, 18~40세 여성을 대상으로 한 연구는 운동의 긍정적인 효과를 입증했다. 이 연구에서 브레사는 활동적인 생활방식의 여성들(일주일 동안 10시간 이상 운동)과 주로 앉아서 생활하는 여성들(일주일에 세 번씩 30분 미만 운동) 사이에 나타난 장내 미생물군 차이를 분석했다. 그리고 11종에 해당하는 장내 박테리아 수에서 뚜렷한 차이를 발견했다. 그 결과, 활동적인 그룹이 건강에 도움이 되는 박테리아를 더 많이 보유하고 있다는 사실도 알려졌다. 또한, 브레사와 동료들은 체지방과 근육량 그리고 활동 수준이 다양한 박테리아의 수와 밀접한 관련이 있는 것도 함께 확인했다. 활발한 생활습관을 유지하면 기본적으로 장내 박테리아의 균형을 개선한다.

다음으로 남성 대상의 또 다른 주요 연구가 있다. 연구원들은 프로럭비 선수 40명을 대상으로 미생물군을 조사하고, 대조군에 해당하는 일반인과 비교했다. 그 결과, 럭비 선수들에게서 훨씬 더 다양한 구성의 미생물군을 발견할 수 있었다. 결론은 명백하다. 규칙적인 운동은 보다 다양하고 건강한 장내 미생물군 확보에 기여한다.

장 건강과 인간관계는 어떤 관계가 있을까? 우리 대부분은 어머니와 자녀, 배우자, 파트너, 친구와 키스를 나눈다. 이런 행위는 모든 영장류에게서 공통으로 발견된다. 연구에 따르면 10초 동안의 키스가 8천만 마리의 박테리아를 입속으로 이동시킨다는 사실을 보여준다. 키스는 우리가 다른 사람과 나누는 친밀한 접촉 행동 중 하나다. 음식이나 음료 혹은 식기를 나누든, 아니면 접촉하거나 호흡 또는 체액을 교환하는 것이든 간에 우리는 각자의 미생물군으로 상대방을 감염시킨다. 이는 자연스러운 삶의 일부이자, 서로에게 많은 도움을 주는 행위이기도 하다.

이와 관련한 최고 사례는 2019년 『네이처』에 발표된 「위스콘신 종단 연구」 보고서일 것이다. 시작된 지 60년이 된 이 프로젝트는 가족이나 친구와의 사회적 행동이 배설물 내 미생물군에서 차이를 만들어낸다는 사실을 보여줬다. 배우자의 장내 미생물군은 다른 사람(가령 형제)보다 더 비슷하며, 더 균형 있고 더 다양하다. 보고서의 저자들은 이렇게 주장했다. "결혼한 사람의 미생물 공동체는 혼자 사는 사람에 비해 더 다양하고 풍부하다. 그리고 미생물군은 친밀한 커플 사이에서 가장 다양한 형태로 나타났으며, 결혼이 건강에 미치는 영향을 분석한 수십 년간의 연구 성과에서도 이것은 뚜렷하게 드러난다."[2]

키스하는 10초 동안 8천만 마리의 박테리아가 이동한다

다른 이와 형성하는 친밀한 관계는 이처럼 장내 미생물군 건강에 도움을 준다. 그런데 어느 정도 친밀해야 할까? 연구 결과가 보여주는 결과는 매우 구체적이다. 하루에 아홉 번 키스를 나누는 커플의 장내 미생물군 구성은 동일하다는 사실을 보여준 것이다! 여기서 커플의 성은 중요하지 않았다.

운동과 친밀한 관계는 우리에게 도움을 준다. 반면 (당연하게도) 스트레스는 그렇지 않다. 많은 연구 결과는 심리 스트레스가 유익한 장내 박테리아의 성장을 억제한다는 사실을 보여줬다(그리고 흥미롭게도 전반적으로 면역 시스템도 억제한다).

2011년 의학 전문지, 『뇌, 행동, 면역Brain, Behavior and Immunity』에 발표된, 쥐를 대상으로 한 연구는 보다 공격적인 동료 쥐와 같은 우리를 쓰게 할 때, 장내 박테리아 성장이 억제되고, 박테리아의 다양성도 줄어들며, 유해균 번식이 늘어난다는 사실을 보여줬다. 이 연구에서 스트레스로 쥐는 감염에 더 취약해졌고, 또한 장내 염증까지 발생했다. 연구원은 후속 연구를 통해 쥐에게 항생제를 투여해 미생물 수를 줄였을 때, 스트레스가 염증을 일으키는 것을 막았음을 확인했다. 그러나 무균 쥐를 일반적인 박테리아 집단에 노출했을 때, 스트레스 때문에 다시 한번 장내 염증이 일어났다. 쥐를 대상으로 한 또 다른 '무균' 실험에서는 일반적인 장내 미생물군의 존재가 편도체에 의존하는 기억력 유지에 필수적이라는 사실이 입증되었다. 과학자들은 이와 비슷한 결론을 인간에게서도 확인했다. 호주의 한 연구는 대학생들의 시험 스트레스가 유산균 같은 유익한 장내 박테리아의 성장을 억제한다는 사실을 확인했다.

강한 스트레스가 장과 두뇌에 어떤 영향을 미치는지에 대해서는 이

장의 후반부에서 보다 자세히 들여다볼 것이다. 다만 지금은 스트레스 수준을 낮추기 위한 노력이 장내 미생물군에 긍정적인 영향을 미친다고만 언급하고 넘어가도록 하자.

▌음식이 곧 약이다

2천 년 전 히포크라테스가 이 말을 남긴 이후로 인류는 음식을 통해 건강을 개선하고자 노력해왔다. 하지만 그다지 성공적이지는 못했다. 제2차 세계대전이 한창이던 1941년, 영국 정부는 공중보건 차원에서 음식물 섭취에 관한 권고안을 공식 발표했다. 그러나 그로부터 80년 의 세월이 흐른 오늘날 우리 사회는 고지방, 고당분 식단에 따른 비만과 당뇨, 고혈압으로 고통을 겪고 있다. '대사증후군'으로 알려진 이 세 가지 질병의 조합은 놀랍게도 50세 이상 영국인 세 명 중 한 명에게 큰 영향을 미치고 있다. 유럽에서 수렵채집자들이 자작나무 껍질을 씹었 던 시대를 포함하여 수천 년의 세월에 걸쳐 장내 미생물 생태계는 오 늘날 가공식품에는 더 이상 존재하지 않는 다양한 식물 및 동물 미생 물에 규칙적으로 노출되는 환경에서 진화해왔다.

오늘날 우리가 먹는 음식은 선조들이 먹었던 것과는 아주 다르며, 그만큼 장내 미생물도 다르다. 과학은 이제 '우리가 섭취하는 음식물 종류'가 장내 박테리아 수뿐 아니라, 그 다양성과 작용 그리고 숙주(인 간)와의 관계를 바꿈으로써 건강에 영향을 미친다는 사실을 보여준다. 이제 우리는 섭취하는 음식물을 기반으로 장내 미생물의 변화를 예측 할 수 있게 되었다. 놀랍게도 두 사람이 똑같은 음식물을 섭취하더라도 그 효과는 정반대로 나타날 수 있다. 그 이유는 장내 미생물 차이 때문이다. 이는 우리의 예상과 직관을 뒤엎는다. 이러한 사실은 가령 동일 식단이 일부에게는 체중 감소를 유발하지만 다른 일부에게는 체중 증가를 일으키는 이유를 말해준다.

영양 결핍을 해결하기 위한 훌륭한 시도로서, 식품 가공 기술은 소장에서 음식물 속 영양소를 '생체적으로 이용 가능하게bio-available' 해주었다. 하지만 그렇게 함으로써 대부분 대장에서 발견되는 장내 미생물을 굶주리게 만들었다. 가공 식품은 영양소를 보존하고 비타민과 미네랄을 추가하기 위해 다양한 보존 방법을 통해 가공된 모든 유형의 식품을 말한다. 즉, 콘플레이크에서 소고기 통조림 그리고 커리에 이르기까지 우리가 일상적으로 구매하고 섭취하는 식품 대부분은 기본적으로 '가공된' 것이다. 식품 보존으로 신선 식품 속 영양소의 짧은 '반감기'가 늘어나는 것도 하나의 혜택이다. 신선 식품 중 많은 것은 수확 후 빠른 속도로 부패한다.

그러나 식품 가공은 섬유와 같이 생체이용률bio-availability이 낮은 성분을 정제한다. 그래서 이러한 유형의 음식물이 소장을 거치고 나면, 장내 박테리아를 위해 남겨진 영양소는 거의 없게 된다. 그 결과는 체중 증가와 비만 그리고 장내 미생물의 감소로 나타난다. 간단하게 말해, 높은 생체이용률은 뚱뚱한 몸과 굶주린 장을, 낮은 생체이용률은 마른 몸과 건강한 장을 의미한다.

이제 우리는 음식 패러다임을 거꾸로 돌려야 한다. 고대 모델을 다시 시작함으로써 낮은 생체이용률을 회복하고, 오랜 박테리아 친구를 다시 데려와야 한다. 이를 위해 우리는 무엇을 해야 할까? 건강한 식단의 기본 원칙은 대단히 간단하며 따라 하기도 쉽다.

- 다양한 종류의 음식을 섭취할수록 좋다. 음식물이 다양하다는 것은 장내 미생물이 다양하다는 뜻이며, 이는 다시 염증 수치가 낮고 몸매가 날씬하다는 것을 의미한다. 다양한 미생물은 더 많은 신경전달물질과 호르몬을 생성하고, 신체 스트레스 시스템에 대한 압박을 덜어주고, 두뇌의 안정된 상태(생체 항상성) 유지에 도움을 준다. 다양한 종류의 음식 사례는 [상자 4.2]에 나와 있다

상자 4.2 **장내 미생물에게 먹이를 공급하는 방법**

- 다음 원칙을 기억하자. '낮은 생체가용성=날씬한 몸매와 건강한 장'
- 장내 미생물 다양성을 높이기 위해 식단 재료를 다양화하자. 고기와 생선, 가금류, 계란, 해산물, 유제품 그리고 특히 씨앗과 통곡물, 채소, 과일 등 식물성 원천이 골고루 포함되어야 한다.
- 공장에서든 부엌에서든 가공식품 소비를 줄이고, 천천히 소화되는 섬유질의 소비를 높여 장내 미생물에 충분한 영양분을 공급하자. 높은 섬유질은 생체가용성이 낮은 식단을 위한 최고 기준이다.
- 아스파테임처럼 장내 미생물 균형을 깨뜨릴 수 있는 인공 감미료 섭취를 피하자.
- 생과일처럼 다양한 미생물을 함유한 천연 프로바이오틱 원천을 섭취해 장내 미생물의 다양성을 확보하자. 흥미롭게도 맥주는 안정적이고 건강한 장내 미생물과 밀접한 관련이 있는 발효 음료다.
- 플라보노이드flavonoid(5장에서 자세히 살펴본다)와 폴리페놀(차와 커피, 다크초콜릿, 향신료, 와인, 콩, 치커리, 아티초크, 적양파, 시금치, 적포도에서 발견된다)을 함유한 재료로 식단을 구성함으로써 장내 미생물을 위한 필수 영양소를 충분히 공급하자.
- 기본적으로 자연 식품과 다양한 색상의 과일, 계절 채소처럼 섬유질이 풍부하고 생체가용성이 낮은 음식의 섭취를 늘리자.

- 우리가 섭취하는 음식물은 공장에서든, 부엌에서든 간에 덜 가공되고 덜 손상되어야 한다. 그리고 천천히 소화 가능한 천연 섬유질('프리바이오틱prebiotic'이라고도 부른다)을 포함해야 한다. 구석기 시대에 살았던 우리의 선조는 매일 100그램에 달하는 섬유질을 섭취했던 반면, 오늘날 일반적인 서구 식단에는 이것이 15그램 정도밖에 들어있지 않다. 섬유질은 숙주(인간)에게 더 낮은 칼로리와 영양소의 낮은 생체이용율을 그리고 장내 미생물에게 높은 수준의 기본 물질을 의미한다. 이를 위해 반드시 날 것 상태로 음식을 섭취해야 하는 것은 아니다. 찌거나 전자레인지를 이용한 요리법은 다른 방법에 비해 더 많은 영양소를 보존한다. 음식물은 맛있으면서도 소화를 늦출 수 있는 상태로 만들어야 한다.
- 박테리아를 다량 함유한 천연 식품을 섭취함으로써 장내 건강을 유지할 수 있다. 생과일을 통째로 섭취하는 방법이 많은 도움을 주는 것으로 알려져 있다. 사과 하나에는 1억 마리의 박테리아가 있으며, 어떤 프로바이오틱 보충제보다 훨씬 더 다양하고 값이 싸다. 관련 증거는 [상자 4.3]을 참조하자.

프로바이오틱 보충제는 과민성대장증후군이나 비만 같은 질환을 앓는 사람들의 장내 미생물을 정상적으로 회복시키기 위해 사용된다. 하지만 면역 시스템처럼 일반적인 건강에 도움을 준다는 분명한 증거는 아직 없다. 건강한 사람에게서 그러한 도움을 준다는 사실을 보여주는 연구는 지금까지 그리 많이 나와 있지 않다. 그리고 소량의 프로바이오틱 보충제로 내장에 다량의 미생물이 서식하도록 만들 수 있다는 증거도 그리 많지 않다. 물론 이러한 제품을 판매하는 회사들은 과장된 주장을 하는 셈이다.

사과: 중심부가 핵심이다!

- 2019년 오스트리아 그라즈 대학교 과학자들은 작은 사과를 분석하고 그 결과를 『미생물학 프런티어』에 발표했다.
- 사과의 줄기와 껍질, 과육, 씨앗, 꽃받침 등 모든 부위에 박테리아 함유 정도(수와 종류)를 측정했다.
- 유기농으로 재배한 사과와 일반적인 방식으로 재배한 사과를 비교했다.
- 240그램 정도의 사과에 평균 1억 마리의 박테리아가 들어 있으며, 그중 90퍼센트는 과일의 중심부에, 나머지 10퍼센트는 과육에 있다는 사실을 확인했다.
- 유기농 사과에는 유산균과 메틸로박테리움 등 더 다양한 종류의 박테리아가 들어 있다.
- 사과는 천연 프로바이오틱 제품이다. 그러나 사과 전체를 먹어야 의미가 있다!

- 식물과 채소, 과일 성분이 풍부한 식단은 소장에서 흡수하기 힘들지만 이를 통과해 장내 미생물에게 먹이를 공급하는 영양소를 제공한다. 이와 관련된 좋은 사례로 '폴리페놀'이라는 물질을 들 수 있다. 폴리페놀 분자는 생체이용률이 아주 낮다. 1~5퍼센트만이 소장에서 흡수된다. 그러나 장내 미생물은 이를 좋아하며, 분해해 페놀산phenolic acid을 생성한다. 페놀산은 두뇌 기능에 대단히 중요한 역할을 한다. 가령 신경을 보호하고, 염증 수치를 낮추고, 항산화 작용을 하고, 해로운 '활성 산소'를 제거한다. 폴리페놀을 함유한 식품 종류는 [상자 4.2]를 참조하자.

폴리페놀과 관련해 좀 더 이야기를 이어나가도록 하자. 우리 장에는 아커만시아 무시니필라Akkermansia muciniphila라는 박테리아가 살고 있다. 그 명칭은 미생물 생태학자인 앤툰 아커만스Antoon Akkermans의 이름에서 따온 것이다. 생소하게 들리겠지만, 이 작은 균은 대단히 중요한 역할을 한다.

2004년에서야 발견된 아커만시아 무시니필라는 장 내벽 점액층을 먹고 살면서 영양소(케톤)를 만들어내는데, 이 케톤은 앞장에서 살펴봤던 중요 단백질인 뮤신을 만들어내는 박테리아에 영양분을 공급함으로써 장벽을 튼튼하게 만들고 미생물의 침투를 막는다. 과식으로 동료 쥐보다 세 배는 더 뚱뚱한 쥐에게 아커만시아 무시니필라를 섭취하도록 했을 때, 먹이에서 아무런 다른 변화가 없었음에도 체중이 절반으로 줄어든 것으로 드러났다. 놀라운 결과가 아닐 수 없다. 인간 대상으로 한 연구에서는 아커만시아 무시니필라가 날씬한 사람에게서 풍부하게 발견되는 반면, 비만과 과민성대장증후군, 2형 당뇨병에 해당하는 사람에게는 대단히 드물게 발견된다는 사실이 밝혀졌다. 아커만시아는 염증과 당뇨를 억제하고, 당뇨병 치료에 쓰이는 약물인 메트포민Metformin과 아주 흡사하게 기능하는 것으로 보인다.

다이어트와 아커만시아 사이의 관계는 또 다른 연구에서 뚜렷하게 드러났다. 여기서 연구원들은 쥐를 대상으로 11주에 걸쳐 지방 함유량이 다른 먹이를 공급했다. 한 그룹은 라드(lard, 돼지비계를 정제한 기름―옮긴이)를 먹였고, 다른 그룹은 어유fish oil를 먹였다. 결과는 흥미로웠다. 어유 그룹에서 아커만시아 수치가 증가했고, 이와 더불어 다른 박테리아인 유산균 수치도 증가했다. 반면 라드 그룹에서는 정반대의 일이 일어났다.

다음으로 항생제를 먹여 원래의 장내 미생물을 제거했던 쥐들로 구성된 새 그룹에 두 그룹의 배설물을 장내 이식했다. 그리고 이식을 마친 새 그룹의 쥐들에게 3주 동안 라드가 함유된 먹이를 투여했다. 그 결과는? 어유를 먹은 쥐의 배설물을 이식한 쥐들의 경우, 아커만시아 무시니필라 수치가 증가했고 염증 수치는 떨어졌다. 반면 라드를 먹인 쥐의 배설물을 이식한 쥐들의 경우, 염증 수치는 올라갔고 아커만시아 수치는 떨어졌다. 여기에 한 가지 비밀이 있다. 폴리페놀은 아커만시아를 섭취할 수 있는 완벽한 식품이다. 폴리페놀을 많이 섭취할수록 우리 장은 건강해지고 두뇌 또한, 마찬가지다.

이러한 결과로부터 어떤 조언을 얻을 수 있을까? 결론적으로 말해, 장내 미생물에 신경 써야 한다는 것이다. 건강하고, 다양하고, 균형 잡힌 장내 미생물 생태계를 파괴하지 않도록 관심을 기울여야 한다. 이러한 노력은 전반적인 건강을 위해 그리고 충분히 예상할 수 있듯 두뇌 건강을 위해 대단히 중요하다. 늦게까지 자지 않고, 시간대에 걸쳐

사과는 중심부까지 통째로 먹어야 장내 건강을 극대화할 수 있다

여행하고, 항생제를 복용하고, 과음하고, 흡연하고, 스트레스를 받을 때마다 장내 미생물 균형은 위험에 처한다. 게다가 나쁜 소식이 하나 더 있다. 오늘날 표준화된 서구 식단은 장내 미생물에 도움이 되지 않는다는 사실이다. 식단과 관련해 우리는 두 가지를 이해해야 한다. 첫째, 우리는 몸 안에서 벌어지는 일은 잘 모르면서 음식을 먹지만, "우리가 먹는 것을 전반적으로 결정하는 것은 장내 미생물"이다. 그리고 둘째, 우리 자신은 물론 '장내 미생물을 보살피기 위해' 올바른 음식을 섭취해야 한다([상자 4.2] 참조).

▍ 장내 균이 두뇌와 대화를 나누다

이 장에서 장내 미생물을 관리하는 방법에 대해 많은 이야기를 했다. 장내 미생물의 건강이 두뇌 건강에 대단히 중요하기 때문이다. 지난 10년의 연구에서 이러한 관계가 발견되었는데, 이는 새롭게 밝혀진 과학이다.

장과 두뇌는 거대한 커뮤니케이션 고속도로로 이어져 있다. 3장에서는 이 고속도로를 일컬어 '장-두뇌 축'이라고 불렀다. 오늘날 과학은 이러한 관계 속에서 장내 미생물이 '숨어 있는 기관'으로서 중요한 역할을 수행한다는 사실을 말해준다. 보다 정확하게 말하자면, 우리는 지금 '미생물-두뇌 축' 이야기를 하고 있다. 장내 미생물은 신경과 호르몬, 면역 시스템을 통해 두뇌에 말을 건다. 그리고 두뇌는 미생물에 말을 건다. 그 과정에서 장내 미생물은 두뇌의 기능과 움직임에 큰 영향을 미친다. 그러므로 장내 미생물군이 파괴될 때 두뇌 건강도 함께 망가진다.

1872년 찰스 다윈은 "소화관을 비롯하여 여러 다른 장기의 분비물은 … 강한 감정으로부터 영향을 받는다"라고 언급했다.[3] 우리 모두는 또한, 두뇌가 장에 직접적인 영향을 미친다는 사실을 알고 있다. 예를 들어, 먹는다는 생각만으로도 소화액이 분비된다. 음식물이 위에 도달하기 전에 말이다. 그리고 메스꺼움이나 울렁거림 혹은 설사 등 불안감이 우리에게 미치는 영향에 익숙하다.

이미 언급했듯 과도한 스트레스는 광범위한 영향을 미친다. 심지어 미생물에게도 피해를 입힌다. 스트레스는 행복에 대한 위협 인식과 함께 전두엽에서 시작된다. 메시지는 거기로부터 두뇌 전체로 퍼져나간다. 이는 변연계(감정 관장)를 지나 기본 생리 활동의 훌륭한 통제자인 해마로 들어간다. 이후로 긴장 신호는 미주신경을 통해 장으로 직접 전달된다. 이 신호는 코르티솔 같은 스트레스 호르몬을 분비하게 만들고, 사이토카인 같은 염증 분자를 촉발한다. 그리고 이는 다시 미생물군의 '장내 불균형'을 일으킨다.

게다가 이러한 영향은 양방향으로 일어난다. 다시 말해 불안한 두뇌가 장에 신호를 보내듯, 불안한 장은 두뇌에 신호를 보낸다. 그러므로 위와 창자에서 발생한 고통은 심리 불안과 스트레스 및 우울의 원인 혹은 결과일 수 있다. 예를 들어 스트레스와 관련된 '사이토카인 폭풍'은 두뇌의 신경화학에 혼란을 일으키고, 우리를 감정 변화에 더 취약하게 만드는 것으로 알려져 있다. 사이토카인 폭풍이란 면역 시스템이 통제되지 않은 상태의 염증 분자를 분비하는 것을 말하는데, 종종 악성 감염으로 촉발되며, 다양한 장기 기능 저하 및 고열이 특징으로 나타난다. 그리고 크론병처럼 만성 위장장애를 겪는 사람 중 절반 이상이 불안과 우울로 어려움을 겪는다.

그러나 미생물이 미치는 영향의 범위는 스트레스에 따른 감정 혹은 장 자체를 훌쩍 넘어선다. 최근 장내 미생물이 우리 생각과 행동에도 강력한 영향을 미치는 것으로 밝혀졌다. 물론 말도 안 된다고 생각할 수도 있다. 당신만 그런 건 아니다. 이 주제에 관한 초창기 보고서는 1998년에 발표되었다. 당시 미네아폴리스 대학교 마크 라이트Mark Lyte는 보고서에서 병원균을 내장에 이식했을 때 행동 변화가 나타났다는 사실을 보여줬다. 라이트와 그의 동료들은 캄필로박터 제주니Campylo-bacter jejuni라는 병원균(질병을 일으키는 박테리아)을 실험실 쥐들에게 투여했다. 그리고 이틀 후, 그 쥐들을 대조군과 비교하면서 실험실 미로에서 열린 공간으로 들어서는 것을 훨씬 더 경계한다고 결론 내렸다. 이는 분명한 불안 신호였다. 물론 당시 라이트는 이 보고서로 과학계로부터 제정신이 아니라는 취급을 받았다. 그러나 10년 뒤, 그의 이론을 지지하는 증거가 임계치에 도달했다. 게다가 이들 증거는 여러 다양한 실험실에서 나온 것이었는데, 이러한 현상은 일반적으로 과학계에서 좋은 징조다.

이와 같은 사례는 더 많다. 오늘날 과학계는 보다 혁신적인 아이디어를 내놓고 있다. 즉, 장내 미생물은 일반적인 정신 과정에 영향을 미치며, 다양한 정신 장애 및 신경학적 상태와도 관련 있다고 주장한다. 더 나아가, "미생물 스스로 두뇌를 침범한다"라고까지 말하고 있다.

2017년 캘리포니아의 위장병 전문가 크리스텐 틸리쉬Kirsten Tillisch가 이끄는 연구팀은 장내 미생물과 인간 행동 사이의 관계를 뒷받침하는 한 가지 놀라운 증거를 제시했다. 그 연구원들은 18~55세에 해당하는 건강한 여성 40명에게서 배설물 샘플을 채취했다. 그리고 미생물군 속에서 발견된 박테리아 종류를 기준으로 이들을 두 그룹으로 나눴었다. 33명으로 이뤄진 첫 번째 그룹은 박테로이드Bacteroide가 풍부했고, 나머지 7명으로 구성된 두 번째 그룹은 프레보텔라Prevotella가 풍부했다. 다음으로 연구원들은 그들에게 감정적인 반응을 유도하는 사람과 행동, 사물 이미지를 보도록 하고 그들의 두뇌를 MRI로 스캔했다.

그 결과, 연구원들은 박테로이드 그룹은 전두엽과 뇌섬엽의 회색질이 더 두껍고 해마가 더 크다는 사실을 확인했다(이들 영역은 복잡한 정보 처리 및 기억과 관련 있다). 반면 프레보텔라 그룹은 감정, 주의, 감각 두뇌 영역 사이에 더 많은 연결이 존재하고, 해마를 포함한 다양한 영역의 크기가 작은 것으로 나타났다. 이 그룹의 여성들은 부정적인 이미지를 볼 때 해마 활성도가 더 낮았고, 또한 불안과 걱정, 짜증 같은 부정적인 감정은 더 높은 수치를 기록했다. 해마는 우리가 감정을 통제하도록 도움을 주기 때문에, 그 크기가 작다면(이 역시 아마도 장내 미생물군 구성과 관련이 있을 것이다) 부정적인 이미지가 감정적으로 더 큰 영향을 미쳤을 것이다.

비록 표본 규모가 작기는 하지만, 이러한 특별한 결과는 장내 미생물군과 건강한 인간의 두뇌가 상호작용한다는 주장을 뒷받침한다. 이 연구는 많은 후속 연구의 출발점이 되었다. 특히 결장 내 물질이 우리 생각에 영향을 미친다는 사실을 믿기 힘들어하는 회의적인 독자를 위해, 두 개의 후속 연구를 언급하겠다.

첫 번째는 2017년에 미국에서 수행된 연구로, 여기서 연구원들은 50~85세의 건강한 피실험자 43명으로 이뤄진 작은 표본을 대상으로 인지 테스트 점수와 장내 박테리아를 분석했다. 그리고 인지 테스트 점수를 기준으로 피실험자를 두 그룹으로 구분해봤다. 그 결과, 연구원들은 인지 테스트 점수와 장내 주요한 네 유형의 박테리아 사이에 분명하고 중요한 관계가 있음을 확인했다. 우리는 이러한 결과를 어떻게 이해해야 할까? 많은 설명이 가능하다. 한 가지는 장내 불균형 그리고 장에서 두뇌로 전송되는 염증 수치 사이에 어떤 관계가 있다는 것이다. 즉, 만성 염증은 인지 퇴행의 위험 요소라는 것이다. 다른 설명은 미주 신경을 통한 두뇌와의 직접적인 신경 의사소통(신경 신호) 그리고 장내 박테리아로부터 순환 대사물과 관련된 것이다.

두 번째 연구는 많은 임상 연구가 주목하는 중요한 신경전달물질 세로토닌 생성에 관한 것이다. 놀랍게도 세로토닌은 대부분 '두뇌에서 생성되지 않는다'. 3장에서 언급했듯, 그 대부분은 장내 박테리아와 장내 일부 세포(크롬친화세포chromaffin cell) 사이에 복잡한 화학적 협력의 결과물이다. 세로토닌 수용체는 학습과 기억에 중요한 두뇌 영역에서 발견된다. 세로토닌 활동성의 변화가 인지 기능에 영향을 미친다는 사실을 확인시켜준 연구는 많다. 최근 연구 결과는 세로토닌에 의한 신경전달의 감소는 인지 기능에 부정적인 영향을 미치고, 세로토닌 활성도의 정상화는 긍정적인 영향을 미친다는 사실을 보여준다.

동물의 왕국에서 살아가는 수많은 종과 관련해, 숙주 내 미생물의 존재가 개체의 사회적 행동, 즉 그들이 동료와 반응하고 관계를 맺는 방식, 의사소통하는 방식에 영향을 미친다는 사실은 익히 알려져 있다. 이 경우 미생물군은 세 가지 방식을 통해 두뇌(가령 편도체)와 의사소통을 한다. 즉, 면역 시스템을 통해('면역 신호전송'), 세로토닌 같은 호르몬을 통해 그리고 미주신경을 통한 신경 신호를 통해 그렇게 한다. 이제, 이러한 발견은 그리 놀랍지 않은 수준이 됐다. 박테리아는 우리의 사회적 행동을 바꿈으로써 그들의 생존 가능성을 강화한다. 게다가 오늘날에는 자폐증처럼 사회적 행동 결함을 지닌 사람의 식단에 특정 유형의 박테리아를 첨가함으로써 불안과 반사회적 행동을 완화하고 사교성과 언어, 의사소통을 개선할 수 있다는 증거도 나와 있다.

오늘날 우리가 장과 두뇌의 균에 대해 알고 있는 핵심 지식은 [상자 4.4]에 잘 요약되어 있다.

상자 4.4 **미생물과 두뇌에 대해 우리가 알고 있는 것들**

- 건강하고 균형 잡히고 다양한 장내 미생물군은 우리가 스트레스에 더 잘 대처하도록 돕는다.
- 스트레스 반응은 장내 미생물군의 균형을 어지럽히고, 이는 변연계(감정을 관장하는) 일부인 편도체와 같은 두뇌 영역에 영향을 미친다.
- 장내 미생물군은 식습관에 영향을 미친다. 가령 일부 음식은 맛이 좋게 느껴진다. 그것은 박테리아가 그들 자신의 성장을 위해 해당 영양소를 필요로 하기 때문이다. 박테리아는 우리가 그러한 음식을 먹도록 자극한다.
- 기분과 감정 그리고 성품은 장내 미생물로부터 강한 영향을 받는다. 이들 미생물은 세로토닌이나 가바GABA, 도파민 같은 신경전달물질을 생성한다.
- 일반적인 장내 미생물은 사회적 행동 발달에 대단히 중요하다. 그리고 사회적 행동은 미생물 번식에 도움을 준다.

▎미생물과 두뇌 건강

장내 미생물 그리고 생각과 행동 사이의 관계에 관한 마크 라이트의 주장이 처음에는 황당한 소리로 취급받았던 것처럼, 장내 미생물과 두뇌 질병 사이에는 비슷한 관계가 있다고 주목했던 과학자들이 처한 상황 역시 크게 다르지 않았다. 자신의 새로운 발견이 아무런 관심을 얻지 못하거나 혹은 적대적인 반응이 나오는 것을 보면 과학자들은 불행하게 생각한다. 바로 그러한 일이 바로 2014년 아일랜드의 칼리지 코크 대학의 미생물학자 존 크라이언에게 일어났다. 미국 학계에도 이름이 알려져 있었던 크라이언이 샌디에이고에서 열린 신경과학 컨퍼런스에 참석해 장내 미생물이 알츠하이머 발병에 중요한 역할을 한다고 주장했을 때, 청중은 그를 비웃었다.

하지만 결국 위스콘신 의과대학 연구원들이 크라이언의 주장을 받아들였다. 위스콘신 연구팀은 우아하리만치 단순한 과정을 통해 알츠하이머 질환자들의 '장내 미생물'이 그 질병에 영향을 받지 않은 같은 연령 및 성별의 미생물과 '크게 다르다'라는 사실을 보여줬다. 그리고 이러한 차이가 두뇌를 감싸는 체액에서 발견되는 알츠하이머의 생체지표와 관련 있다는 사실 또한 확인했다.

그럼에도 인과관계를 포함하여 많은 것이 여전히 불확실한 상태로 남아 있었다. 알츠하이머가 미생물군의 변화를 촉발하는가? 아니면 미생물군의 변화가 알츠하이머를 촉발하는가? 그 밖에 다른 과학자들 역시 비슷한 연구 결과를 내놨다. 샌디에이고 지역에서 활동하는 샌그램 시소디아 박사는 시카고에서 크라이언의 주장을 검증해보기로 마음 먹었다. 시소디아는 알츠하이머 질환에 걸리기 쉬운 몇몇 쥐를 골라 먹이에 항생제를 투여하는 방식으로 장내 미생물을 제거했다. 그리고 알츠하이머가 걸린 쥐의 두뇌에서 베타 아밀로이드beta amyloid라는 단백질 덩어리를 어렵지 않게 발견할 수 있었다. 이는 대단히 독성이 강하고 뉴런 사이에서 많은 문제를 일으키는 물질이다. 놀랍게도 시소디아는 자신이 치료한 쥐들에게서 이러한 단백질 덩어리가 '감소'했다는 사실을 확인했다. 하지만 이러한 발견은 또다시 더 많은 질문으로 이어졌다. 어떤 박테리아가 그러한 효과를 만들어냈을까? 그리고 어떤 과정을 거쳐서? 이러한 질문에 대한 연구는 이후 놀라운 방향으로 이어졌다.

치아 건강에 문제가 있는가? 치과에 가는 것을 싫어하는가? 잇몸이 붓거나 아픈가? 그렇다면 두뇌 건강에 문제가 있을 수 있다. 입은 외부 물질이 체내로 들어오는 주요 출입구이기 때문에 구강 질환은 건강에 중대한 문제를 초래할 수 있다. 구강 염증이 심장혈관 질환과 호흡기 감염, 당뇨병, 신장 질환, 암 그리고 남성의 경우 발기부전에 이르기까지 다양한 질병과 강한 상관관계가 있음을 보여주는 연구는 아주 많다. 이제 우리는 그 목록에 '두뇌 건강'까지 추가하고자 한다.

입은 균이 사랑하는 따뜻하고, 축축하고, 안락한 환경을 제공한다.

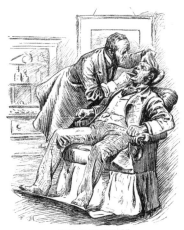

UNFAIR ADVANTAGE.

치아 건강에 문제가 있다면 두뇌 건강도 조심해야 한다

그래서 우리 입안에 700가지 박테리아가 60억 마리나 살고 있다는 것은 그리 놀라운 사실이 아니다. 이들 박테리아는 수백만 년 동안 인류의 입안에 집단 서식해왔다. 그들은 서로 말을 주고받으며, '정족수 감지quorum sensing'라는 과정을 통해 서로 행동을 수정하며 균형 잡힌 구성을 유지함으로써 인간과의 사이에서 상호이익을 도모한다(인간은 박테리아를 괴롭히지 않고, 박테리아는 인간을 괴롭히지 않는다. 생물학적 차원에서 일종의 평화적 공존 상태다).

하지만 초대받지 않은 손님도 있다. 그리고 그들 중 많은 것이 음식물 섭취 과정에서 혹은 키스를 통해 유입된다. 앞서 살펴봤듯 더 많은 사람(혹은 반려동물)과 키스를 나눌수록 더 많은 박테리아가 유입된다. 물론 그렇게 유입된 박테리아 전부가 입안에 서식하지는 않는다. 하지만 일부는 서식에 성공하며, 또한 그중 일부는 구강 조직에 염증을 일으킨다.

오늘날 연구 결과는 염증 산물과 '균 자체'가 혈류 속으로 들어가 두뇌로 이동할 수 있다는 사실을 발견했다. 때로는 신경 섬유를 타고 체내로 퍼져나가기도 한다. 이들 박테리아는 두뇌 세포를 죽이고 기억상실을 초래하는 것으로 알려져 있다. 여러 증거는 알츠하이머 질환으로 그리고 특정한 미생물에 주목하고 있다.

알츠하이머 질환은 두뇌 감염의 모든 특성을 보인다. 그러나 1984년 베타 아밀로이드 발견 이후로 과학자들은 '단백질 축척' 가설에 집중하고 있다. 그들은 어떻게 두 가지 특정 단백질인 타우tau와 베타 아밀로이드beta amyloid가 알츠하이머 질환을 유발하는지 들여다봤지만, 안타깝게도 성과는 미미했다. 모든 약물 실험 중 약 90퍼센트는 실패로 돌아갔다.

이제 과학자들은 시선을 돌려 박테리아에 주목한다. 의사들은 이전부터 포르피로모나스 진지발리스Porphyromonas gingivalis라는 박테리아(구강염의 원인이다)가 알츠하이머 환자에게서 공통적으로 발견되며, 이는 그 질병의 위험 인자라는 사실을 알고 있었다.

2014년 영국 과학자들은 존 크라이언의 연구를 이어받아 쥐를 이용하는 특별한 실험에 도전했다. 그들은 쥐의 입을 통해 네 유형의 박테리아를 투입했고, 여기에는 포르피로모나스 진지발리스도 포함되어 있었다. 그 결과, 신경과학계에 일대 혼란이 일었다. 포르피로모나스 진지발리스의 DNA가 '쥐의 두뇌 속에서 발견'된 것이다.

그렇다면 인간의 경우는 어떨까? 2019년 여러 대학의 과학자들은 알츠하이머 환자 54명의 해마(기억과 관련해 중요한 두뇌 영역인)에서 채취한 두뇌 샘플의 90퍼센트에서 독성 있는 효소의 존재를 두 가지 발견했다. 단백질을 파괴하는 이러한 효소는 진지페인gingipain이라고 불리는데, 이는 더 많은 타우 조각tau fragment을 갖고 있고 이러한 이 단백질과 관련된 인지퇴행 증상을 더 많이 드러내는 보다 고차원적인 두뇌 조직에서 발견되었다. 또한, 이 연구팀은 그들이 살펴본 세 명의 알츠하이머 환자의 두뇌 피질(추상적 사고에 관여하는 영역) 모두에서 포르피로모나스 진지발리스의 DNA를 발견했다.

포르피로모나스 진지발리스는 치과의사들이 말하는, 구강 내 세균의 건강한 '극상군집climax community' 일부가 아니다. 병을 유발하는, 검은색을 띠는 이 박테리아는 장내는 물론 호흡기와 생식기 안에도 숨어 있다. 그리고 일반적으로 면역 시스템과 균형 잡힌 '균' 공동체가 이를 억제한다. 이러한 시스템과 공동체가 붕괴되면 포르피로모나스 진지발리스가 공격을 개시한다.

두뇌를 관리하고 싶다면 껌을 씹어라?

나쁜 구강 위생은 치아 손상은 물론, 더 많은 치아 충진재와 더 높은 치과 진료비뿐만 아니라, 원하지 않는 다른 많은 결과로도 이어진다. 심장발작과 발기부전 그리고 두뇌에 미치는 부정적인 영향은 전반적으로 증가한다.

다행스럽게도 치아 건강 분야의 기업들은 구강 위생을 위한 연구 개발에 엄청난 돈을 쏟아부었다. 그러나 그들이 제시하는 치아 건강 관련 조언에는 찾아볼 수 없는 메시지가 하나 있다. "두뇌를 관리하고 싶다면 껌을 씹어라." 이 말을 들은 사람들은 아마도 믿지 못하겠다는 표정을 지을 것이다. 대체 이유가 무엇인가? 사실, 이 질문에 대한 정확한 답은 아직 없다. 하지만 그 증거는 대단히 강력해서, 많은 정부가 국가 차원의 건강증진 캠페인에 이 조언을 포함하고 있다.

노섬브리아 대학교의 루시 윌킨슨과 앤드류 스콜리는 껌을 씹는 행위가 정신적 기능에 미치는 긍정적인 효과를 연구했다. 두 사람은 75명의 성인을 세 그룹으로 나누고, 첫 번째 그룹은 무설탕 껌을 씹도록, 두 번째는 실제 껌 없이 씹는 시늉만 하도록, 그리고 세 번째는 아무것도 하지 않도록 했다. 다음으로 각 그룹을 대상으로 주의력과 작업 기억 테스트를 실시했다. 그 결과, 껌을 씹은 그룹이 장단기 기억에서 개선된 성과를 보여줬다. 특히 단어 기억 점수는 다른 두 그룹에 비해 35퍼센트나 더 높은 것으로 나타났다.

이제 껌 씹기와 두뇌 크기를 살펴보자. 대만의 치과의사들은 경증 인지 장애 혹은 알츠하이머 질환을 앓는 65세 이상 성인 40명을 동일한 연령대의 건강한 사람 30명과 비교하는 실험을 했다. 그들은 피실험자들의 두뇌를 스캔하고 치아 건강과 씹기 능력을 측정했다. 다른 요인을 통제한 상황에서 의사들은 씹기 능력 향상이 두뇌의 전운동피질(pre-motor cortex, 근육 움직임 통제에 기여한다) 내 회색질 부피 증가와 관련 있다는 사실을 확인했다. 알츠하이머나 경증 인지장애를 앓는 그룹 내에서 씹기 능력이 저조한 사람들은 회색질 총 부피도 낮은 것으로 드러났다. 게다가 기억에서 중요한 기능을 하는 다른 핵심 두뇌 영역 역시 크기가 더 작았다.

이것이 예외적인 연구라고 의심된다면, 다시 한번 생각해보자. 전 세계에 걸쳐 수행된 23개의 연구에 대한 검토는 씹기 능력 감퇴와 인지 기능 퇴행 사이에 연결고리가 있음을 확인시켜줬다. 그중 8개 연구는 씹기 능력 저하가 경증 인지장애나 치매에 대한 위험 요인이라는 사실을 보여줬다.

껌을 씹는 동안에 나타나는 기억력 향상에 대해 과학자들은 '견고한' 발견이라고 부르는데,[4] 그 효과의 기반 과정은 아직 밝혀져 있지 않고 여전히 연구 중이다. 그래도 과학자들은 몇 가지 설명을 이미 내놨다. 껌 씹는 행동은 두 가지 목적에 기여하는 것으로 보인다. 타액의 흐름을 증가시켜 구강 내 산성도를 낮춤으로써 병을 유발하는 박테리아(두뇌 건강의 위험 요인) 수를 줄인다. 다음으로 사고와 기억에 중요한 두뇌 영역을 자극한다. 또 다른 설명은 껌 씹는 행동이 두뇌 속에 수용체가 있는 것으로 알려진 인슐린 분비를 촉진한다는 것이다. 그 밖에도 심박수를 끌어올려 두뇌에 더 많은 산소와 영양소를 공급할 수 있다는 이론도 있다. 그 이유가 어떤 것이든 간에 껌 씹는 행동은 기억력에 긍정적인 영향을 미치는 것으로 보인다.

여기에 미묘한 메시지가 있다. 그것은 유익한 입속 미생물은 보존해야 하는 반면, 병을 유발하는 미생물은 제거해야 한다는 것이다. 그런데 이것이 어떻게 가능할까? 핵심은 산을 생성하고 산을 사랑하는 박테리아를 제거하는 것이다. 이러한 박테리아는 치아에 달라붙어 끈적끈적한 생물막을 형성하고 치석으로 발전한다. 입속 생물막은 상당히 좋지 않다. 이는 모든 종류의 항생제와 항균제에 저항하고, 일반적으로 신체의 면역 시스템에도 저항한다. 그렇기에 구강 위생을 위해서는 입안이 과도한 산성이 되지 않도록 해야 한다. 혹은 과학자들의 표현을 빌리면, pH 값이 5.5 이하로 떨어지지 않도록 해야 한다(pH 값이 7 미만이면 산성, 7 이상이면 알칼리성이다) 양치질을 포함해 모든 치위생 방법은 이 원칙에 기반을 둔다. 우리가 실행에 옮길 수 있는 다양한 구강관리법은 [상자 4.5]에 잘 요약되어 있다. 여기서 중요한 사실은 이러한 방법들을 함께 실행했을 때 구강 내 건강한 미생물군을 유지할 수 있고, 동시에 광범위한 염증과 두뇌는 물론 체내 다양한 곳의 질병 위험을 낮출 수 있다는 것이다. 관건은 구강 내 '좋은' 박테리아를 돕고 '나쁜' 박테리아를 억제하는 것이다. 입이 산성이거나 치아가 깨끗하지 않을 때, 나쁜 박테리아는 더 쉽게 번식한다.

▌불안과 우울함도 미생물 때문이라고?

2012년 『네이처』에 발표된 논문, 「마음을 바꾸게 하는 미생물Mind-altering micro-organisms」에서 세계적으로 앞서가는 두 전문가는 이렇게 언급했다. "점점 더 많은 연구 결과를 통해 우리는 미생물군이 행동 및 기분과 관련된 두뇌 화학에서 중요한 역할을 수행한다는 사실을 알 수 있다."[5] 나아가 두 사람은 흥미롭게도 미생물군 구성이 현대인을 괴롭히는 두 가지 심리적 고통, 즉 불안과 우울감에 영향을 미칠 수 있다고 주장했다. 그 이후로 이어진 많은 증거는 관장과 장 수술까지 시도했던 19세기 선조들이 이 문제에 대한 접근방식에서 그리 많이 빗나간 것은 아님을 말해준다. 장내 미생물의 방대한 집합은 우리 심리 상태의 기반을 결정하는 데 중대한 역할을 하는 것으로 보인다. 그리고 그러한 심리 상태에는 불안과 우울감이 모두 포함된다.

**상자 4.5 구강위생 관리: 유익한 균을 보호하고
유해한 균을 제거하는 방법**

- 생물막을 제거하는 구강 세정제(글루콘산 클로르헥시딘이 포함된) 사용 빈도 줄이기
- 하루 두 번(아침 먹기 전, 잠자리 들기 전) 양치질하면서 각 치아 당 5초간 닦기
- 하루 한 번 치실 사용하기
- 간식 먹지 않기
- 흡연하지 않기
- 종일 규칙적으로 물 마시기
- 단 음식과 음료 그리고 산성 저칼로리 음료 섭취 줄이기
- 건강 식단 유지하기
- 음주, 특히 증류주를 절제하고 과음 피하기
- 항생제 사용 최대한 절제하기
- 정기적으로 치과 방문하기
- 입술 피어싱 하지 말기
- 무가당 껌 씹기

이 주제와 관련하여 무균 쥐에 주목할 필요가 있다(인간 대상으로 할 수

없는 실험을 쥐로는 할 수 있다). 온타리오주 맥마스터 대학 연구팀은 일반 쥐에서 채취한 박테리아를 무균 쥐의 장에 이식했을 때, 이식을 받은 쥐가 '균을 기증한 쥐의 특성'을 드러내게 된다는 사실을 확인했다. 겁 많은 쥐가 과감하게 바뀐 반면, 용감한 쥐는 소심하게 바뀌었다. 이러한 발견은 균과 두뇌 사이의 상호작용이 개성과 감정을 바꿀 수 있다는 사실을 말해준다.

다시 인간으로 돌아오자. 우리는 장 질환을 앓는 사람들이 종종 그 질환의 부작용으로는 완전히 설명되지 않는 불안과 우울을 느낀다는 사실에 주목할 필요가 있다. 과민성대장증후군을 앓는 사람 중 절반 이상이 그러한 증상과 더불어 우울과 불안을 느낀다. 우리는 이러한 현상을 어떻게 설명해야 할까?

여러 연구 결과는 우울과 장내 미생물 생태계 사이에 양방향 통로가 존재한다는 사실을 보여준다. 우리는 우울감이 해마와 뇌하수체 그리고 호르몬 시스템 사이의 연결(해마-뇌하수체-부신 축)hypothalamic-pituitary-adrenal(HPA)에서 발생하는 불균형과 관련 있다는 사실을 알고 있다. 그리고 이러한 불균형은 장내 면역세포가 시토킨을 분비하도록 하고, 이는 다시 혈액을 타고 돌아다니며 뇌하수체로부터 강력한 스트레스 호르몬인 코르티솔 분비를 촉진한다. 코르티솔은 불안과 우울을 촉발한다고 알려져 있다. 그리고 거꾸로, 우울증이 개선될 때 HPA 활동이 종종 정상적으로 회복되는 것으로 드러나 있다. 감정적 안정 유지에는 장 활동과 고유한 박테리아 군집이 필수적이다. 그리고 장내 미생물을 돌보는 노력이 결코 사소한 문제가 아님을 다시 한번 깨닫는다.

그러나 정말로 놀라운 현상은 캘리포니아 공과대학 신경학자 폴 패터슨이 발견한 자폐증과 장내 박테리아 사이의 관계였다. 패터슨은 임신 중 고열에 시달린 여성이 출산한 아기가 자폐증에 걸릴 확률이 7배나 더 높다는 사실을 발견했다. 유전 문제와는 거리가 멀었다. 그는 '바이러스 모방체viral mimic'를 활용해 임신한 쥐에서 감기와 같은 증상을 유도했다. 놀랍게도 그 쥐들이 낳은 새끼들은 인간의 자폐증에서 드러나는 핵심 특성 세 가지(제한적인 사회적 교류, 반복 행동, 의사소통 위축)를 모두 드러냈다. 게다가 그 쥐들 '장 누수leaky gut' 증후군을 보였다. 이러한 사실은 자폐증 아동의 40~90퍼센트가 이러한 유형의 증상을 겪는다는 점에서 대단히 중요하다. 아직까지 자폐증 환자를 위해 '미생물 치료법'이 도움이 된다고 주장한 사람은 없다. 그럼에도 이러한 새로운 발견은 장내 미생물이 자폐증 발병에 중요한 역할을 한다는 핵심 실마리를 던져준다.

마지막으로, 균형과 운동 및 근육 통제에 영향을 미치면서 점진적으로 악화되는 질병인 파킨슨병이 있다. 파킨슨병은 알츠하이머 다음으로 일반적인 노화 관련 신경퇴행 질환으로, 현재 영국에서만 14만 5천 명가량이 고통을 겪고 있다. 순전히 '뇌질환'으로 알려져 있지만, 불편한 사실 두 가지가 있다.

첫째, 발병의 90퍼센트 정도는 확인 가능한 공통 원인이 없다(개인적인 차원에서 고유하다). 둘째, 놀랍게도 발병 수년 전부터 장내 신경세포가 변화된다. 그리고 2014년에서 헬싱키에서 수행한 한 연구는, 파킨슨병을 앓는 사람들은 장내 미생물 생태계가 달라졌으며, 이러한 변화는 질병이 운동에 미치는 영향과 관련 있다는 사실을 확인했다. 예기치 못한 혁신적 발견이었다. 이 발견은 후속 연구의 기폭제가 된다. 그리고 이후 모든 연구가 파킨슨병 환자의 장내 미생물 생태계가 바뀌었다는 사실을 확인했고, 이러한 결과 파킨슨병에 대한 생각도 완전히 달라졌다. 이제는 (아직 알려지지 않은) 어떤 환경 요인이 장내 미생물 생태계를 통해 단일 박테리아 정도가 아닌, 전체 미생물군의 균형을 허물어뜨림으로써 파킨슨병을 촉발한다는 생각이 지배적이다. 그렇게 게임의 양상을 바꾸는 가설이 탄생했다. 그렇다면 파킨슨병은 장내 미생물 생태계에서 시작되어 미주신경을 통해 두뇌로 확산하는 것일까?

[상자 4.6]은 현재 장내 미생물군 변화와 관련 있다고 알려진 신경질환 목록을 보여준다.

상자 4.6 **장내 미생물군 변화와 관련 있다고 알려진 뇌질환**

- 알츠하이머병
- 불안
- 우울
- 자폐증
- 파킨슨병

| 뇌 건강을 위해 장을 챙겨야 하는 이유

우리 몸 깊숙이 자리 잡고 있는 동굴처럼, 어둡고 공기가 통하지 않은 장내 영역은 조용히 가동하면서 장과 두뇌에 말을 거는 놀라운 공장이다. 우리 몸의 화학 작용을 읽어내고 그에 따라 반응하며, 수백 년에 걸쳐 검증된 방법을 활용해 약품 조제법을 나눠준다. 그 약품은 우리 건강을 유지하고, 기분과 감정에 영향을 미치며, 사고 능력까지 좌우한다. 이러한 조제실을 지키고 이를 통해 두뇌 건강을 유지하기 위한 핵심 조언은 [상자 4.7]에 요약되어 있다.

상자 4.7 뇌 관리를 위해서는 장을 챙겨라

- **BMI**(body mass index, 신체질량지수)를 25 이하로 낮추고 적절한 체중을 유지하자

- 항생제를 비롯해 자신이 복용하는 약을 주의 깊게 살펴보자.

- 장내 불균형을 일으키는 생활방식에 주의를 기울이자.

- 섬유질이 풍부하고 생체가용성이 낮은 음식 그리고 천연 프로바이오틱 식품을 먹자.

- 구강 위생에 신경 쓰자.

- 껌을 씹자.

- 더러운 표면에 너무 신경 쓰지 말자. 우리는 이미 미생물의 바다에 살고 있으며, 이들 대부분 우리에게 도움을 준다. 해로운 미생물이 없었다면 애초에 면역도 필요 없었을 것이다.

4세기 중국 의사 갈홍葛洪은 '노란 죽' 처방을 해서 환자에게 먹게 했다. 노란 죽의 주성분은 놀랍게도 건강한 사람의 변이었다. 이런 이야기는 역겹게 들린다. 하지만 오늘날까지 의학의 역사는 비슷한 사례로 가득하다. 오늘날 의사들은 이를 '박테리아 치료법' 혹은 'FMT'(faecal microbiota transplantation, 대변 미생물 이식)라고 부르는 점이 다를 뿐이다. 장내 불균형에 따른 장 질환을 위해 캡슐 복용이나 대장내시경 방식으로 이뤄진다.

여기서 흥미로운 질문. 내장 박테리아를 이용해 뇌질환을 치료하거나 개선할 수는 없을까? 가능하다. FMT는 장내 미생물을 이용하는 한

가지 방법이다. 그 밖에도 프로바이오틱스와 프리바이오틱스, 맞춤형 식단, 생활방식 변화 등이 있다. 앞으로 우리는 장내 미생물을 활용해 두뇌와 정신건강을 개선하고 뇌질환을 예방하고 치료할 수 있을 것이다. 믿기 어렵다면, 심각한 부작용을 수반하는 향정신성 약물 치료법, 외과적 뇌수술 그리고 ('전이인자transposon'를 통한) 유전자 조작에 이르기까지 우리 사회가 이미 받아들인 방법을 생각해보자. 바람직한 구강위생 같은 간단한 실천만으로 정신건강을 유지하고 알츠하이머 질환의 위험성을 크게 낮출 수 있다면 혹은 친구나 가족의 배설물을 '이식'함으로써 다양한 뇌질환을 치료할 수 있다면, 얼마나 솔깃한 이야기인가?

최근의 첨단 연구는 '사이코바이오틱스psychobiotics'라는 새로운 의학 치료 영역을 개척하고 있다. 사이코바이오틱이란 미생물과 장, 두뇌 사이에 오가는 신호를 수정함으로써 심리적으로 영향을 미치는 모든 물질을 말한다. 이러한 물질은 우울감과 불안감을 덜어줄 수 있다. 환상적인 이야기 아닌가? 지난 10년 동안 미생물 관련 기업이 200곳 넘게 설립되었고, 그래서 포브스는 그 기간을 '미생물 생태계 10년'이라고 부른다. 그리고 현재 650건에 달하는 연구 프로그램이 진행 중이며, 그중 40건은 장-뇌 축에 주목하면서 자폐증과 파킨슨병, 알츠하이머병, 우울증 치료 전략을 개발하고 있다. 그리고 이에 따라 약국이나 편의점 그리고 수많은 온라인 매장을 통해 판매되는 새로운 신약 시장이 떠오르고 있다.

5장

두뇌를 위한 슈퍼 푸드

백 년 전, 프레더릭 가울랜드 홉킨스Frederick Gowland Hopkins가 이끄는 케임브리지 대학교 연구팀은 영양학 분야에서 기념비적인 혁신을 일궈냈다. 홉킨스는 동료 연구원들과 함께 새끼 돼지에게 탄수화물과 지방, 단백질 같은 다량 영양소를 이상적인 조합으로 먹이고, 이에 더하여 미네랄 같은 미량 영양소 및 물을 충분히 공급했음에도 성장이 멈출 수 있다는 사실을 발견하고 충격에 빠졌다. 어떻게 이러한 일이 벌어질 수 있을까? 이에 대해 홉킨스는 '부수적 성장 요인'이 있다고 가정했다. 그리고 이것이 나중에 '비타민'으로 밝혀졌다. 홉킨스는 이 연구로 1929년 노벨 생리의학상을 수상했다. 그는 전 인류의 고마움을 받을 충분한 자격이 있다.

그러나 비타민에는 중요한 문제가 있다. 그것은 우리 몸이 대부분 비타민을 만들어내지 못한다는 사실이다. 우리 두뇌는 오직 외부 섭취를 통해 비타민을 받아들인다. 유년기의 충분한 두뇌 성장과 최적의 두뇌 건강 유지, 노화 속도 조절을 위해서는 올바른 비타민 섭취가 반드시 필요하다.

▌비타민 A, 기억력과 피부 건강을 위하여

2007년 3월 28일, BBC는 화장품 산업을 다룬 다큐멘터리 프로그램을 방영했다. 여기서 그들은 맨체스터 대학교 피부과 전문의 크리스 그리피스Chris Griffiths와 인터뷰했다. 여기서 그리피스는 시장에 출시된 부츠 No. 7이라는 여성용 크림이 햇볕으로 손상된 피부를 회복시켜줄 수 있다고 언급했다. 그리고 다음 날, 이 제품 매출은 2,000퍼센트 급등했다. 여성 소비자들은 매장 재고는 물론, 기업의 쇼핑몰 재고까지 모두 싹쓸이했다. 제품을 구하려면 기다려야만 했다. 크림에는 비타민 A가 함유되어 있었다.

비타민 A는 피부에만 좋은 것은 아니다. 두뇌에도 좋다. 1998년 샌디에이고의 살크 생물학 연구소Salk Institute for Biological Studies 과학자들은 비타민 A가 학습 역량을 높인다는 사실과 함께 비타민 A 수용체가 위치한 두뇌 영역도 확인했다. 이 영역은 바로 해마인데, 여기서 비타민 A는 학습과 관련된 시냅스를 자극한다. 최근 조사에 따르면, 전 세계 1억 9천만 명에 달하는 아동에게서 비타민 A가 결핍된 것으로 나타나고 있다.

더 나아가, 비타민 A는 평생 기억력을 뒷받침하는 신경생물학적 과정에 기여하고, 또한 "노화에 따른 인지 퇴행을 예방하고, 제한하고, 늦춘다"라고 알려져 있다. 정말로 흥미로운 사실은 노화 관련 변화를 촉진하는 것이 단지 불충분한 섭취만이 아니라, 우리가 나이 들어가면서 비타민 A가 두뇌 속 화학 변화 신호를 전달하는 방식과 관련이 있다는 점이다. 그렇다면 이런 질문이 남는다. 비타민 A를 보충하면 두뇌의 젊음을 유지할 수 있을까?

프랑스 보르도 대학교 연구원들은 쥐를 대상으로 비타민 A 투입 중단 시 그리고 투입 재개 시 벌어지는 일을 관찰했다. 그들은 비타민 A가 부족한 쥐의 경우, 해마에서 생성되는 세포가 비타민 A를 충분히 섭취한 동료 쥐에 비해 32퍼센트나 더 적었다는 사실을 확인했다. 또한, 비타민 A가 부족한 쥐들은 시험(수영하면서 수중 발판을 발견하는 테스트)에서 동료들에 비해 25퍼센트나 더 오래 걸린 것으로 나타났다. 결정적인 차이점은 비타민 A 투여 재개 시 벌어진 일이었다. 재투여 후 4주 만에 이들 쥐는 '정상적인' 먹이를 먹은 대조군보다 더 뛰어난 성적을 기록했다. 그들의 성과는 개선되었을 뿐 아니라, 새로운 뉴런을 만들어내는 속도는 정상 속도를 앞질렀다. 마치 비타민 A의 '중단'에 대한 보상이라도 하듯이 말이다.

그렇다면 비타민 A를 얼마나 많이 섭취해야 할까? 영국 정부가 내놓은 권고안에 따르면, 성인(19세 이상) 여성의 경우에 하루 600마이크로그램mcg 그리고 남성은 700mcg이다(1mcg은 1밀리그램의 천분의 일, 즉 1그램의 백만분의 1이다). 한편, 식품 기업들은 '국제 기준international units'(IUs)으로 비타민 함유량을 측정한다. 여기서 1IU는 레티놀(비타민 A의 주요한 형태) 0.3mcg와 같다. 그러므로 영국 정부의 일일 권장 섭취량을 IU

로 전환하려면 마이크로그램 값을 0.3으로 나누면 된다. 예를 들어 600mcg는 2,000IU와 같다.

자신이 비타민 A를 얼마나 많이 섭취하는지 알아보기 위해 [상자 5.1]을 살펴보자. 이 도표는 평균적인 식사에 포함된 비타민 A와 그 원천의 양을 목록으로 보여준다. 여기에는 생선 기름에 대한 값은 나와 있지 않다. 생선 기름은 비타민 A를 풍부하게 포함하는 대표적인 천연 원천 중 하나로, 가령 한 티스푼의 대구 간 오일에는 비타민 A 1,350mcg이 포함되어 있다. 이는 여성 일일 권고량의 두 배 이상이고, 남성 권고량의 두 배에 가깝다.

상자 5.1 비타민 A 함유 식품		
식품	단위 양(g)	비타민 A(mcg)
소간	85	6,582
군고구마	100	960
데친 시금치	115	573
간 당근	25	459
바닐라 아이스크림	150	278
삶은 달걀	큰 것 하나	75
데친 브로콜리	85	60
데친 연어	85	59
참치 (물기 제거, 기름에 담은)	85	20
구운 닭	100	5

출처: 미국 농식품부 자료

두뇌 건강과 스트레스 개선을 위한 비타민 B

비타민 B(B1, B2, B3, B6, B12)는 건강한 신경 시스템 유지에 도움을 준다. 비타민 B는 말 그대로 두뇌가 '잘 돌아가도록' 만든다. 비타민 B는 두뇌 세포에서 에너지 방출을 통제하고, 860억 개 뉴런 사이에서 정보를 전달하는 화학적 메신저인 신경전달물질을 가동하는 중요한 기능을 한다. 우리의 모든 행동과 생각, 느낌은 이러한 메신저 물질을 통해서로 대화를 나누는 뉴런에 의존한다. 신경전달물질 불균형은 피로와 현기증, 불안, 우울, 호르몬 기능 이상 같은 문제를 유발한다. 여기서 나는 신경전달물질 지지의 증거가 가장 뚜렷하게 드러나는 비타민 B인 콜린choline과 비타민 B6, B12를 집중적으로 살펴보고자 한다.

당신은 콜린이라는 '두뇌 영양소'를 처음 들어봤을 것이다. 엄격하게 따지면 콜린은 비타민이 아니지만, 그동안 제대로 관심을 받지 못한 주요 추가 영양소다. 미 국립보건원이 '공공 건강을 위한 핵심 영양소'로 정의한 콜린은 아이와 성인 그리고 노인 모두를 위한 필수 영양소다. 1977년 스티븐 지셀Steven Zeisel이 콜린이 모유의 주성분이라는 사실을 발견한 이후로도 주류 의학계는 그 중요성을 무시했다. 두뇌 영양소로서 콜린의 가치가 주목받기 시작한 것은 2011년이 되어서였다.

콜린은 주요 신경전달물질인 아세틸콜린을 구성하는 주요 성분이며, 또한 두뇌 세포의 세포막을 이루는 핵심 요소다. 또한, 신경신호가 뉴런을 잇는 연결고리인 시냅스를 거쳐 전달되도록 하며, 이 기능은 학습과 기억, 정신적 명료함, 집중과 주의력에 대단히 중요하다. 2011년에 수행된 한 음식 섭취 연구에서 젊은이 1,391명을 대상으로 구술 기억과 학습, 추론에 관한 테스트를 수행했다. 다른 모든 요인을 고려한 뒤에도, 그들의 테스트 점수는 콜린 섭취와 직접 연관이 있다는 사실이 드러났다. 노화에 따른 인지 퇴행 또한 콜린 섭취와 관련 있다. 콜린은 두 가지 방식으로 알츠하이머병으로부터 우리 두뇌를 보호한다. 첫째, 알츠하이머병 위험을 두 배로 높이는 호모시스테인homo-cysteine 아미노산 수치를 낮추고, 둘째, 두뇌 노폐물 청소 기능을 하지만 통제를 벗어나면 알츠하이머 발병을 촉발하는 마이크로글리아microglia를 '진정'시킴으로써 그렇게 한다.

무엇보다 중요하게, 2019년 애리조나 지역의 과학자들이 수행한 실험은 콜린이 세대를 초월하여 효과를 나타낸다는 사실을 보여줬다. 그 효과는 이미 과학계에 알려져 있었다. 예를 들어 1944년 빈곤이 극에 달했던 '배고픈 겨울Hunger Winter'을 보낸 세대의 자녀들은 부모가 경험한 기아의 결과로 '침묵하는 유전자'로부터 고통을 겪었다. 전쟁 후 이들 자녀 세대 사이에는 비만율 확산으로 이어졌다. 2019년 실험은 새끼 쥐들에게 콜린을 첨가한 먹이를 급여했을 때, 특정 유형의 기억력에서 뚜렷한 개선이 나타났다는 사실을 확인했다.

다행스럽게도 콜린은 모든 식품군에 풍부하게 존재한다. 다만 식물 원천에는 함유량이 상당히 낮다. 콜린 섭취량을 정량화하기는 쉽지 않다. 이는 개인의 유전적 차이 때문이며, 현재 정부의 권고안은 그 차이를 고려하지 않고 있다. 그래서 일반 지침은 일일 권장량을 제시하는 것이 아니라, 다만 '충분한 섭취'를 하라는 것이다. 유럽연합은, 여성은 하루 425밀리그램, 임신한 경우는 450밀리그램, 수유 중에는 550밀리그램 그리고 남성은 550그램 정도를 충분한 섭취량으로 제시한다.

결론적으로 콜린은 특정 영양소가 건강과 어떤 관련이 있는지 정확하게 이야기하는 것이 대단히 어렵다는 사실을 보여주는 좋은 사례다. 널리 알려진 HHP(Harvard Health Publishing, 하버드 의과대학 부속 소비자 건강 교육기관)를 포함하여 많은 기관은 콜린이 지나치게 많이 함유된 음식 섭취를 피하라고 권고한다. 그 이유는 TMAO라고 하는 최근에 발견된 물질의 수치를 높일 수 있기 때문이다. TMAO는 심장질환을 유발하는 것으로 알려져 있다. 유럽에서 이뤄진 연구 결과는 심혈관 위험에 도움이 되거나 적어도 피해를 주지는 않는, 생선이 풍부한 채소 식단이 붉은 육류와 계란이 풍부한 식단보다 혈장 내 더 높은 TMAO 수치와 연관이 있다는 사실을 보여준다. 그렇다면 우리는 어떻게 해야 하는가? 대답은 아주 간단하다. 균형 있는 식단을 실천하고, 지침을 따르고, 콜린 보충제는 따로 먹지 않는 것이다. [상자 5.2]는 콜린이 풍부한 여러 식품의 종류를 열거하는데, 이를 통해 자신이 지금 얼마나 많은 콜린을 섭취하는지 가늠해볼 수 있다.

상자 5.2 **콜린 함유 식품**

식품	단위 양(g)	콜린(mg)
소간	85	356
구운 맥아	150	202
계란	큰 것 하나	147
구운 소고기	85	97
찐 가리비	85	94
통조림 연어	85	75
구운 닭고기	85	73
구운 애틀랜타 대구	85	71
데친 브로콜리	85	63
부드러운 땅콩버터	14	20

출처: 미국 농식품부 자료

2016년 7월 31일, 역사상 가장 무모한 도전이 TV에 생중계되었다. 42세의 스카이다이버 루크 에이킨스Luke Aikins가 약 8킬로미터 상공에서 '낙하산 없이' 뛰어내린 것이다. 그는 무시무시한 2분간의 자유낙하 끝에 시미밸리 인근 빅스카이 영화 촬영용 목장에 설치한 30미터×30미터 넓이의 그물 한복판에 떨어졌고, 스스로 일어나 걸어 나왔다.

여기서 이런 궁금증이 든다. 죽음을 불사한 이런 도전이 영양 및 두뇌 건강과 무슨 관련이 있는 걸까? 한번 생각해보자. 이번 행사를 주최했던 영양학 전문가 크리스 탈리는 그 묘기가 끝나고 나서 에이킨스의 혈액을 분석했고, 그 결과 그의 혈류 시스템에서 비타민 B6가 흔적도 없이 '사라졌다'라는 사실을 확인했다. 2분간의 극단적인 스트레스 그리고 그전 몇 주의 기간이 몸에서 핵심 비타민인 B6를 완전히 고갈시켰던 것이다. 이혼하고, 죽어가는 가족을 돌보고 혹은 파산을 막기 위해 안간힘을 쓰는 사람들을 위한 중요한 메시지가 있다. 그것은 비타민 B6가 스트레스를 이겨내는 데 반드시 필요한 물질이라는 것이다. 루크의 몸에서 비타민 B6가 완전히 사라진 것은 놀랄 만한 일이 아니었다.

언론이 B6를 천연 스트레스 예방 비타민이라고 부른 것 역시 놀랍지 않다. 연구 결과는 B6(혹은 그것의 활성화된 형태인 P5P)가 두뇌의 주요 신경전달물질, 특히 세로토닌과 도파민, 아드레날린, 노르아드레날린, 가바GABA의 생성에 관여한다는 사실을 보여줬다. 이들 신경전달물질은 모두 인지 기능뿐만 아니라, 우울과 불안을 포함한 감정 상태에도 중대한 영향을 미치는 것으로 알려져 있다. 또한, 비타민 B6는 혈압을 낮추고, 스트레스 호르몬인 코티코스테로이드의 힘을 제어하는 역할을 한다. B6는 마그네슘과 함께 작용하여 스트레스를 낮추는 기능을 하는데, 이와 관련해 제약기업 사노피가 개발한 B6와 마그네슘이 함께 들어간 제품은 현재 임상실험 4단계에 있다. 사노피의 연구에 참여한 피실험자 264명 모두 마그네슘만 혹은 마그네슘과 비타민 B6를 함께 8주간 복용한 이후 스트레스 감소를 보여줬다. 또한, 마그네슘과 비타민 B6를 함께 섭취한 피실험자들은 스트레스 수치(심각한 혹은 아주 심각한)와 무관하게 24퍼센트나 더 강력하고 뚜렷한 긍정적 효과를 보여줬다.

간단하게 말해, 우리의 강인한 정신력과 인내력은 비타민 B6의 충분한 섭취에 달린 것이다. 그렇다면 얼마나 많이 그리고 어떻게 섭취해야 할까? 영국 정부는 여성의 경우에 하루 1.2밀리그램 그리고 남성은 1.4밀리그램을 권고한다. 미국 정부는 남성과 여성 모두에게 하루 1.3밀리그램을 권고하며 그리고 50세 이상의 경우 남성은 1.7밀리그램, 여성은 1.5밀리그램을 권한다(이유는 밝히지 않았다). 비타민 B6가 가장 풍부하게 들어 있는 식품으로는 생선과 간을 비롯한 내장, 감자 및 녹말을 함유한 채소 그리고 과일(시트러스 제외)이다. 자세한 정보는 [상자 5.3]에서 확인할 수 있다.

비타민 B12 결핍은 서구 사회에서 공통적으로 나타난다. 이는 좋은 소식이 아니다. B12는 정상적인 건강을 위해 반드시 필요하며, 특히 두뇌 건강에 필요한 주요 비타민 중 하나이기 때문이다! 비타민 B12는 세포 안에서 '코엔자임'처럼 기능한다. 다시 말해 DNA 생성 그리고 신경섬유 주변의 흰색 지방피복인 미엘린 제조와 같은 주요 화학 반응을 촉진한다. 이러한 점에서 B12는 처리 속도와 관련해 대단히 중요하다.

비타민 B6를 함유한 식품

식품	단위 양(g)	비타민 B6(mg)
통조림 병아리콩	1컵	1.1
소간	85	0.9
요리한 참치	85	0.9
삶은 연어	86	0.6
구운 닭가슴살	85	0.5
삶은 감자	1컵	0.4
바나나	1개(중간 크기)	0.4
소고기 패티	85	0.3
코티지 치즈	1컵	0.2
쌀밥	1컵	0.1
건포도	1.2컵	0.1

출처: 미국 농식품부 자료

　역설적이게도 사회적으로 만연한 비타민 B12 결핍 현상의 주요 이유 중 하나는 건강 관련 식이요법, 즉 채식주의에 있다. 연구 결과에 따르면 비건 중 최대 80퍼센트까지 비타민 B12가 결핍되어 있다. 이 중요한 영양소의 결핍이 미치는 영향을 이해하려면 시카고 세인트 요세프 대학병원이 실사한 다음 연구를 들여다보자. "보행 클리닉에서 처음 보고된 52세 남성 환자는 2주일간 피로감과 무력함을 호소했다. 그의 피로감은 활동 중 호흡곤란과 현기증을 동반했는데, 프레젠테이션에 앞서 4~5일 동안 그 횟수가 더 증가한 것으로 나타났다. 외형적으로 그는 마르고 창백해 보였다."[1] 약간의 B12 결핍도 피로와 두뇌의 '멍함' 그리고 부정적인 기분으로 이어질 수 있으며, 이는 우울증으로 발전할 위험도 있다. 만성적인 B12 결핍은 치매의 원인으로 알려져 있으며, 두뇌에 영구적인 피해를 입힐 수 있다. B12 결핍에 따른 그 밖의 증상에는 단기기억, 사람과 장소 인식, 적절한 단어 선택, 문제 해결, 계획 수립, 단순한 과제 수행, 의사결정, 감정 및 행동 조절과 관련된 문제가 포함된다.

영국 정부의 비타민 B12 일일 권장량은 19세 이상 성인은 1.5mcg이며 이는 최소 수치다. 다른 나라는 더 많은 양을 권고한다. 미국과 캐나다의 경우는 하루 2.4mcg이며, 유럽은 하루 4mcg이다. 한 번 더 설명하지만, 1mcg은 1mg의 천분의 1이다. B12의 주원천은 계란과 육류, 간, 생선, 해산물 등 동물이다. 예를 들어 간 113그램은 영국 일일 권고량의 3천 퍼센트에 해당한다. 일반적으로 식물은 비타민 B12를 만들어내지 못한다. 다만 일부(몇몇 곰팡이와 해조류)가 낮은 수치의 B12를 생성할 뿐이다. 그러나 채식 식단으로는 B12를 안정적으로 공급할 수 없다. 그렇다고 해도 B12 결핍을 피할 수 없는 것은 아니다. 식품 종류를 다양화하고, 또한 마마이트Marmite 효모 추출물 같은 B12 보충제를 구할 수 있기 때문이다. 요크 대학교의 한 연구는 한 달에 하루 한 티스푼의 마마이트를 섭취할 때, 시각 패턴에 대한 두뇌 반응이 30퍼센트나 향상되었다는 사실을 보여줬다.

하지만 중요한 것은 단지 B12 섭취량이 아니다. 위는 '내인자intrinsic factor'라는 특별한 단백질을 생성하는데, 이는 비타민 B12 흡수에 필수적이다. 이러한 내인자의 부족(그 위험 요인으로 우회 수술, 크론병 및 만성 소화 장애와 같은 자가 면역 질환, 노화, HIV 감염, 가족력이 있다)은 비타민 B12 결핍에 따른 빈혈증의 가장 일반적인 원인이다.

▌비타민 C 섭취 수준과 치매의 상관 관계

1805년 10월 21일에 벌어진 해전은 여러 세대에 걸쳐 유럽 세상의 운명을 바꿔 놨다. 호레이쇼 넬슨 제독이 이끄는 영국 함대가 트라팔가에서 프랑스와 스페인의 해군을 무찔렀다. 그가 승리를 거둘 수 있었던 이유는 뛰어난 리더십 그리고 놀라운 선박 조종술과 포술에 있었다. 하지만 거의 알려지지 않은 그리고 믿기지 않는 한 가지 이유가 더 있었다. 그것은 영국 해군의 '우수한 식단'이었다. 1795년 이후로 모든 영국 해군은 괴혈병 예방 차원에서 매일 레몬주스(비타민 C의 원천)를 마셨다. 반면 프랑스와 스페인은 그렇지 않았다. 우리는 괴혈병의 영향력을 과소평가해서는 안 된다. 1622년에 또 다른 용감한 해군 사령관 리처드 호킨스 경은 이렇게 말했다. '20년 동안 나는 괴혈병에 걸린 병사 1만 명을 책임져야 했다.'[2] 보조식품이 세계 정치에서 그처럼 중요한 역할을 한 적은 그전에도 그리고 그 후로도 없었다.

비타민 C 결핍이 건강 전반에 심각한 영향을 미친다면, 두뇌 건강에도 그렇지 않을까? 이 질문에 대한 대답은 '그렇다'이다. 세 가지 증거가 이를 뒷받침한다.

첫째, 이제 우리는 비타민 C가 두뇌 속 화학에서 담당하는 주요 역할을 이해한다. 비타민 C는 두뇌 '세포 속'에 집중되어 있다. 이는 항산화제로서 두뇌의 DNA를 활성 산소로부터 보호한다. 그리고 뇌세포를 연결하는 섬유 위에 미엘린 피복을 형성하는 데 필수적이다. 비타민 C는 도파민을 세로토닌으로 전환하고, 두 핵심 메신저 물질의 분비를 통제한다.

둘째, 비타민 C가 정신적 기능에서 역할을 담당한다는 증거가 있다.

2010~13년 동안 뉴질랜드에서 성인을 대상으로 한 추적 연구(챌리스 CHALICE 연구)는 50세 중 62퍼센트(흥미롭게도 여성보다 남성이 많다)가 비타민 C 혈당 수치가 낮으며, 혈장 속 비타민 C 농도가 높은 집단에서 경증 인지장애가 더 낮게 나타났다는 사실을 보여줬다. 다음으로 2017년 호주 과학자들은 그전 37년 동안 수행된 50가지의 유사 연구를 검토했고, 그 결과를 발표했다. 이들 과학자는 인지장애 정도는 비타민 C의 혈중 농도와 깊은 관계가 있다는 사실을 발견했다. 인지장애가 없는 사람들을 보니, 높은 인지 능력과 관련이 있는 것은 높은 비타민 C 혈중 농도였다.

셋째, 많은 연구 결과는 평생에 걸쳐 비타민 C 섭취가 적다면 치매에서 일반적으로 나타나는 신경 손상을 유발한다는 사실을 보여준다.

비타민 C 일일 권장량은 연령과 성별, 건강 상태 그리고 의아하게도 지침 출처에 따라 다르다. 영국의 경우, 19세 이상 성인의 최소 권장량은 하루 40밀리그램이다. 유럽 식품안전청은 남자 성인은 하루 100밀리그램 그리고 여자 성인은 95밀리그램을 권고한다. 이러한 기준은 엄밀한 과학과는 거리가 있다는 사실을 이해할 필요가 있다. 기반이 되는 연구의 확실성이 다양하듯이, 의학적 주장도 다양하게 나타나고 있다. 비타민 C가 풍부한 식품으로는 들장미 열매, 베리, 피망, 케일, 브로콜리, 방울 양배추, 파파야, 스트러스 열매, 파인애플, 양배추가 있다.

그렇다면 비타민 C는 얼마나 많이 먹어야 할까? 핵심은 매일 충분한 양의 비타민 C를 평생에 걸쳐 섭취해야 한다는 것이다. 최소량 이상을 섭취하고 있다면, 중요한 것은 일관성과 규칙성이다. 일부 증거가 혈중 비타민 C 수치와 인지 능력 사이의 '용량 반응' 관계를 보여주기는 하지만, 두뇌 건강을 위해 따로 마련된 지침은 없다. 위에서 열거한 일일 권고량을 초과하더라도 도움이 되며 적어도 해롭지 않다. 최대치를 제한해야 한다는 증거는 충분하지 않다(유명 화학자 라이너스 폴링Linus Pauling은 하루 1.8그램을 섭취했다!). 그리고 비타민 C는 가장 안전하고 효과적인 식이요소 중 하나다. 그러니 브로콜리와 양배추를 마음껏 먹자!

▌ 일광욕과 두뇌 건강

2012년 세계 어느 곳보다 햇살이 눈부신 부유한 나라에서 상상하기 힘든 일이 벌어졌다. 호주에서 아동 구루병(뼈가 딱딱하게 굳지 않는 현상)이 발병한 것이다. 구루병은 빈곤과 관련 있는 병으로 (햇볕과 관련된 영양소인) 비타민 D 결핍으로 발생한다. 비타민 D 결핍은 건강 전반에 부정적인 영향을 미친다. 비타민 D는 칼슘과 인산염의 체내 대사에서 중요한 역할을 한다. 비타민 D는 간에 의해 활성화되어 혈액을 따라 돌아다니다가 소장과 신장 그리고 두개골 같은 목표지에 도달한다. 비타민 D 결핍은 구루병으로 이어진다. 믿기 힘들겠지만, 구루병은 서구 경제에서 점점 증가하고 있다. 주요 이유는 태양을 피하고 피부를 가리는 행위, 비타민 D 보충 없는 오랜 기간의 모유 수유, 유제품이 부족한 식단 때문이다. 비타민 D 결핍은 단지 뼈 건강에만 피해를 주는 데서 그치지 않고 두뇌 건강에도 악영향을 미친다.

최근 연구는 비타민 D 수용체가 중앙 신경시스템 전체에 걸쳐 그리고 해마에 존재한다는 사실을 보여준다. 또한, 우리는 비타민 D가 신경전달물질 합성과 신경 성장에 관여하는 두뇌 효소를 활성화 혹은 비활성화한다는 사실을 알고 있다. 더 나아가, 동물 실험 및 실험실 연구를 보면 비타민 D가 뉴런을 보호하고 염증을 억제하는 기능을 한다고 말해준다.

비타민 D와 인지 기능에 주목한 새로운 유럽 연구는 우리의 이해를 한 걸음 더 나아가게 했다.

첫 번째는 케임브리지 대학교 신경과학자 데이비드 르웰린David Llewellyn이 이끈 연구인데, 여기서 그는 65세 이상의 남녀 1천 7백 명 이상을 비타민 D 혈중 수치를 기준으로 네 그룹으로 나누었다. 그것은 '심각하게 부족한', '부족한', '충분하지 않은(경계)', '최적'이었다. 다음으로 그는 이들을 대상으로 인지 기능 테스트를 실시했다. 그 결과, 비타민 D 수치가 가장 낮은 그룹이 일련의 인지 기능 테스트에서 최저 점수를 기록했다. 특히 '심각하게 부족한' 그룹은 '최적' 그룹에 비해 두 배 이상 인지적 어려움을 겪는 것으로 드러났다.

두 번째는 맨체스터 대학 과학자들이 이끈 연구로, 여기서 그들은 비타민 D 수치와 인지능력에 주목했다. 그들은 유럽 8개국에 걸친 40~79세 연령대의 남성 3천 명 이상을 대상으로 실험했다. 그리고 비타민 D 수치가 낮을수록 정보 처리 속도가 떨어진다는 사실을 확인했다. 이러한 차이는 특히 60세 이상 남성 사이에서 더욱 뚜렷하게 나타났다.

지금까지 연구를 바탕으로, 이제 우리는 비타민 D 부족이 두뇌 능력, 인지 퇴행 그리고 평생에 걸친 치매 위험과 관련 있다고 어느 정도 자신 있게 말할 수 있다. 하지만 아직은 그 관계가 어떻게 작동하는지 그리고 비타민 D 보충이 이미 진행된 인지 퇴행 속도를 실제로 늦출 수 있는지에 대해서는 모른다.

비타민 D는 13가지 비타민 중 우리 몸이 만들어낼 수 있는 유일한 비타민이다. 이는 피부가 햇볕에 반응하면서 생성된다. 그런데 문제는 북반구 인구 대부분이 햇볕에 아주 적게 노출된다는 사실이다. 대부분 실내에서 일하며, 특히 겨울에는 노출량이 대단히 부족하다. 위도 35도 아래에서만 필수 광선이 연중 내내 방출된다. 전 세계 약 10억 명 인구가 심각한 비타민 D 결핍을 겪는 것으로 추산되며, 학술지에 발표된 자료들은 일반적으로 전체 인구의 50퍼센트에 이르기까지 비타민 D 수치가 지나치게 낮다고 말한다.

온화한 기후 혹은 북부 지방에서 살아가는 사람이 충분한 비타민 D를 얻으려면 식단에 의존해야 한다. 비타민 D의 형태는 다양하며, 그중 비타민 D2(에르고칼시페롤)와 비타민 D3(콜레칼시페롤)가 중요하다. 비타민 D2는 동물성 식품에 풍부하며, 식물성 식품에서는 찾아보기 힘들다. 다만 미세조류와 곰팡이에서 소량 발견될 뿐이다. 비타민 D3는 동물성 식품에서만 발견되며, 특히 지방질이 많은 생선, 생선 오일, 계란, 버터와 간에 풍부하다. 영국 및 미국 정부의 비타민 D 일일 권고량은 하루 15mcg이며, 유럽 식품안전청의 권고량은 600IU다. 하지만 일부 전문가는 1,000~2,000UI 정도로 그 목표를 높게 제시한다. 이 기준에서 최저 수치인 1,000IU를 생성하려면 일주일에 2~3회 15~30분간 햇볕을 쬐어야 한다. 위도 35도 북쪽에서 살아가는 대부분의 인구에게는 현실적인 방법이 아니다!

비타민 D를 어디서 얻든 간에 건강에 중요한 것은 혈액 속을 돌아다니는 비타민 D(칼시페디올 혹은 전문 화학 용어로 25(OH)D라고 하는)의 양이다. 가능하다면 비타민 D3를 섭취하는 것이 좋다. 연구 결과는 칼시페디올 혈중 수치를 높이기 데 비타민 D2보다 D3가 더 효과적이라는 사실을 보여준다. 66~97세 여성 32명을 대상으로 한 연구는 칼시페디올 수치를 끌어올리는 데에서 비타민 D3가 D2보다 두 배 가까이 효과적이라는 사실을 보여줬다. 즉, 비타민 D2만 섭취한다면, 비타민 D3를 섭취할 때보다 혈중 칼시페디올의 양은 절반에 불과하다는 뜻이다.

비동물성 식품으로부터 충분한 양의 비타민 D2를 섭취하는 것은 대단히 힘들다. 예를 들어 슈퍼마켓에서 살 수 있는 신선한 양송이버섯에 들어 있는 비타민 D2 함유량은 100그램당 1마이크로그램 미만이라고 알려져 있다. 게다가 버섯에 포함된 비타민 D2의 약 40퍼센트가 요리 과정에서 파괴된다는 사실을 감안할 때, 일반적인 100그램의 양송이버섯에서 섭취할 수 있는 비타민 D의 양은 무시할 만한 수준이다. 그러므로 동물성 식품을 먹지 않기로 결심한 사람은 두뇌 건강을 지키기 위해 비타민 D 보충제를 먹어야 한다.

▌ 비타민 E, 두뇌 노화 속도를 8년 늦추다

햇볕은 피부 내 비타민 D 형성을 증가시키지만, 치러야 할 대가도 있다. 햇볕 노출은 노화와 마찬가지로 비타민 E 수치를 떨어뜨린다. 아름다운 피부에 관심이 있다면 비타민 E야말로 최고의 친구다. 외부로 드러난 피부는 자외선 및 산화 손상을 지속해서 받게 마련이다. 여기서 비타민 E는 노화 효과를 포함해 산화 스트레스 부작용으로부터 피부를 보호하는 중요한 천연 지용성 항산화제다. 하지만 이러한 부작용으로부터 영향을 받는 것은 비단 피부만이 아니다.

뇌는 높은 산소 소비로 인해 많은 활성 산소 배출을 대가로 치른다. 두뇌만큼 항산화제를 다급하게 필요로 하는 곳은 없다. 이러한 점에서 강력한 항산화제인 비타민 E가 두뇌 건강에 중요하다는 과학적 주장은 놀랍지 않다.

2002년 시카고에서 이뤄진 한 연구는 이러한 주장을 확인했다. 이 연구는 3년간 4천 명 이상의 성인을 관찰했는데, 그 결과 비타민 E의 높은 섭취가 매년 인지 점수의 하락폭 완화와 관련 있는 것으로 드러났다. 평생에 걸쳐 비타민 E를 충분하게 섭취하지 않을 때의 두뇌 나이는 비타민 E를 충분히 섭취한 사람과 비교해 8~9년 더 높게 나타나는 것으로 보인다. 다시 말해 비타민 E를 충분히 섭취할 때, 인지퇴행 차원에서 두뇌의 노화 속도를 8~9년 늦출 수 있다는 뜻이다. 그로부터 10년 뒤 스웨덴 카롤린스카 연구소에서 실시한 연구 결과도 이 사실을 뒷받침한다. 187명의 성인 관찰 결과, 그중 일부는 경증 인지장애를 그리고 다른 일부는 알츠하이머병을 알고 있었다. 모든 형태의 비타민 E(총 8가지)의 낮은 혈장 수치는 경증 인지장애 및 알츠하이머 발병 가능성 증가와 연관 있었다.

그런데 비타민 E는 어떻게 두뇌를 보호하는 것일까? 그 과정은 흥미롭다. 두뇌 세포를 둘러싸는 지질 조직층에서는 '산화 화재oxidation fire'가 하루에 수천 번 일어난다. 여기서 비타민 E는 화재를 진압하는 '소방관' 역할을 한다. 비타민 E는 지용성이라 세포의 외벽 지방질에 녹아들어 그 과제를 쉽게 수행한다.

모든 기관이 의견 일치를 보이는 비타민 E(모든 종류)의 일일 권장량은 7~15밀리그램이다. 전 세계에 걸친 백 건 이상의 연구는 비타민 E의 평균 일일 섭취가 6.2밀리그램에 불과하다는 사실을 보여준다. 이는 권장량보다 한참 아래며, 잠재적으로 두뇌 건강의 위험을 의미한다. 비타민 E가 풍부한 식품으로는 맥아 오일과 통밀, 식물성 오일(올리브, 평지씨, 해바라기 오일 등), 다양한 견과류(아몬드, 땅콩(땅콩버터 포함), 캐슈넛, 헤이즐넛 등), 아보카도, 시금치, 아스파라거스, 브로콜리가 있다. 동물성 식품에는 생선과 굴, 버터, 치즈, 계란이 있다.

보충제로 섭취한 비타민 E보다는 자연식품으로 섭취한 천연 비타민 E가 건강 이득에서 더 효과적이다. 그 결과 비타민 E 보충제 매출이 점점 줄어들고 있다. 보충제에는 비타민 E에서 자연 발생하는 여덟 가지 물질 중 하나만을 포함하고 있으며, 그중 하나인 토코페롤조차 보충제보다 자연식품으로 섭취 시 두 배 더 효과적이다.

▎채소를 먹자

과학자들이 비타민 K(실제로는 하나의 비타민 그룹)가 두뇌 건강에 미치는 영향에 관해 연구한 지는 얼마 되지 않았다. 그들은 비타민 K가 두뇌 화학에서 중요한 기능을 하며, 두뇌에서 높은 농도로 발견되고, 인지기능 및 두뇌 건강과 관계 있다는 사실을 확인했다.

첫째, 두뇌 화학. 비타민 K는 항염증제이자 항산화제이며, 스핑고지질sphingolipid(두뇌 세포의 성장과 생존에 도움을 주는 지방) 화학에 관여한다.

둘째, 인지기능. 비타민 K가 결핍된 작은 포유동물에서 변화가 관찰되었다. 하지만 결핍이 장기적으로 지속된 경우에만 그랬다. 한 연구에서는 비타민 K가 결핍된 쥐들이 미로에서 학습 문제를 보였다. 하지만 그것도 결핍이 20개월가량 지속된 경우에 해당했다. 실험용 쥐의 평균 수명이 4년이라는 점을 감안할 때, 그 기간은 평생의 절반에 가깝다. 6개월과 12개월 동안 비타민 K가 결핍된 쥐에게는 어떠한 학습 문제도 나타나지 않았다.

　인간의 경우는 어떨까? 2019년 한 이탈리아 연구팀이 성인 두뇌와 비타민 K를 조사한 11가지 연구를 신중하게 분석했다. 그리고 7개 연구(모두 60세 이상의 피실험자 관찰)에서 비타민 K의 결핍, 정신 능력(가령 구두 기억력), 인지퇴행 사이에 연관성이 있음을 확인했다. 피실험자 연령이 60세 미만이면 분명한 관계가 발견되지 않았다. 이전의 검토 논문은 비타민 K가 인지장애의 발병 시기를 늦춘다는 증거를 보여줬다. 그러나 이들 연구 모두 인과관계가 아니라 단지 연관성만을 보여줬다는 점에 주의할 필요가 있다. 어쨌든 과학적 증거는 평생에 걸친 비타민 K의 충분한 섭취가 두뇌 건강에 중요하다는 이야기를 들려준다.

상자 5.4　식품별 비타민 K 함유량

식품	100g당 함유량(mcg)	일일 권장량 대비(%)
시금치, 날 것, 1컵(240ml)	85	356
케일, 날 것, 1컵(240ml)	150	202
데친 브로콜리, 1/2컵(120ml)	큰 것 하나	147
볶은 콩, 1/2컵(120ml)	85	97
아이스버그 상추, 1컵(240ml)	85	94

출처: 미국 농식품부 자료

　비타민 K는 시금치처럼 잎이 많은 녹색 채소에서 발견된다. 그리고 다른 하나는 결장에서 장내 박테리아(미생물군)에 의해 만들어진다. 결장에서 생성된 비타민 K의 생리적 기능은 아직 정확하게 밝혀지지 않았다. 그래서 지침은 일일 권장량이 아니라 '충분한 섭취'로만 나와 있다. 관련 기관 대부분 체중 1킬로그램당 일일 1마이크로그램 섭취를 조언한다. 구체적으로 성인 여성은 일일 55마이크로그램 그리고 성인 남성은 일일 65마이크로그램 섭취를 해야 한다. 서구 식단에서 비타민 K의 주요 원천으로는 잎이 많은 녹색 채소(시금치, 케일, 브로콜리, 상추)와 콩을 들 수 있다. [상자 5.4]는 일반적인 식단에서 비타민 K를 얼마나 섭취할 수 있는지를 보여준다.

▌기억력에 도움을 주는 마그네슘

1905년에 75세 미만 미국인 중 우울증에 걸린 사람은 1퍼센트도 안 되었다. 그러나 1955년에는 '24세 미만' 미국인 중 6퍼센트가 우울증이었다. 그 50년 동안 식품 생산 방식에 엄청난 변화가 있었다. 식품 산업이 밀가루와 빵을 생산하기 위해 곡물을 정제하기 시작하면서 통곡물 식품 소비는 크게 줄었고, 구워서 만든 제품의 미네랄 함량은 크게 낮아졌다. 1905년에 사람들은 매일 빵에서 400밀리그램가량의 마그네슘을 섭취했다. 그러나 밀가루 빵이 표준화된 1955년에는 빵 속 마그네슘은 거의 사라졌다. 마그네슘은 사회적 우울증 증가의 드러나지 않은 원인인 것으로 보인다. 두뇌에서 마그네슘이 하는 역할을 살펴본다면 우리는 그 중요성을 쉽게 이해할 수 있다.

'진정제'라고도 불리는 마그네슘은 오랫동안 스트레스와 불안을 다스리기 위한 가정 치료약이었다. 실제로 빅토리아 시대에 목욕탕은 마그네슘이 풍부한 물을 공급했고, 의사들은 음용을 처방하기까지 했다. 현대 과학은 마그네슘이 두뇌의 화학 작용에 중요한 역할을 하고, 세로토닌 같은 중요한 전달물질 생성에 핵심 역할을 하며, 또한 두뇌에서 칼슘의 흥분 효과에 맞서 균형을 이루는 기능을 한다고 말한다.

여기서 끝이 아니다. 마그네슘은 두뇌 건강에 중요한 여러 비타민 B를 활성 상태로 전환하는 데 중요한 역할을 한다. 여러 다양한 이유로 많은 비타민은 체내 화학 작용에서 고유 기능을 수행하기 위해 이렇게 전환되어야 한다. 가령 비타민은 식품 속에서 활성화된 형태로 존재하지 않는다. 혹은 세포가 비타민을 흡수하려면 약간의 화학 변화가 필요하다. 동물 연구는 마그네슘이 학습과 기억에 도움을 주고, 장기 기억을 보호한다고 말해준다. 마그네슘 섭취(모발 검사를 통해 측정)가 학습 성과와 관련 있다는 주장까지 있다. 연구 결과는 마그네슘이 코르티솔 같은 스트레스 호르몬 분비를 억제하고, 나아가 혈액-두뇌 장벽(혈류를 따라 순환하는 많은 부산물이 두뇌에 유입되지 못하도록 막는 혈관 내막)에서 기능함으로써 코르티솔이 두뇌에 접근하지 못하도록 제어한다는 사실을 보여줬다.

역설적이게도 마그네슘은 우리가 스트레스를 받는 동안 몸에서 씻겨 나간다. 선조들은 자연 상태의 육류와 해산물이 풍부한 식단을 통해 마그네슘을 재충전했다. 일반적으로 오늘날 식품에서는 마그네슘을 찾아보기 힘들다. 생수나 수돗물에도 흔적 이상을 발견할 수 없다. 현재 성인 일일 권장량(여성과 남성 모두)은 미국 320~420밀리그램 그리고 영국 270~300밀리그램이다. 하지만 대부분 250밀리그램도 섭취하지 못하고 있다. 마그네슘이 풍부한 식품으로는(재배된 토양에 따라 다르지만) 아몬드와 시금치, 캐슈넛, 땅콩, 두유, 검은콩, 강낭콩, 바나나, 건포도, 현미가 있다.

▌의사소통을 촉진하는 아연

나는 '슈퍼 영양소'라는 용어를 좀처럼 사용하지 않는다. 그러나 아연은 그 분명한 후보군에 속한다. 아연은 강력한 항산화제로 DNA를 활성산소의 공격으로부터 보호한다. 그리고 세포의 생명을 유지하는 데 도움을 주는데, 여기에는 두뇌 세포도 포함된다. 또한, 염증에 저항함으로써 노화 속도를 늦춘다. 나아가 특히 남성 독자에게는 발기 유지를 위한 핵심 물질이다. 50년 이전에 과학자들은 두뇌의 아연 농도가 대단히 높다는 사실을 발견했다. 오늘날 우리는 아연이 특히 신경 세포의 소낭vesicle에 집중되어 있다는 사실을 알고 있다. 소낭은 뉴런이 서로 대화를 나누도록 하는 메신저인 신경전달물질을 감싸는 작은 주머니. 흥미롭게도, 아연 농도가 가장 높게 나타나는 곳은 학습과 기억의 중추인 해마 속 뉴런이다. MIT와 듀크 대학 과학자들은 놀라운 혁신을 통해 활성화된 아연을 관찰했다. 그리고 아연을 단백질에 결합하고 돌아다니는 '자유로운free' 아연을 줄일 때, 해마에 있는 두 가지 중요한 세포 그룹 사이에 의사소통이 방해를 받았다는 사실을 확인했다. 즉, 자유로운 아연이 없을 때, 세포는 상호대화를 중단한다.

우리가 아연에 대해 아는 바를 고려하면 아연 결핍이 신경 발생에 영향을 미치고, 두뇌 세포 사망률을 높인다는 사실이 동물 연구들을 통해 입증됐다는 사실이 그리 놀랍지 않다. 두뇌 세포의 높은 사망률은 학습과 기억 결함으로 이어진다. 그런데 최근에는 한 가지 딜레마가 생겼다. 일부 연구는 알츠하이머병 환자 두뇌 속에서 아연 수치가 크게 떨어져 있다는 사실을 보고했다. 반면 다른 연구는 알츠하이머병과 예외적으로 높은 아연 수치 사이에는 뚜렷한 연관이 있음을 보고했다. 이 딜레마를 해결하려면 앞으로 더 많은 연구가 필요하다. 이는 보충제에 대한 미묘한 경고로 기능할 수 있다. 더 많은 섭취가 항상 더 좋다고 주장할 수는 없기 때문이다. 중요한 것은 적절한 섭취다.

아연 결핍은 유럽과 미국에서 공통으로 나타나는 현상이다. 성인의 약 20퍼센트가 식단에서 충분한 아연을 섭취하지 못하고 있다. 우리 몸은 아연을 저장하지 못하기 때문에 매일 섭취해야 하며, 여성은 9밀리그램, 남성은 11밀리그램을 먹어야 한다. 아연이 풍부한 식품으로는 굴과 게, 랍스터, 소고기, 닭고기가 있다. 이런 식품을 규칙적으로 먹는다면 결핍 문제는 없을 것이다. 반면 콩과 병아리콩, 땅콩, 호박씨(모두 재배되는 토양에 따라 다르다)와 같은 채식 재료에는 아주 적은 양밖에 발견되지 않는다. 또한, 아연 결핍으로 진단받지 않은 이상, 보충제 복용은 권장 사항이 아니다.

▌ 두뇌 속에서 타오르는 불길

성인 두뇌의 무게는 약 1.4킬로그램으로, 수분을 제외하고 3분의 2(약 60퍼센트)는 지방으로 이뤄져 있다. 여기서 오메가-6 지방은 2퍼센트를 그리고 오메가-3 지방은 80퍼센트 이상을 차지한다. 이 두 가지 모두 불포화('좋은') 지방이며, 나머지는 포화 지방이다. 우리 몸은 불포화지방이 아닌 포화 지방을 만들어내도록 진화했다. 그래서 우리는 불포화 지방을 매일 섭취해야 한다.

그러나 이야기는 여기서 끝이 아니다. 인류 역사에 걸쳐 식단 중 지방 함량은 크게 증가했으며, 또한 섭취 지방의 유형 또한 크게 달라졌다. 수렵채집자들은 오메가-6와 오메가-3 지방을 약 1:1로 먹었다. 그러나 지금 그 비율은 20:1이다. 다시 말해 오늘날 우리는 오메가-3에 비해 오메가-6를 스무 배 더 많이 먹는다. 주된 이유는 식물성 오일에서 온 오메가-6를 포함하는 많은 가공식품을 먹기 때문이다. 오메가-6 섭취 비중 또한 1930년대 이전에 전체 칼로리의 1~2퍼센트에서 오늘날 7퍼센트로 증가했다.

핵심은 이것이다. 우리가 섭취하는 오메가-6 대부분은 '두뇌 속으로 통합되지 않는다'. 대신에 산화되어 이산화탄소와 아세테이트 그리고 다른 염증 물질 같은 부식성 부산물을 남긴다. 우리는 두뇌 속에서 '불을 밝히고' 있는 것이다. 여러 연구 결과는 오메가-6 비율을 낮출 때, 두뇌를 염증으로부터 보호할 수 있다는 사실을 보여준다. 실제로 과학자들은 마법의 비율을 발견했다. 즉, 항염증 효과를 극대하기 위해 오메가-3 대 오메가-6 비율을 4:1로 유지하라는 것이다.

오메가-6에 대해서는 충분히 이야기했다. 그렇다면 오메가-3는? 두뇌 속에 떠다니는 오메가-3 지방산은 DHA와 EPA이다. DHA는 두뇌 속 모든 지방산의 40퍼센트를 차지하며, 이는 두뇌 속에서 화학적으로 대단히 활성화되어 있으며, 두뇌 개발과 유지에 절대적으로 필요하다. 그 특수한 구조는 뉴런 간 효율적인 신호 전달을 가능하게 하고, 지능을 담당하는 복잡한 두뇌 작용을 활성화한다. DHA와 EPA를 충분히 섭취함으로써 두뇌 기능을 보호하고 두뇌 건강을 유지할 수 있다. 이 두 가지는 두뇌 화학에 필수적인 요소로, 혈액 응고를 완화하고, 부종 및 통증 같은 염증과 그 영향에 저항한다. 연구 결과는 EPA와 DHA의 높은 혈중 수치가 인지퇴행과 치매, 우울증, 뇌위축brain atrophy 위험 및 정도와 관련 있음을 보여준다.

전반적으로 연구 결과는 '긴 사슬을 형성하는' 오메가-3 지방산이 풍부한 식단을 권고한다. 그리고 한 가지 더, DPA도 언급할 필요가 있다. 세 가지 이유에서다. EPA와 DHA를 저장하려면 DPA가 필요하다. 그리고 DPA는 신경세포에 대단히 중요하다. 마지막으로 혈중 DPA 수치는 대부분 사람에게서 극단적으로 낮게 나타난다. 생선 오일과 풀을 먹고 키우는 소에서 DPA를 발견할 수 있다.

우리는 오메가-6 지방산을 풍부하게 먹는다. 일일 에너지 필요량에서 권장된 7퍼센트를 충족시키기에 부족함이 없다. 반면 오메가-3, 특히 DHA와 EPA는 충분히 섭취하지 않는다. 오메가-3의 '충분한 섭취' 기준은 성인 여성은 일일 1.1그램, 남성은 1.6그램이다. 그렇다면 이 기준을 충족시키기 위해 우리는 무엇을 먹어야 할까?

여기에 몇 가지 어려움이 있다(특히 채식주의자에게). 식물성 식품은 DHA와 EPA 함량이 낮다. 채식주의자가 섭취하는 오메가-3(알파리놀렌산, ALA)는 체내에서 DHA와 EPA로 잘 전환되지 않으며, 일반적으로 식물성 식품의 오메가-6와 오메가-3 비율은 끔찍하다. 예를 들어 아몬드의 경우는 충격적이게도 2,000:1이다. 그리고 캐슈넛은 200:1이다. 동물성 식품의 경우, 기름기 많은 생선(청어, 정어리, 연어, 송어, 참치, 게) 100그램에서 하루 충분한 DHA와 EPA를 섭취할 수 있다. 게다가 오메가-6와 오메가-3의 비율도 환상적이다. 참치의 경우는 1:30으로서 앞서 살펴봤던 '나쁜' 비율을 완전히 만회할 수 있다! 그렇다면 이런 질문이 떠오른다. 얼마나 많은 사람이 매일 기름기 많은 생선(혹은 생선 오일)을 섭취하고 있는가? 그리고 얼마나 많은 사람이 식물성 식품으로부터 DHA와 EPA를 섭취하는가?

다음으로 보충제에 관한 나쁜 소식으로 넘어가보자. 2016년 유명한 단체 코크레인Cochrane(건강과 관련해 객관적인 의사결정에 도움을 주는 것을 목표로 한다)이 수행한 전문 검토 연구는 오메가-3 보충제가 인지기능이나 치매 정도에 아무런 긍정적인 영향도 미치지 않는다는 사실을 보여줬다. 자연으로부터 얻지 않은, 대량 생산된 합성 보충제 말이다. 연구 결과는 합성 보충제가 신선식품의 비타민과는 다른 방식으로 흡수된다는 사실을 보여준다. 또한, 우리 몸이 그것을 활용하는 방식도 다른 것으로 보인다. 한 가지 이유는 신선한 영양소는 다양한 화학적 조합으로 섭취되지만, 고립된 보충제는 그렇지 않기 때문이다. 그러므로 신선 식품을 먹자!

❙ 초콜릿을 주문하자

영양과 두뇌 건강을 다루는 장에서 플라보노이드flavonoid에 대한 언급을 빼놓을 수 없다. 플라보노이드는 자연적으로 발생하는 식물성 색소로, 과일이나 채소에서 널리 발견된다. 동물 연구는 플라보노이드가 두뇌에, 특히 인지 기능에 여러 도움을 준다는 사실을 보여준다. 또한, 플라보노이드는 항산화제로 기능하고, 염증을 억제하고, 독성 물질로부터 뉴런을 보호하고, 신경 발생을 촉진하고, 학습과 기억력을 강화한다. 더 나아가 플라보노이드가 두뇌 속에서 어떻게 작동하는지도 잘 알려져 있다. 플라보노이드는 뉴런을 독성 물질에 의한 손상에서 보호하고 신경 염증을 억제하고 혈류를 개선하며 유전자의 발현 방식을 통제한다.

또한, 몇몇 연구는 플라보노이드가 우리 기분과 기억에 도움을 준다는 사실을 보여준다. 그러나 임상 개입 연구는 거의 이뤄지지 않았고, 플라보노이드 섭취와 인간의 행동적 결과 사이의 '인과관계'를 입증하는 데이터도 아직 없다. 플라보노이드는 장에서 잘 흡수되지 않으며, 소장과 대장에서 재빨리 소진된다. 이는 아마도 플라보노이드의 중요한 비밀일 것이다. 플라보노이드는 장에서 박테리아에게 먹이를 제공하며, 앞서 살펴본 것처럼 박테리아는 두뇌 건강에 대단히 중요하다. 플라보노이드 효과는 지속적인 섭취에 달렸다. 우리는 평생에 걸쳐 규칙적으로 플라보노이드를 섭취해야 한다. 플라보노이드가 풍부한 식품으로는 파슬리와 양파, 모든 종류의 베리, 홍차와 녹차, 바나나, 모든 종류의 시트러스 열매, 은행, 레드와인 그리고 코코아가 있다. 초콜릿을 주문하자!

▎갈증을 느끼기 전에 물을 마시자

지금 당신은 사무실에 있다. 덥고 건조하다. 창문으로는 햇볕이 들어온다. 피로가 몰려오면서 머리가 아프다. 집중이 힘들고 살짝 어지럽기까지 하다. 어젯밤에 마신 술 때문인지도 모른다. 어쩌면 그것은 '탈수' 증상일 수 있다. 탈수 증상은 아스피린으로 해결이 안 된다. 차나 커피도 도움이 안 된다. 모두 이뇨작용을 하므로 증상을 오히려 더 악화시킬 따름이다. 두뇌는 수분 부족에 대단히 민감하다. 실제로 우리 두뇌의 80퍼센트는 수분이다. 반면 체내 다른 조직은 일반적으로 60퍼센트 정도다. 그러므로 경미한 정도의 수분 결핍으로도 정신적 명료함을 무너뜨릴 수 있다.

일반적으로 탈수의 정의는 수분 결핍으로 전체 체중의 10퍼센트 이상이 손실된 상태를 뜻한다. 이 정도 수준의 수분 결핍은 두뇌 기능에 악영향을 미치며, 그 상태가 지속되면 두뇌 건강에 심각한 손상을 가져온다는 사실을 우리는 알고 있다. 대부분의 연구는 모든 연령대에서 탈수가 집중력이나 단기기억 같은 정신 기능 그리고 감정 상태에 부정적 영향을 미친다는 사실을 보여준다. 그리고 수분 결핍은 빨리 일어난다. 즉, 물을 마시지 않은 상태로 두 시간 만에 시작된다. 최근 한 소규모 연구에서는 19~24세 남학생들을 대상으로 36시간 동안 물을 마시지 못하게 한 뒤, 30분 동안 감정 상태와 집중력, 기억, 반응 속도를 포함하는 여러 정신적 기능에 관한 일련의 테스트를 수행했다. 그리고 다음으로 물을 섭취하게 한 뒤 다시 테스트를 진행했다. 탈수 상태에서 피실험자들의 감정 상태 수치는 낮았고, 피로 수치는 높았으며, 집중력과 기억력 및 반응 속도 모두 크게 손상된 것으로 나타났다. 반면 물을 섭취하고 한 시간 후 두뇌 기능은 모든 기준에서 회복되었다.

흥미롭게도 연구 결과는 여성은 연령대와 상관없이 남성보다 탈수에 훨씬 더 뚜렷한 영향을 받는다는 사실을 보여준다. 이와 관련해 여성의 근육 비중이 낮으므로 탈수에 보다 민감하게 반응한다는 설명이 있다(지방 조직의 수분 함량은 10퍼센트에 불과하며, 일반적으로 여성은 남성보다 체지방이 20퍼센트 더 많다). 탈수 상태의 뉴런과 두뇌 기능 이상 사이에는 연관성이 있다는 사실이 밝혀져 있지만, 탈수가 노화에 따른 인지 퇴행의 원인인지, 아니면 결과인지는 아직 밝혀지지 않았다. 나이가 들어감에 따라 체내 염분과 수분 통제 능력은 떨어지고, 또한 갈증 및 수분에 대한 요구에 덜 민감해진다. 그래서 물을 덜 마시게 되는 것이다.

일상생활 속에서 수분이 부족할 때를 어떻게 아는가? 그리고 얼마나 많은 물을 마셔야 하는가?

갈증 상태에 의존하지 말아야 한다. 갈증은 체내 수분 정도를 제대로 알려주지 못한다. 갈증 신호는 늦게 시작해 일찍 끝난다. 갈증을 느낄 때, 우리는 이미 1~1.5리터에 해당하는 수분 부족 상태다. 갈증보다 더 나은 지침은 소변 색깔이다. 미 육군은 무더운 환경에서 복무하는 군인들에게 단순하면서도 효과적인 지침을 제시한다. "하루에 한번 흰색 오줌을 눌 것." 소변이 짙을수록 체내 수분 함량이 낮다. 우리는 수분 섭취에 관한 규칙을 이해하고 따라야 한다. 일반적으로 두뇌에 충분한 수분을 공급하려면 여성은 하루 2~3리터, 남성은 2.5~3.7리터를 마셔야 한다. 용해 수소 수치가 높고 미세덩어리microclustered 물 분자로 이뤄진 '알칼리 이온수'가 항산화, 항염증 기능으로 건강에 도움을 준다는 증거도 있다. 이온수 필터는 쉽게 구할 수 있으며, 실제로 전세계 수많은 인구가 가정에서 이를 사용해 이온수를 섭취하고 있다.

▎금메달과 은메달의 차이는 1%도 안 된다

앞서 비타민 B6 수치를 0으로 떨어뜨린, 루크 에이킨스의 스카이다이빙 실험을 이끌었던 크리스 탈리는 꽤 정평이 난 영양학 전문가다. 현재 그는 미국에서 많은 유명 운동선수와 특수부대 요원 그리고 엘리트 성과자를 대상으로 코칭 서비스를 제공하고 있다. 이들 모두 성공과 실패가 '근소한 차이'에 달린, 즉 사소한 차이가 승패를 결정짓는 분야에서 일하는 사람들이다. 그것도 엄청난 스트레스를 받으면서 말이다. 2021년 올림픽이 다가오면서 나는 크리스에게 좋은 영양과 나쁜 영양이 '정신적 역량', 즉 집중력과 기억력을 유지하고, 강력하고 만성적인 스트레스 상황에서 감정 통제를 유지하는 능력에 어떤 영향을 미치는지 물었다.

먼저 나는 크리스에게, NFL 유명 쿼터백인 톰 브래디가 25년 동안 그 정도 수준으로 성과를 올릴 것을 알았다면, 그에게 어떤 다른 조언을 했을지 물었다. 크리스의 대답은 이랬다.

> 톰 브래디는 영양에 각별하게 신경을 썼기에 몸에 좋지 않은 음식은 먹지 않았습니다. 영양 관점에서 그의 장수 비결은 이상적인 식단이라기보다 몸에 좋지 않은 음식을 멀리한 것이었습니다. … 영양 관점에서 그러한 노력을 통해 우리는 정신적 명료함을 유지할 수 있습니다. 제 목표는 사람들이 사소한 1퍼센트 차이를 통해 100퍼센트 더 좋아졌다고 느끼도록 만드는 것입니다. … 금메달과 은메달의 차이는 1퍼센트도 되지 않습니다.

다음으로 나는 '명료함을 유지한다'라는 것에 관해 물었다. 이는 많은 이들이 40대로 접어들면서 많은 관심을 기울이는 주제다. 크리스는 이렇게 대답했다.

> 명료함을 유지하기 위해 오메가-3가 중요하다는 말씀을 드리고 싶군요. 풀을 먹여 키운 소, 지방질이 풍부한 냉수어 혹은 대구 간 오일을 섭취하세요. 그리 새로운 이야기도 아니고 맛은 대부분 끔찍하지만(증류 방식으로 추출한 대구 간 오일 맛은 그리 나쁘지 않다) 이러한 음식에서 DHA와 EPA를 얻을 수 있습니다. 저는 채식주의자들이 생선 오일을 먹을 필요가 없고, 땅콩이나 씨앗의 알파 리놀렌산에서 오메가를 섭취할 수 있다고 하는 말을

종종 듣습니다. 완전히 틀린 이야기는 아니지만, 우리 몸이 필요로 할 때 ALA로부터 DHA와 DPA, EPA를 만들어내는 전환 속도는 대단히 느립니다. 저는 혈액검사 결과를 확인했고 그것들은 이러한 다양한 오메가-3로 전환되지 않았습니다. … 5천 건 넘게 [혈액검사를] 확인했습니다. 최악의 사례 열 건을 꼽는다면, 그중 아홉은 채식주의자일 겁니다.

저는 윤리적인 근거로 채식주의를 실천하고 있지만, 아마도 고기를 먹으면 더 건강해질 수 있다고 말하는 유일한 채식주의자일 겁니다. 하지만 그건 사실이죠. 제 혈액검사 결과를 봤고, 그래서 문제를 해결하기 위해 무엇을 해야 할지 알고 있습니다. … 하지만 대부분은 그렇지 않죠.

다음으로 나는 이렇게 물었다. "스트레스가 높고 힘든 일을 하는 그리고 운동선수 사례로부터 뭔가를 배우고 싶어 하는 사람들에게 해줄 수 있는 일반적인 조언이 있다면?" 크리스의 답변은 이랬다.

스트레스가 높을수록 비타민 B6나 마그네슘 같은 미세영양소를 더 많이 섭취해야 합니다. '헤븐센트Heaven Sent'에서 그[스카이다이버 루크 에이킨스]는 결국 완전히 바닥이 났습니다. B6와 관련된 모든 것이 사라졌죠. 그러므로 위기가 다가오는 것을 안다면, 그에 앞서 B6를 보충하는 것이 도움이 될 겁니다. … 스트레스를 이기는 식단을 구성하려면, 신선한 붉은 피망과 고구마, 풀을 먹여 키운 소고기에다 피스타치오와 해바라기 씨를 곁들여보세요.

세로토닌을 생성하려면 B6 그리고 주요 아미노산 트립토판이 필요합니다. 이러한 영양소의 수치가 낮을 때, 수면뿐 아니라 감정 상태에도 부정적인 영향이 나타납니다.

CRP[C-Reactive Protein, C 반응성 단백질] 같은 스트레스 생체지표가 높을 때, 두뇌 건강에 장기적으로 부정적인 영향을 미칩니다. CRP 수치를 낮추면 큰 효과를 볼 수 있습니다. 영양 관점에서 볼 때, 염증을 억제함으로써 그 수치를 떨어뜨릴 수 있습니다. 가령 커큐민을 섭취하는 것만으로도 효과가 있습니다.

마지막으로 보충제 복용에 관한 질문을 했다. 크리스는 이에 대해 주의를 당부했다.

보충제를 꼭 먹어야 한다는 말을 아니지만, 그래도 특정 식품군을 섭취할 수 없을 때, 보충제를 먹을 수밖에 없다는 말씀을 드리고 싶군요. 우리는 결국 보충제가 필요한 상황에 처합니다. … 하지만 아주 많은 보충제를 먹는 사람들은 자신이 무엇을 하는지 잘 모르고 있으며, 실제로 자신의 몸에 도움보다는 피해를 더 많이 끼친다고 생각합니다.

▌평생 건강을 위한 검증된 3가지 식단

이번 장의 주제는 '다이어트'가 아니다. 다이어트와 식이요법은 대단히 복잡한 주제다. 우리는 수백 가지 식이요법을 활용할 수 있다. 개인마다 필요한 것은 다르며, 이와 관련해 각자 생각은 대단히 중요한 역할을 한다. 그리고 무엇이 효과가 있고 무엇이 없는지에 대한 객관적인 증거는 구하기 힘들다.

다만 여기서 말할 수 있는 것은 다양한 식품과 영양소를 조합하는 식단 마련이 두뇌 건강을 위한 가장 좋은 방법이라는 사실이다. 두뇌 기능을 개선하고 유지하기 위해 특효약처럼 활용할 수 있는 단일 식품은 없다. 결국, 두뇌 건강을 뒷받침하는 것은 평생 식습관이다. 우리는 어느 나이에서나 건강한 식단으로 전환함으로써 도움을 얻을 수 있다. 그래도 더 빨리 시작할수록 더 좋다. 장기적으로 건강한 식습관은 우리의 두뇌 건강을 뒷받침한다.

이와 관련해 세 가지 식단을 소개하고자 한다. 이들 모두 과학적 증거에 의해 그 효과가 입증되었다. 바로 지중해식 식단, DASH 식단 그리고 MIND 식단이다.

먼저 지중해식 식단을 살펴보자. 이 지역 사람들이 주로 먹는 음식은 국가 간 그리고 국가 내에서도 분명 다르다. 그래도 이들 식단에는 채소(콩 종류 포함)와 열매, 땅콩, 시리얼, 곡물, 생선 그리고 올리브 오일 같은 불포화지방이 풍부하다. 반면 고기와 유제품 섭취는 일반적으로 낮다. 지중해식 식단은 인지 기능을 개선하는 것으로 밝혀져 있으며, 노화에 따른 인지 퇴행 위험을 낮춰준다는 증거도 있다. 이러한 연구에는 2장에서 살펴봤던 블루존 연구도 포함된다. 블루존에 사는 사람들은 지중해식 식단 혹은 이와 비슷한 형태의 식단을 먹었다. 2019년 네덜란드의 아넬리언 판 덴 브링크Annelien van den Brink와 그의 동료들은 엄격한 검토 논문을 통해 12건의 횡단적 연구 중 9건에서 그리고 25건의 종단적 연구 중 17건에서, 또한 세 번의 실험 중 한 번에서 지중해식 식단이 더 높은 인지 점수와 관련 있음을 확인했다. 세계 두뇌건강위원회 역시 지중해식 식단을 추천한다. 그 내용은 [상자 5.5]에 정리되어 있다.

세계 두뇌건강 위원회가 추천하는 식단

▶ **개인의 경우**

권장(A)	포함(B)	제한(C)
· 베리(주스 형태가 아닌) · 신선한 채소(특히 잎이 많은 녹색 채소) · 건강한 지방(엑스트라 버진 올리브 오일 등 오일에서 얻을 수 있는 형태) · 견과류(칼로리가 높으므로 적절한 섭취가 요구됨)	· 콩류 · 과일(앞서 언급한 베리에 추가해서) · 요거트와 같은 저지방 유제품 · 가금류 · 곡물	· 튀긴 음식 · 페이스트리 · 가공식품 · 붉은색 육류 · 붉은색 육류로 만든 제품 · 소금

1. 위 도표는 두뇌 건강을 위한 식품 지침을 제시한다. 'A 항목'의 건강식품을 규칙적으로 섭취하고, 'B 항목'을 식단에 포함하자. 그리고 'C 항목'은 섭취량을 제한하자.

2. 술을 마시지 않는다면 두뇌 건강을 위해 시작하지 말자. 술을 마신다면 절제가 중요하다. 두뇌 건강에 도움이 되는 적절한 음주량이 존재하는지는 아직 불확실하다.

3. 가공하지 않은 자연식품을 선택함으로써 지나치게 많은 소금과 설탕 그리고 포화 지방을 의도하지 않게 섭취하지 않도록 하자. 가공식품 및 포장 식품, 튀긴 음식에 많다.

4. 초콜릿을 먹을 때 주의하자. 코코아가 풍부한 제품은 설탕과 고지방 유제품을 포함하므로 일반적으로 칼로리가 높다. 그러므로 식단에 초콜릿을 포함할 때 과도한 체중 증가에 주의하자. 그 피해는 코코아 섭취로부터 얻는 이익을 상쇄하거나 오히려 압도할 수 있다.

5. 트랜스지방을 멀리하자.

다음으로 DASH 식단으로 넘어가자. DASH는 'Dietary Approaches to Stop Hypertension, 고혈압을 멈추는 식이요법'의 약자다. 평생 실천할 수 있는 건강한 식습관이며, 나트륨 섭취를 낮추고 포타슘과 칼슘, 마그네슘처럼 혈압을 낮추는 데 도움이 되는 영양소를 충분히 섭취함으로써 고혈압을 다스리고 예방하도록 마련되었다. 또한, DASH 식단의 장기적 실천이 두뇌 건강에도 도움이 된다고 말해주는 객관적인 증거도 나와 있다. 앞서 소개했던 판 덴 브링크의 논문은 DASH 식단의 실천이 한 건의 횡단적 연구, 다섯 건의 종단적 연구 중 두 건 그리고 한 건의 실험에서 인지 기능 향상과 연관 있다는 사실을 확인했다.

마지막으로 MIND 식단은 'Mediterranean-Dash Intervention for Neurodegenerative Delay, 신경퇴행을 늦추기 위한 지중해식 및 DASH 식이요법)의 약자다. 이 식단은 앞서 언급한 두 식단을 기반으로 하며, 특히 두뇌 건강 유지를 위해 과학적 증거를 기반으로 특별하게 설계된 것이다. 앞서 소개한 네덜란드의 검토 논문은 MIND 식단을 확실히 실천하면 (한 건의 횡단적 연구 그리고 세 건의 종단적 연구 중 두 건에서) 인지 점수 향상이 가능함을 보여줬다. 이들 연구 중 하나는 캘리포니아에 있는 두뇌건강 연구소Brain Health Institute의 크리스틴 야프Kristine Yaffe 연구팀이 수행한 것으로, 여기서 그들은 6천 명에 달하는 노령층(평균 연령 68세) 표본을 통해 MIND 식단을 실천했을 때 두뇌 기능은 향상되고 인지장애 위험은 낮아진다는 사실을 확인했다.

하지만 MIND 식단이 단지 고령자를 위한 식단은 아니다. 그 예방적 가치는 중년 초기부터 해당한다. 또한, 강력한 처방적 식단도 아니다. MIND 식단은 다만 열 가지 추천 식품을 더 많이 섭취하고, 제한해야 할 다섯 가지를 덜 섭취하도록 권한다. 이 항목은 [상자 5.5]의 항목과 동일한데, 다만 'C 항목'에서 MIND 식단 외에 가공식품과 소금을 포함했다는 점만 다르다.

▌여러 보충제보다 꾸준한 실천 하나가 더 탁월한 결과를

충분한 영양을 섭취하기 위한 계획에 보충제도 포함해야 할까? 2016년 기준으로 두뇌 건강을 위한 보충제 시장은 30억 달러 규모에 달했다. 그리고 2023년이면 58억 달러에 이를 것으로 전망된다. 많은 사람이 이러한 보충제에 집착하는 데에는 이유가 있다. 그중 하나는 관련 기업들이 건강에 대한 소비자의 염려를 악용하여 그들 제품과 관련해 무관하면서도 종종 오해를 불러일으키는 장점을 광고하기 때문이다. 공정하게 말해, 미량 영양소를 섭취한다고 해서 그 영양소의 혈중 농도가 반드시 충분한 수준으로 높아지는 것은 아니며, 더 나아가 비타민 D와 같은 몇몇 영양소는 협소한 범위의 식품 안에서만 발견된다. 이러한 경우에 정부 기관은 공공의 건강을 위해 보충제 섭취를 권장할 수 있다.

그렇다면 과학은 특히 두뇌 건강을 위한 보충제 섭취에 대해 어떤 이야기를 들려주는가? 2018년 영국 『코크란 리뷰CDSR, Cochrane Database of Systematic Reviews』는 보충제와 두뇌 건강을 다룬 세계적인 연구에 대한 검토 결과를 발표했다. 여기에는 비타민 B와 항산화 비타민 A, C, E 그리고 D3와 칼슘 그리고 셀레늄과 아연, 구리에 관한 연구가 포함되어 있다. 그리고 이들 연구에 참여한 피실험자 규모는 8만 3천 명에 달한다. 이 검토 연구의 목적은 40세 이상을 대상으로 비타민이나 미네랄 보충제 섭취 시 인지 기능을 유지하거나 인지 퇴행의 위험을 낮출 수 있는지 확인하는 것이었다. 그렇다면 결론은? CDSR는 이렇게 적시했다. "정신적으로 건강한 중년 이후의 사람들을 대상으로 하는, 비타민이나 미네랄 보충제 섭취 전략이 인지 퇴행이나 치매 예방에 의미 있는 영향을 미친다는 증거를 발견하지 못했다."³⁾ 물론 유의점이 있다. 그것은 이러한 연구가 아직 완성된 것은 아니라는 사실이다. 그럼에도 우리는 다음 같은 핵심 메시지에 주목할 필요가 있다.

- 두뇌 건강을 위한 영양소를 얻는 최고 방법은 보충제가 아니라 대부분 건강한 식단을 통해서다.
- 식품 보충제는 일반 식품법에만 적용을 받으며 그들 주장에 대한 사실 여부는 검증되지 않기 때문에 우리는 보충제 포장이나 광고에서 주장하는 내용을 비판적으로 볼 필요가 있다.
- 비타민 B12, 비타민 D와 같은 미량 영양소에 대한 섭취가 권장 기준에 못 미치는 이들에게 보충제는 도움이 될 수 있다. 하지만 명백한 증상이 없는 상태에서 영양소 결핍을 추적할 수 있는 유일한 방법은 의사를 통한 혈액 분석이라는 사실에 유의하자.

그리고 세계 두뇌건강 위원회의 다음 주장을 기억할 필요가 있다. "건강관리 기관으로부터 특정 영양소가 결핍되었다는 확인을 받지 않은 이상, 우리는 특히 두뇌 건강을 위해 특정 성분이나 제품 혹은 보충제를 권장하지 않는다."⁴⁾ 우리 모두 두뇌에 도움이 되는 영양 계획을 수립할 수 있도록 객관적이고 실용적인 조언으로 논의를 마무리할까 한다.

- 지중해식, DASH 혹은 MIND와 같은 건강 식단을 이미 실천하고 있다면, 좋은 일이다. 계속 유지하자. 아직 아니라면 한번 도전해보자. 현재 패턴에서 벗어나 채식 기반 식품에 약간의 생선 그리고 양이나 염소 혹

은 풀을 먹여 키운 소의 붉은 육류를 추가하자. 생선이나 갑각류, 연체동물을 고를 때, 오메가-3와 비타민 B12 함량이 높은 것을 선택하자(가령 연어나 멸치, 정어리, 대구, 도미, 송어, 새우 등). 지나치게 많은 단백질을 섭취하지 말자(체중 1킬로그램당 하루 0.7그램 섭취가 적당하다). 단, 65세 이상이라면 생선이나 계란, 흰색 육류를 통한 비타민 섭취를 늘리는 편이 좋다. 그러나 그런 경우라고 해도 콩이나 병아리콩, 녹두 같은 식물성 원천의 단백질 섭취는 그대로 유지하자.

- 동물성 및 식물성 포화 지방(붉은 육류, 치즈) 섭취를 줄이고 정제 설탕을 멀리하자. '좋은' 지방(오메가-3)과 섬유질 함량이 높은 복합 당질 섭취를 늘리자. 예를 들어 통곡물 및 다양한 채소(토마토, 브로콜리, 당근, 콩 등)와 함께 충분한 양의 버진 올리브 오일 그리고 소량의 생 견과류(하루 약 25그램)를 섭취하자.

- 작은 실천에 집중하자. 평생 식습관을 바꾸는 것은 대단히 힘든 일이지만, 작은 변화만으로도 의미 있는 결과를 만들어낼 수 있다. 예를 들어 하루 한 번씩 과일 섭취를 늘리면 심혈관 사망 위험률을 8퍼센트나 낮출 수 있다. 이 정도면 미국에서 6만 명, 영국에서 1만 4천 명 그리고 전 세계적으로 160만 명에 달하는 사망자를 줄일 수 있다는 뜻이다. 우리 두뇌는 그처럼 작지만 도움이 되는 변화에 민감하게 반응한다. 그리고 심장에 좋은 음식은 두뇌에도 좋다.

- 우리 몸의 건강은 규칙성, 특히 24시간 기반 루틴의 꾸준한 실천에 달렸다(이에 대해서는 수면을 다루는 9장에서 자세히 살펴본다). 이러한 사실을 명심하고 가능하다면 매일 같은 시간에 규칙적으로 식사하자. 장에는 고유 리듬이 있다. 활동해야 할 때와 쉬어야 할 때가 있다. 그리고 이러한 리듬은 췌장과 간 같은 여러 소화기관은 물론 두뇌 속 해마와도 함께

이뤄진다. 음식물 섭취 시간을 하루 12시간 내로 한정하자. 가령 오전 7시에서 저녁 7시 사이에 모든 음식물을 섭취하자. 그리고 취침 전 3시간 내에는 아무것도 먹지 말자.

• 종일 꾸준히 물을 섭취하자. 물을 많이 마시고 차와 커피, 탄산음료 섭취를 줄이자.

• 건강한 식단과 함께 신체적 활동성을 유지하자. 2장에서 살펴봤듯 신체적 활동성은 성인의 두뇌 건강에 도움이 된다고 알려져 있으며, 건강한 식단과 함께 건강한 노화 과정을 뒷받침한다. 식단을 통해 필요한 영양소와 에너지를 충분히 공급함으로써 음식물 섭취와 신체적 활동성 사이에 균형을 유지하자.

• 인스턴트 식품을 멀리하자. 튀긴 음식이나 피자, 배달 및 선조리 식품, 특히 지나치게 가공되거나 정제된 성분으로 만든 식품 섭취를 피하자. 예를 들어 일주일에 적어도 한 번은 튀기지 않은 생선으로 식사하자. 미네랄과 비타민 함량이 높은 신선 식품을 사고, 가능하다면 집에서 요리하자. 이를 통해 식단으로부터 얻는 소금과 설탕, 지방 양을 조절할 수 있다.

• 자신이 정말로 신선한 식품을 먹고 있는지 점검해보자. 식료품점에서 판매하는 많은 농산물은 배송과 저장 과정에서 시간이 상당히 경과한 것이 많다. 농산물에 함유된 미량 영양소, 특히 비타민은 아주 빠른 속도로 손실된다. 일반적인 생각과는 달리, 통조림이나 냉동식품의 영양가가 신선 식품보다 더 높을 때가 종종 있다. 그러므로 우리 선조가 그랬던 것처럼 다양한 식이 재료를 선택하자. 물론 선택 범위는 그때와는 크게 달라졌지만 말이다.

• 두뇌에 영양을 공급하는 최고의 방법은 균형 잡히고 건강한 식단을 실

천하고 보충제에 의존하지 않는 것이다. 현명하게 소비하자.

　끊임없이 이어지는 일과 과도한 스트레스로 인한 오늘날의 생활방식으로 선조들의 섭취 패턴은 따를 수 없게 되었고, 또한 과도한 정신 활동과 제한적인 육체 활동이 지속되며 군것질이 더해진 과도한 칼로리 소비가 이어졌다. 하지만 생활습관이 바뀌는 동안에도 3장에서 살펴봤듯 우리의 생리학은 '과식과 굶기'로 대변되는 신석기 시대 선조들의 에너지 섭취 방식에서 여전히 벗어나지 못했다. 우리 선조들은 오랜 기간 배고픔을 견뎠고, 지금보다 더 다양한 형태로 음식물을 섭취했다. 우리의 행동 그리고 고대로부터 이어져 내려온 생리학 사이의 이러한 간극은 오늘날 두뇌 건강과 관련해 심각한 문제를 일으키고 있다. 영양과 두뇌 건강에 관한, 즉 칼로리와 영양소에 관한 오늘날의 지식에 주목할 때, 우리는 생리학적 진화가 지금의 생활방식을 따라잡을 때까지 기다릴 필요는 없다. 우리 모두 그 지식에 주목하고, 이를 실천에 옮기도록 하는 것이 이 책의 핵심 과제다.

6장

두뇌는 섬이 아니다

이번 장에서는 인간의 사회적 특성이 우리의 전반적인 건강, 특히 두뇌 건강에 미치는 영향에 주목하고자 한다. 그리고 그 이야기를 특수 환경인 우주 공간에서 시작해보고자 한다.

▌ 우주비행사가 직면한 가장 큰 위험

2010년 모스크바에 있는, 그 이름도 흥미로운 생체의학문제연구소 Institute of Biomedical Problems에서 야심 찬 실험이 추진되었다. 우주 비행의 위험성에 대한 이해를 완전히 바꿔놓은 실험이었다. 무엇보다 이 실험은 두뇌의 근본적인 속성 중 하나인 고유성과 취약성, 다시 말해 "타인과의 의미 있는 교류"에 의존하려는 특성에 집중했다.

「화성500」은 화성에 갔다가 돌아오는 긴 여정에서 우주비행사들을 어떻게 준비시켜야 할지 그리고 그 과정에서 직면할 위험에 어떻게 대처해야 할지에 주목했던 4년간의 심리학 연구였다. 우주비행사들이 직면하게 될 위험으로는 3가지 서로 다른 중력 체계(지구와 우주 공간, 화성), 우주 방사선, 보급 문제, 열악한 의사소통 시스템과 우주선 내부의 불확실한 환경이 거론되었다.

그러나 실제로 살펴보니 우주비행사가 직면하게 될 가장 중요한 위험은 이런 것들이 아니었다. 그때까지 과소평가되었던 한 가지 중대한 요인이 시뮬레이션을 통한 500일 우주여행 막바지에 가서야 분명하게 드러난 것이다. 그것은 우주비행사들 간의 '교류 단절'이었다. 이미 고립된 공동체 안에서 추가로 발생한 사회적 단절이 그들에게 심각한 영향을 미쳤던 것이다.

시뮬레이션 기반의 우주여행에서 여섯 명의 다국적 우주비행사들은 아무 문제가 없는 듯 보였다. 그러나 문제는 돌아오는 여행길에 발생했다. 여정 막바지에 이르러 엄격한 절차를 통해 선발되어 고도의 훈련을 받은 우주비행사 여섯 명 중에서 정상적인 행동 패턴을 유지한 사람은 두 명에 불과했다. 다른 네 명은 감정과 기분 상태에서 문제를 드러냈다. 그들이 보여준 권태감과 사회적 은둔('칩거') 그리고 불면 증상은 정상 업무를 수행하기 힘들 정도로 심각했다.

▌ 인간과 침팬지의 결정적 차이: 인지 능력에서

우리는 학습과 기억, 추론 같은 고차원적 두뇌 기능은 사회 환경과 무관하게 이뤄질 거라고 쉽게 생각한다. 하지만 인류의 진화 과정을 들여다볼 때, 우리는 사뭇 다른 이야기에 직면한다. 미국과 독일 인류학자로 이뤄진 한 연구팀은 인간 유아와 영장류(침팬지와 오랑우탄) 새끼를 관찰하는 과정에서 예상치 못한 발견을 했다. '물리적' 세상을 탐험하는 과정에서 침팬지가 보여준 인지 능력은 인간과 대단히 유사했다. 그러나 '사회적' 세상을 탐험하면서 인간의 유아들은 침팬지와 오랑우탄의 새끼들보다 훨씬 더 복잡한 인지 능력을 보여줬다. 특히 그 차이는 특정 능력에서 두드러졌다(인간 사이에서도 이것이 폭넓게 나타난다). 그것은 타인의 마음에서 벌어지는 상황을 읽어내는 능력 혹은 흔히 말하는 '직관'을 말한다.

이러한 능력은 사소한 사회적 기술이 아니다. 인간 두뇌는 가장 중요한 한 가지 목적, 즉 인류 생존에 기여하도록 설계되어 있다. 인간 같은 사회적 종에게 사회적 삶은 힘들고 불안할 뿐 아니라, 위협적인 것이 될 수 있다. 그래서 진화적 관점에서 사회적 고립의 압박 그리고 외로움에 따른 극심한 고통은 생존을 확보하고, 사회적 신뢰와 결속, 집단행동 강화를 위해 관계를 유지하도록 몰아갔다. 인간에게 집단은 '모든 것'이었다. 하나의 집단으로 움직이는 사회적 결속이 없었다면 인류는 가혹한 자연 세상에서 살아남지 못했을 것이다. 특히 식량 확보를 통해 충분한 에너지를 얻는 과제를 제대로 수행하지 못했을 것이다. 수렵 채집 생활은 미래가 불확실하다. 식량 확보뿐 아니라 성공적인 번식은 집단에 달렸다. 인간 유아는 다른 영장류에 비해 출생 후 더 오랜 기간 의존적인 생활을 한다. 그들은 성장할 때까지 일정한 보호가 필요하다. 그리고 집단이 그러한 보호를 제공한다. 인간 두뇌는 우리가 성공적으로 협력하도록 만드는 특별한 능력, 즉 사회적 인지 능력을 발달시켰다.

우리가 생각하고 추론하고 학습하고 계획하고 예측하는 능력은 두뇌의 사회적 진화에 뿌리를 두고 있다. 이러한 점에서 오늘날 사회적 삶이 생각하고 추론하는 능력은 심지어 두뇌 구조까지 영향을 미친다는 사실은 결코 놀랍지 않다.

외로움을 느끼지 못하리라고 생각하는 동물들조차 사회적 고립으로부터 부정적인 영향을 입는다. 초파리에서 쥐, 들쥐, 가축에 이르기까지 동물들은 집단에서 고립되면 제대로 성장하지 못한다. 존 터렌스 카시오포John Terrence Cacioppo의 2014년 기념비적인 논문, 「고독의 진화적 메커니즘Evolutionary mechanisms for loneliness」은 우리에게 다양한 사례를 보여준다. 거기에는 비만과 당뇨병에 걸린 쥐, 달리기로부터 아무런 이득도 얻지 못하는 들쥐, 스트레스 호르몬 수치가 증가한 토끼 그리고 아침에도 스트레스 호르몬인 코르티솔이 치솟지 않는 다람쥐원숭이가 있다. 이러한 증상 모두 사회적 고립에 따른 것이다(아침에 분비되는 코르티솔의 중요성을 간과해서는 안 된다. 일반적으로 '스트레스 호르몬'이라고 생각하지만, 사실 코르티솔은 우리가 아침 일찍 일어나 힘든 하루를 준비하도록 만드는 중요한 물질이다).

여기서 질문 하나가 떠오른다. 우리 인간도 스스로에게 그와 같은 부정적인 영향을 확인할 수 있을까? 대답은 '그렇다'이다. 우리가 고립될 때, 똑같은 생리적 증상이 몸에 일어난다. 그러나 뚜렷하면서도 미묘한 차이가 있다. 우리는 다른 영장류가 하지 않는 방식으로 협력한다. 인간에게 중요한 것은 자신이 단지 다른 이에게 둘러싸여 있는지가 아니다. 더 중요한 것은 주변 사람에 대한 우리의 인식이다.

우리는 때로 신뢰하고 친절하고 동정과 공감을 드러낸다. 동시에 악랄하고 증오를 보이고 배신하고 비열할 수도 있다. 독일 막스 플랑크 연구소의 마이클 토마셀로Michael Tomasello의 표현을 빌자면, 우리는 사회적 협력을 위한 고도의 능력을 지닌 '초사회적인ultra-social' 존재다. 우리의 정교한 협력 방식은 초기 인류가 식량을 구했던 방식을 완전히 바꿔 놨다. 그리고 다른 사람과의 관계 속에서 자신을 이해하는 방식도 바꾸었다. 우리에게 중요한 것은 상호작용의 '양'이 아니라, '질' 혹은 의미다. 모든 연구가 이러한 사실을 말해준다.

이야기는 여기서 끝이 아니다. 우리는 '객관적인' 고립으로부터 피해를 입을 뿐만 아니라, '인식된' 고립 혹은 외로움으로부터도 추가로 피해를 입는다. 그러므로 우리는 사회적(혹은 객관적) 고립(다른 이와 거의 혹은 전혀 교류하지 않는 상태)과 외로움(타인과의 교류 결핍에 따른 주관적이고 불안한 감정 상태) 사이의 차이를 구분해야 한다.

결론적으로 우리는 사회적 진화의 산물이다. 우리는 집단 구성원이 되는 것은 물론, 그 안에서 의미 있는 사회적 관계를 형성하고자 하는 내면의 생물학적 욕망만큼이나 고립에 따른 심리적 두려움에 따라 움직인다. 그리고 식량과 물을 필요로 하는 것만큼 사회적 관계도 필요로 한다. 우리의 복잡한 뇌는 수백만 년의 자연 선택에 따라 목적을 추구하고, 탐욕적이고, 무자비한 집단의 구성원으로 능숙하게 기능하도록 진화되었으며, 이를 통해 지구상에서 가장 치명적이고 비열하고 위협적인 종이면서, 역설적이게도 동시에 가장 관대한 종이 되었다. 심리와 행동 그리고 사회 구조는 모두 함께 진화하면서 생존 자산의 가공할 만한 조합을 만들어냈다. 우리는 집단으로 행동함으로써 인간을 포함한 모든 적과 먹잇감을 이길 수 있다. 아리스토텔레스는 인간을 사회적 동물이라고 정의하는 데 굳이 과학을 끌어오지 않았다. 그러나 오늘날 과학은 인간의 사회적 본성이 우리의 건강, 특히 두뇌 건강에 얼마나 큰 영향을 미치는지 밝혀내고 있다.

▌외로움 전염병은 없다

사회적 삶이 두뇌 건강에 어떤 영향을 미치는지 살펴보기에 앞서, 공공 건강에 대한 위협으로서 서서히 모습을 드러내는 외로움 증후군 loneliness epidemic을 먼저 주목하자. 2018년 폭스뉴스는 '미국 사회의 높아지는 외로움'에 관해 보도했으며, 포브스와 하퍼스바자, 야후, 뉴욕 타임스, 데일리메일, 타임스, BBC, 프랑스 24 등 많은 언론이 그와 비슷한 주장을 담은 기사를 발표했다. 이러한 기사의 헤드라인을 읽고 있자면, 이 전염병이 현대 사회를 허물어뜨리고 있는 것은 아닐까 걱정될 정도다.

정말로 무슨 일이 벌어지고 있는 걸까? 살아갈수록 우리는 더 외로운 존재가 되어가는 것일까? 모든 데이터를 엄격하게 검토해보면 이 질문에 대한 대답은 놀랍게도 '아니오'이다. 우리는 나이 들면서 더 외로워지지 않는다. 오히려 그 반대가 진실이다. 우리는 점점 덜 외로워진다. 하지만 나이와 외로움 사이의 관계는 아주 복잡하다. 영국 통계청 데이터는 16~34세 사이(8퍼센트)가 50~64세 집단(5퍼센트)보다 더 자주 외로움을 느낀다고 말해준다. 또한, 미국 과학자 루이스 호클리가 수행한 최근 연구는 인식된 외로움이 75세까지 지속해 줄어들다가 그 이후에 증가하기 시작한다는 사실을 말해준다. 우리는 이러한 결과를 어떻게 해석해야 할까? 50세 이후로 사회적으로 성숙하고 스스로 행동과 기대를 수정함으로써 외로움에 대한 인식은 완화되는 것으로 보인다. 그러다가 75세 이후로 건강 악화 그리고 배우자 및 가족들과의 사별이 부정적인 영향을 미치기 시작한다.

두 번째 질문으로 넘어가서, 나이를 떠나 우리가 이전 세대보다 더 외롭다고 말해주는 증거는 놀랍게도 거의 없다. 2019년에 발표된 미국의 한 연구는 1948~65년에 태어난 사람들이 1920~47년에 태어난 사람들보다 외로움을 더 많이 느끼는 것은 아니라는 사실을 확인했다. 또한, 그들이 2005~16년에 더 외로워진 것은 아니라는 사실도 확인했다. 85세와 90세, 95세 노인을 대상으로 관찰한 스웨덴의 여러 단면 연구 역시 10년에 걸쳐 보고된 외로움에서 어떤 증가도 발견하지 못했다. 또한, 젊은 사람을 대상으로 한 연구들 역시 같은 결론을 보여준다. 미국에서 대학생 및 고등학교 졸업생을 관찰한 두 가지 주요 연구(하나는 1976~2006년 30년에 걸쳐, 다른 하나는 1978~2009년과 1991~2012년 두 기간에 걸쳐) 모두 젊은 세대가 앞선 세대보다 더 많이 외로움을 보고하지 않았다는 사실을 확인했다.

휴대전화와 인터넷 그리고 소셜 미디어 사용의 광범위한 확산은 왜 젊은 연령 집단이 나이 많은 연령대보다 더 외로움을 느낀다고 보고하는지에 관해 부분적인 설명이 될 수 있다. 연구 결과를 들여다볼 때, 우리는 소셜 미디어가 전혀 '소셜'하지 않다는 사실을 이해한다. 이와 관련해 많은 연구 중 하나로, 피츠버그 대학교 연구팀은 19~32세의 2천명에 가까운 젊은이들을 대상으로 한 설문조사를 통해 이렇게 결론 내렸다. "소셜 미디어를 더 많이 사용하는 젊은이들은 그렇지 않은 다른 젊은이들에 비해 사회적으로 더 많이 고립되어 있다고 느끼는 것 같다."[1] 정확하게 말해, 소셜 미디어를 자주 사용하는 사람은 그렇지 않은 사람에 비해 '세 배'나 더 많이 외로움을 느끼는 것으로 드러났다. 오늘날 휴대 장비는 주변 사람과 일상적인 교류를 할 만한 상황에서도 자신에게만 몰두하도록 만든다. 디지털 장비는 우리가 고개 숙이고, 다른 사람과 시선을 마주치지 않고, 또한 사회적 교류를 하려는 인간의 본능적인 욕구를 억압하도록 만든다. 더 나아가 소셜 미디어 사용은 FOMO(fear of missing out, 소외당할지 모른다는 두려움) 현상과 관련 있다. 이 용어는 학술지에 처음으로 등장한 지 4년이 지난 2004년에 패트릭 맥기니스에 의해 널리 알려졌다. FOMO는 외로움 그리고 어쩌면 당연하게도 자존감 상실로 이어지는 것으로 보인다.

외로움이라는 전염병을 제기하는 언론 기사 대부분은 잘못되었다. 많은 기사가 오직 하나의 연구 결과만 제시하고, 또한 혼자 살면 당연하게도 외로움을 더 많이 느낀다는 잘못된 가정에 기반을 두었다. 사실 혼자 시간을 보낸다고 해서 외로움을 더 느끼는지, 아니면 좋은 사회적 지원을 받고 있는지를 말해주지 않는다. 이러한 결론을 뒷받침하는 연구도 많다. 가령 보스턴에서 실시한 대규모 종단 연구는 2년 동안 (2006~08) 1만 2천 명의 노인을 관찰했다. 그 결과, 혼자 사는 것과 외로움 느낌 사이에는 거의 아무런 관계가 없다는 사실을 확인했다. 그들은 혼자 사는 것이 나쁜 신체 건강과 관련 있고, 또한 외로움이라는 느낌은 나쁜 정신 건강과 관련 있다는 정도만 발견했다.

진실은 이러하다. "외로움 전염병 같은 건 없다." 외로움은 인간이 처한 상황의 일부이며, 보편적으로 경험된다. 진화 과학자뿐 아니라,

아리스토텔레스와 플라톤 같은 고대 철학자들 그리고 그들의 현대적 계승자인 마르틴 부버와 장 폴 사르트르 역시 외로움이 인간이라는 존재를 구성하는 핵심 요소라고 말했다. 시인들 또한 오랜 시대에 걸쳐 외로움을 떠올리게 하는 글을 썼다. 가령 밀턴의 『실낙원』도 그렇다. 악마는 공허에 발을 디디며 이렇게 말한다. "그들과 작별하고 나는 / 홀로 이 미지의 사명을 띠고 간다. 모두를 위해 / 스스로의 위험 무릅쓰고, 쓸쓸히 밑도 없는 / 심연을 밟으며."[2] 그리고 수 세기가 흘러 알베르 카뮈는 1942년 작품, 『이방인』에서 충격적이게도 외로움의 심오하고 역설적인 의미를 전했다. 여기서 주인공은 증오로 가득한 군중을 예상하면서 외로움에서 구원을 그리고 심지어 행복까지도 발견한다.

신호와 별들과 함께 살아 있는 그날 밤에, 처음으로 나는 세상의 감미로운 무관심에 마음을 열었다. 세계가 그토록 나와 닮아서 마치 형제와 같다는 사실을 깨닫자 나는 과거에도 행복했고 지금도 행복하다는 생각이 들었다. 모든 것이 완성되도록, 내가 외로움을 덜 느낄 수 있도록, 내가 바라는 소원은 다만 내가 처형되는 날 많은 이들이 몰려들어 내게 증오의 외침을 퍼부어줬으면 하는 것이었다.

외로움에 대한 이러한 관심은 상류 문화의 전유물만은 아니다. 외로움을 주제로 한 대중음악 수만큼이나 우리의 공통적인 경험에 대한 핵심을 잘 보여주는 것도 없다. 외로움을 소재로 한 노래는 1950년 이후로 약 4만 5천여 곡이 나왔다. 그리고 여기에는 'Only the Lonely'(로이 오비슨), 'Lonely This Christmas'(엘비스 프레슬리), 'Eleanor Rigby'(비틀즈)가 포함되어 있다.

그러므로 홀로 있는 것, 그리고/혹은 외로운 것은 특별한 상태가 아니다. 그럼에도 외로움은 전반적인 건강, 특히 두뇌 건강에 심각한 피해를 입힐 수 있다.

▌혼자 사는 사람은 사망률이 32% 더 높다?

시궁쥐는 놀라운 동물이다. 부드러운 털에 귀여운 외모를 한 시궁쥐는 원래 무리를 지어 살아간다. 이들은 오랫동안 다른 동료와 신체 접촉을 나눈다. 또한, 광범위한 영역에 걸쳐 굴을 파서 살아가며, 복잡한 사회적 관계를 형성한다. 새끼를 양육할 때는 다른 동료와 협력한다. 시궁쥐는 말 그대로 사회적 동물이다. 그리고 많은 다른 동물 집단과 마찬가지로 자연적으로 암이 발생하며, 양성 악성 종양이 동시에 발견된다. 시카고의 과학자들은 시궁쥐 표본을 대상으로 혼자 혹은 무리를 지어 살도록 무작위 할당했다. 각각의 무리는 다섯 마리 암컷으로 구성되었다. 여기서 과학자들은 놀라운 현상을 발견했다. 사회적 고립 효과는 너무도 대단해 고립된 쥐의 유방암 발병은 대조군 대비 84배까지 증가했고, 특히 두 가지 종류의 암에서는 악성이 '세 배' 더 많이 발견되었다. 일반적으로 초기에 발견되는 여성의 유방암도 이와 다르지 않다. 고립된 시궁쥐 암컷은 더 높은 스트레스 지수를 뚜렷하게 보였다. 또한, 행동에서도 분명하고 중요한 변화가 감지되었다. 그들은 더 많은 불안과 공포 그리고 긴장을 드러냈다.

마찬가지로 지난 20년에 걸쳐 많은 엄격한 과학적 연구는 사회적 고립과 외로움이 인간에게 미치는 부정적 효과를 분명하게 보여줬다. 코로나19의 심각성이 점점 더해가던 2020년 봄에 『뉴요커』에 발표된 한 기사에서 질 레포레는 고립과 외로움을 분명하게 구분 지으면서 우리를 감염병의 위험에 대한 집착에서 벗어나도록 했다.

> 혼자 살면서 외로움을 느끼지 않을 수 있고, 혼자 살지 않는데도 외로움을 느낄 수 있다. 그러나 둘은 밀접하게 얽혀 있고, 이러한 사실은 감금과 칩거를 더욱 견디기 힘들게 만든다. 말할 필요도 없이, 외로움은 건강에 해롭다.[3]

레포레의 주장은 옳다. 우리는 그 둘을 구분해야 한다. 두 가지가 우리 건강에 독립적으로 작용한다는 것은 맞다. 하지만 사회적 고립과 외로움 모두 우리에게 아무런 도움이 되지 않는다. 간단하게 말해, 사회적 고립은 타인과의 접촉 결핍을 말한다. 장기간 집에 머무르거나, 가족이나 지인, 친구와 거의 혹은 전혀 의사소통하지 않고, 또한 기회가 있을 때도 다른 사람과 접촉을 피하는 것이다. 친숙하게 들리는가? 과학자들은 코로나19 전염병에 대한 대응으로 시작된 '격리'가 우리에게 어떤 기회를 줄 수 있는지 예의주시한다. 최근에는 장기적인 데이터 수집을 통한 연구가 영국(런던칼리지 대학)과 호주(디킨 대학) 그리고 미국(MIT의 색슬랩Saxelab)에서 진행되고 있다.

강제적이든 아니든 간에 사회적 고립이 어떠한 영향을 가져오는지에 대해 우리는 이미 어느 정도 확신 있게 이야기할 만큼 충분히 알고 있다. 2012년 버클리 캘리포니아 대학교에서 실시한 한 연구에서 맷 판텔 박사와 동료들은 17~89세 성인 약 2만 명의 대규모 표본에서 얻은 데이터를 분석했다. 그 결과, 그들은 '사회적 고립'이 흡연이나 고혈압 같은 전통적이고 임상적인 위험 요인만큼 강력하게 사망 위험을 예측한다는 사실을 확인했다.

실제로 사회적 고립은 고혈압보다 더 강력하고, 흡연만큼 정확한 예측자다. 2014년 브리검영 대학교에서 수행한 대규모 메타 분석이 이러한 주장을 뒷받침한다. 이 연구는 전 세계적으로 340만 명 이상의 사람을 대상으로 관찰한 데이터를 기반으로 한 연구 수백 건을 종합함으로써 새로운 결론을 제시했다. 그리고 놀라운 결론에 도달했다. 사회적 고립, 외로움 그리고 혼자 사는 삶에 따른 사망 위험 증가는 각각 29, 26, 32퍼센트로 드러났다. 앞서 언급했던, 사망 위험을 높인 기존 요인들과 같은 수준이다. 다른 연구원 역시 마찬가지로 놀라운 주장을 내놨다. 예를 들어 사회적 연결의 결핍은 하루에 15개비 담배를 피우거나, 진 한 병을 마시는 것만큼 혹은 병적인 비만만큼 해롭다고 말한다. 또 다른 연구는 사회적으로 고립된 사람들은 나이와 무관하게 근골격계 질환 위험이 상대적으로 높아지고, 심각한 우울증과 전반적인 건강 문제 위험이 상당히 높으며, 자신의 건강 상태가 나쁘다고 보고할 가능성이 고립되지 않은 사람보다 더 높다는 사실을 보여줬다. 이러한 현상은 사회적 고립이 낮은 수준의 신체적 활동과 열악한 식단 및 향정신성 약물 사용으로 이어지는 경향을 통해 부분적인 설명이 가능하다.

연구에서 말하는 외로움이란 일반적으로 '일주일에 한 번 이상 느끼는 외로운 감정'을 의미한다. 외로움에는 전제 조건이 둘 있다. 그것은 관계 속 의미의 결핍 그리고 다른 사람들로부터 고립되어 있다는 인식이다. 우리는 사회적 영장류로서 친밀함을 느끼도록 만들어졌으며, 해소되지 않은 외로움은 치명적인 영향을 미친다. 외로움은 다양한 건강 기준과 관련 있지만, 대표적으로 사망률에 큰 영향을 미친다. 외롭지 않는 사람이 외로운 사람보다 생존 가능성이 50퍼센트 더 높다는 사실도 데이터를 통해 알 수 있다. 만성적인 외로움이 건강에 미치는 영향은 [상자 6.1]에 정리되어 있다.

상자 6.1 사회적 고립과 외로움이 건강에 미치는 영향

- 사회적 고립은 사망 위험을 약 30퍼센트 높인다.

- 사회적 고립은 고혈압과 흡연만큼 분명하게 사망 위험을 예측한다.

- 사회적으로 고립된 사람들은 나이와 무관하게 자기 건강 상태에 대해 부정적으로 말하고, 근골격계 질환, 중증 우울증 그리고 다양한 건강 문제에 상대적으로 쉽게 노출된다.

- 사회적 고립은 종종 신체 활동 저하와 열악한 식단 및 향정신성 약물 복용으로 이어진다. 실제로 모든 연구에서 사회적 고립은 낮은 신체 활동과 긴밀한 상관관계가 있으며, 그 결정적 요인으로 드러나 있다.

- 외롭지 않은 사람은 외로운 사람보다 생존 가능성이 50퍼센트나 높다.

- 심각한 외로움은 연령에 관계없이 우울증과 알코올 중독, 자해 및 공격, 자살 생각 그리고 실제 자살 위험성을 높인다.

- 외로움은 고통과 우울, 피로를 더욱 심각하게 만들고, 이는 종종 심각한 만성질환을 동반한다.

- 외로움은 고혈압과 높은 콜레스테롤 수치 그리고 비만 확산과 밀접한 관련이 있다.

- 외로움은 스트레스 호르몬인 코르티솔 수치를 높인다. 높은 코르티솔 수치는 불안, 우울, 소화불량, 수면 문제, 면역력 저하와 관련 있다.

- 만성질환은 뇌졸중과 심장질환 그리고 몇몇 종류의 암 발병 증가와 관련 있다.

이처럼 외로움이 치명적인 영향을 미치는 이유는 뭘까? 일반적으로 친구와 가족, 이웃으로부터 오랫동안 고립된 사람들은 사교성이 부족하고, 사회적 지지 기반이 취약하며, 건강관리에 신경 쓸 기회가 드물고, 외로움을 느낄 가능성이 더 높다. 게다가 이는 중요한 행동 변화로 이어진다. 즉, 고립된 사람들은 불안 수준이 높고, 상호 교류를 별로 달갑지 않게 여기고, 사회적 위협을 항상 경계하고, 스트레스 상황에 제대로 대처하지 못하고, 과도한 흡연과 음주처럼 건강에 해로운 습관을 지닌 것으로 드러났다.

또한, 생물학적인 설명을 제시할 수도 있다. 특정한 '외로움 유전자'가 있다고 주장하기에는 객관적인 증거가 아직 없지만, 487,647명의 피실험자를 대상으로 한 영국의 바이오뱅크 연구에서 과학자들은 '외로움과 관련된 15개의 유전자 영역'을 확인했다. 이 연구가 알려주는 바는 분명했다. 혼자 있는 것에 대한 사람들의 반응에 관한 차이는(혼자 있는 시간을 즐겁게 받아들이거나 고통스럽게 여기거나) DNA로 결정된다는 것이다. 그리고 나아가 동일한 '외로움' 유전자는 비만과도 관련 있다고 밝혀지면서, 외로움과 비만이 어쩌면 긴밀한 연관이 있을지도 모른다는 가능성을 높였다. 또한, 이전 연구에서 확인된 특질(우울과 비만 그리고 특히 심혈관 건강 상태)과의 유전적 중첩도 있었다. 또 다른 설명은 만성적 외로움이 노화 속도를 높인다는 것이다. 외로움을 많이 느끼는 사람들은 염색체 끝부분에 있는 말단소립telomere이 더 짧은 것으로 드러났다. 앞서 언급했듯, 짧은 말단소립은 여러 노화 관련 질환 그리고 조기 사망과 밀접한 관련이 있다.

결론적으로 말해, 사회적 단절과 외로움은 신체에 영향을 미친다. 사회적 고립은 분명 강력한 스트레스 요인이며 염증 수치를 높인다.

최근 영국에서 이뤄진 연구는 사회적 고립이 두 가지 단백질, 즉 CPR 과 피브리노겐fibrinogen 수치를 높인다는 사실을 보여줬다. 이들 단백질 은 혈액 내 염증을 유발하며, 또한 (아직 이유는 밝혀지지 않았지만) 여성보 다 남성에게 더 뚜렷한 영향을 미친다고 드러나 있다.

외로움의 생리적 영향은 이와 다르다. 외로움은 IL6Inter-Leukin 6이라 고 하는 다른 염증 유발 요인과 관련 있다. 이런 차이는 혼자 있는 것 (사회적 격리)과 외로움을 느끼는 것이 같은 게 아니라는 앞의 주장을 뒷 받침한다.

그렇다면 이러한 발견은 고립과 외로움이 두뇌에 미치는 영향에 관 해 어떤 실마리를 던져주는가?

▎외톨이의 두뇌에 일어나는 놀라운 일들

2018년 9월 중반에 두 전문 포커 선수가 라스베이거스에서 테이블 을 사이에 두고 마주 앉아 아주 특별한 내기를 했다. 그들 중 한 명이 30일 동안 완전한 고립 상태를 견딜 수 있다면, 상대방이 그에게 10만 달러를 주는 것이었다. 레이 알라티Ray Alati는 승리를 자신하며 방으로 들어섰다.

그런데 3일이 지나자 '환각'이 시작되었다. 그 무모한 도전은 목표 를 열흘 채우지 못하고 끝났다(궁금해하는 사람을 위해, 알라티는 6만 2천 달러 의 선수금을 받기로 협상했음을 밝힌다). 상대는 도전조차 하지 않았다.

고립 속에서 가장 오랜 기간을 보낸 세계 기록은 자발적으로 혹은 돈 벌 목적으로 이뤄지지는 않았다. 그 후보들은 모두 사법 시스템에 따라 수감된 죄수들이었다. 미국인 후보는 유명한 '앙골라 쓰리Angola Three' 중 한 사람인 앨버트 우드폭스로, 그는 약 43년간 독방에 감금되었다. 영국에는 로버트 모즐리가 있는데, 그는 현재 64세 나이로 39년간 독방 신세를 지고 있다(그는 세 명의 동료 재소자를 죽였고 그중 한 명의 뇌를 먹기까지 했다). 여기서 독방 감금의 정당성을 논의하자는 것은 아니다. 이러한 비극적 사례는 일종의 끔찍한 자연적 실험에 해당하며, 우리는 다만 이를 통해 오랜 고립 생활(30일이 아니라 30년 혹은 그 이상)이 두뇌에 어떤 영향을 미치는지 들여다볼 수 있을 뿐이다.

미국은 독방 감금 연구에서 가장 유서가 깊다. 1829년으로 거슬러 올라가는데, 당시 의학 전문가들은 필라델피아 동부주립교도소 독방 재소자들에게서 정신적, 육체적 이상 징후를 발견했다. 여기에 관심을 보인 찰스 디킨스는 직접 필라델피아 교도소를 방문해 독방 감금에 대해 이렇게 설명했다. "뇌의 신비에 매일 서서히 개입하는 것. … 어떤 신체적 고문보다 훨씬 더 나쁘다."[4]

오늘날 과학 역시 이를 입증하고 있다. 개인마다 편차는 있지만, 독방 감금이 행동과 심리에 미치는 영향에 관한 목록은 대단히 길다. 환각, 불안 및 긴장 고조, 감시당하는 느낌, 충동 조절 장애, 심각한 만성 우울증, 식욕 부진, 체중 저하, 가슴 떨림, 혼잣말, 수면 장애, 악몽, 자해, 사고와 집중, 기억력 저하, 두뇌 기능 저하.

두뇌와 마음(두뇌의 산물로 정의할 수 있는 생각과 느낌)에 대한 모든 영향은 생리학자들이 '스트레스 시스템'이라고 부르는 강력한 몸-마음 통로를 거쳐 필연적으로 몸으로 흘러들어 간다. 스트레스 시스템은 일종의 기계 속 유령이다. 이는 집요하고 원초적이고 자율적인 생리 메커니즘으로 수백만 년간 인류의 두뇌에 상존하면서 위협이나 스트레스 요인으로부터 두뇌를 보호하는 역할을 했다. 스트레스 시스템의 역할은 너무나 중요한데, 우리는 이와 비슷한 시스템을 실제로 지구상 모든 동물에게서 발견한다. 스트레스 요인은 신체적 혹은 심리적인 것이며, 두 유형의 스트레스 요인은 서로 다르면서 중첩되는 두뇌 회로로 처리된다. 이러한 두뇌 회로는 대단히 복잡하므로, 여기서는 간략하게만 살펴보자.

신체적 스트레스 요인(고통이나 추위 등)은 신경 및 순환 시스템에 최우선 과제로 주어지며, 이들 시스템은 두 경로를 통해 반응한다.

첫 번째 경로인 교감부신수혈계sympathetic adreno-medullar system(SAM)는 경계와 각성, 상황 인지, 의사결정과 관련 있으며, 신속하고 즉각적인 반응을 촉발한다. 두 번째 경로인 시상하부-뇌하수체-부신축hypothalamic-pituitary-adrenal(HPA) axis은 보다 느리게 작용하며, 코르티코스테로이드corticosteroid라는 스트레스 호르몬을 분비함으로써 지속적인 스트레스 반응을 활성화하도록 설계되었다. 이 두 경로는 소화와 면역 시스템, 기분과 감정, 성욕, 에너지 저장 및 방출 같은 다양한 신체 기능에 영향을 미친다.

심리적인 스트레스 요인(통제 불가능한 사건이나 충족되지 않은 내적 욕구)은 일련의 고유 회로를 활성화하고 SAM과 HPA 반응도 촉발한다. 이러한 추가 회로는 편도체와 해마 그리고 앞서 살펴본 것처럼 두뇌의 '감정 영역'에 해당하는 변연계와 같은 요소를 활용한다.

핵심은 우리가 사회적으로 고립되거나 외로움을 느낄 때 두 가지 스트레스 반응이 시작된다는 것이다. 우리는 중요하고 실질적인 '신경-내분비' 반응을 겪고, 이는 강력하고 광범위한 영향을 미친다. 여기에는 이러한 반응의 화학을 통제하는 유전 메커니즘도 관여한다. 오늘날의 과학은 놀랍게도 예전에는 상상할 수 없었던, 외로움을 치료하는 알약과 더불어 이러한 분자적 변화까지 이해하는 단계에 도달했다.

▌사회적 고립에 따른 뇌의 변화

14일 동안 격리된 쥐는 다른 동료와 어울리지 못한다. 먼저 공격을 시작한다. 이러한 반사회적 행동을 하는 이유는 뭘까? 두뇌 화학, 깊은 곳에서 발견할 수 있다.

최근 과학자들은 동료로부터 격리된, 다소 차분한 쥐의 두뇌 속에서 어떤 일이 일어나는지 생생한 그림을 통해 처음 확인했다. 고립된 쥐가 어떤 나쁜 행동을 보이는지는 오랫동안 알려져 있었다. 대단히 높은 공격성을 보였으며, 반복적인 '정지' 같은 행동에서 드러나듯 외부 위협에 두려워하거나 지나치게 민감했다.

캘리포니아 기술연구소의 동물과학자들은 이제 그 이유를 정확하게 밝혀냈다. 고립된 쥐는 편도체와 시상하부와 같은 특정 두뇌 영역이 '뉴로키닌베타neurokinin beta(NKB)'라는 강력한 물질로 가득 차 있다. NKB는 'Tac2'라는 유전자에 의해 생성되고, 다른 두뇌 세포에 달라붙어 그 세포들의 움직임 그리고 더 중요하게는 신경 회로의 기능에 영향을 미친다. 과학자들이 편도체에서 Tac2의 스위치를 껐을 때, 두려움은 줄어들면서 공격성이 높아졌다. 그리고 시상하부에서는 반대의 일이 벌어졌다. 공격성이 감소하면서 두려움이 증가했다. 두뇌 전반에 걸쳐 그러한 화합물의 분비가 고립된 쥐의 변화되고 모순된 행동을 촉발하는 것으로 보인다.

고립으로 발생하는 두뇌 속 화학 변화는 이게 전부가 아니다. MIT와 임페리얼 칼리지 런던의 과학자들은 '세 방 테스트'라는 실험을 했다. 여기서 그들은 사회적으로 고립시킨 쥐를 세 방 중 중간 방에 넣어두었다. 쥐는 왼쪽 방과 오른쪽 방을 선택할 수 있다. 좌우 방 중 한 곳(사교적인 방)에 다른 쥐를 넣어뒀을 때, 고립되어 있었던 쥐는 곧장 그쪽으로 달려간다. 반면 고립되지 않았던 쥐는 두 방을 무작위로 선택했으며, 사교적인 방을 선택했을 때도 대부분 다른 쥐를 무시했다.

이들 연구원은 '보상' 호르몬인 도파민을 생성하는 배측봉선핵dorsal raphe nucleus(DRN)이라는 두뇌의 특정 영역에 주목했다. 그들이 격리되지 않았던 쥐를 중간 방에 놓아두고 광펄스를 통해 도파민 세포를 자극했을 때, 그 쥐는 '사교적인' 방에서 두 번째 쥐와 함께 더 오랜 시간을 보냈다. 다음으로 고립되었던 쥐를 중간 방에 넣고 도파민 세포의 '스위치를 껐을 때', 예상된 사교성 회복은 나타나지 않았다. 이러한 결과는 도파민 세포가 활성화되었을 때 고립에 따른 부정적이고 회피적인 상태에 대한 대응으로 사교성에 동기를 부여한다는 사실을 말해준다. 고립된 쥐의 경우에 다른 쥐와 함께하려는 욕망은 마치 배고픔(충동적인 식욕)처럼 작용한 것으로 보인다. 그 쥐가 보상(맛있는 음식)을 얻기 위해 사회적 상호작용을 원할 때 그리고 (배고픔과 마찬가지로) 외로움을 느낄 때 다른 신경 회로가 활성화된다.

도파민만 이러한 행동을 유도하는 건 아니다. 토론토 대학교 연구팀 역시 쥐의 DRN을 들여다보았는데, 이번에 그들은 또 다른 두뇌 호르몬인 세로토닌을 생성하는 DRN 세포에 주목했다. 그 결과, 사회적 격리가 세로토닌 분비를 억제한다는 사실을 발견했다. 또한, 세로토닌 분비를 회복시키는 물질을 통제함으로써 사회적 격리에 따른 행동 변화를 막을 수 있다는 사실도 확인했다. 이를 통해 그들은 고립된 쥐에게서 부정적인 행동(이 경우, 불안에 따른 섭식 장애와 활동 부족)을 제어할 수 있다고 확신했다. 이 연구에서 과학자들은 대단히 과감하게도 DRN이 '외로움의 중추'라는 사실을 발견했다고 주장했다.

물론 사람은 쥐가 아니다. 우리는 윤리적인 이유로 인간을 대상으로 이러한 실험을 실행할 수 없다. 그럼에도 이들 실험은 두뇌 건강의 어두운 구석에 한 줄기 빛을 비춰준다. 흥미로운 실험 결과를 보면 두뇌 속 화학이 외로움을 전반적으로 제어한다는 사실을 말해준다. 외로움은 비록 부정적인 감정이기는 하나, 그렇다고 우리를 죽이진 않는다. 두뇌는 외로움을 통해 우리에게 뭔가 심각한 문제가 있다고 말하는 것이다. 두뇌는 우리에게 행동을 바꾸라고, 다른 동료를 찾고 사회적 관계를 최적화하라고 압박한다. 하지만 지속적인 배고픔처럼 우리가 오랫동안 외로움을 해결하지 못할 때, 이는 불안과 긴장, 공포, 우울 같은 치명적인 피해를 입힌다. 게다가 두뇌 구조까지 바꾸기도 한다.

▎외로움은 뇌 구조를 바꾼다

당신이 종종 외로움을 느낀다면, 이로 인해 두뇌 구조가 바뀔 가능성이 상당히 높다. 그리고 외로움을 느끼지 않는 사람과 비교해보면 두뇌 구조가 크게 다를 것이다. 이러한 주장은 비교적 최근에 와서야 검증되었다. 불과 몇 년 전만 해도 우리는 외로움이 두뇌 구조에 미치는 영향에 대해 거의 알지 못했다. 이제 그 실체가 어느 정도 밝혀졌지만, 그리 유쾌하지만은 않은 진실이다.

베를린 과학자들은 사람들이 얼마나 외로움을 느끼는지 측정하고, 다음으로 그들의 두뇌 영상을 촬영했다. 그 결과, 외로움을 많이 느끼는 사람들은 특정 두뇌 영역이 더 작다는 사실을 확인했다. 어느 영역일까? 두 곳인데, 다름 아닌 편도체와 시상하부다. 모두 두뇌 깊숙이 자리 잡고 있으며 감정을 관장한다. 과학자들 역시 이런 결과에 놀라지 않았다. 이전 연구들을 보더라도 편도체 크기를 통해 우리가 얼마나 사회적인 존재인지를 확인할 수 있었기 때문이다. 즉, 사회적 네트워크가 클수록 편도체 크기도 컸다.

여기서 두 가지를 언급할 필요가 있다. 첫째, 그 결론은 원인과 결과를 말해주지 않았다. 둘째, 어떠한 설명도 제시하지 않았다. 그럼에도 우리는 어느 정도 정보에 기반한 추측을 할 수 있을 정도로 충분히 알고 있다. 외로움이 오랫동안 지속되는 과정에서 (코르티코스테로이드 같은) 스트레스 호르몬 분비가 혈압을 높이고 시상하부에 피해를 입힐 수 있다. 혹은 외로움과 노화 간에 상호작용이 있을 수 있다. 두 가지 모두 더 작은 편도체와 관련 있다.

또 다른 증거도 있다. 런던칼리지 대학 과학자들은 두뇌의 다른 부분에 주목했다. 그곳은 좌측에 있는 특정 영역으로 기본적인 사회적 활동에 관여한다고 알려져 있다(전문 용어로 후부상측두구posterior superior temporal sulcus, PSTS). 그들은 동일한 결과를 확인했다. 외로움을 많이 느끼는 사람들은 PSTS가 더 작은 것으로 나타났다. 또한, 이들은 사회적 신호를 인식하는 데에도 어려움을 겪었다. 이는 다른 사람과 관계를 형성하고 유지하는 데 필수적인 능력이다. 집에서 생활하는 250명의 피실험자를 대상으로 한 다른 연구에서, 사회적 삶을 보다 풍성하게 만들었을 때 사고 능력이 향상되었을 뿐 아니라, 40주 이후에 대조군과 비교해 두뇌 크기가 크게 증가한 것으로 드러났다.

두뇌 크기에서 드러난 이러한 변화를 어떻게 설명해야 할까? 쥐를 풍요롭고 활동적인 환경으로부터 완전 고립 상태로 옮겨놓았을 때, 두뇌 속 뉴런의 전반적인 크기가 "한 달 만에 20퍼센트나 줄어들었다". 그 뉴런들은 처음에는 더 많은 연결을 시도했다(마치 두뇌가 '스스로 구하기 위해' 애쓰듯). 하지만 3개월 후 새 연결은 감소했다(마치 두뇌가 '포기'한 것처럼 보였다). 무엇보다도 중요한 두뇌 단백질인 BDNF 수치가 급격하게 떨어졌다. BDNF는 앞서 살펴봤듯 새로운 두뇌 세포의 성장과 생존에 중요한 역할을 한다. 또한, 글루코코르티코이드glucocorticoid와 같은 스트레스 호르몬 수치가 증가했고, 고립된 쥐의 뇌세포에서는 DNA가 더 많이 조각났다(파괴되었다).

마지막으로 살펴볼 질문이 한 가지 남았다. 지금까지는 성인 두뇌에 대해, 즉 완전히 성장한 두뇌를 대상으로 이야기를 나눴다. 그렇다면 사회적 고립과 소외에 직면한 '아이'의 두뇌 안에서는 어떤 일이 벌어질까? 많은 사회적 증거는 사회적 고립에 따른 끔찍한 결과를 보여준다. 동물학자들에 따르면 사회적 동물은 다른 동료와의 접촉을 선호할 뿐 아니라, 충분한 성장을 위해 반드시 필요하다. 한 아이가 사회적으로 고립될 때 두뇌에 무슨 일이 벌어지는지 알고 있는가? 사회적 무시를 경험한 아이들의 경우, 두뇌 속 백질(회색질이 정상적으로 의사소통하고 정보를 처리하도록 한다) 면적의 확장이 둔화한다.

이와 관련해, 1980년대 차우세스쿠 정권하에서 고아원에 감금되었던 루마니아 아이들의 비극은 확실한 증거를 보여준다. 루마니아 정부 기관에서 미국으로 입양된, 사회적 고립을 경험한 소규모 아이들의 두뇌 관련 연구는 그들이 일반적인 아이들에 비해 백질(특히 '갈고리다발

uncinate fasciculus'이라는 조직 속에 있는)이 훨씬 더 작다는 사실을 보여줬다. 갈고리다발은 편도체를 포함해 두뇌 측두엽 영역을 전두엽 영역과 연결하는 기능을 하는데, 이 영역들은 정서적, 사회적 성숙과 관련해 대단히 중요하다. 대단히 흥미로운 사실이지만, 이러한 증거 자체는 어느 정도로 열악한 사회적 환경이 이만큼의 변화를 가져오는지 그리고 사회적인 결과로 이어지는 과정에서 얼마나 영향을 미치는지에 대한 부분은 들려주지 않는다. 이를 확인하기 위해 우리는 다시 한번 동물실험에 의존해야 한다.

한 실험에서, 한 그룹의 네 마리 쥐는 따로 격리해놓고, 다른 그룹의 네 마리는 함께 우리에 넣어 놓았다. 그리고 4주 후, 고립된 쥐의 사회적 행동과 기억은 함께 있는 쥐보다 더 나빠진 것으로 드러났다. 다음으로 6주 후, 연구원들은 쥐들의 전두엽에서 뇌세포 일부를 들여다봤다. 세포 '수'는 양쪽 그룹에서 동일했지만, 고립되어 있었던 쥐의 경우 교세포(희소돌기신경교oligodendrocytes)가 더욱 왜소하고 가지가 적은 단순 형태를 띠고 있었다. 게다가 중요한 단백질을 생성하는 두 유전자가 전두엽에서 그 존재를 덜 드러낸('발현한') 것으로 드러났다. 전자 현미경을 통한 관찰 역시 고립된 쥐의 경우 미엘린초myelin sheath가 크게 얇아져 있다는 사실을 확인해주었다. 미엘린초는 두뇌에 정보를 전달하는 과정에서 중요한 역할을 하는 신경섬유 주위를 감싸는 절연체다.

또한, 민감한 기간이 있다는 사실이 추가로 밝혀졌다. 실험 기간 중 네 번째와 다섯 번째 주였다. 두뇌에 대한 부정적인 영향은 그 기간에 발생했다. 이처럼 대단히 복잡하고 독창적인 과학 연구를 굳이 자세히 들여다보지 않더라도, 그 부정적인 영향에 대한 책임이 발현되지 않은 특정 유전자에 있다고 할 수 있다. 물론 누구도 사회적 고립에 따른 영향이 백질에만 국한한다고 주장하지는 않는다. 하지만 이러한 증거는 사회적 고립이 정상적인 두뇌 발달에 영향을 미치는 데 있어 미묘한 세포 차원의 메커니즘이 있음을 보여준다.

사회적 고립이 두뇌에 미치는 주요한 영향은 [상자 6.2]에 정리되어 있다.

상자 6.2 사회적 고립과 두뇌

- 인간을 포함한 모든 사회적 동물은 사회적으로 고립될 때 제대로 성장하지 못하며, 신체적, 행동적 차원에서 다양한 부정적인 결과를 드러낸다.
- 장기간의 사회적 고립은 스트레스를 주고, 염증 수치를 높이고, 면역 시스템을 억제하며, 두뇌에 영향을 주는 부정적인 호르몬 변화를 일으킨다.
- 사회적 고립은 두뇌에서 강력한 화학 반응을 일으키며, 그 과정에서 편도체나 시상하부와 같은 강력하고 원초적인 조직이 관여한다.
- 두 가지 주요한 화학 반응 과정에서 신경전달물질인 도파민(보상 호르몬)과 세로토닌(기분 고양)이 두뇌에서 분비된다.
- 외로움은 두뇌 구조를 바꾼다. 가령 특정 두뇌 조직과 뇌세포의 크기가 줄어들고, 세포 간 연결이 감소하고, 또한 백질 면적이 줄어든다.
- 사회적으로 풍족한 환경은 정상적인 아동기 두뇌 발달에 필수적이다.

▌치매에 이르는 가장 강력한 위험 요인

인간의 두뇌 건강 및 사회적 관계를 연구하는 과학자들은 윤리적 제약으로 순수 관찰 연구인 역병학epidemiology에 전반적으로 의존해야 한다. 종종 대규모 피실험자 집단을 대상으로 하는 역학 연구는 사회적

'행동'의 다양한 유형과 정도를 기준으로 비교한다. 이를 통해 사회적 관계가 인간의 두뇌 건강에 미치는 영향을 가늠해볼 수 있다.

어떤 활동이 어떤 결과를 초래했는지 정확하게 구분하기는 어렵다. 관찰 연구를 통해 사회적 관계가 두뇌 건강의 개선이나 유지를 뒷받침한다고 단정적으로 말할 수 없다고 해도, 지금까지 나온 연구 결과는 "좋은 사회적 관계가 좋은 두뇌 건강과 직결되어 있음"을 확인해준다. 최근 들어 전문가들은 평생에 걸쳐 사회적 활동에 적극 참여할 것을 권하며, 또한 그렇게 활동적일 때 건강과 관련된 다양한 잠재 이익을 얻을 수 있다고 강조한다. 높은 사회적 활동성에 따른 부정적인 영향은 거의 없으며, 또한 두뇌 건강이 좋은 사람이 더 자주 그리고 더 높은 수준의 사회적 관계를 추구하는 경향도 나타난다. 진정한 선순환이다.

이 주제와 관련해 세계 두뇌건강 위원회는 사회적 관계가 사고 및 추론 능력 향상을 포함하여 두뇌 건강에 긍정적인 영향을 미친다는 연구 결과에 전반적으로 동의한다.

과학자들이 머리를 싸매는 흥미로운 딜레마가 하나 있다. "노년기의 만성적인 외로움은 인지 퇴행의 원인인가, 아니면 결과인가?" 2017년 하버드 대학교 과학자들이 12년에 걸친 연구 결과를 발표했다. 1998년 그들은 「미국 건강 및 퇴직 연구US Health and Retirement Study」라는 종단 연구에서 65세 이상 성인 8,311명을 선발했다. 그리고 결혼했는지, 반려인이 있는지, 적어도 일주일에 한 번 친구나 이웃을 만나는지, 적어도 일주일에 한 번 자녀를 보는지 혹은 자원봉사 활동을 하는지를 기준으로 그들의 사회적 네트워크를 평가했다. 다음으로 우울감과 외로움, 사고 능력(인지 기능)을 평가했다.

결과는 어땠을까? 연구원들은 연구가 끝이 났던 2010년에 그 결과를 분석했다. 피실험자 중 약 18퍼센트는 연구를 시작했던 시점부터 많은 외로움을 느꼈고, "외롭지 않은 피실험자와 비교해 12년간 인지 퇴행이 20퍼센트나 더 빠른 속도로 진행되었다". 이러한 발견은 연구 시작 시점에서 피실험자의 사회적 계층, 경제적 지위, 사회적 네트워크, 건강, '기본적인' 우울감과는 무관했다. 다시 말해 외로움은 이러한 조건과 무관하게 인지 퇴행을 예측하는 분명한 요인이었다. 흥미롭게도 장기적인 우울감은 하나의 독립 요인으로 빠른 인지 퇴행과 관련이 있었다.

2019년 한 메타분석(여러 연구를 대상으로 하는 수학적 검토 연구)은 외로움 그리고 경증 인지 장애 및 치매 사이의 관계를 들여다봤다. 여기 포함된 연구는 열 건에 불과했지만, 각각의 연구는 대규모 피실험자 집단을 대상으로 한 것이었다. 전체적으로 이들 연구는 65~83세에 해당하는 3만 7천 명을 관찰했다. 치매와 관련해 연구 결과는 충격적이었다. 외로움은 치매에 이르는 강력한 위험 요인으로 드러났다. 경증 인지장애에서 증거는 다소 제한적이지만, 그럼에도 연구 결과는 여전히 외로움이 영향을 미쳤다는 사실을 말해줬다.

여기에 더해 많은 이들은 20대와 30대 그리고 40대처럼 젊은 시절에 어떤 일이 벌어졌는지 알고 싶어 한다. 이를 위해 우리는 종단적 혹은 평생 연구로 시선을 돌려야 한다. 2018년 엑스터 대학교 연구원들은 이러한 연구 50건 이상을 집단 분석했다. 이들 다양한 연구는 사회적 고립과 활동을 드러내는 다양한 지표를 활용했음에도, 결과는 충격적이었다. 광범위한 분석은 평생에 걸쳐 다음 사실을 확인했다.

• 사회적 활동에 대한 참여는 높은 인지 능력과 밀접한 관련이 있다.

- 폭넓은 사회적 네트워크는 높은 인지 능력과 밀접한 관련이 있다.
- 전반적으로 사회적 활동과 사회적 네트워크는 사고 능력과 밀접한 관련이 있다.
- 남성과 여성을 따로 관찰할 때, 폭넓은 사회적 관계의 영향은 비슷하게 나타났지만, 여성 쪽이 좀 더 큰 것으로 드러났다.

그 연구원들은 "낮은 수준의 사회적 활동과 빈약한 사회적 네트워크와 같은 사회적 고립은 노년의 인지 기능 퇴행과 밀접한 관련이 있다"라고 결론을 지었다.[5] 또한, 많은 다른 연구 결과와 마찬가지로, 평생에 걸친 빈약한 사회적 관계가 치매 위험을 높인다고 주장했다.

핵심 내용은 [상자 6.3]에 정리되어 있다.

상자 6.3 사회적 관계와 두뇌 건강

- 모든 연령대에서 폭넓은 사회적 삶은 두뇌 건강과 직결되어 있다.
- 사회적 참여는 평생에 걸쳐 사고 능력을 유지하도록 해준다.
- 폭넓은 사회적 관계는 특히 중년 이후로 인지 퇴행 속도를 늦춘다. 사회적 참여가 높은 사람은 인지 퇴행 위험이 낮다.
- 사회적 활동에 참여하고 폭넓은 사회적 네트워크를 개발하는 것은 노년의 인지 능력과 관련 있다.
- 외로움은 치매의 강력한 위험 요인이다. 치매는 신경 퇴행이 수년에 걸쳐 서서히 진행되는 동안 시작된다.
- 사회적 접촉은 기억 형성 및 과거 일을 떠올리는 데 도움을 주며, 두뇌를 신경 퇴행 질환에서 보호한다.
- 폭넓은 사회적 삶과 교육 그리고 나이와 무관하게 새로운 기술 습득을 통해 풍부한 인지적 저장고를 구축함으로써 두뇌 건강을 지킬 수 있다.

| 평생에 걸친 사회적 자산

이번 장에서 소개한 연구에서 핵심 메시지를 정하라면, 두뇌 건강을 유지하고자 할 때 평생에 걸친 '사회적 자산'이야말로 대단히 중요한 요인이라는 부분이다. 여기서 '사회적 자산'이란 사회적 활동에 참여하고, 탄탄한 사회적 네트워크를 구축하는 것을 말한다. 다시 말해 혼자 있는 시간에 잘 대처하고 다른 이들과 함께함으로써 외로움을 완화하는 생활방식을 구축한다는 뜻이다. 그렇다면 연구 결과는 우리에게 어떤 이야기를 들려주는가?

첫 번째 원칙은 자기 자신으로부터 시작해야 함을 보여준다. 연구 결과는 긍정적인 '마음의 틀'이 대단히 가치 있음을 말해준다. 긍정적인 마음의 틀은 건강을 강화하고, 면역 시스템에 도움을 주고, 실질적으로 건강한 삶을 연장한다. 예일 대학교의 베키 레비는 2002년에 발표한 논문에서 "긍정적인 사고가 수명을 7년 이상 늘릴 수 있다"라는 사실을 보여줬다. 그리고 다른 연구는 부정적인 감정이 신체적, 정신적 건강에 피해를 준다는 사실을 입증했다. 그렇다면 혼자 있는 것에 대한 부정적인 생각을 떨쳐버리는 것이야말로 훌륭한 출발점이다. 그리고 이는 실제로 효과가 드러난 몇 가지 접근법 중 하나다. 심리학자들은 이를 '부적응 사고 전환changing maladjusted thinking'이라고 부른다. 시카고에서 수행된 최근 연구에 따르면, 이는 다른 어떤 접근법보다 네 배나 더 효과적으로 드러났다.

정도의 차이는 있지만 우리는 인생의 어떤 시점에서 외로움을 느낀다. 결코 예외적인 감정이 아닌 것이다. 혼자 있는 것에 대해 스스로 비난하지 않는 것이 중요하다. 사실 외로움은 우리가 다른 동료를 찾도록 동기를 부여하는 심리적 도구다. 외로움에 대처하는 과정에서 이러한 자기 인식은 대단히 중요하다. 코넬 대학교 연구원들은 일련의 연구에서, 서로 모르는 두 피실험자가 만나서 이야기를 나눈 뒤, 자신의 대화와 상대방의 대화를 평가하도록 했다. 각각의 대화 시간은 서로 달랐고, 일부는 주제를 제시했고, 다른 일부는 그러지 않았다. 실험 결과, 사람들은 자기 자신보다 상대방이 더 호감 있고 즐겁게 이야기를 나눴다고 평가했다. 메시지는 분명하다. 일반적으로 사람들은 우리가 생각하는 것보다 더 우리를 좋아한다는 것이다. 이는 다른 사람에게 접근하는 것을 두려워하지 말아야 할 또 하나의 이유다.

두 번째 원칙은 이렇다. '사소함이 차이를 만든다.' 현대 사회에서 외로움과 관련해서는 많은 오명이 붙어 있다. 많은 사람이 외로움을 덜고자 다른 사람에게 말을 걸거나 접근하는 간단한 방법마저 망설인다는 사실을 보여준다. 에섹스 대학교의 길리언 샌드스트롬이 수행한 몇 가지 흥미로운 연구 사례는 우리가 출퇴근 시간에, 쇼핑하거나 강아지를 데리고 산책하는 동안 혹은 학교 정문에서 낯선 이에게 말을 거는 법을 잊어버렸다는 사실을 말해준다. 그러면서도 또한, 대단히 유용한 두 가지 발견을 제시했다.

첫째, 우리는 사소한 관계 맺기를 통해 잃어버린 사교 기술을 다시 익힐 수 있다.

둘째, 낯선 이나 지인에게 말을 거는 행동은 외로움을 덜어줄 뿐 아니라, 전반적으로 긍정적인 기분과 연결된다. 짧은 대화와 일상적인 인사 속에는 큰 이익이 숨어 있다. '안녕하세요'라는 말은 사소하게 들릴지 모른다. 하지만 그 짧은 인사말은 외로움을 달래는 데 대단히 유용하다. 그러니 상대방과 미소를 나누고, 문을 잡아주고, 이유 없이 친절을 베풀자. 오랫동안 이야기를 나누지 않은 이웃이나 지인에게 연락하자. 먼저 전화를 걸자. 카드나 이메일을 보내자. 혹은 소셜 미디어에서 친구들을 확인하자. 최근 이러한 주제를 기반으로 활발히 일어나는 공공 캠페인이나 프로그램은 이러한 원칙의 효과와 유용성(어떤 이들은 '약한 연결의 놀라운 힘'이라고 부른다)을 입증한다. 가령 ITV의 〈브리튼 겟 톡킹Britain Get Talking〉이나 BBC의 〈크로싱 디바이드Crossing Divides〉 같은 프로그램 그리고 영국 국영철도 네트워크인 내셔널레일National Rail의 〈온더무브On the Move〉 캠페인은 오늘날 세상에서 사라진 대화를 다시 회복하기 위해 설계되었다.

세 번째 원칙은 '다른 사람을 생각하자'. 마이클 바불라 박사는 프로이트와 매슬로 등으로부터 수십 년에 걸쳐 내려온 전통을 뒤집으면서, 우리는 지금껏 인간이 본질적으로 이기적이며 자기 이익을 극대화하려는 욕망을 삶의 원칙으로 삼고 있다는 잘못된 가정을 따랐다고 주장한다. 그는 이렇게 강조한다. "서구 사회에서 범죄와 잔인함, 불행과 공감 결핍을 초래한 주요 원천은 광범위한 사회적 환경을 희생하면서 개인 이익과 물질주의를 추구했던 욕망이다."[6] 다른 사람과 함께하고 그들에게 도움을 주고자 노력할 때, 우리는 개인의 외로움을 덜 수 있다. 그리고 이를 통해 사회적 고립의 벽을 깰 수 있다. 역설적이게도 우리는 다른 사람을 도움으로써 스스로 돕는다. 이러한 사실은 우리를 다음 원칙으로 안내한다.

네 번째, '중요한 것은 집단이다'. 이번 장에서 소개한 모든 발견 가운데 핵심은 인간으로서 우리는 필연적으로 집단과 불가분의 관계에 있다는 것이다. 우리는 사회적 존재다. 사회적 접촉이 없을 때, 우리의 신체적 건강과 행복은 물론, 두뇌도 어려움을 겪는다. 공식적 혹은 비공식적으로 집단의 일원이 됨으로써 우리는 목적의식을 얻고, 소속감을 느끼고, 번영에 필요한 인간관계를 확보한다. 그리고 평생에 걸친 풍요로운 사회적 자산은 아동기에서 노년기에 이르기까지 우리의 두뇌 건강을 뒷받침한다.

따라서 성인으로서 보다 적극적으로 사회적 네트워크를 구축하고 유지하면서 사회적으로 활동적인 모습을 유지하려는 노력이 대단히 중요하다. 이를 위해 우리는 우정을 지키고, 가족 및 친척과 관계를 유지하고, 오랜 친구와 연락을 주고받고 혹은 사회적 집단이나 클럽 일원으로 활동해야 한다. 특히 자원봉사는 도움이 되는 유형의 활동이다. 이를 위한 기회는 주변에 널렸다. 가령 자선단체 그리고 미술관이나 박물관, 유산 보호단체, 환경 단체와 같은 공공기관을 통해 그러한 활동을 할 수 있다.

인터넷과 소셜 미디어는 관계 형성에 도움이 되기도 하지만 동시에 부정적인 측면도 있다. 어떤 이들은 인터넷과 소셜 미디어가 실질적인 시간과 공간에서 사람을 만나는 일 없이 서로를 멀리 떨어뜨려 놓는다는 점에서 외로움을 유발하는 중대 요인이라고 말한다. 우리는 앞서 오랫동안 화면을 들여다보고 인터넷을 지나치게 많이 사용하는 사람들이 외로움에 더 취약하다는 사실을 보여주는 몇몇 연구 사례를 살펴봤다. 그 이유 중 하나는 그러한 습관이 사교적 기술 개발을 방해한다는 것이다. 또한, 타인과 함께 있을 때 상호작용을 가로막고, 관계 형성에 필수적인 중요한 사회적 신호를 놓치게 한다.

여기서 생각해봐야 할, 최근 떠오르는 인터넷의 사회적 활용 사례가 있다. 바로 데이팅 웹사이트다. 1995년 데이팅 웹사이트들이 모습을 드러냈을 때, 솔로들이 인터넷을 통해 만날 수 있다는 것은 대단히 획기적인 아이디어였다. 물론 동시에 사회적 비판과 조롱도 받았다. 하지만 온라인 데이팅은 이제 두 번째로 널리 사용되는 유료 온라인 서비스다. 심지어 전체 결혼에서 약 20퍼센트가 데이팅 웹사이트를 통하는 것으로 추정된다. '온라인' 결혼은 보다 빨리 진행되고, 더 오래 지속되며, 이혼으로 끝날 가능성이 더 낮다. 그러나 긍정적인 소식만 있는 것은 아니다. 연구 결과들은 틴더(Tinder, 일일 18억 건의 연결이 일어난다)와 같은 데이팅 사이트 활동이 중독 행동으로 이어질 수 있다고 말한다. 그것은 보상 비율을 예측할 수가 없는데, 이것이 두뇌의 보상 시스템을 지배하기 때문이다(도파민 분비를 통해). 그리고 더 나아가 연구들은 그러한 활동이 자존감 하락과 우울감으로 이어질 수 있음을 보여준다. 이는 두뇌 건강을 위해 결코 좋은 소식이 아니다.

우리의 마지막 원칙은 이렇다. '삶을 풍성하게 가꾸자.' 연구 결과는 사회적 고립을 줄이려는 노력이 두뇌 건강 유지에 필수조건이지만 충분조건은 아님을 강조한다. 이와 더불어 건강한 식단과 충분한 운동, 양질의 수면 등 다양한 생활방식 요인이 함께 수반되어야 한다. 또한, 풍부한 문화적 삶을 누리고 자유 시간을 즐기는 것이 대단히 중요하다. 음악과 미술, 영화를 감상하자. 자연경관을 경험하고 즐기자. 책을 읽고, 이야기를 나누고, 라디오를 듣고, TV를 보자. 교육을 이어 나가거나 새로운 기술을 습득할 기회를 잡자.

우리는 이러한 모든 활동을 통해 심리학자들이 말하는 '인지 예비 cognitive reserve' 상태, 즉 두뇌 손상에 대비한 인지적 저항력을 구축할 수 있다. 인지 예비는 중요한 도전과제를 발견하고 이를 극복하는 대안적 방법을 마련하는 두뇌의 능력이다. 평생에 걸친 교육과 경험을 통해 인지 예비를 개발할 수 있으며, 이를 통해 우리 두뇌가 손상과 퇴행에 효과적으로 대처하도록 도움을 줄 수 있다. 이러한 점에서 다양한 생활방식 요인의 조합이 평생에 걸쳐 인지 예비를 강화하고 건강한 두뇌 유지에 도움을 준다는 사실은 결코 놀라운 일이 아니다. [상자 6.4]에서는 '관계 유지'를 위한 다섯 가지 핵심 원칙을 요약했다.

상자 6.4 관계 유지를 위한 다섯 가지 핵심 원칙

1. '자신으로부터 시작하자.' 부정적인 생각을 떨쳐버리고 자신을 긍정적인 시선으로 바라보자. 부정적인 생각에 맞서고, 외로움은 인간 존재의 자연스러운 일부라는 사실을 인식하자. 우리는 인생의 어느 시점에서 외로움을 느낀다는 사실을 이해하자.

2. '사소함이 차이를 만든다.' 다른 사람, 특히 모르는 사람에게 말을 거는 법을 다시 배우자. 마주치는 사람과 잡담을 나누고, '안녕하세요'와 같은 간단한 인사말로 대화를 시작하자. 이웃과 먼 친구 혹은 가족 같은 이들에게 연락을 취하자. 상대방의 부정적인 반응에 대비하고, 두려움 때문에 포기하지 말자.

3. '다른 사람을 생각하자.' 이기심을 낮추고 이타심을 높이자. 공감을 확장하자. 자신에 대한 시선을 다른 사람의 욕망으로 전환하자. 어려운 사람을 돕고 자선활동에 참여하자.

4. '중요한 것은 집단이다.' 사회적 네트워크를 적극적으로 구축하고 유지하자. 사회 활동을 강화하고 단체 활동을 통해 소속감을 얻자. 자원봉사나 사회적 활동에 도전하자. 온라인에서 사람들을 만나되, 실질적인 사회적 접촉을 대체하진 말자.

5. '풍성한 삶을 가꾸자.' 혼자 있는 시간을 최대한 활용하자. 가능하다면 다른 사람과 함께 풍성한 문화적 삶을 구축하자. 문화적 활동을 통해 경험을 공유하자. '인지 예비'를 개발하자.

▎외로움을 해결하는 약은 왜 없을까

　마지막으로 생각지도 못했던 것을 생각해보자. 세상에는 불안과 우울 등 심리적으로 우리를 괴롭히는 병리적 현상을 위한 약이 대부분 나와 있다. 그런데 외로움을 해결하는 약은 왜 없을까? 그 후보 중 하나는 우리 몸에서 자연적으로 만들어지는 프레그네놀론pregnenolone이라는 물질로, 이는 부신에서 콜레스테롤로부터 생성되는 스테로이드다. 작은 포유류에 이 호르몬을 주입했을 때, 사회적 고립에 따른 영향이 줄어들었다는 사실이 밝혀졌다. 프레그네놀론은 원래 여성 건강을 위한 에스트로겐의 전구 물질precursor(특정 물질에 선행하는 물질—옮긴이)로 처방되었는데, 현재는 테스토스테론 및 에스트로겐과 더불어 의사

만세, 만세, 만세! 스카겐 예술가 파티

관계 유지를 위한 실용적인 방법:
세계 두뇌건강 위원회 권고안

1. 즐거운 관계나 사회적 활동에 집중하자. 클럽이나 프로그램, 이익집단, 정치단체, 종교모임 혹은 요리 수업에 적극 참여하자.

2. 사람들과의 교류에 어려움이 있다면(어울리기 힘들거나 안전하지 못한 주변 환경) 도움을 요청할 사람이 있는지 찾아보자. 자선단체나 상담전화를 통해 도움을 청하고 관계 형성에 도움을 얻자.

3. 친구와 가족, 이웃과의 관계를 단절되지 않도록 유지하고 그들과 함께 생각과 아이디어, 관심을 나누고, 현실적인 문제를 공유하면서 도움과 용기를 얻자.

4. 한 명 이상의 믿음직한 친구, 즉 신뢰하고 의지할 수 있는 사람과 규칙적으로(가령 일주일에 한 번 이상) 소통하자.

5. 결혼 생활도 인지 건강에 도움이 되지만 그 밖에 다른 중요한 관계 역시 강화해나가자.

6. 친척 및 친구, 이웃과 직접 만나든, 전화로든 혹은 이메일 같은 방법으로든 가끔이라도(한 달에 한 번 정도) 의사소통을 하자.

7. 비공식적으로든, 아니면 조직이나 자원봉사 단체를 통해서든 남을 돕는 습관을 이어지게 하자. 예를 들어 외로운 이웃이나 친구를 정기적으로 방문하고, 그들과 함께 쇼핑을 하거나 요리를 해보자.

8. 자신보다 더 어린 사람을 포함해 연령대가 다른 사람들과도 스스럼없이 관계를 유지하자. 예를 들어 손자와 문자를 주고받고 학교 혹은 지역 센터에서 자원봉사를 하자.

9. 자신이 주기적으로 활용하거나 다른 사람에게 전수할 가치가 있는 기술이 있는지 생각해보고 평소에 이를 어떻게 활용할지 정해놓자. 자신보다 더 어린 사람에게 요리나 행사 주관, 가구 조립, 저축, 주식 투자 등 자신이 이미 확보한 기술을 가르쳐보자.

10. 예전에 시도하지 않았던 새로운 관계나 사회 활동을 추가해보자. 다른 사람을 만나고 교류할 수 있는 일상적인 장소(가령 매장이나 공원)를 찾아가자.

의 처방을 거쳐 활용되고 있다. 프레그네놀론은 여성의 경우 에스트로겐 불균형 및 폐경기 증상 완화를 위해 도움을 주고, 남성의 경우 갱년기 증상과 테스토스테론 결핍을 완화하기 위해 사용된다. 미국에서는 건강보조식품으로 의사 처방 없이 자유롭게 구할 수 있다. 일반적으로 두뇌 속 뉴런과 건강한 백질의 성장을 촉진함으로써 기분을 고양하고, 행복감을 높이고, 수면과 기억, 사고 능력에 도움을 준다고 알려져 있다. 최근 미국에서는 의학적 사용을 위해 임상 실험을 거치는 중이다. 하지만 유의점이 하나 있다. 그것은 이러한 임상 실험에 참여한 전문가들 중에는 다른 치료법에 대한 추가적인 치료법 이상으로, 즉 외로움을 더는 방법으로 사용하는 경우는 거의 없다는 사실이다.

[상자 6.5]는 50세 이상을 위한 세계 두뇌건강 위원회의 권고안 일부를 발췌한 것이다.

코로나바이러스 유행으로 인한 '사회적 거리두기'가 사회적, 심리적, 인지적 건강에 어떤 영향을 미칠지 아직 분명히 밝혀지진 않았지만, 하나만큼은 확실하다. 그것은 자가 격리나 삶에 대한 제한을 사람들이 싫어한다는 사실이다. 우리의 사회적 본능은 오랜 세월 진화적 산물로 개인 행동을 지배할 뿐 아니라, 사회 구조를 뒷받침한다. 두뇌의 사회적 힘 그리고 사회적 경험의 중독적인 보상이 우리를 함께 움직이게 한다.

반세기 전 미국인 작가 로버트 웨이스는 외로움을 '아무런 장점 없이 우리를 괴롭히기만 하는 만성질환'이라고 묘사했다.[7] 그러나 그렇게까지 외로움을 가혹하게 대하거나 비난할 필요는 없다. 외로움은 우리의 일부다. 그건 우리가 본질적으로 사회적 존재이기 때문이다.

오늘날 우리는 선조들보다 훨씬 더 오래 살아가야 한다. 그만큼 오랜 시간 외로움으로 고통받을 위험에 노출되어 있다. 결코 좋은 소식이 아니다. 분명하게도 우리의 사회적 두뇌를 위해서도 좋지 않다. 하지만 좋은 소식도 있으니, 그것은 외로움을 더 이상 참지 않아도 된다는 것이다. 우리는 외로움으로부터 벗어날 수 있고, 이를 통해 더 나의 두뇌 건강을 누릴 수 있다.

7장

섹스와 뇌 건강

오르가슴. 우리 두뇌는 베수비오 화산처럼 폭발한다. 쾌락이 온몸으로 퍼져나간다. 황홀하고, 흥분되고, 중독적이다. 두뇌 깊숙이 있는 시상하부로부터 강력한 호르몬이 분출하면서 행복감을 만들어내고, 이는 몇 분이나 몇 시간 혹은 며칠간 지속된다. 세상이 쾌락을 요구한다면, 두뇌가 그것을 공급한다. 섹스는 전적으로 두뇌 안에서 벌어지는 일이다.

배고픔과 갈증, 수면 등 모든 육체적인 욕망 중에서 가장 강력한 것은 성욕이다. 두뇌의 가장 깊은 원초적인 영역에서 촉발되는 성욕을 막을 수 있는 것은 오직 전두엽뿐이다. 전두엽은 학습된 사회적 가치를 통해 그 욕망을 제어한다. 사회적 가치는 전두엽에 자리를 잡고 우리의 사나운 변연계를 억제하는 역할을 한다. 1장에서 살펴봤듯 변연계는 과거에 엄마가 절대 하지 말라고 했던 모든 행동을 '지금 당장' 하라고 외친다. 감정 영역인 변연계는 분노와 공격, 두려움 그리고 성욕을 관장한다. 이러한 점에서 우리는 프로이트의 이론에 동의한다. 그는 과학적 정당화를 넘어선 확신으로 "욕망과 우연이 밀고 당기는 마음이라고 하는 드라마 속 배우의 자리"에 우리를 두었다.[1]

섹스는 진화 생물학의 확고한 단일 원칙, 즉 DNA 전달 명령을 통해 이처럼 고귀한(혹자에 따르면 '몹시 힘든') 지위를 쟁취했다. 세상의 모든 생명체는 가장 중요한 한 가지 원칙에 지배를 받는다. 번식하거나 죽거나. 수천 년에 걸친 사회적 관습으로 형성된 인간의 성적 행동에 관한 모든 이면에는 그 충동이 자리 잡고 있다.

인간의 성적 욕망(모든 문화가 분명하게 인식했던 충동)은 그토록 강력해 과거부터 현재까지 모든 사회는 공통적으로 도덕규범이나 사회 시스템을 통해 인간의 성적 행동을 통제하고자 했다. 다음에 다시 살펴보겠지만, 그러한 규범과 시스템은 각각의 문화가 인간이 처한 상황을 어떻게 바라보는지에 달렸다. 여기에는 성과 건강(두뇌 건강을 포함해)을 바라보는 관점 그리고 성적 반응을 포함하여 남성과 여성의 서로 다른 특성과 성 역할에 대한 관점이 포함된다.

▌섹스에 미친 여자들

고대 그리스 비극은 우스꽝스러운 희극이 곳곳에 삽입된 이성적인 드라마 형태를 통해 2만 명에 달하는 시민에게 중요한 사회적 메시지를 전했다. 수치심을 모르는 반인 반수 사티로스는 발기된 거대한 남근을 과시하면서 연극의 주인공을 조롱하며 관객에게 즐거움을 선사했다. 그들은 극 분위기를 전환하고 청중이 발을 구르면서 웃게 했다. 그 희극은 패러디의 전형이었고, 사회적 관습과 미묘한 메시지를 담고 있었다. 즉, 성적 역할과 행동에 대한 사회적 통제 메커니즘을 함께 전했다. 남성미에 대한 그리스의 이상을 뒷받침하는 가치를 전했던 것은 주피터와 제우스의 거대한 상에서 볼 수 있듯 왜소한 남근이었다. 권력은 거대한 남근에서 비롯되지 않았다는 것이다. 아리스토파테스의 희극이 패러디했듯, 그리스인은 거대한 남근을 멍청함의 상징이자 절제의 결핍으로 봤다. 권력은 거대한 남근이 아니라 지성(두뇌 능력)에서 비롯되었으며, 부모에게도 필요한 자질이었다. 아리스토텔레스가 강조했듯 폴리스(도시국가)의 기본 단위인 오이카oika(가족) 유지야말로 무엇보다 중요한 일이었다. 남성성은 다른 사람을 지배하는 능력의 핵심이었다.

고대 그리스 여성들은 혼인 전까지 순결을 지키며 조신하고 보호받는 삶을 살았다. 그들은 '부적절한 낯선 남성 무리로부터 격리된' 고상한 삶을 살았다고 전해진다. 20세기 학자들은 1960년대 페미니스트 작가들을 포함해 우리 모두 그렇게 믿도록 함으로써 여성의 복종에 관한 견해를 강화했다.

하지만 다른 원천, 즉 고대 그리스의 의학 관련 자료를 들여다볼 때, 우리는 훨씬 덜 이상적인 견해를 만난다. 육체적 특성과 아름다움 그리고 순수함을 숭배하는 문화에 깊이 파묻혀 있었던 초기 그리스 의사들은 그리스인 여성을 여전히 숭고하지만 동시에 대단히 성적인 존재로 인식했다. 이는 아리스토파네스의 입장과 크게 다르지 않다. 그

여인이 유혹하는 모습을 보여주는 고대 그리스 화병

가 묘사한 여성 등장인물은 생기 넘치고 열정적이었으며, 사교와 음주를 좋아했고 외설적인 농담에 즐거워했다. 더 나아가, 기원전 5~4세기를 살았던 히포크라테스 시대로부터 수백 년에 걸쳐 그리스 의사들은 규칙적인 섹스가 여성 건강에 필수적이이며 지속적인 금욕은 몸에 해롭다는 주장에 동의했다. 이러한 생각은 아테네 법률에 완전히 부합했다. 아테네 법률은 모든 여성이 남성과 함께 살도록 각별한 신경을 썼다. 고전학자 콘스탄티노스 카파리스는 자신의 중요한 논문, 「아리스토파네스와 히포크라테스 그리고 섹스에 미친 여자들」에서 이렇게 주장했다.

의학 문헌과 희극 그리고 아테네 법률은 신체적, 정신적 건강과 균형을 유지하기 위해 여성에게 규칙적인 섹스가 필요하다는 생각에 모두 동의했다. 아리스토파네스의 여성들은 숭고하면서도 섹스에 열광했다. 그것은 그들의 본성이었으며, 비록 노골적이기는 했지만, 남근은 단지 쾌락을 주는 도구일 뿐 아니라, 동시에 건강한 삶을 위한 필수 장신구였다.[2]

이처럼 성행위가 건강에 미치는 영향에 대한 긍정적인 견해는 '정신적 균형'으로까지 확장되었다. 정신적 균형은 1장에서 살펴봤듯 인체의 네 가지 체액(혈액, 점액, 황담즙, 흑담즙)의 적절한 균형으로 가능했다. 당시 그리스인들은 성행위 중에 일어나는 체액의 손실 및 교환이 이러한 균형을 유지하도록 도움을 준다고 믿었고, 이는 신체적, 정신적 건강의 기반을 의미했다.

결론적으로, 당시 의사와 사회가 두뇌에 관해 거의 아무것도 알지 못했음에도 그들은 성적 욕망의 흥미로운 특성, 남성과 여성에 대한 섹스의 필요성, 섹스와 건강 및 행복과의 관계 그리고 사회 속에서 섹스가 차지하는 중요한 역할을 잘 알고 있었다. 또한, 그들은 정신 건강이 균형 잡힌 성적 활동에 달려 있다는 사실도 알았다.

▌금욕으로 죽을 수도 있다?

'모든 종류'의 욕망을 금지하고, 성직자에게 금욕을 철저히 요구하며 여성 신분에 있어 성적으로 억압적인 교회 입장이 분명하게 드러난 가운데 "균형 잡힌 성생활이 건강에 도움이 된다"라는 생각은 놀랍게도 중세 시대에 보편적인 입장이었다. 이러한 입장은 실제로 대단히 만연해 시인 앙부르아즈는 1189년 아크레 공방전 당시 금욕에 의한 죽음에 대해 이렇게 썼다.

… 순례자들에게 나는 외쳤노라.

만 명의 남성들이 거기서 죽었노라고

그들이 여성을 멀리했기 때문에.[3]

이러한 견해는 여성에게도 똑같이 적용되었는데, 당시 사람들은 건강을 유지하기 위해 규칙적인 성행위가 필요하다고 믿었다. 성적으로 활발하지 않은 여성은 자궁 질식, 기절, 호흡 곤란을 겪게 된다는 것이다. 일부 의사는 자위를 성관계의 대안으로 권고했으며, 이는 건강을 중요하게 여기는 그리스인의 일관적인 생각을 그대로 보여주는 것이었다.

그럼에도 금욕을 도덕과 동일시하는 견해는, 성적 쾌락에 따른 부정적인 신경 요인 때문에 섹스를 즐겨서는 안 된다고 여성을 압박했던 빅토리아 시대로까지 이어졌다.

19세기 한 의사는 이렇게 말했다. "모든 부자연스러운 행위(정상 체위 이외의 모든 성적 행위를 뜻한다)는 여성 건강을 해칠 수 있다."[4] 이처럼 독실한(혹자는 위선적이라고 평가하는) 빅토리아 시대 유산의 힘은 시인 필립 라킨의 상징적인 문구에도 잘 드러나 있다. "섹스는 1963년에 시작되었다. … '채털리' 금지령의 마지막과 비틀즈의 첫 번째 LP 사이 어딘가에서."[5]

그렇게 현대적인 성 혁명이 시작되었고, 이와 함께 사람들은 그들의 성 활동이 과학과 의학은 물론, 도덕 지침을 따라야 한다고 생각하게 되었다. 이와 관련해 두 미국 연구소가 추진한 혁신 프로젝트는 우리 사회를 현대 시대로 나아가게 했다.

| 금기를 깬 초기 연구들: 킨제이에서 마스터스까지

1930년대와 40년대 약 15년 동안 알프레드 킨제이와 인디애나 대학교 동물학부 연구팀은 남성과 여성의 성적 습관 및 반응에 관한 최초 연구를 진행하며 1만 8천 명과 인터뷰했다. 그들은 그 결과를 1940년대 말과 1950년대 초에 발표하면서 이 표본을 기반으로 다음과 같이 보고했다.

- 남성의 10퍼센트는 동성애자다.
- 20~35세 여성 중 2~6퍼센트는 동성애자다.
- 남성의 92퍼센트, 여성의 62퍼센트는 자위를 한다.
- 남성의 69퍼센트는 매춘부와 성관계 경험이 있다.
- 남성의 3분의 2, 여성의 절반은 혼전 성관계 경험이 있다.
- 여성의 50퍼센트는 20세 이전에 오르가슴을 경험하고, 90퍼센트는 35세 이전에 경험한다.

이런 의문이 들 것이다. 그래서 어쨌단 말인가?

두 건의 킨제이 보고서가 발표되자 사회적인 충격과 동요가 일었고, 머지않아 분노와 혐오로 이어졌다. 사회에서는 짐짓 거론하지 않았던 것이었고, 과학 연구와는 더욱 거리가 멀다고 여겼다. 미국 사회는 이런 보고서의 출판을 심지어 국가 안보에 대한 위협으로까지 받아들였다. 말도 안 되는 소리라고 생각한다면, 카미 비크먼이 당시 했던 말에 주목해보자. "냉전 시대에 결혼 규범을 벗어나게 하는 인간의 성적 욕망은 자유 세상 수호를 위해 미국 사회를 견고히 하는 데 적절치 못하고 위험해 보인다."[6] 고대 그리스인과는 달리, 20세기 중반 미국 사회는 섹스가 육체적, 정신적 건강에 미치는 영향을 제대로 몰랐다. 돌이켜보면, 당시 그 전례 없는 보고서는 현대인의 성생활에 대한 정확한 그림을 제시했을 뿐 아니라, 성과 관련된 개방적인 논의 그리고 동성애자의 권리 개선으로 이어졌다.

다른 과학자들은 단지 질문을 던지는 것에서 한 걸음 더 나아갔다. 1957년 세인트루이스에 있는 워싱턴 대학교의 윌리엄 마스터스(산부인과 전문의)와 버지니아 존슨(심리학자, 마스터스의 조수)은 과감하게도 성행위 시 남성과 여성에게 나타나는 생리적 반응을 관찰했다. 그들의 연구 역시 거대한 저항에 직면했다. 당시는 보수적인 사회적 분위기이기도 했고, 마스터스의 요구로 버지니아 존슨이 그와 성관계를 맺었기 때문이었다. 즉, 두 사람은 자신의 실험에서 스스로 피실험자 역할을 했다. 결국, 두 사람은 연인으로 발전했다. 그러나 이러한 상황은 전통적인 과학적 방법론과는 거리가 멀었다. 이후 두 사람이 연구를 위해 다른 피실험자를 선택하면서 더 많은 논란이 일었다. 그들은 먼저 145명의 매춘부를 대상으로 실험을 시작했고, 이후 추가로 다른 피실험자를 모집했다(여성 382명, 남성 312명). 그들의 연구는 사회적 분노를 자극했지만, 근본적인 발견은 혁신적이었고 아직도 의미가 있다.

마스터스와 존슨은 자위와 성행위 동안 나타나는 반응을 측정하기 위해 오늘날엔 상상하기 힘든, 이견이 분분한 여러 방법을 활용했다. "그들은 남성과 여성 피실험자를 대상으로 임의로 서로 짝짓는 방식으로 커플을 만들었다."[7] 그리고 심박수와 혈압, 호흡을 측정하는 혁신적인 방법을 활용했으며, 또한 끝에 확대경이 달린 투명하고 스스로 빛을 내는 인조 남근 '율리시스'를 개발해 여성 피실험자의 몸속 반응을 측정했다. 그 결과, 두 사람은 '인간의 4단계 성적 반응'을 제시하기에 이른다.

- 흥분기(초기 자극)
- 고조기(완전한 흥분)
- 절정기(오르가슴)
- 휴지기(절정 후 회복)

이 주기는 이제 일종의 '구닥다리' 취급을 받지만, 그래도 섹스 연구에서 마지막으로 남은 금기를 들여다보는 최신 연구에서도 든든한 기반이 된다. 오늘날 미국의 과학자들은 여성의 쾌락, 여성 행동의 진화적 동인 그리고 나중에 다시 살펴보겠지만 두뇌 속 깊이 자리 잡은 반응 시스템의 비밀을 들여다보고자 대규모 연구를 수행하고 있다. 인디애나 대학교 연구는 지금까지 18~95세 사이의 여성 2만여 명을 대상으로 관찰했다. 그리고 여성 1,050명을 대상으로 했던 한 초기 연구에서는 무엇이 좋은 연인을 만드는지 그들에게 질문을 던졌다. 그 대답에서 세 가지 공통적인 특성을 추려봤다.

- 내가 무엇을 좋아하는지 기꺼이 찾으려 한다(여성의 91퍼센트).
- 자신에게 관심을 기울인다. 내가 섹스를 즐기는지 귀를 기울이고 인식한다(여성의 89퍼센트).
- 내가 무엇을 가장 좋아하는지 묻는다(여성의 81퍼센트).

2천 명의 여성을 대상으로 한 또 다른 연구에서 과학자들은 여성을 오르가슴으로 이끄는 열두 가지 기술에 관한 데이터베이스를 만들었는데, 여기에는 익숙한 용어('에징edging', '오비팅orbiting', '반복적 움직임repetitive motion' 등)와 함께 생소한 용어('스테이징staging', '시그널링signalling', '프레이밍framing')도 포함되어 있다. 연구 결과에 따르면, 어떤 기술이 가장 효과적인지는 개인마다 다르다. 이와 관련해 자세한 사항은 'OMGyes' 웹사이트[8]에서 확인할 수 있다.『선데이타임스』는 이 사이트를 "끝나지 않은 성 혁명의 다음 물결"이라고 했다.[9]

▌사람들은 얼마나 자주 섹스를 할까?

일부 젊은 독자는 아마도 성욕이 40대는 물론, 50대, 60대, 70대 혹은 그 이후까지도 사라지지 않는다는 말을 들으면 놀랄 것이다. 게다가 통계 자료는 상식을 거스르는 이야기까지 들려준다. 그것은 젊은 사람들이 섹스에 대한 만족도가 더욱 떨어지며, 그 횟수도 적다는 사실이다. 2012년 영국에서 실시된「성 활동 및 생활방식에 대한 전국 설문조사」(1991년 이후로 이뤄진 세 건 중 최근 조사)는 16~44세에 해당하는 남성과 여성 중 일주일에 한 번 이상 섹스를 하는 비중이 절반에도 미치지 않는다는 사실을 확인했다. 또한, 그 데이터는 3분의 1에 가까운 사람들이 한 달에 한 번도 섹스를 하지 않는다는 사실을 보여줬다. 게다가 2010년 미국의 한 연구는 중년 여성(31~45세)이 젊은 여성(18~30세)에 비해 성적으로 보다 활발하며 오르가슴도 더 많이 느낀다고 밝혔다. 이에 질세라, 영국 공중보건국은 55~64세에 해당하는 영국 여성들이 다른 연령 집단에 비해 성생활에 전반적으로 만족한다는 사실을 확인했다. 한 가지 흥미로운 연구결과는 40세 이상 여성들이 더 젊은 여성 집단에 비해 성에 더 적극적이라는 사실이었다.

일반적으로, 연구 결과들은 섹스 횟수가 나이와 함께 줄어든다고 말하지만, 동시에 주요인이 나이가 아님을 보여준다. 그보다는 전반적인 건강과 관계가 섹스 횟수와 더 밀접한 관련이 있다.

2018년 맨체스터 대학 데이비드 리 박사는 대단히 중요한 연구 중 하나인 「노화에 관한 영국 종단 연구English Longitudinal Study on Ageing」를 기반으로 7천 건의 설문조사를 실시해 그 데이터를 발표했다. 성적 건강과 관련해 80세 이상의 성인을 포함하는 영국 최초의 조사였다. 그리고 그 결과, 노화와 성적 활동의 중요성에 관한 많은 미신의 실체가 드러났다. 70세 이상의 남성중 절반 이상(54퍼센트) 그리고 여성 중 3분의 1 가까이(31퍼센트)가 자신은 여전히 성적으로 활발하다고 보고했다. 그리고 이들 남성과 여성 중 3분의 1은 자주 섹스를 했다(한 달에 두 번 이상). 흥미롭게도 성적으로 활발한 70세 이상 여성은 불만 정도가 더 낮아졌다고 보고했다.

이러한 결과를 어떻게 설명해야 할까? 이에 대해 몇 가지 이론이 있다. 그중 하나는 '샌드위치' 세대가 받는 다양한 압박(일, 부모 및 아이 돌보기) 때문에 성생활이 위축되어 있다고 말한다. 다른 이론은 스마트폰과 소셜 미디어 그리고 실제 섹스를 대체하는 가상 섹스의 등장으로 젊은 이들 사이에서 섹스 횟수가 줄었다고 말한다. 이러한 현상은 일본, 핀란드, 미국, 호주, 영국 등 모든 선진 경제에서 나타나고 있다. 그러나 이것은 단지 비중에 관한 문제만은 아니다. 인간 관계에서 나타나는 잠재적인 위축이 더 걱정스럽다. 모든 연구에서 중요하게 다루는 것은 섹스 횟수가 아니라 그 의미다. 섹스를 자주 하지 않는다고 해도 삶이 불행한 것은 아니다. 오히려 사랑과 소속감이 더 중요하다. 단, 한 가지 유의할 점은 규칙적인(일주일에 한 번 이상) 섹스야말로 두뇌 건강을 비롯한 전반적인 건강의 출발점이라는 사실이다. 이 부분은 나중에 다시 살펴보겠다.

▌섹스와 건강 그리고 장수

모든 문화가 고대 그리스처럼 지혜롭고 현명하지는 않다. 프랑스인들은 오르가슴을 '라 페티트 모트*le petit mort*'라고 부르는데, 이는 '작은 죽음'이라는 뜻이다. 이는 섹스가 몸을 망친다는, 유럽에서 오랫동안 이어져 내려온 믿음을 반영하는 개념이다. 그리고 "여성과 접촉하지 않는 것이 남성에게 좋다"라고 말하는 교회의 사회적 압박을 뒷받침해주던 견해다.[10]

영국에서 특정 연령대의 많은 남성 독자는 지금 생각해보면 말도 안 되는 미신을 기억할 것이다. "자위를 하면 눈이 먼다." 또한, 인도와 중국의 전통 문화 역시 사정을 생명력 낭비로 봤다. 이들 문화는 나이가 들어가면서 남성은 사정 횟수를 점점 줄여나가야 한다고 조언했다. 이러한 점에서 오늘날 우리는 지난 50년 세월 동안 이와 같은 미신을 타파하는 명백한 증거를 확인해준 것에 관해 과학에 감사해야 한다. 그 증거들은 평생에 걸친 규칙적인 섹스(자위 포함)가 건강과 장수에 도움이 된다고 말한다. 또한, 그 역도 진실이다. 즉, 평생에 걸친 건강은 지속가능한 성적 관계를 뒷받침한다. 이와 관련된 과학적 증거를 들여다보도록 하자.

남성 대부분은 섹스 중 사망하는 일이 있더라도, 오르가슴이 원인이 되는 경우는 거의 없다는 이야기에 안도의 한숨을 내쉴 것이다. 2006년 독일에서 이뤄진, 2만 1천 구에 달하는 시체 해부 후 검토 연구는 오르가슴이 사망 원인이 된 경우가 39건에 불과하다는 사실을 보여줬다. 또한, 이 경우에도 대부분은 매춘부와의 성관계에 따른 것이었다. 반면, 격려까지는 아니더라도 남성들에게 위안을 주는 결과도 있다. 1979년에 시작되어 40년간 이어진 그리고 45~59세 남성 918명을 대상으로 했던 케어필리Caerphilly 종단 연구는 오르가슴을 자주 느끼는 사람들은 사망 위험이 50퍼센트나 더 낮다는 사실을 보여줬다. 이는 '용량 반응dose effect'에 해당한다. 다시 말해, 적어도 남성은 오르가슴을 더 많이 느낄수록 사망 위험은 더 낮아진다는 것이다. 그 연구팀은 영국인 특유의 절제 및 약간의 풍자적 유머와 더불어 이렇게 결론 내렸다. "이러한 발견이 반복된다면, 거기에는 건강 증진 프로그램을 고려해야 한다는 의미가 담겨 있다."[11]

여기서 끝이 아니다. 이들 918명의 남성 중 67명은 10년 후 심장마비로 사망했고, 83명은 다른 질병으로 죽었다. 연구원들은 남성들이 보고한 섹스 횟수와 그들의 사망 및 생존 여부를 비교했고, 그 결과 일주일에 두 번 섹스한 사람들의 사망률이 한 달에 한 번 하는 사람들의 절반에 불과했다는 사실을 확인했다. 이는 또 하나의 용량 반응이다. 즉, 섹스 횟수가 증가하면서 사망 위험이 감소한 것이다. 물론 이러한 결론에 대한 비판도 있었다. 회의론자들은 이렇게 말했다. 섹스는 건강과 관련된 것이며, 그러므로 수명을 늘린 것은 섹스가 아니다. 오히려 그 반대다. 수명을 늘린 것은 전반적인 건강 상태이며, 잦은 섹스 횟수는 그에 따른 결과라는 것이다.

그러나 회의론자들에게는 안타깝게도, 섹스 횟수가 높은 이들과 낮은 이들 사이에서 흡연 습관과 체중, 혈압 혹은 심장질환을 비교해보면 큰 차이는 없었다. 즉, 성적으로 활발하다고 더 건강한 것은 아니라는 말이다. 그러므로 필연적인 결론은 규칙적인 섹스가 중년 남성의 사망을 예방할 수 있다는 것이다! 이는 건강 관련 산업을 자극하는 또 하나의 메시지다. 영국 건강보험NHS이 할 수 있는 말은 이런 것이다. "일주일에 한 번의 섹스는 질병 예방에 도움이 된다."[12] 여기서 한 가지 추가해야 할 중요한 사실은 이러한 결론이 단지 남성에게만 해당되는 것은 아니라는 점이다. 166명의 남성과 226명의 여성을 대상으로 했던 스웨덴의 한 연구는 섹스를 중단한 경우에 두 집단 모두에게 사망 위험이 크게 증가했음을 보여줬다.

그렇다면 잦은 섹스가 수명 연장에 도움이 되는 이유는 무엇일까? 한 가지 밝혀진 설명은 섹스가 신진대사와 관련해 많은 이득을 가져다주기 때문이라는 것이다. 섹스는 날씬함과 더 좋은 심박수 반응, 더 낮은 혈압과 관련 있다. 이런 말이 있다. "섹스는 5킬로미터 달리기만큼 좋은 운동이다." 그리고 이 주장은 검증된 바 있다. 캐나다 과학자들은 20~30세의 이성애자 커플 21쌍을 관찰하는 연구를 했다. 그들은 성행위 동안 일어나는 에너지 소비를 확인했고, 이 데이터를 러닝머신에서 30분 동안 적절한 속도로 달릴 때 일어나는 에너지 소비와 비교했다. 그 결과는? 섹스하는 동안 남성은 평균 101칼로리(분당 4.2칼로리)를 그리고 여성은 69칼로리(분당 3.1칼로리)를 소비한 것으로 나타났다. MET(2장에서 소개) 기준으로, 남성은 6.0MET, 여성은 5.6MET이었다. 반면 달리기하는 동안 남성은 평균 분당 9.2칼로리 그리고 여성은 7.1칼로리를 소비했다. 섹스는 비록 달리기만큼 힘든 활동은 아니지만, 그럼에도 의미 있는 유산소 운동임에는 틀림없다.

최근 덴마크에서 수행된 한 흥미로운 연구는 '반대 효과'를 보여줬다. 운동이 발기 능력 기준으로 성기능을 개선한다는 것이었다. 이들 연구원은 6개월에 걸쳐 일주일에 네 번씩 40분간 적절한 강도에서 높은 강도에 이르는 신체적 활동을 할 경우 발기 능력이 향상되었다는 사실을 확인했다. 이것으로 충분치 않다면, 또 다른 자기 강화 메커니즘이 있다. 규칙적인 섹스가 남성의 테스토스테론 수치를 높이고, 이는 다시 성기능 개선으로 이어진다는 것이다. 또한, 규칙적인 섹스는 여성의 폐경기 증상을 완화하는 등 생식 주기를 개선한다.

잦은 섹스가 장수에 기여하는 이유를 설명하는 또 하나의 흥미로운 이론이 있다. 20~50세 여성 129명을 대상으로 수행한 한 유전 연구에서 규칙적인 섹스를 하는 이들의 말단소립(말단소립은 DNA 분자 끝에 위치해 손상을 막는 기능을 한다. 길고 온전한 말단소립은 장수와 관련 있다)이 더 길다는 사실을 확인했다. 하지만 이는 단지 하나의 기여 인자에 불과하다. 반려인과의 섹스 그리고 그에 따른 이완과 관련된 친밀감과 행복이 중요한 역할을 하는 것으로 보인다. 실제로 아주 많은 연구가 그러한 관련성을 입증한다.

1898년 F. 홀릭Hollick 박사는 자신의 권위 있는 의학서, 『결혼 생활 지침The Marriage Guide』(부제: 대중 활용을 위한 간단하고 실용적인 논문)에서 한 가지 분명한 메시지를 전했다. 그것은 출산 목적이 아닌 섹스는 "인간 건강에 해롭다. 심지어 죽음에 이를 수 있다"라는 것이었다. 홀릭 박사는 구체적으로 '자위'라는 용어를 사용하지는 않았지만 이와 관련해 따로 장 하나를 할애했다. 여기서 그는 그러한 기만적인 습관이 남성과 여성 모두에 미치는 영향에 대해 이렇게 적시했다. "심각한 권태와 우울

… 일반적으로 기억력 감퇴가 시작되고, 마음은 하나의 대상에 집중하지 못하고 끊임없이 떠돌아다닌다. 때로 안절부절못하고 어리석은 짓을 저지른다." 당시 영국 사회는 그의 이러한 메시지를 표면적으로 지지했다. 여기서 나는 '표면적으로'라는 표현을 썼는데, 당시 런던에는 2백만 명 중 약 5만 명에 달하는 매춘부가 있었고, 이들은 분명 출산 목적이 아닌 섹스를 했을 것이기 때문이다.

우리가 '20세기의 깨달음'을 놓고 우쭐해하기 전에 지적할 부분이 있다. 비록 사회에서 성 문제에 관한 공식 논의는 킨제이 보고서와 더불어 시작되었지만, 과학이 섹스와 정신 건강 사이의 관계를 밝혀내기 시작한 것은 '1990년대' 들어서였다는 사실이다. 그렇다면 과학은 우리에게 무엇을 말해줬는가? 지난 20년간 그리고 모든 연령대의 피실험자를 대상으로 한 연구들은 한 가지 명백한 발견을 보여줬다. "성적 건강과 육체 건강, 정신 건강 그리고 전반적인 행복은 모두 성적 만족과 성적 자부심 그리고 성적 즐거움과 긴밀한 관계에 있다"라는 사실 말이다.[13] 결론적으로 말해, 연령을 떠나 성적으로 활발한 성인이 더 높은 수준의 정신 건강을 누린다.

활동 유형 또한 차이를 만들어낸다. 연구들은 섹스가 건강 개선과 관련 있으며, 다른 형태의 성적 활동, 특히 자위보다 정신 건강에 더 도움이 된다는 사실을 보여준다. 더 나아가 다른 연구는 만족스러운 성 관계와 그것이 가져다주는 이득(가령 정신 건강 개선이나 우울감 감소)이 성 관계 '횟수'는 물론, 관계의 '질'(친밀함과 열정, 사랑)과 직접적인 관련이 있다는 사실을 말해준다. 이러한 발견은 결코 놀랍지 않다. 연구 결과는 오르가슴이 특히 부분적으로 도파민 같은 '스트레스 제거' 호르몬 그리고 옥시토신 같은 사랑 호르몬의 분비를 통한 행복감 상승 및 스트레스 감소와 관련 있음을 말해준다. 또한, 성적으로 활발한 관계가 가져다주는 친밀함은 코르티솔(스트레스에 대한 주요 반응) 수치를 완화하고 이를 정상 범위로 낮추는 역할을 하는 것으로 알려져 있다. 오르가슴을 느낀 후에는 프롤락틴prolactin이라는 호르몬이 분비되고, 이는 이완과 졸림의 느낌을 가져다준다. 그러니 파트너가 섹스 후 곯아떨어진다고 해도 원망하지 말자. 그건 지극히 자연스러운 현상이다!

유명한 성과학자인 러트거스 대학교의 베벌리 휘플Beverly Whipple은 연구를 통해 오르가슴은 여성에겐 천연 진통제이며, 통증 내성 역치pain tolerance threshold를 75퍼센트 높여주고 통증 인식 역치pain detection threshold를 100퍼센트 이상 높여준다는 사실을 보여줬다. 이러한 효과는 부분적으로 옥시토신과 엔도르핀 분비로 설명할 수 있는데, 이들 호르몬은 두뇌에서 생성되는 천연 진통제 기능을 한다.

이후 이미징 기술을 활용한 두뇌 연구는 더 많은 것을 보여준다. 휘플 연구팀은 강력한 사회적 저항에도 불구하고, 시끄럽고 싸늘한 기계적인 환경인 MRI 터널 안에 누워 자위를 해 오르가슴을 느낄 마음의 준비가 된 여성 열 명을 모집할 수 있었다. 연구 결과, 두뇌 영상은 오르가슴을 느끼는 동안에 배측봉선핵dorsal raphe nucleus 영역에 '불이 켜졌다'라는 사실을 보여줬다. 이 영역은 세로토닌을 분비한다고 알려져 있는데, 연구원들은 그 때문에 오르가슴이 고통을 덜어주는 효과를 나타낸다고 결론을 내렸다.

최근에 나오는 중요한 건강 메시지의 의미를 퇴색시키지 않길 바라면서, 또 다른 논문이 건강 및 안전과 관련해 성직자들의 심기를 건드리는 깜짝 놀랄 만한 결론을 제시했다는 사실을 지적해야겠다. 콘돔 없이 하는 섹스가 여성 건강에 도움이 된다는 주장이 있다. 솔직하게 말해, 관련 자료를 처음 접했을 때 깜짝 놀랐지만, 근거는 명백했다.

2010년 스튜어트 브로디는 두꺼운 검토 논문에서 더 많은 콘돔 사용이 더 침체된 기분과 더 높은 우울(그리고 더 많은 자살 시도), 여성 골반 반응의 감소, 더 나쁜 질 건강, 위축된 성적 반응으로 이어진다고 객관적인 차원에서 주장했다. 이러한 놀라운 발견과 관련해 생리학적, 신체적, 정신적으로 다양한 설명이 나와 있다. 콘돔 사용은 질의 산화와 혈류를 감소시키고, 감정을 고조하는 프로스타글란딘prostaglandin이라는 물질을 함유한 정액과의 접촉을 막는다. 그게 끝이 아니다. 콘돔 사용은 친밀감을 감소시키며, 스트레스를 완화하는 효과에도 영향을 미친다. 브로디는 이렇게 주장했다. "질이 정액을 흡수하면서 나타나는 직접적이고 화학적인 항우울 효과도 있지만, 기분 및 자살 충동 예방에 있어 중대한 차이는 아마도 콘돔 사용 성관계는 실질적인 섹스가 아니라 라텍스 장비로 서로 자위를 하는 것과 비슷하다는 느낌에서 나올 수 있다."[14] 이처럼 많은 연구는 우울증과 위축된 성적 반응 사이의 연관 관계를 보여준다.

우울은 모든 정신 질환에서 공통적으로 나타나는 증상이며, 세계적으로 약 3억 명에 달하는 인구가 겪는 것으로 추산된다. 우울증은 또한, 노년에 가장 흔하게 발병하는 정신 질환이다. 2017~18년 기준 영국에서 보고된 우울증 환자 비중은 9.9퍼센트에 이르며, 이는 5백만 명에 가까운 인구가 우울증을 앓고 있다는 뜻이다. 우울증은 남성보다 여성에게 더 많은 영향을 미친다. 그리고 성별을 떠나 중증 우울증은 개인 행복은 물론 인간관계에도 부정적인 영향을 미친다.

우울증이 유기적인 반면(심리적 요인보다 물리 화학적 요인으로부터 기인한다는 뜻이다), 성욕은 종종 두뇌 신경전달물질 변화로 인해 감소한다. 남성은 불안과 자존감 저하(모두 우울증 증상)가 발기부전으로 이어지며, 또한 발기부전은 그 자체로 우울증의 원인이 된다. 발기부전은 35세 무렵에 시작되며, 영국에서는 430만 명의 남성이 어려움을 겪는데, 그들 중 절반은 아무런 도움도 구하지 않고 있다. 모든 발현 사례에서 의사는 영국 성의학협회가 제시한 지침에 따라 일련의 혈액검사를 진행해야 하며, 여기에는 내분비 검사가 포함된다. 그리고 가능한 한 다른 조건을 배제하기 위해 완전히 차별화된 진단이 나오기 전에는 발기부전에 대한 어떠한 치료도 처방하지 않는다. 남성을 위해 좋은 소식 하나는 거의 예외 없이 문제를 해결할 수 있다는 것이다. 누구도 더 이상 침묵 속에서 고통을 참을 필요가 없다.

마지막으로, 2013년 정신과 의사 비키 왕Vicki Wang이 캘리포니아 대학교 동료 네 명과 함께 수행한 기념비적인 연구를 들여다볼 필요가 있다. 그들은 파트너와 함께 집에서 생활하는 50~99세의 6백 명을 대상으로 관찰했다. 이 연구 프로젝트의 목적은 성적 건강 그리고 물리적, 정서적, 인지적 기능 사이에 어떤 상관관계가 있는지 확인하는 것이었다. 그 결과, 놀라운 부분이 발견됐다. 이들 중 70퍼센트 이상은 적어도 일주일에 한 번 관계를 맺었고, 그들 중 60퍼센트 이상이 섹스에 대해 만족하거나 아주 만족한다는 반응을 보였다.

연구 결과는 나이와 신체 기능, 불안, 인지 능력, 보고된 스트레스를 고려한 다음에도, 남성과 여성 모두에게서, 우울증이 성적 건강과 반대 관계에 있음을 보여줬다. 더 나아가, 그들은 우울증이 신체 기능이나 불안 혹은 스트레스나 나이 자체보다 나쁜 성적 건강과 더 긴밀하게 관련된다고 결론 내렸다.

그렇다면 섹스가 정신 건강에 도움이 된다는 것은 분명하다. 그렇다면 장기적인 신체 건강에는 어떨까? 우리는 앞서 규칙적인 성관계가 신진대사 차원에서 가져다주는 이득을 살펴봤다. 여기에는 심박수 및 혈압 수치 완화가 포함되어 있었다. 이는 섹스와 관련된 스트레스 수치 감소와 더불어 심혈관계 건강에 기여한다. 그러나 전체 그림은 그리 단순하지 않다. 미시간 주립대학교와 시카고 대학교 연구원들은 50세 이상의 미국인 2천 명을 대상으로 한 전국 종단 연구에서 다음과 같이 결론을 요약했다.

> 우리는 나이 많은 남성이 성적으로 활발하며, 나이 많은 여성보다 더 자주 섹스를 하고 더 많이 즐긴다는 사실을 확인했다. 연구 결과는 … 여성이 아닌 '남성의 경우' 높은 성관계 횟수가 노년 심혈관계 질환의 위험도와 관련 있음을 말해준다. 반면 질적인 측면에서 좋은 섹스는 노년의 삶에서 심혈관계 위험으로부터 (남성이 아닌) 여성을 보호해주는 것으로 보인다.[15]

이러한 결론은 앞서 살펴본 메시지, 즉 중요한 것은 성적 관계와 행위의 양이 아니라 질이라는 주장을 뒷받침한다.

또한, 여기서 전립선암과 관련된 구체적인 사실을 제시할 수 있다. 전립선암은 영국에서만 매일 서른 명이 사망하며, 치료가 쉽지 않은 질환이다. 1992년 「하버드 사정 연구Harvard Ejaculation Study」는 46~81세 남성 3만 명에게 다음 질문을 던졌다. "20-29세 동안, 40-49세 동안 그리고 작년에 한 달 평균 몇 회 사정했습니까?' 이들은 사정(자위와 섹스, 몽정 모두 포함) 횟수와 관련된 구체적인 정보를 보고했다. 그리고 2000년에 연구를 마무리할 때까지 2년마다 검사를 실시해 이들 중 얼마나 많은 사람이 전립선암에 걸렸는지 확인했다. 그러자 결과는 놀라

상자 7.1 **규칙적인 섹스가 건강과 행복, 장수에 미치는 긍정적인 영향**

▶ **만성 장기 질환**

· 남성의 경우, 잦은 사정으로 전립선암을 예방할 수 있다.

· 남성과 여성 모두에게, 규칙적인 섹스는 심박수와 혈압을 낮춤으로써 심혈관계 질환을 예방한다.

· 섹스 횟수는 신진대사와 관련해 다양한 도움을 준다, 날씬함과 심박수 반응 개선 그리고 남성 테스토스테론 수치의 개선, 여성 폐경기 증상 완화와 연관된다.

▶ **행복**

· 연령을 떠나 활발한 성생활을 하는 사람들은 더 행복하고 날씬하다.

· 섹스는 특히 자위와 같은 다른 형태의 성적 활동보다 건강에 더 많은 도움을 준다.

· 오르가슴은 도파민과 옥시토신 같은 '스트레스 제거' 호르몬을 분비해 행복을 높이고 스트레스를 낮춘다.

· 여성에게 오르가슴은 천연 진통제로, 통증 내성 역치를 75퍼센트 그리고 통증 인식 역치를 100퍼센트 이상 높인다.

· 섹스 횟수는 더 나은 정신 건강 그리고 더 낮은 우울증 수치와 관련 있다.

· 우울과 불안, 스트레스는 성적인 행복에 부정적 영향을 미친다.

· 성 관련 문제는 우울과 불안, 사회적 위축 그리고 다양한 정신 건강 문제로 이어질 수 있다.

· 콘돔을 사용하지 않는 섹스는 특히 여성의 기분 고조와 행복감 그리고 면역 기능 개선과 연관된다.

▶ **장수**

· 잦은 섹스는 기대 수명 연장과 관련 있다.

웠다. 사정 빈도가 높을수록 전립선암 위험도는 더 낮았다. 한 달에 총 21회 이상 사정한 남성의 경우, 전립선암 발병은 31퍼센트나 더 낮게 나타났다. 기본적으로 매주 이틀을 제외하고 매일 다양한 유형의 섹스(사정)를 했다는 의미다.

다음으로 규모는 작지만 호주에서 실시한 연구('Ejaculation Down Under') 역시 비슷한 결과를 보여줬다. 즉, 이들 피실험자에게서 전립선암은 수십 년 후에나 발병했지만, 젊은 성인 집단에서 사정 횟수는 뚜렷한 결과를 보여줬다. 이러한 발견과 관련해 설명은 아직 분명하지 않지만, 전반적인 원인이 아직 밝혀지지 않은 전립선암의 예방을 위한 노력 차원에서는 참고할 만한 사실이다.

[상자 7.1]은 섹스가 신체적, 정신적 건강과 행복에 미치는 긍정적인 영향을 요약하고 있다.

█ 뇌 속 작은 인간

그리스인들은 남근의 크기를 중요하게 여겼다. 그런데 크기가 정말로 중요한 걸까? 여기서 한 가지 흥미로운 이야기를 해보겠다. 20세기 과학과 예술, 무엇보다 두뇌와 관련된 이야기인데, 섹스와 두뇌에 대한 이해에서 중요한 흥미로운 이미지이다.

1928년 뉴욕 의학계에서 록펠러 재단 보조금을 둘러싸고 일어난 정치적 내분과 치열한 갈등은 의도하지 않게도 긍정적인 결과로 이어졌다. 유명하지는 않았지만 새롭게 떠오르는 신경외과계 인물 하나가 당시 떠들썩한 소란을 피해 수백만 달러의 록펠러 보조금과 함께 몬트리

올로 넘어갔다.

주인공은 바로 와일더 그레이브스 펜필드Wilder Graves Penfield 박사. 1891년 워싱턴주 스포캔에서 태어난 그는 간질에 대한 외과적 접근방식을 기반으로 경력을 쌓았다. 그의 경력은 이후로 환각과 망상, 기시감 그리고 인간 영혼으로까지 이어졌다. 그리고 두뇌 과학 분야의 최대 혁신 중 하나를 만들어낸다. 두뇌 세포가 다양한 신체 기관과의 관계에서 어떻게 조직되어 있는지를 밝혀낸 것이다.

펜필드는 두뇌에 미세한 전기 충격을 가하는 방식으로 두뇌 피질이 복잡한 운동을 관장하는 근육이나 촉감과 고통, 차가움, 뜨거움 등의 감각을 전달하는 말단신경 같은 신체의 다양한 영역과 어떻게 연결되어 있는지 확인했다. 그리고 이러한 분석을 기반으로 두뇌의 '운동'과 '감각' 지도를 완성했다.

그렇게 탄생한 지도는 오늘날에도 여전히 활용되고 있으며, 거의 한 세기가 지난 지금에도 대부분 수정되지 않은 채 그대로 사용된다. 이 지도에서 가장 충격적인 것은 신체의 왜곡된 이미지다. 다시 말해 우리가 현실에서 바라보는 방식이 아니라, '두뇌'가 신체를 인식하고 (더 중요하고, 덜 중요한 부위에 따라) 조직화하는 방식을 보여준 것이다. 일부 신체 기관은 두뇌 피질 속에서 더 많은 세포를 할당받았다. 반면 다른 기관은 아주 적은 세포를 할당받았다. 바로 이와 같은 데이터를 3차원 이미지로 전환하면 펜필드가 난쟁이라고 지칭한 형상을 만난다(252쪽을 보라).

이 지도에서 신체 각 기관은 그들이 할당받은 '두뇌 세포 수'에 따라 그려졌다. 가령 입술과 입은 대단히 크다. 이는 두뇌가 입과 입술에 아주 많은 세포를 할당했다는 뜻이다. 반면 손목과 팔은 왜소하다. 이는 두뇌가 상대적으로 적은 두뇌 세포를 할당했다는 뜻이다. 이처럼 난쟁이 신체 비율은 각 기관에 할당된 두뇌 세포 수를 반영한다. 그 형상에 따르면, 손과 생식기는 대단히 중요한 기관이다.

그 시스템의 작동 방식을 요약하자면, 전두엽 근처에 헤드폰 밴드 모양처럼 자리 잡은 감각 피질은 두뇌로 들어오는 모든 종류의 정보(시각, 청각, 후각, 통각, 촉각, 온도 및 압력 등)를 받아들인다. 그렇게 유입되는 모든 정보가 의식적인 경험으로 이어지는 것은 아니다. 유입되는 정보에 대한 신체적 반응 중 많은 부분은 무의식적 차원에서 이뤄진다. 이는 흔히 '자동'(자율) 반응이라고 부르며, 가령 산성도, 포도당, 수분, 염분 등 체내 환경 안정화에 필수적인 것들이다. 감각 피질의 주요 기능은 주로 운동 피질을 통한 움직임 형태로 다양한 반응을 조율하는 데 있다. 그리고 감각 피질이 인식하는 세 가지 유형의 감각인 시각과 촉각, 후각은 성적 활동에서 대단히 중요하다.

감각 피질에 대한 면밀한 연구는 성 기능과 관련해 어떤 이야기를 들려주는가? 우리 두뇌는 성과 관련된 영역, 즉 생식기와 성적으로 민감한 부위에 지나치게 많은 투자를 했다. 이러한 사실은 어떤 의미일까? 간단하게 말해, 우리 두뇌는 성적 욕망과 행동을 극대화함으로써 종의 생존 보장에 진화적 차원의 압박을 받았다는 것이다. 쾌락은 번식의 동인이다. 남성 음경 포피에만 2만 개의 신경말단이 분포해 있으며 그와 맞먹는 수의 감각 신경세포가 두뇌에 포진해 있다. 2만 개의 신경말단은 각각 촉각 정보를 받아들여 음경 포피에서 무슨 일이 벌어지는지에 대한 메시지를 두뇌 피질 속 2만 개의 신경세포로 전송한다.

남성 난쟁이의 비대한 생식기에 놀랐을 것이다. 그런데 여성의 경우는 어떤가? 남성 감각 피질의 첫 번째 지도가 1950년에 발표되었지만,

그로부터 68년 동안 여성 감각 세포를 기반으로 하는 어떠한 의미 있는 연구도 이뤄지지 않았다. 어쨌든 인간 두뇌에 관한 새로운 이미징 데이터는 여성 두뇌 역시 생식기와 성적으로 민감한 부위에 신경 차원에서 '과도한' 투자를 했다는 사실을 말해준다. 클리토리스 끝에는 8천 개의 신경말단이 분포한 것으로 밝혀졌다. 정확하게 말하자면 클리토리스는 오직 '쾌락'에만 관여하는 유일한 신체 기관이다. 모든 여성이나 대부분 남성은 클리토리스가 어떻게 생겼는지 안다고 생각하겠지만, 진실을 안다면 아마도 깜짝 놀랄 것이다. 우리가 알고 있는 클리토리스는 외부로 드러난 일부에 불과하며, 실제로는 거대한 내적 감각 네트워크로서 음순과 질, 회음 및 항문으로까지 뻗어 있다. 그리고 그 전체 길이는 12~15센티미터로 남근과 비슷하다. 그렇게 때문에 우리는 클리토리스를 '쾌락 빙산'이라는 이름으로 불러도 좋다. 그리고 클리토리스에 포진한 모든 민감한 신경말단은 두뇌의 쾌락 중추로 기능한다. 쾌락 중추는 여성의 쾌락을 관장하는 대규모 신경 네트워크다. 이러한 사실은 '질' 오르가슴과 '클리토리스' 오르가슴을 구분했던 프로이트 이론을 공격하며, 혁신적인 연구 듀오인 마스터스와 존슨이 70년 전에 수행한 발견, 즉 "어디서 비롯되었든 간에 여성의 오르가슴은 생리학적 차원에서 동일하다"라는 결론과 조화를 이룬다.

252쪽에는 예술가의 작품으로 처음 탄생한 여성 '난쟁이femunculus'가 있다. 이는 남성과 여성의 성적인 삶에 대한 인식에 균형을 맞추고, 또한 양성 모두가 공유하는 강력한 기본 두뇌 시스템을 보여준다.

2003년에 러트거스 대학교 실험실에서는 휠체어에 앉은 세 명의 여성이 눈물을 흘렸다. 이들 모두는 척추 손상을 입었고, 의사로부터 성생활은 끝났다는 이야기를 들었다. 그러나 생식기에서 두뇌로 이어지

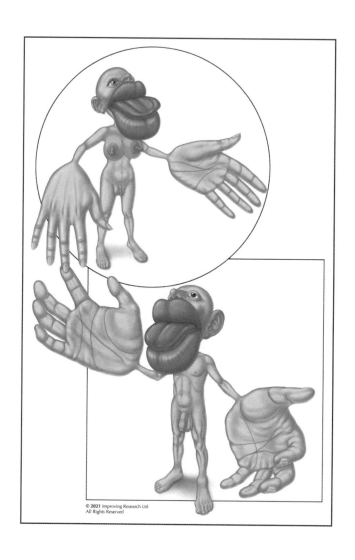

몸에서 느끼는 감각들이 뇌와 어떻게 연결되는가를 나타낸 그림으로
두뇌가 신체를 인식하고 조직화하는 방식을 보여준다

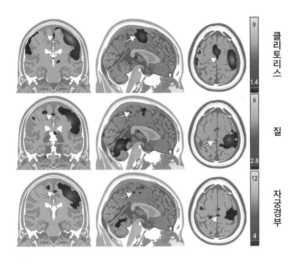

클리토리스

질

자궁경부

그림 7.1 **여성 두뇌에서 감각 위치**(정면과 측면 그리고 위에서 바라본)

는 신경 경로를 확인하는 실험 과정에서 그들은 오르가슴을 경험했다. 몇 년 만에 처음 있는 일이었다. 영상 기술은 미주신경을 통한 또 다른 감각 경로를 보여줬는데, 그 경로가 골반으로까지 확장되어 있다는 사실은 전까지는 밝혀지지 않았다. 이는 오르가슴이 여성의 두뇌 어느 곳에서 일어나는지를 말해주는 세계 최초의 과학적 증거인 것으로 드러났다.

이제 영상 촬영 기술은 여성의 오르가슴이 일어나는 정확한 두뇌 영역은 물론, 클리토리스와 질, 자궁경부에 할당된 피질의 감각 영역을 보여준다. 그 영역은 [그림 7.1]에 나와 있다.

다양한 실시간 연구들은 오르가슴이 두뇌를 어떻게 활성화하는지를 보여준다. 여기에는 30곳이 넘는 통합 영역이 관여하며, [그림 7.2]

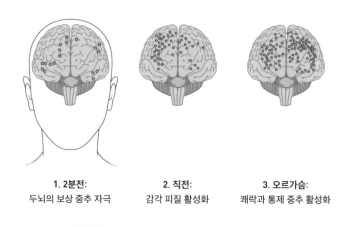

1. 2분전:	2. 직전:	3. 오르가슴:
두뇌의 보상 중추 자극	감각 피질 활성화	쾌락과 통제 중추 활성화

그림 7.2　두뇌에서 일어나는 성적 활성화 과정

가 보여주듯이 그 모든 영역은 성적인 활동 과정에서 '불이 켜진다'.

　그러나 모든 오르가슴이 똑같지는 않다. 진화적 이유로 인해 어떤 오르가슴은 다른 오르가슴보다 더 좋다.

▎섹스와 뇌 건강의 상관 관계

　과학적인 차원에서 섹스와 두뇌에 관한 우리의 지식은 아직 걸음마 단계에 불과하다. 하지만 이는 엄청난 잠재력을 갖고 있다. 또한, 난잡한 성교와 성병 그리고 원치 않는 임신에 대한 우려 때문에 성행위를 어떻게든 통제하려고 했던 기존의 공중보건 메시지에 중요한 의미를 전달한다. 섹스는 역사적으로 이를 억제하려는 모든 기발한 시도에 도전했다. 그것이 가능했던 것은 섹스를 향한 욕망이 우리 두뇌 깊숙이

묻혀 있기 때문이다. 성욕은 수백만 년의 진화를 통해 굳건하게 자리 잡은 원시적 충동이다. 섹스는 건강을 위해 좋다. 또한, 두뇌를 위해서도 좋다.

조그마한 쥐에 관한 연구를 보자. 작은 포유류를 연구한 과학자들은 한 가지 흥미로운 사실을 발견했다. 운동이 글루코코르티코이드 glucocorticoid라는 스트레스 호르몬 생성을 증가시키기는 하지만, 장기적 차원에서는 건강에 도움을 주며 학습과 기억을 개선한다는 것이다. 그 쾌락적 가치는 대단해 쥐는 쳇바퀴에 대한 접근을 '요구'할 뿐만 아니라 단 하룻밤에 16킬로미터까지 달린다.

그렇다면 성적 활동에 대해서도 똑같은 이야기를 할 수 있을까? 수용적인 암컷에게 갑자기 낯선 수컷 쥐를 가져다 놓으면, 비록 그것이 수컷에게는 보상을 주기는 해도(어떤 수컷도 그러한 기회를 거부하지 않는다는 사실에 여성 독자는 별로 놀라지 않을 것이다), 두 마리 '모두' 스트레스를 받는 것으로 알려져 있다. 수용적인 상태의 암컷은 수컷에게 협조한다. 그런데 그 만남이 두뇌에는 어떤 영향을 미쳤을까?

수컷 쥐가 단 한 번만 성적 경험을 갖도록 했을 때, 수컷 쥐의 스트레스 호르몬 수치는 증가했다. 하지만 그럼에도 두뇌 세포의 성장(감정 통제와 학습, 기억에 관여하는 변연계 일부인 대상회cingulate gyrus에서)은 증가했다. 스트레스와 동시에 보상을 제공하는 사건이 수컷 두뇌에는 도움을 준 것이다. 그런데 수용적인 암컷에게 매일 접근하도록 허용했던 수컷 쥐는 어땠을까? 이들 수컷 쥐의 스트레스 수치는 떨어졌고, 두뇌에 대한 긍정적인 효과는 증가했다. 더 많은 '신경발생neurogenesis'(새로운 세포 성장)이 나타났고 더 많은 신경 연결이 이뤄졌다.

효과는 여기서 끝이 아니다. 과학자들이 나이 많은 쥐를 살펴봤을 때, 14~28일 동안 매일 교미하도록 허용했을 경우, 신경발생이 그 실험 '대조군'에 속한 젊은 쥐들에게서 나타나는 수치로까지 높아졌다. 즉, 섹스가 두뇌를 젊어지게 만든 것이다. 또 다른 과학자들은 이처럼 명백한 성행위의 긍정적인 효과에 대한 설명을 제시했다. 가령 성행위는 호르몬 분비를 자극하는데, 그중 하나인 옥시토신은 (해마에 있는) 변연계 세포를 활성화하는 역할을 한다는 것이다.

이러한 효과를 사람에게서도 발견할 수 있을까? 초기 연구에선 노화에 따른 인지장애가 없는 이들이 장애 있는 이들에 비해 성적으로 더 활발하고 파트너와 육체적으로 더 친밀하다는 사실을 발견했다. 다시 말해 우리가 두뇌를 효과적으로 관리하고 충분한 영양을 공급할 때, 규칙적인 성행위와 친밀감을 유지할 가능성이 더욱 높아진다는 뜻이다. 반면, 연구 결과는 인지 기능의 퇴행(사고 기술 및 모든 형태의 정신적 능력에서 쇠퇴)이 친밀감과 성적 관계의 유지에도 장애물로 작용한다는 사실을 보여줬다. 이는 동기 문제로 보인다. 두뇌 기능이 노화에 따라 감퇴할 때, 사람들은 성행위에 대한 욕망을 잃는다.

그 반대는 어떨까? 가령, 잦은 성행위는 두뇌에게 도움을 줄까? 이와 관련된 연구 결과는 2016년에서야 모습을 드러냈다. 당시 호주 과학자 마크 앨런 박사는 2년간 연구를 통해 50세 이상(평균 66세) 성인 6천 명을 대상으로 데이터를 분석했다. 그는 거꾸로 된 관계에 주목했다. 성행위는 우리가 나이 들어감에 따라 두뇌에 어떻게 도움을 주는가? 앨런은 보상을 주는 사회적 관계로서 성행위가 인지 퇴행을 예방할 수 있다는 가능성을 제시했다. 앨런은 연구를 통해 기억과 성행위 그리고 정서적 친밀함에 주목했다. 여기서 이런 의문이 들 것이다. 왜 정서적 친밀함인가? 앨런의 추론은 성행위가 두뇌 건강에 미치는 영향은 적어도 부분적으로 섹스 파트너와의 정서적 친밀함에 달렸다고 보았다.

앨런의 발견은 놀라웠다. 그는 성적으로 활발하고 감정적으로 친밀한 이들이 더 높은 기억력을 보여줬다는 사실을 확인했다. 게다가 여기에는 나이에 따른 효과가 뚜렷하게 나타났다. 즉, 성적 활동과 기억력 사이의 관계는 나이 많은 피실험자들 사이에서 더 뚜렷하게 나타났고, 가장 분명하게 나타난 나이는 60.4세였다. 또한, 앨런은 연구를 추진한 2년 동안 모든 피실험자의 기억력이 감퇴했지만, 이러한 현상은 성적인 활동이나 감정적 친밀감과는 무관한 것이라는 사실을 확인했다. 그것은 순수하게 노화에 따른 현상이었다. 어쨌든 연령을 떠나 성적으로 활발한 사람은 그렇지 않은 사람에 비해 기억력이 더 좋았다.

헤일리 라이트Hayley Wright와 레베카 젠크스Rebecca Jenks는 앨런 박사의 연구와 맥락을 함께하면서, 「노화에 대한 영국 종단 연구English Longitudinal Study on Ageing」로부터 얻은 데이터를 분석했다. 두 사람은 더 나아가 기억뿐만이 아니라, 고등 수행 능력의 기준인 수학적 능력까지 들여다보았다. 그들은 마찬가지로 거대한 표본으로서 50~89세의 성인 6천 8백 명을 대상으로 연구를 했다. 그리고 표본 전반에 걸쳐, 성적으로 활발한 남성과 여성이 수학 및 기억력 테스트에서 그렇지 않은 집단에 비해 훨씬 더 높은 점수를 기록했다는 사실을 확인했다. 그런데 성을 기준으로 표본을 구분했을 때 놀라운 결과가 나타났다. 여성의 경우, 성적으로 활발하더라도 수학적 능력(숫자 배열하기)에서는 더 뛰어난 점수를 보이지 않았던 것이다. 두 사람은 이러한 성별 차이를 설명하려고 하지 않았다. 이는 추후 연구에서 시도해야 할 과제다.

이후에 라이트와 젠크스가 사이언스데일리에 "노인의 잦은 성행위는 정신 능력을 강화한다"[16]라는 흥미를 자극하는 제목으로 발표한 논문은 이해의 폭을 한층 더 넓혀줬다. 50~83세의 피실험자 73명(남성 28명, 여성 45명)을 대상으로 한 소규모 연구에서, 37명은 매주 섹스를 하고, 26명은 매달마다, 나머지 열 명은 전혀 하지 않는다고 답했다. 두 사람은 주의, 기억, 구술, 언어, 공간시각 능력 등 피실험자의 정신적 기능을 측정해보았다. 그 결과, 매주 섹스를 하는 그룹이 한 달에 한 번 섹스를 하는 그룹에 비해 시각 과제에서 2퍼센트 포인트 더 높은 점수를 기록했다는 사실을 확인했다. 그리고 섹스를 전혀 하지 않는 그룹에 비해서는 구술 테스트에서 4퍼센트 포인트 더 높은 점수를 기록했다는 사실도 확인했다(이러한 테스트는 모두 고등 지적 능력을 평가하는 훌륭한 기준이다). 이상하게도 그 밖에 다른 테스트에서는 차이가 나타나지 않았다. 두 연구원이 인정했던 것처럼, 우리는 이러한 발견에 대한 이유를 다만 추측해볼 수 있을 뿐이다. 그리고 그들 역시 추측을 내놨다. 그것은 섹스가 드러난 개선의 원인일 수 있다는 것이다. 이는 분명하게도 잦은 성적 활동이 '용량 반응'을 나타낸 것처럼 보인다. 하지만 우리는 그 이유와 메커니즘에 대해서는 알지 못한다. 도파민과 옥시토신, 세로토닌, 엔도르핀 등 '행복' 호르몬과 관련된 것일 수 있다. 이에 대해 두 저자는 추후 연구를 통해 밝혀내야 할 부분이라고 지적했다.

그러나 관찰 범위를 중년이나 그보다 더 나이 많은 집단으로 한정지을 필요는 없다. 젊은 사람의 경우는 어떨까? 섹스가 연령대와 상관없이 우리 두뇌에 도움을 준다는 발견은 결코 놀랍지 않다. 캐나다에서 이뤄진 한 흥미로운 연구는 젊은 여성의 경우에 성관계 횟수와 기억력 사이에 상관관계가 있다는 사실을 보여줬다. 퀘벡에 있는 맥길 대학교 과학자들은 18~29세의 이성애자 여성 78명을 대상으로 그들의 성

관계 횟수에 대해 구체적으로 보고하고, 이전에 제시된 얼굴과 단어를 새롭게 제시된 얼굴과 단어와 구분하도록 요구하는 컴퓨터 기반 테스트를 치르도록 했다.

결과는 흥미로웠다. 성관계 횟수가 추상적 단어와 관련된 기억력 점수와는 관련 있었지만, 얼굴과 관련된 점수와는 그렇지 않다는 사실을 보여줬다. 이에 대한 우리의 첫 번째 의견은 그 연구가 상관관계에만 기반을 두었으므로 무엇이 원인이고 결과인지에 대해서는 아무런 이야기를 들려주지 않는다는 것이다. 즉, 더 나은 기억력이 더 많은 섹스로 이어지는지, 아니면 섹스가 기억력을 향상하는지 혹은 또 다른 설명이 가능한지는 알 수 없다. 그러나 두 번째 의견은 대단히 흥미롭다. 단어 기억력은 전반적으로 해마에 의존하지만, 얼굴 기억력은 두뇌의 '보다 다양한 영역'에 의존한다. 그렇다면 연구 결과는 해마에서 신경 발생이 자주 성관계를 하는 여성에게 더 높다는 사실을 간접적으로 말해준다. 그리고 이는 이전 동물 실험 결과와도 일치한다.

앞서 두뇌에서 성적인 반응에 관여하는 몇 가지 주요 호르몬에 대해 잠깐 언급했다. 이제 그중 두 가지인 테스토스테론과 에스트로겐을 주목해보자. 두 호르몬은 성을 정의하는 데 중요한 역할을 하며, 남성과 여성 모두에게서 발견된다.

▌ 호르몬과 두뇌 건강

당신이 응원하는 축구팀이 홈에서 경쟁 팀과 아슬아슬한 시합을 펼치고 있다. 홈 관중의 수는 원정 관중보다 훨씬 많다. 흥분과 함성이 온경기장에 울려 퍼진다. 적대적이고 위협적인 분위기가 경기 내내 이어진다. 치열한 혈투 끝에 당신 팀이 승리한다. 홈그라운드 이점이 작용한 것으로 보인다. 그러나 그건 당신 생각과는 좀 다르다. 팀 선수들이 상대를 압도했던 것은 관중과 익숙한 경기장 혹은 그 분위기 때문이 아니었다. 그들의 테스토스테론 수치 덕분이었다. 이상한 말처럼 들리는가? 그러나 연구 결과는 실제로 '홈팀' 선수들에게서 테스토스테론이 일시적으로 훨씬 더 많이 분비된다는 사실을 보여준다.

테스토스테론은 오명을 갖고 있다. 이는 동화 작용 스테로이드인데, 근육과 뼈, 힘을 강화하는 역할을 한다. 또한, 공격성과 폭력성 그리고 성욕까지 높인다고 알려져 있다. 이는 흥미로운 논쟁 주제다. 널리 알려지진 않았지만, 치료 차원의 연구에서 테스토스테론 보충제를 복용한 남성의 경우 공격성이나 감정 상태에 특별한 변화가 발견되었다는 증거는 거의 혹은 전혀 없음을 보여준다. 그리고 "테스토스테론이 건강한 두뇌개발과 기능에 핵심 역할을 한다"라는 말은 우리가 지금껏 듣지 못했던 주장이다.

남성 테스토스테론 수치는 중년을 넘기면서 1년에 약 1~2퍼센트씩 떨어진다. 인지 기능 역시 일반적으로 나이를 먹어감에 따라 감퇴한다. 낮은 테스토스테론 수치는 알츠하이머 질환과 경증 인지장애 환자에게서 발견되며, 이는 테스토스테론 저하가 인지 기능 퇴행과 관련 있는지에 관한 질문을 제기한다. 테스토스테론 저하와 인지 기능 퇴행이라는 조합이 단지 우연이 아님을 보여주는 증거는 많다. 예를 들어, 세포 배양 및 동물 실험은 테스토스테론이 두뇌 기능을 보호하는 역할을 한다는 사실을 말해준다. 그리고 다른 연구는 테스토스테론 수치가 기억과 공간 처리, 두뇌의 '실행 기능'과 관련 있다는 사실을 확인했다.

프랑스 출신 정신과 의사이자 현재는 몬트리올 맥길 대학교에서 활동하는 올리비에 보쉐는 체계적인 검토를 통해 나이 많은 건강한 사람에게서 테스토스테론 수치 저하는 몇몇 인지 테스트의 낮은 점수와 관련이 있다는 사실을 보여줬다. 일반적으로 남성 호르몬 치환 요법 방식으로 테스토스테론을 주입함으로써 나이 많은 남성의 일부 인지 기능(가령 공간 능력)에 꽤 긍정적인 영향을 미칠 수 있다는 사실을 보여준다. 공간 능력은 공간과 사물을 이해하고, 추론하고 기억하는 능력으로, 외부 세계를 이해할 뿐 아니라 외부 세계의 정보를 가공하고, 이를 토대로 추론하는 능력을 뜻한다.

　나이가 들어감에 따라 테스토스테론에 기반한 치료를 통해 두뇌를 보호할 수 있다는 주장도 제기된다. 하지만 이 글을 읽는 중년 남성 독자들은 테스토스테론 보충제를 사러 가기 전에, 영국에서는 반드시 의사 처방을 받아야 한다는 사실을 알아두자. 구매가 불가능하지는 않지만 상당히 힘들다. 그러나 미국은 상황이 크게 다르다. 미국의 경우, 30~79세 남성 네 명 중 한 명이 테스토스테론 수치 저하를 보이며, 2001년 이후로 대체 처방은 세 배로 증가했고, 현재 테스토스테론 의약품 매출은 연 38억 달러를 기록하고 있다. 간단하게 말해, 미국 의사들은 테스토스테론을 요구하는 환자에게 기꺼이 대체 테스토스테론을 처방하는 반면, 영국 의료보험 시스템은 소위 '생체동일bio-identical' 보충제, 즉 몸속에서 자연적으로 생성되는 물질과 동일한 보충제를 사용하지 말 것을 권고한다. 하지만 의사들의 처방 의지에도 불구하고, 2018년 미국 식품의약국은 조사관들이 생체동일 보충제와 관련해 수천 건의 보고되지 않은 역사건adverse incident, 즉 예기치 못한 의학 사건을 확인했다고 지적했다.

여성의 경우에도 두뇌 기능과 여성 호르몬에 관한 그림은 유사하다. 에스트로겐은 두뇌 기능에 다양한 긍정적인 영향을 미친다. 가령 신경 전달물질 기능과 포도당 신진대사, 새로운 시냅스 생성을 강화하고 두뇌 노화 속도를 늦춘다. 또한, 최근 연구 결과에 따르면 비록 알츠하이머가 일단 발병 후에는 에스트로겐만으로는 치료에서 아무런 역할을 하지 못하지만, 발병 시점을 늦출 수는 있다는 사실을 보여준다. 하지만 호르몬 대체 요법HRT, hormone replacement therapy에서 에스트로겐의 치료적 사용은 여전히 논쟁 대상이다.

WHI(Women's Health Initiative, 여성건강연구프로젝트)는 6억 2천 5백만 달러 규모의 연구 프로젝트로, 세계 최대 건강 연구 기관인 미국 국립보건원이 후원을 맡고 있다. 50~79세의 여성 16만 명을 대상으로 한 이 연구 프로젝트는 1991년에 시작되어 폐경기 이후 여성의 질병 및 사망 원인을 조사하고 있으며, 특히 심장질환과 암, 골다공증에 주목하고 있다.

그 주요 발견, 즉 폐경기 이후 호르몬 대체 치료가 이들 질병의 위험성을 높였다는 사실은 대단히 중대한 영향을 미쳤다. 하지만 이러한 발견은 많은 지적을 받았고, 일부 분야에서는 혹독한 비판에 직면했다. 2006년 한 비평가는 이렇게 썼다.

심혈관계 질환과 침습유방암, 뇌졸중 및 정맥혈전색전증에 대한 어떠한 주요 위험도 발견되지 않았다. 그럼에도 저자들은 … 폐경기 이후 호르몬 치료가 이러한 질병의 위험을 높인다고 결론 내렸다. 그 소식이 언론을 통해 퍼졌을 때, 환자와 의사들 사이에서 상당한 혼란이 일었고, 수많은 여성이 잠재적으로 도움을 줄 수 있는 호르몬 치료를 받지 않기로 결정했다.

그 부정확한 결론의 피해는 아직 끝나지 않았지만, 아마도 수많은 여성이 폐경기 이후 호르몬 치료를 통해 예방할 수 있는 질환으로부터 고통을 겪을 것으로 보인다.[17]

WHI가 미국에서 출범한 지 5년이 흐른 시점에서, 그와 비슷한 목적을 기반으로 한 연구 프로젝트가 영국에서도 시작되었다. 권위 있는 세 단체인 영국 암 연구Cancer Research UK, 영국 건강보험, 의료연구위원회Medical Research Council로부터 공동 후원을 받은 이 연구 프로젝트는 HRT가 여성 건강에 미치는 영향을 들여다봤다. 또한, 이 연구는 50세 이상의 1백만 명 넘는 사람에게서 얻은 데이터를 분석하면서, 〈백만 여성 연구〉라는 이름으로 불렸다. 이 연구는 HRT를 받은 여성들이 그렇지 않은 여성보다 더 많은 유방암 발병을 나타냈음을 발견했다. 이는 정부의 처방 정책 기조를 완전히 바꾸었으며, 이후 의학적 정설로 자리 잡았다.

문제는 이렇다. WHI와 마찬가지로, 전반적으로 대중에 알려지지 않은 이 연구 역시, (데이터로부터 이끌어낸) 타당하지 않은 결론과 그것을 많은 언론 매체에서 앞다투어 다루는 과정에서 중대한 결함이 있었다는 비판을 받았다. 그 저자들은 직접 추진한 재분석 작업 이후 한 가지 결론, 즉 HRT가 유방암 위험을 높였다는 주장을 철회하긴 했지만, 이에 대해서는 어떤 언론도 관심을 보이지 않았다.

이 모든 게 두뇌 건강과 무슨 관련이 있을까? 나는 여기서 두 가지를 언급하고자 한다.

첫째, 대단히 심각한 결과를 초래할 수 있는 과학적 증거를 발표하는 방식은 많은 아쉬움을 남겼다. 무엇이 두뇌에 좋은지와 관련해 많은 주장이 나오지만, 그러한 주장들이 반박할 수 없는 증거에 기반한 것은 아니라는 사실을 분명하게 보여준다. 과학자로서 이 점은 대단히 충격적이다.

둘째, HRT가 인지 퇴행 예방에서 도움이 되는지 아닌지를 결정하는 과정은 전반적인 의학적 정설이 지배하는 분위기에서, 그 처방을 가로막는 분위기가 압도했기에 도움을 얻지 못했다. 따라서 이 중요한 영역에 대한 추가 연구가 다급한 실정이다. HRT는 아마도 지적 기능은 물론, 정서적인 삶과 행복감 차원에서 여성 두뇌에 많은 도움을 줄 것이다.

이 주제와 관련해 마지막으로 미국 과학공학의학협회가 내놓은, 대안적인 '천연' 에스트로겐 보충제에 관한 최근 보고를 언급할 필요가 있다. 협회는 이렇게 말했다. "광고와 유명 인사들은 '생체동일 호르몬 치료'의 탁월한 안전성과 효능 그리고 '천연' 노화 방지 기능에 대해 말하지만, 임상적 효용에 대한 주장은 체계적 연구를 통해 입증되지 않은 상태다."[18]

이제 6만 4천 달러짜리 질문에 주목해보자. HRT은 두뇌 건강에 도움을 주는가? 이는 아주 복잡한 문제다. 에스트로겐과 테스토스테론은 정상적인 두뇌 개발과 두뇌 기능 유지에 중요하며, 또한 두뇌 노화와 관련 있다.

알츠하이머 질환과 경증 인지장애를 앓고 있는 환자에게서는 테스토스테론 저하가 관찰된다. 더 나아가, 몇몇 연구는 알츠하이머 질환의 진행 정도가 HRT를 받는 여성에게서 훨씬 더 낮게 나타나며, 알츠하이머 질환에 걸린 여성 중에서 HRT를 받은 사람이 그렇지 않은 사람보다 완화된 증세를 보인다는 사실도 확인했다.

그렇다고 해서 신경퇴행 질환 예방을 위해 무조건 HRT(에스트로겐과 테스토스테론)를 처방해야 한다고 할 수는 없다. 이와 관련해 과학적 증거가 아직 부족하기 때문이다. 그리고 최근 영국의 의학 분야 분위기를 감안할 때, 의사들은 좀처럼 HRT 처방을 하려고 하지 않는다. 그럼에도 HRT는 활력 및 기분 저하를 포함하여 여성의 폐경기 증상 완화를 위한 가장 효과적인 방안이라고 말해야 한다. 또한, HRT는 골다공증 예방에도 효과적이다. 특정 연령 집단에서는 심장병 예방 효과도 있다. 2019년 유명한 미국의 메이요 클리닉에서는 이렇게 발표했다.

> 폐경기로부터 10, 20년이 흘러 혹은 60세가 넘어 호르몬 치료(에스트로겐 및 프로게스테론)를 시작한 여성들은 앞서 언급한 질환(심장병, 혈전, 유방암) 위험성이 더 높다. 하지만 60세 이전이나 폐경기 후 10년 이내에 호르몬 치료를 시작했다면, 그 이익은 위험을 넘어서는 것으로 보인다.[19]

영국의 경우, 적절하고, 안전하고, 합법적인 방식으로 이러한 치료를 받을 수 있다. 예를 들어 CQC(Care Quality Commission, 의료서비스 관리위원회) 허가를 받은 의료 전문기관 컨설턴트를 통해 치료를 받을 수 있다. 지역 보건의 관리를 그대로 유지하면서도 가능하다. 그런데 한 가지 주의점이 있다. 건강보조식품 시장에는 번지르르한 설명을 늘어놓는 사기꾼들이 많다는 것이다. 그들은 특히 남성에게 '가짜' 호르몬 대체 요법을 팔아먹는다. 진정한 의료 전문가를 통한 각별한 주의가 요구된다. 성적 활동과 두뇌 건강에 대해 알려진 핵심 지식을 [상자 7.2]에 요약했다.

성적 활동과 두뇌 건강에 대해 우리가 알고 있는 것

- 활발한 성적 활동 및 파트너와의 육체적 친밀함이 있으면 노화 관련 인지(정신적) 장애는 확연히 줄어든다.
- 인지 기능 저하(사고 능력 및 정신 기능에서 나타나는 모든 형태의 결함)는 친밀함 및 성적 관계 유지와 형성을 막는다.
- 동물 실험의 경우, 성적 활동 횟수와 새로운 두뇌 세포의 성장(특히 해마에서)은 서로 관련 있다.
- 나이를 떠나, 성적 활발함은 기억력과 관련 있다.
- 섹스를 통한 개인적 유대감과 정서적 친밀감은 더 나은 기억력과 관련 있다.
- 친밀함과 성적 활동이 기억력에 미치는 긍정적 효과는 나이가 들수록 더 뚜렷하게 나타난다(특히 60세 이상).
- 성적 활동이 노화에 따른 기억력 감퇴 흐름을 막을 수는 없다. 하지만 나이와 무관하게, 성적 활발함은 더 나은 기억력 상태와 관련 있다.
- 규칙적인 섹스를 하는 50~89세는 그렇지 않은 사람에 비해 인지 테스트에서 더 높은 점수를 기록한다(기억력 테스트에서는 여성 그리고 기억력 및 숫자 테스트에서는 여성과 남성 모두).
- 성관계 횟수는 더 나은 구술 능력과 관련 있다.
- 주요 성 스테로이드 호르몬인 테스토스테론과 에스트로겐은 평생에 걸쳐 두뇌를 보호하고 두뇌 건강에 도움을 준다.

▌저스트 두 잇

이번 장에서 우리는 '성적 활동'의 의미를 구체적으로 정의하지 않은 상태에서 다소 두루뭉술하게 논의했다. 사실 성적 활동은 자위에서 상호 자극 그리고 온전한 섹스에 이르기까지 다양하다. 과학자들은 연구 유형에 따라 성적 활동의 의미를 거의 임의적으로 정의하고, 그 의미 역시 연구마다 크게 다르다. 문화와 연령대, 건강, 연구 목적 등에 따라 이런 불일치가 나타난다. 일반적으로 말해, 거의 모든 형태의 성적 활동이 두뇌 건강에 도움을 주지만, 그 이익이 보장되는 경험치는 '일주일에 한 번'으로 보인다고 해야 타당하다.

하지만 분명하게도 많은 과학자가 '용량 반응'을 보인다. 다시 말해, 섹스는 다다익선이라는 말이다. 그리고 두뇌 건강에서 전반적인 건강까지 그 이익은 상당하다. 두뇌에 대한 최적 이득을 얻으려면 규칙적으로 그런 시간을 가져야 한다는 주장은 환영받지 못할 것이다.

이 책을 위한 연구를 진행하면서, 나는 최상의 이익을 가져오는 성적 활동은 "가깝고 친밀한 관계에 있는 상대와 나누는 온전한 섹스"라고 확신했다. 섹스로 사정한 정액의 성분과 질이, 자위로 사정한 그것보다 더 뛰어났다. 모든 오르가슴이 다 똑같지 않으며, 섹스에 의한 오르가슴이 최고 쾌락을 선사한다. 콘돔 사용 같은 간섭은 고유한 생리적, 심리적 이득을 없애며, 특히 여성의 경우에 더욱 그렇다. 특히 정서적 친밀감은 두뇌 건강을 위한 확실한 이득을 보장한다.

섹스를 할 수 있다면 자위를 하지 말자. 그리고 섹스는 가깝고 친밀한 관계에 있는 상대와 하는 게 좋다. 성생활은 2~30대를 넘기면서 줄어든다는 생각이 일반적이다. 물론 완전히 틀린 말은 아니다. 하지만 두 가지에 유의해야 한다.

첫째, 앞서 살펴봤듯 노화에 따른 성생활 횟수 감소는 사람들의 일반적인 믿음과 완전히 다르다. 성생활은 70, 80대까지도 얼마든지 이어질 수 있다. 활동적인 성생활을 유지하기 위한 비결 두 가지가 있다. 먼저는, 성적으로 적극적이어야 한다. 이러한 태도는 성 호르몬 생성을 높이고 성욕을 강화한다. 다음으로는, 건강의 다양한 측면을 유지하기 위해 최선을 다해야 한다. 가령 다이어트나 운동을 하고, 사회적으로 활동적이고, 숙면을 취하며 과음을 피한다.

둘째, 특히 남성에게 중요한데, 두뇌와 고환은 2-30대 혹은 그 이후도 과도한 폭음을 '용서'하지 않는다. 지속적인 폭음은 성욕을 파괴하고 결국 성적으로 무기력하게 만든다(술이 두뇌에 미치는 영향에 대해서는 9장에서 자세히 다룬다). 다행스러운 소식은 이러한 규칙을 따르는 것이 그리 힘들지만은 않다는 사실이다. 연구 결과는 전반적인 건강과 활발한 성생활 유지는 그 자체로 의미가 있을 뿐 아니라, 두뇌 건강에도 큰 도움을 준다고 말한다. [상자 7.3]에 주요 권고 사항을 정리했다.

상자 7.3 **성적 활동과 두뇌 건강: 권고 사항**

- 파트너와 성적으로 친밀하고 함께 적극적인 태도를 취하자. 일주일에 적어도 1회를 목표로 삼자. 평생에 걸친 두뇌 건강에 도움이 될 것이다.

- 성인기에 걸쳐 신체적, 정신적 건강을 유지하기 위한 여러 가지 실천을 하자. 건강한 식단을 꾸리고, 과체중을 피하고, 숙면 습관을 들이고, 흡연과 과음을 하지 말고, 과도한 스트레스를 피하고, 규칙적으로 운동하고, 날씬한 몸매를 유지하자. 신체적, 정신적 건강은 규칙적인 성생활 유지와 모두 관련 있다.

- 과음에 따른 성기능 장애라는 씨앗을 뿌리지 말자. 젊은 시절 과도한 음주는 두뇌와 성기능에 모두 지속적인 피해를 입힌다는 사실을 명심하자. 특히 남성은 더 그렇다. 체내 많은 기관이 젊은 시절의 과음을 '용서'하지만, 고환은 여기서도 제외다.

- 규칙적인 성생활은 남성 테스토스테론 그리고 여성 에스트로겐 수치를 높이고, 이는 다시 규칙적인 성생활 가능성을 높인다. 진정한 '선순환'이

이뤄진다.

- 규칙적인 성 활동 유지는 나이를 떠나 행복감을 높인다. 나이가 들어가면서도 이를 유지하려면, 의사를 찾아가 전문 상담을 받자. 특히 남성의 경우에 발기부전과 관련해 상담을 받자. 남성과 여성 모두 의사를 통해 호르몬 대체 요법(HRT) 처방을 받을 수 있다.

- 60세를 넘어서도 성적 활력을 유지하려면 감정적 친밀감을 키우도록 각별한 노력을 기울여야 한다. 성적 활동과 정서적 친밀감은 기억, 고차원적인 수행력 그리고 다양한 정신 능력에 도움을 준다.

- 남성의 경우에 테스토스테론 수치 상승은 기억력과 고차원적 실행력 등 인지 기능 향상과 관련 있다. 테스토스테론 보충제를 섭취하여 긍정적인 결과까지 확인할 수 있지만, 그것이 사고 능력을 높여주고 치매와 같은 인지 퇴행을 막아준다고 장담할 수는 없다. HRT 처방을 받은 남성이 행복감 상승을 보고하고 있긴 하지만 말이다.

- 여성 호르몬 에스트로겐은 인지 퇴행과 치매로부터 두뇌를 보호하는 기능을 하는 것으로 보인다. 그러나 폐경기가 지나면 에스트로겐 수치는 떨어진다. 남성과 마찬가지로, 폐경기 이후 여성 대상으로 인지 기능의 전반적인 개선과 유지를 위해 HRT 처방을 권고하기는 힘들다. 비록 HRT 처방을 받은 여성들이 행복감 상승을 보고하고 있기는 하지만 말이다.

이 장을 마무리하며, 성적 활동성을 평생에 걸쳐 유지하는 것은 나이를 떠나 전반적인 건강과 두뇌 건강에 중요하다는 사실을 다시 한번 강조하고 싶다. 다행스럽게도 이 분야에서 최근에는 아주 많은 연구가 진행됐다. 명백하게도 그 반대 역시 진실이다. 다시 말해, 두뇌 건강과 전반적인 건강은 지속적인 성적 활력 유지에 도움을 주고, 동시에 비교적 최근에 밝혀졌듯 지속적인 성적 활동성은 두뇌 건강에 큰 도움을 준다.

1988년 나이키는 상업적으로 가장 성공적인 광고 슬로건을 내놨다. 모든 배경과 나이의 소비자를 겨냥한 그 슬로건은 보편적이면서도 지극히 개인적인 것으로 설계되었다. 이번 장의 메시지를 요약하는 데 이보다 더 나은 문구를 떠올릴 수는 없을 것이다. 아리스토텔레스와 히포크라테스 그리고 섹스에 미친 고대 그리스 여성들이라면 슬로건의 의미를 쉽게 이해할 것이다.

'저스트 두 잇JUST DO IT.'

8장

인지력 향상을 위한 뇌 사용법

두뇌에서는 매일 수백 개의 새 세포가 신경발생이라는 과정을 통해 생성된다. 우리는 동물 연구로부터 이들 새 세포의 절반가량(그 수가 얼마나 많든 간에)이 일주일에서 이주일 사이에 죽는다는 사실을 알고 있다. 그리고 이들 세포는 기존 두뇌 세포와 '연결되기도 전에' 생을 마감한다. 하지만 이런 죽음은 피할 수 없는 것이 아니다. 우리는 '두뇌 훈련'을 통해서 이를 막을 수 있다.

오늘날 우리는 새로운 유형의 방대한 데이터를 처리해야 하고, 또한 이러한 데이터 처리용 기술을 습득해야 한다. 이러한 압박은 서구 사회가 고령화되면서 더욱 커지고 있다. 앞서 살펴봤듯, 자신의 능력에 대한 일상적인 요구에 직면하면서, 노화에 따른 정신적 명료함이 쇠퇴하게 되고 건강관리 및 직업과 관련해 중요한 걱정거리가 된다.

▍훈련으로 두뇌 세포를 활성화할 수 있는가?

이러한 점에서 '두뇌 게임'을 통해 두뇌 파워를 강화할 수 있다는 아이디어가 대중의 마음과 지갑을 사로잡았다. 2005년 미국 소비자들은 '두뇌 훈련' 게임에 2백만 달러를 지불했다. 그리고 그 금액은 2013년에 3억 달러로 성장했고, 2014년에는 10억 달러에 이르렀다. 시장 규모는 유럽과 영국 및 아시아도 마찬가지로 크다. 하지만 그러한 게임이 가져다주는 이익과 관련해 터무니없는 주장이 제기되고 있으며, 심지어 일부에서는 이와 관련하여 법적 소송까지 제기하고 있다.

게임이 겨냥하는 것은 비단 성인만이 아니다. 일부 게임은 아이들도 노린다. 1996년 어느 날 저녁, 조지아주에 사는 평범한 가정주부 줄리 아이그너-클락은 특별한 아이디어를 떠올렸다. '아이들 두뇌를 자극하는 영상을 만들면 어떨까?' 그렇게 해서 〈베이비 아인슈타인Baby Einstein〉이라는 제품이 탄생했다. 첫 번째 영상은 아이그너-클락의 집 지하실에서 1만 8천 달러를 들여 제작했다. 그녀는 2001년에 그 비디오의 판권을 디즈니에 2천 5백만 달러에 팔았다. 이후 아이그너-클락은 오프라 윈프리 쇼, 굿모닝 아메리카, USA 투데이에 출연했다. 또한, 조지 W. 부시 대통령은 2007년 연두교서에서 그녀를 스타 기업가로 칭송했다. '베이비 아인슈타인'에 이어 '베이비 반고흐', '베이비 갈릴레오', '베이비 셰익스피어'가 나왔고, 이들 모두 아이 두뇌를 '올바른' 자극에 일찍 노출시켜 발달에 도움을 줄 수 있다고 주장했다. 2002년 '베이비 아인슈타인'은 미 전역에서 부모와 아이들의 마음을 사로잡았다. 파급효과는 말로 설명하기 힘들 정도다. 당시 미국의 모든 아기 중 3분의 1이 이들 '아기 천재' 시리즈를 한 편 이상 봤다. 그 시리즈 홍보 문구는 이랬다. "클래식 음악과 인상적인 이미지가 아이 두뇌를 자극한다."

그런데 이러한 주장과 관련해 문제가 하나 있다. 이를 뒷받침할 증거가 하나도 없다는 것이다. 단지 이에 관한 연구가 전혀 없기 때문은 아니다. 2007년 학술지에 게재된 한 논문에 따르면, 유아용 DVD/비디오를 시청한 아이들은 그것을 시청하지 않은 아이들보다 평균 6~8개 더 적은 단어를 이해한 것으로 나타났다. 그 결과에 대한 이의 제기가 있었지만, 거품은 2009년에 터지고 말았다. 디즈니가 그 영상에 교육적 가치가 없다는 사실을 인정하면서 해당 브랜드를 매각했던 것이다. 이후로 후속편은 나오지 않았다.

'베이비 아인슈타인' 사례가 주는 교훈이 있다. 그 상업적 성공(총 매출은 4억 달러에 달했다)은 과학적 가치가 거의 없는 아이디어에서 비롯되었지만, 그럼에도 부모들은 거기서 직관적인 매력을 느꼈다. 이런 사례는 흔하다. 이번 장 전반에서 우리는 아이디어의 직관적인 매력만 보고 뛰어드는 것이 아닌, 두뇌 훈련의 가치를 뒷받침하는 여러 증거를 살펴볼 것이다.

그렇다. 실제로 우리는 '두뇌 훈련'을 통해 프로그래밍 된 세포의 죽음을 '멈출 수 있다'. 그러나 모든 유형의 오래된 세포를 살릴 수 있는 것은 아니다. 새 세포를 살아있게 만들려면 '집중적'으로 두뇌 훈련을 해야 한다. 강한 노력을 집중해야 하는 것이다. 그리고 새 기술에 대한 성공적인 학습으로 이어져야 한다. 또한, 오랫동안 매일 시도하는 방식으로 이런 학습 패턴이 유지되어야 한다.

　무엇이 효과가 있고 없는지 살펴보고자 할 때, 우리 이야기는 훨씬 더 흥미로운 방향으로 흘러간다. 아주 효과적인 두뇌 훈련 유형 중 하나는 심리학자들이 말하는 '연상 학습' 개념을 포함한다. 인간에게서 이런 유형을 공통으로 발견할 수 있다. 연상이 더해진 정보와 아이디어는 훨씬 더 쉽게 학습된다는 것이다. 우리 두뇌는 아무 의미 없는 정보 덩어리를 학습하고 기억하도록 만들어지지 않았다. 두뇌는 다양한 정보를 하나의 '연결된 기억'으로 묶는다. 예를 들어 우리는 사람의 얼굴을 고립된 특성으로 기억하지 않는다. 대신 '얼굴 전체'를 기억한다. 흥미롭게도 이미 5백 년 전에 레오나르도 다빈치도 이런 아이디어를 확인한 바 있다. 다빈치는 「회화론」에서 이렇게 썼다. "모든 부분은 … 전체와 상응해야 한다. … 나는 어둠 속에서 그리고 침대에서 이러한 형태의 윤곽을 마음속에서 되짚어봄으로써 많은 도움을 얻었다. … 그 것들은 바로 이러한 방식으로 기억 속에 확고하게 자리 잡는다."[1]

　연상 학습은 일종의 조건부여conditioning(보상 강화를 통해 새로운 행동을 형성하는 방식)이다. 이와 관련해 좋은 사례는 개를 가지고 실험했던 이반 파블로프의 연구를 들 수 있다. 그는 종을 울리는 것 같은 자극이 보상 혹은 음식으로 이어진다는 사실을 개들이 학습할 수 있음을 보여줬다. 몇 번에 걸친 반복 후에 파블로프의 개들은 종소리를 들을 때마다 침을 흘렸으며, 이는 종소리 이후에 음식이 나온다는 것을 학습했다는 사실을 보여준다. 이후 수십 년이 흘러, 20세기 미국의 심리학자 B. F. 스키너가 이러한 방법을 채택함으로써 동물에게서 새로운 행동을 형성했다. 예를 들어 유명하게도 그는 비둘기에게 특정 건반을 누르면 보상을 제공하는 방식으로 피아노를 연주하는 법을 가르쳤다.

동물 실험에서 두 번째 유형의 효과적인 훈련은 '공간 학습'과 관련된 것이다. 이는 인간에게서도 공통으로 발견된다. 가령 지금 낯선 도시에 와 있다고 상상해보자. 당신은 주변을 돌아다니면서 머릿속에 '지도'를 만든다. 이를 위해 주변 환경을 받아들이고 그에 관한 정보를 조직한다. 이를 통해 당신은 성공적으로 도시를 돌아다닐 수 있다. 돌아본 모든 지역을 기억하고 이를 통해 목적지를 발견한다. 이러한 노력은 모두 보상을 제공한다. 이런 것도 복잡하고 전문화된 형태의 연상 학습이다. 그 과정에서 느슨하게 연결된 많은 정보 조각을 연결해야 하므로 특히 힘들다.

또한, 과학자들은 동물 실험을 통해 '새로운 신체 기술' 학습이 두뇌에서 수많은 새 뉴런을 연결하는 과정에서 대단히 효과적임을 확인했다. 신체 기술이 복잡할수록 효과는 더 강력했다. 그런데 신체 학습의 효과와 정신적 훈련의 효과 사이에는 미묘한 차이가 존재한다. 신체적 활동, 특히 유산소 운동은 두뇌에서 '새 세포의 생성'을 크게 증가시킨다. 예를 들어 과학자들은 작은 포유류 동물 연구에서 2주에 걸쳐 매일 운동을 시킬 때 해마(학습과 기억의 중추)에서 생성되는 새 세포의 수가 약 50퍼센트나 더 증가했다는 사실을 발견했다. 앞서 2장에서 살펴봤듯, 이 효과는 인간 대상 연구에서도 똑같이 발견되었다. 반면, 정신적 훈련은 새 뉴런의 생성보다는 '살아남은 뉴런 수'를 증가시키는 역할을 한다.

이러한 세 유형의 학습(연상, 공간, 신체 기술)이 일단 이뤄지면, 살아남은 뉴런은 이후 수개월간 두뇌에 그대로 머물게 된다는 사실을 우리는 알고 있다. 이들 새 세포는 그 기간 마지막에 다른 두뇌 세포와 단순히 기능적으로 연결된다. 하지만 새로운 세포를 죽음에서 구하는 것은 그리 단순하지 않다. 한 가지 추가 조건이 있다. 우리는 동물의 학습 능력과 살아남은 두뇌 세포 수 사이에 '용량 반응'이 존재한다는 사실을 알고 있다. 즉, 학습을 제대로 하지 못하면 이미 게임이 끝난 것이다. 마찬가지로 훈련이 어렵지 않아도 새 세포는 살아남지 못한다. 반면 훈련과 학습 과정이 까다로울 때, 동물들은 그것에서 학습한다. 그렇다! 그렇게 해서 새 세포가 살아남는 것이다. 새로운 기술을 학습했지만 더 많은 훈련을 해야 하는 동물은 별 노력 없이 학습한 동물보다 더 많은 새로운 세포를 그대로 보존한다. 훈련이 효과를 발휘하려면 어느 정도 도전적이어야 한다.

상자 8.1 **두뇌 훈련: 동물 실험을 통해 배운 것들**

새 세포의 생성과 보호는 이렇게 해야 가능하다.

- 훈련 유형: ▶신체 훈련: 새로운 신체 기술 학습은 신경생성을 자극한다.
  ▶정신 훈련: 연상 학습과 공간 학습은 새 세포를 보호한다.
- 강도: 훈련은 집중적이어야 하며, 학습을 위해 다양하게 시도해야 한다.
- 노력: 높은 수준의 집중이 요구된다.
- 연습: 반복적이고 지속적인 연습이 필요하다.
- 성공(보상): 성공적으로 과제를 수행할수록 더 많은 세포가 뇌에 보존된다.
- 요구: 훈련은 두뇌에 '도전 과제'를 제시함으로써 새로운 학습이 일어나도록 해야 한다.

요약하자면([상자 8.1] 참조) 동물 연구는 신경발생이 두뇌, 특히 해마에서 일어나며, 새로운 학습이 이뤄지기만 한다면 새 세포는 특정 유

형의 두뇌 훈련으로 보호받을 수 있다는 사실을 보여준다. 이러한 사실은 인간에게도 적용될까?

▌두뇌는 새 세포를 키우고 유지할 수 있는가?

작은 포유류와 마찬가지로, 인간 두뇌에서 해마는 학습과 기억의 중추다. 물론 해마만 이러한 기능을 담당하진 않는다. 이와 관련해 전두엽과 편도체 그리고 소뇌('작은 두뇌': 두뇌 뒤쪽에 위치한 거대한 협력 중추)가 함께 중요한 역할을 담당한다. 그럼에도 해마는 중요하다. 해마가 없으면 새로운 기억이 만들어지지 않는다.

인간 두뇌는 사용 방식에 따라 물리적으로 변형되기도 한다. 이러한 사실은 런던의 블랙캡 택시 기사들을 대상으로 해마 크기를 측정했던 연구 결과에서 분명하게 드러났다. 런던의 전통적인 형태의 택시 블랙캡은 아무나 운전할 수 없다. 그 면허를 따려면 시험을 통과해야 하는데, 이를 위해서는 채링크로스 기차역 주변으로 반경 약 10킬로미터 이내를 관통하는 25,000곳에 달하는 거리를 외워야 한다. 런던의 도로 시스템은 뉴욕 그리드 시스템이나 원형을 이루는 파리 '구' 시스템과도 다르다. 다시 말해, 어두컴컴한 미로를 이루는 런던 뒷골목을 모조리 암기해야 한다는 뜻이다. 이는 3, 4년은 족히 걸리는 대단히 힘든 과제며, 이를 위해 대부분 자전거를 타고 런던 거리를 돌아다녀야 한다. 4분의 3이 중도 포기한다.

일단 통과했더라도, 블랙캡 기사의 일일 업무는 무시무시한 도전 과제로 가득하다. 모든 승객은 런던의 어떤 곳이든 기사가 자신을 완벽하게 데려다줄 것이라고 기대한다. 게다가 GPS도 없다!

2011년 칼리지 런던 대학 과학자들은 '블랙캡 기사들의 해마'를 들여다보기로 했다. 그들은 MRI를 통해 블랙캡 기사들과 택시 기사가 아닌 대조군의 두뇌를 스캔했다. 그 결과, 나이와 교육 수준 및 지능에서 비슷한 수준의 택시 기사가 그렇지 않은 사람들보다 해마 회색질 부피가 훨씬 더 크다는 사실이 드러났다. 더 나아가 이들 과학자는 4년에 걸쳐 면허시험을 준비 중인 79명의 블랙캡 견습생들을 조사했다. 79명 중 39명만 과정을 무사히 마쳤고, 이들 39명은 중간에 포기한 이들보다 해마의 부피가 더 컸을 뿐 아니라, 기억력 테스트에서도 더 좋은 성적을 기록했다.

이러한 차이를 설명하는 한 가지 기준은 당연히 면허시험 준비라는 벽차고 지속적인 과정에서 새 세포가 해마에서 생성되었다는 것이다. 다시 말해 신경생성이 일어난 것이다. 그리고 성과를 따라잡기 위한 장기 압박이 지속적인 회색질 성장을 강화했음을 알 수 있다.

블랙캡 택시 운전사의 해마가 더 큰 이유

해마 크기는 개인별로 차이가 크다. [그림 8.1]에서 차이를 확인할 수 있는데, 수직으로 분포한 점들은 나이에 따른 해마 크기의 측정 범위를 나타낸다. 첫째, 나이가 들어가면서 해마 크기는 전반적으로 줄어든다. 그렇다고 꼭 걱정해야 하는 것은 아니다. 둘째, 각각의 데이터를 수평 비교하면 알 수 있듯, 70대와 80대의 일부는 40대와 50대의 일부보다 해마 크기가 더 크다. 이러한 현상은 두뇌 연구에서 중요한 그리고 환영받는 원칙을 보여준다. 나이에 따른 두뇌 능력 퇴행이 필연적인 것은 아니라는 사실이다! 이러한 차이를 유전 요인으로 돌리는 기존 관점과는 달리, 연구 결과는 생활방식과 환경이 더 큰 역할을 한다는 사실을 보여준다. 다시 말해, 해마의 노화는 우리가 통제할 수 있는 범위 안에 있다.

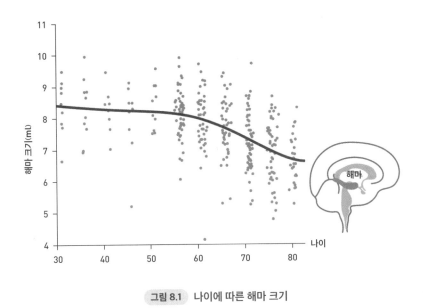

그림 8.1 나이에 따른 해마 크기

그리고 이는 단지 해마에 관한 것만은 아니다. 설득력 있는 많은 연구는 우리 두뇌가 평생에 걸쳐 새 뉴런과 시냅스를 다양한 영역에서 생성한다는 이야기를 들려준다. 두뇌 세포와 시냅스에는 가소성이 있다. 다시 말해, 세포와 시냅스는 우리가 삶을 살아가는 방식에 따라 변화한다. 그러므로 두뇌가 적응하고 기능하는 방식에 우리 행동이 영향을 미친다고 마땅히 기대할 수 있다. 우리 행동은 이러한 신경 세포와 시냅스가 어떻게 생성되는지와, 기억력과 주의력, 사고력에서 언어 및 추론 기술에 이르기까지 우리 두뇌의 기능성에도 영향을 미친다.

두뇌의 신경가소성이 훈련에 영향을 받으며, 또한 신경가소성은 새로운 두뇌 세포 형태로 명백하게 드러난다는 사실을 보여주는 인상적인 증거가 하나 있다. 커크 에릭슨Kirk Erickson은 피츠버그 대학교 동료들과 함께 2009년 수행한 한 연구에서 1년간 규칙적인 신체 운동을 수행했을 때 해마 크기가 2퍼센트 증가했으며(이는 2년 노화를 되돌릴 수 있을 정도 수준이다!), 또한 기억력이 개선되었다는 사실을 보여줬다. 과학자들은 이러한 변화가 신경영양 인자 BDNF(앞서 살펴봤듯 새로운 두뇌 세포 성장을 자극한다) 분비로 인해 발생했다는 사실을 확인했다. 에릭슨은 60대 후반 대상으로 실험했고, 이러한 점에서 연구 결과는 중년 이후 사람들에게 특히 고무적이다.

그의 연구 결과는 다시 한번 노화에 따른 퇴행이 필연적인 과정이 아니며, 규칙적이고 집중적인 운동을 통해 노화 과정을 어느 정도 늦출 수 있다는 그리고 심지어 되돌릴 수도 있다는 사실을 보여줬다. 20년 전만 해도 생물학적 노화를 되돌릴 수 있다는 주장에 대부분은 말도 안 된다고 생각했다. 그러나 이제 새 증거의 누적과 더불어 이러한 주장이 힘을 얻고 있으며, 권위 있고 보수적인 『네이처』와 같은 학술지조차 그 가능성을 언급하고 있다. 이러한 사실은 특히 약물에 의존하지 않고도 점차 접근이 가능하다는 점에서 대단히 매력적인 전망이다. 하지만 노화 과정을 되돌리기 위해 개발된 제품과 관련한 여러 주장에는 모든 독자가 충분히 비판적인 입장을 고수하길 당부한다.

논의를 요약하자면, 우리는 학습과 기억의 중추인 해마를 비롯하여 두뇌의 다양한 주요 영역에서 신경 발생을 확인했다. 그리고 생활방식을 통해 새로운 세포와의 연결을 보존할 수 있으며, 두뇌의 신경가소성은 더욱 강화된다. 정신 훈련과 육체 활동을 통해 이 일을 가능하게 할 것이다.

▌ 나이 들어서도 외국어 공부를 놓지 말아야 할 이유

어떤 유형의 훈련과 학습 경험이 두뇌에 도움을 주는가? '두뇌 게임'은 어떤 방식으로 도움을 주는가? 작은 동물과 인간 대상 연구에서 얻은 교훈은 모두 한 방향을 가리킨다. 어떤 훈련을 하든 간에 '인지적 자극'이 되어야 한다는 사실이다.

인지적으로 자극적인 활동이란 정신적으로 집중하거나 자신의 사고 능력을 시험하는 활동을 말한다. 이러한 활동의 사례로는 악기 배우기, 다른 언어 배우기, 춤 수업 듣기, 카드놀이 배우기 혹은 태극권이나 저글링처럼 복잡하고 생소한 정신적, 육체적 기술 익히기가 있다. 특히 저글링의 경우는 흥미롭다. 연구 결과, 저글링은 대단히 복잡하고 많은 노력을 요하는데, 이 과정이 두뇌 구조를 바꾼다는 사실을 확인했다. 즉, 새 백질 영역을 형성하고 회색질의 부피를 키웠다. 우리 두뇌는 생소한 도전에 직면하기를 그리고 새로운 것을 배우길 원하는 듯 보인다!

이러한 활동은 의사결정과 기억, 사고, 집중, 추론 같은 인지 능력을 유지하고 개선하는 데 도움을 준다. 일부는 이러한 활동을 '인지 향상 전략'이라고 부른다. 그 명칭이 무엇이든 간에, 이러한 활동에는 몇몇 핵심적인 특성이 있다. 앞서 소개했던 동물 연구에서처럼, 도전적이고 강도가 높아야 하며, 고도의 집중을 요구하고 새 기술을 습득할 수 있어야 한다. 두뇌의 역동성을 바꾸려면, 그 과제는 벅차야 한다.

비록 행동 전략으로 널리 인정받지는 못했지만 두뇌 기능을 향상시키는 많은 기술은 오랫동안 우리 주변에 있었다. 일부는 수 세기에 걸쳐 우리와 함께했다. 음악 교육, 춤 강습, 외국어 학습 같은 체계적인 문화 활동 등이 그것이다. 이러한 활동 중 일부는 특별한 기술 습득을 넘어 우리의 사고 기술을 향상시킨다. 예를 들어 2014년에 있었던, 20건의 연구에 대한 메타 분석은 태극권이 멀티태스킹, 시간관리, 의사결정 등 정신 테스트를 기준으로 했을 때 실행 기능을 개선하고, 또한 특정 두뇌 영역의 부피를 증가시켰음을 보여줬다. 경증 인지장애가 있는 노인 대상 연구에서, 태극권은 다른 종류의 운동 퇴행 속도를 많이 늦추고 인지 기능을 개선한 것으로 드러났다.

다음으로 많은 연구가 뒷받침하는 외국어 학습과 춤 연습에 대해 살펴보자. 언어는 인간 특유의 의사소통 시스템일 뿐만 아니라, 본질적으로 복잡하고, 다양하고, 대단히 정교하게 구축되었다. 언어는 적어도 15만 년 이전에 발생했다. 당시 인류는 추상적 사고와 계획 수립, 미술과 음악, 춤, 집단 사냥 등 현대적인 특징을 보이면서 두뇌는 구조적으로 대단히 복잡해지고 크게 성장했다. 그러나 언어의 기원에 대한 과학 연구는 논쟁과 더불어 많은 장벽에 부딪혔다. 특히 1866년 파리 언어학협회는 그 주제에 대한 모든 논쟁을 금지했고, 이로 인해 100년 넘게 의미 있는 연구가 가로막혔다. 언어의 기원은 여전히 인류학 연구에서 가장 힘든 분야 중 하나로 남아 있으며, 1990년대 초 이후에 와서야 실질적인 진보가 이뤄졌다.

언어는 대단히 자연스럽게 두뇌 구조에 자리 잡고 광범위하게 통합되어 있으므로 일부에서는 언어가 두뇌 기능에 어떻게 기여하는지 알아야만 두뇌를 진정하게 이해할 수 있다고까지 주장한다. 언어는 감정과 표현, 사고, 추론, 기억의 일부분이다. 이제 새로운 과학은 두 가지 언어를 구사하거나 새 언어를 학습하는 행동에서 도움을 받을 수 있다는 사실을 보여준다.

첫째, 새로운 언어 학습은 두뇌 크기를 증가시킨다. 2012년 스위스 사관학교에서 언어를 공부하는 학생과 언어를 공부하지 않는 학생(대조군)을 비교했다. 연구원들은 두 집단의 학생들에게 3개월에 걸쳐 비슷하게 어려운 수준의 학습 과제를 수행하도록 했다. 그리고 과제 시작과 끝에 학생들의 두뇌를 스캔했다. 그 결과, 그들은 언어를 공부한 학생들의 두뇌가 특정 영역에서 그렇지 않은 학생보다 더 크다는 사실을 확인했다. 언어를 공부하지 않았던 학생들의 경우, 두뇌 크기에서 아무런 변화가 일어나지 않았다. 그런데 여기서 가장 영향을 많이 받은 부위는 어디였을까? 쉽게 예상하듯, 그곳은 해마였다! 이러한 변화는 모든 학생에게 똑같이 나타나지는 않았다. 과제가 대단히 힘들다고 느껴 여기에 많은 노력을 투자한 학생의 경우, 해마뿐만 아니라 전두반구의 중뇌회처럼 학습에 관여하는 두뇌의 다른 부분이 크게 증가한 것으로 나타났다. 결론적으로, 두뇌 크기의 증가는 학생들이 얼마나 높은 성과를 거두었는지 그리고 이를 위해 얼마나 많이 노력했는지에 달렸던 것이다. 동물 실험 역시 이러한 사실을 지지한다.

그렇다면 평생 두 언어를 사용하는 사람은 어떨까? 시애틀 과학자들은 스페인어와 영어를 둘 다 구사하는 미국인 집단과 오로지 영어만 하는 이들을 비교했다. 그들은 피실험자의 두뇌를 스캔하여 백질(의 사소통에 관여하는) 차이를 확인했다. 이들 연구원은 대단히 복잡한 보고서를 통해 '외국어 경험'이 성인 두뇌의 신경가소성을 높이고 '용량 반응'을 드러낸다고 입증했다. 다시 말해, 변화 정도는 외국어 경험 정도와 비례했다. 두 개 이상의 언어를 구사하는 사람들의 두뇌 구조는 다른 것으로 보이며, 또한 외국어가 두뇌 구조에 미치는 영향은 얼마나 많이 외국어를 사용하는지에 달린 것으로 보인다. 이러한 발견은 왜 우리가 성인기에 새 언어를 배우기가 힘든지를 부분적으로 설명해준다는 점에서 대단히 중요하다. 아이들의 두뇌는 성인의 두뇌보다 더 높은 신경가소성을 보여준다.

그럼에도 외국어 학습은 나이를 떠나 신경가소성을 높이는 역할을 한다. 언어를 두뇌에서 처리하는 장소는 그 언어를 배우는 연령에 달렸다. 가령 12세 이하 아이들은 분명하게도 두 언어를 위해 '단일 저장 영역'을 활용하는 반면, 성인은 각각의 언어를 위해 '다른 영역'에 의존한다. 새 언어 학습에 관여하는 두뇌 구조는 고정된 것이 아니라 유동적이며, 우리가 새 언어를 학습하는 동안 미묘한 변화를 겪는다.

외국어 사용은 전두엽과 피질하 영역 그리고 두 반구가 서로 의사소통을 하도록 해주는 광대역 조직인 뇌량을 포함해 두뇌의 다양한 부분을 활성화한다. 두뇌 양쪽이 관여하고 서로 정보를 교환하도록 자극하기 때문이다. 이렇게 높아진 활동성은 백질 크기와 섬유 수를 증가시키며, 두 반구 사이의 '상호 대화'를 개선한다.

외국어를 사용하면서 단지 백질만 달라지는 게 아니다. 미국 조지타운 대학교 과학자들은 두 언어를 사용하는 사람의 두뇌 속 회색질과 한 언어만 사용하는 사람의 회색질을 비교했다. 결과는 분명했다. 두 가지 언어를 사용하는 사람의 회색질이 더 컸다. '상호 대화', 즉 반구 사이의 자연스러운 정보 교환이 두뇌의 정보 처리에 중요한 역할을 하는 회색질 크기를 더 확장한 것으로 보인다.

둘째, 더 중요한 질문은 이것이다. 외국어 학습과 사용은 두뇌 기능을 강화하는가? 에딘버러 대학교 토머스 박과 인도 하이데라바드 니잠 의학연구소 수바나 알라디 박사는 한 가지 흥미로운 실험을 실시했다. 그들은 두 언어를 사용하는 학생 집단과 한 언어만 사용하는 집단을 비교했다. 그 결과, 두 언어 사용 학생들이 집중력 테스트에서 더 나은 성적을 보였다.

또한, 박이 수행했던 다른 연구는 중요한 다음 질문에 대한 답을 제시했다. "외국어 학습에 따른 혜택은 그것을 배우는 연령에 달려 있는가?" 이 질문에 대답하고자 박은 스페인어 강의를 듣는 두 성인 집단을 비교했다. 하나는 18~30세 구성원으로 이뤄진 집단이었고, 다른 하나는 56세 이상으로 구성된 집단이었다. 그 결과는 놀라웠다. 4주 과정 후에는 연령에 상관없이 모두가 집중력과 기억력 그리고 사고유연성 테스트에서 더 높은 점수를 기록했던 것이다. 게다가 나이 많은 사람이 젊은이보다 더 높은 향상 폭을 보였다. 이러한 사실은 학습이 연령에 상관없이 인지 개선으로 이어지며, 나이 많은 사람이 같은 기간에 걸쳐 젊은이보다 더 많이 개선된다는 사실을 보여준 이전 연구 결과와 맥을 같이한다. 정신 훈련에 관한 동물 실험, 기억나는가? 그러한 성과 개선은 사람들이 얼마나 언어를 연습하는지에 달렸다는 사실 또한 밝혀졌다.

또 다른 고무적인 연구 결과가 있다. 그것은 새 언어의 학습이 두뇌 노화 방지 역할을 한다는 것이다. 이에 대한 증거를 확인하기 위해 이탈리아의 연구 사례에 주목해보자. 여기서 이탈리아 연구원들은 비슷한 단계의 치매를 앓는 85명의 두뇌를 스캔했다. 그중 45명은 두 언어(독일어, 이탈리아어)를 사용했고, 나머지 40명은 하나의 언어(독일어 혹은 이탈리아어)만 사용했다. 이들 연구원은 두뇌 스캔을 통해 포도당 소비를 추적했다. 포도당 소비는 두뇌의 다양한 영역의 활동성과 이들 영역이 기능적인 측면에서 다른 두뇌 영역과 얼마나 잘 연결되어 있는지를 보여준다.

결과는 놀라웠다. 두 언어 사용 집단이 평균 5살이나 더 많았음에도 치매 진행 단계는 한 언어 사용 집단과 동일했다. 이 말은 그들의 언어 기술이 치매 진행을 그만큼 늦췄다는 뜻이다. 또한, 하나의 언어만 사용하는 이들의 두뇌는 주요 두뇌 영역에서 더 느린 신진대사를 보였고, 이는 더 높은 수준의 기능 장애를 의미했다. 반면 두 언어를 사용하는 이들은 두뇌의 수행 영역들 사이에 '더 많은 연결'이 존재했다. 그리고 두 번째 언어에 대한 그들의 경험은 중요한 두뇌 네트워크의 활동성과 뚜렷한 상관관계가 있는 것으로 나타났다.

이 모든 이야기가 좋게 들린다. 그러나 한 가지 핵심 질문이 남았다. 사람들은 새 언어를 학습함으로써 지적 유연성을 개선하는가, 아니면 원래 지적으로 유연한 사람들이 더욱 적극적으로 새 언어를 학습하는가? 어느 쪽이 맞는가? 이 질문에 유명한 종단 연구인 〈단절된 마음〉 프로젝트가 대답을 내놓았다.

앞서 '들어가며'에서 언급했듯, 이 연구에 참여했던 피실험자들은 1947년, 11살의 나이에 지능 검사를 받았고, 이후로 70대와 80대 초에 다시 한번 검사를 받았다. 그리고 그중 260명의 피실험자가 영어 외에 적어도 하나의 언어를 더 할 줄 알았고, 그중 195명은 18세 이전 혹은 65세 이후에 그 언어를 배웠다. 이 실험에서 연구원들은 둘 이상의 언어를 할 줄 아는 사람들은 11세 지능을 기반으로 기대했던 것보다 훨씬 더 높은 인지 능력을 보여줬음을 확인했다. 가장 많은 도움을 받았던 지적 능력은 전반적인 지능과 독해였으며, 그 이익은 그들이 해당 언어를 배운 시기와 무관했다.

이 증거는 결정적이다. 두 번째 언어 학습은 나이를 떠나 '인지적으로 자극을 주는 활동'이다. 이는 두뇌를 '재구성'하고 그 크기를 늘릴 뿐만 아니라, 두뇌 능력을 끌어올리고, 정신을 명료하게 유지하고, 두뇌를 노화로부터 '보호'하는 효과적인 방법이다.

만일 당신이 음악과 움직임에 따른 인지 자극을 선호한다면? 젊음을 유지하고 두뇌 능력을 높이고자 한다면 〈스트릭틀리 컴 댄싱Strictly Come Dancing〉(BBC가 제작한 춤 경연 프로그램—옮긴이)에 참여해보는 것도 좋은 방법이다. 댄서라면 분명히 동의할 것이다. 2017년 캘리포니아 대학교에서 아토믹 볼룸 댄스 스튜디오 출신의 댄서 2백 명 이상(그중 71퍼센트가 여성)을 대상으로 설문조사를 실시했다. 댄스 수업이 신체적, 정서적, 인지적, 사회적 차원에서 어떤 도움을 주는지에 대한 그들의 인식을 파악하기 위한 것이었다.

그 결과는 대단히 고무적이었다. 인지적 차원의 이익과 관련해, 대다수(82퍼센트)가 춤이 기억력 혹은 새로운 것을 배우는 능력을 높여줬다는 데에, 70퍼센트는 춤이 더 오랜 시간 집중하는 데 도움을 준 사실에 동의했다. 게다가 더 높은 비중(95퍼센트)으로 춤이 그들의 정서적 삶을 높여줬다는 데 동의했다. 그들은 사회적 이익 또한 높게 평가했다. 상대방과 함께하는 춤은 시선을 마주치고 유지하는 것(80퍼센트), 신체적 접촉을 하는 것(89퍼센트) 그리고 새로운 사람을 만나는 것(다시 89퍼센트)에서 그들을 더욱 편안하게 했다고 보고했다. 피실험자들은 사회적 상황에서 덜 긴장하게 되었고(또다시 89퍼센트), 사회적 대인 기술도 늘었다(88퍼센트)고 보고했다. 또한, 압도적 다수(93퍼센트)가 춤이 자신감을 높여줬다는 데 동의했다.

흥미로운 두 번째 발견이 있다. 그것은 경험 많은 댄서들이 사고 능력과 정서적, 사회적 삶 모두에서 훨씬 더 큰 이익을 얻었다고 보고했다는 사실이다. 여기서 춤추는 시간과 횟수는 결정적인 두 요인으로 작용했다. 인지적 이익은 또한 나이와 관련 있었다. 즉, 나이 많은 피실험자들이 더욱 높은 수준의 인지적 이익을 보고했다. 하지만 나이와 관련된 이익이 실제로 존재하는지, 아니면 단지 나이 많은 댄서들이 인지적 이익을 더 많이 인식했는지는 정확히 알 수 없다.

대부분의 연구 결과는 춤을 배우는 것은 두뇌에, 특히 평생에 걸친 처리 기술과 처리 속도 유지에 도움이 된다는 사실을 보여준다. 예를 들어, 2012년 노스다코타의 마이놋 주립대학교 연구원들은 라틴 스타일의 유명한 춤인 줌바가 기분 전환에 도움을 주고, 시각 인식 및 의사 결정 같은 특정한 인지 능력 개선에 도움을 준다는 사실을 확인했다. 또 다른 연구는 춤이 스트레스를 줄이고, 행복 호르몬인 세로토닌 수치를 높이며, 두뇌 특히 실행 기능과 장기 기억 그리고 공간 인지(자신이 어디에 있는지 파악하는 능력)와 관련된 영역에서 새로운 연결을 생성한다는 사실을 보여줬다.

무엇이 이러한 이익을 만들어내는 걸까? 미국의 여러 대학이 함께 추진한 연구에서 이 질문에 대한 대답을 하나 내놨다. 그들은 6개월에 걸쳐 다양한 일상 활동이 두뇌에 미치는 영향을 피실험자 두뇌의 백질 면적 확인을 통해 비교했다. 그러한 활동 중 하나로 많은 노력이 필요한 댄스 수업(컨트리 댄싱)이 있었다. 백질 면적은 처리 속도와 새 정보를 이해하고 반응하는 능력과 관련 있다. 연구원들은 인지 장애가 없는 60~79세의 건강한 성인 174명을 대상으로 수업 기간 6개월의 시작과 끝 시간에 두뇌를 스캔하고 사고 기술 테스트를 실시했다.

이때 6개월 동안 백질이 증가했던 유일한 집단은 댄싱 그룹이었다. 이에 대해 연구원들은 복잡한 춤 동작 연습이 두뇌에 힘든 과제를 부여한 결과로 해석했다. 다른 집단(걷기, 걷기와 영양 섭취 그리고 다양한 활동[스트레칭과 근육 강화 운동]을 수행한 대조군)에서는 백질이 감소한 것으로 나타났다. 노화에 따른 퇴행이 6개월이라는 짧은 기간에 확인 가능하다는 사실을 보여줬다는 점에서 대단히 흥미롭다. 또한, 댄싱 그룹에서 백질 변화는 정보 처리 속도의 상승과 관련 있는 것으로 드러났다. 인지 훈련의 결과, 젊은 성인에게도 백질에서 비슷한 긍정적 변화가 관찰되었다는 사실을 언급할 필요가 있다.

심리학자들은 춤을 일컬어 '복잡한 개입complex intervention'이라고 부른다. 춤은 사회적, 정서적으로 보상을 주며, 감각과 운동 기술은 물론, 집중과 판단, 기억 같은 다양한 두뇌 활동의 통합을 요구한다. 많은 연구가 다양한 요인의 개입이 영양 섭취나 유산소 운동 같은 단일 개입보다 훨씬 더 효과적이라는 사실을 입증한다. 우리는 이 장 서두에서 소개한 동물 실험에서 그러한 사실을 확인했다. 여기서 운동과 정신적 훈련은 대단히 효과적인 조합으로 드러났다. 춤은 그러한 '조합된' 훈련을 대표하는 완벽한 활동이다.

마지막으로, 춤을 배우는 것은 새 언어를 배우는 것처럼 우리 두뇌를 노화에서 보호하는 듯 보인다. 이러한 발견은 2003년 뉴욕 앨버트 아인슈타인 의과대학의 연구로 처음 밝혀졌다. 연구원들은 체계적인 연구를 통해 읽기와 쓰기, 십자낱말풀이, 카드놀이, 악기 연주, 걷기, 테니스, 수영, 골프 그리고 춤의 영향을 서로 비교했다. 그 결과, 십자낱말풀이나 카드게임 같은 모든 인지 활동은 치매 위험 감소와 관련 있는 것으로 드러났다. 반면 신체 활동 중에는 오직 춤만이 위험 감소와 관련 있었다. 게다가 춤은 모든 다른 인지적 활동보다 치매 위험을 낮추는 데 두 배나 더 효과적(76퍼센트 감소)이었다. 반면, 이 연구에서 수영과 자전거 타기는 치매 위험 예방과 아무런 관련이 없는 것으로 드러났다!

그렇다면 춤은 왜 그렇게 효과적인 걸까? 자유로운 형태의 춤은 순간적인 의사결정을 계속 요구함으로써 두뇌가 회로를 재구축하도록 압박하는 역할을 한다. 이러한 재구축은 신경가소성 그리고 과학자들이 '인지 예비'라고 부르는, 두뇌 손상에 대한 저항력(6장에서 논의했던)을 만든다.

이후에 나온 연구 결과는 보다 강력한 증거를 제시했다. 2017년 마그데부르크의 오토 폰 귀리케 대학교 연구원들은 교묘한 계획을 세웠다. 그들은 극단적으로 까다로운 댄스 강습 프로그램을 고안했는데, 여기서 나이 많은 피실험자들(65-80세)은 새롭고 점점 더 어려워지는 춤 동작을 계속 배워야 했다.[2] 그들은 6개월이라는 짧지 않은 기간에 매일 춤을 배웠다. 이후 연구원들은 이 그룹을 비슷한 유산소 운동으로 이뤄진 신체 훈련 프로그램을 수행한 다른 그룹과 비교했다. 두 그룹 모두 실험이 끝날 무렵에 더 날씬해졌다.

그런데 춤은 다른 신체 활동에 비해 해마 그리고 네 곳의 두뇌 영역의 크기를 더 확장한 것으로 드러났다. 또한, 춤의 경우에만 BDNF가 증가했다. 그룹 간 정신적 기능에서는 유효한 차이가 나타나지 않았다. 이 연구는 다른 연구 집단과 마찬가지로 시간 기반으로 설명을 제시했다. 6개월은 두뇌에 대한 물리적 변화가 일어나기에 충분히 긴 시간이지만, 정신 기능에서 개선이 나타나기엔 충분히 긴 시간은 아니었다. 이들 연구원은 그들의 까다로운 춤 프로그램을 "노화가 두뇌에 미치는 부정적인 영향을 상쇄하는 데 효과적인 수단"으로 망설임 없이 추천했다.[3]

▎뇌 업그레이드에 너무 늦은 나이는 없다

우리는 앞서 6장에서 '인지 예비'라는 개념을 살펴봤다. 인지 예비는 삶의 중대한 과제에 대처하기 위한 다양한 방법을 발견해내는 두뇌의 능력이라고 할 수 있다. 이 개념은 우리가 다음 질문에 답하도록 도움을 준다. "왜 어떤 사람은 정신 능력을 잘 보존하는 반면, 다른 사람은 그렇지 못할까?"

인지 예비를 구축하면 우리는 평생에 걸쳐 두뇌 능력을 더 잘 보호할 수 있다. 그렇다면 어떻게 이 상태를 만들 수 있을까?

좋은 인지 예비는 교육적, 직업적 성취 그리고 6장에서 논의했듯 여가 활동 및 사회적 삶을 포함하여 우리가 선택하는 생활방식과 관련 있다. 이를 위해서는 두뇌 신경 네트워크를 구축해야 한다. '두뇌가소성'을 기반으로 일상적인 삶의 과정을 변형하고 이에 적응하는 것이다. 그 네트워크가 더욱 복잡하고 정교할수록, 우리의 인지 예비는 더 좋아진다. 좋은 소식은 인지적으로 자극적인 활동이 우리의 인지 예비를 높이고, 신체적인 트라우마(뇌진탕이나 뇌졸중 같은)와 노화에 따라 두뇌에서 일어나는 생물학적 변화에 대처하게 함으로써 인지 퇴행에 저항하도록 도움을 준다는 사실이다.

우리는 다양한 정신적, 신체적 훈련을 통해 능력을 개선할 수 있다. 그러나 정말로 두뇌에 도전하지 않는 한, 그러한 노력은 단지 기존 두뇌 회로를 강화하는 선에서 그칠 것이다. 우리 두뇌는 꼭 필요한 때라야만 회로를 재구성한다. 그럴 필요가 없다면 원래 상태를 유지하려한다. 세계 두뇌건강위원회는 인지적으로 자극을 주는 즐거운 활동을 건강한 생활방식의 일부로 통합해 두뇌 건강을 유지하고 노화에 따른 인지 퇴행 위험을 줄여야 한다고 권고한다. 그들의 말을 들어보자.

> 인지적으로 자극적인 활동이 반드시 도움이 되는 것은 아니다. 활동의 질(새로움, 다양함, 노력 수준, 인지적 과제의 수준, 즐거움 정도)이 중요하다. 나아가 활동에 투자하는 시간 또한 그러한 활동이 두뇌 기능을 유지하고 개선하는 정도에 중요한 역할을 한다.[4]

인지적으로 자극적인 활동의 이익에 관해 우리가 알고 있는 바는 [상자 8.2]에 요약되어 있다.

상자 8.2 **인지적으로 자극적인 활동:**
그런 활동은 무엇이며 어떤 역할을 하는가

- 인지적으로 자극적인 활동이란 새롭고, 정신적인 노력을 요구하면서 우리의 사고 능력을 시험하는 활동이나 훈련 혹은 운동을 말한다.

- 그러한 활동 사례로는 악기 배우기, 외국어 학습, 춤 강의 듣기, 카드놀이 배우기 그리고 태극권이나 저글링처럼 복잡하고 새로운 기술 익히기가 있다.

- 어떤 활동이 인지적으로 자극적이려면 쉽지 않아야 하고, 집중적인 노력을 투자해야 하며, 강도가 높고, 또한 오랜 기간에 걸쳐 지속적이고 반복적인 연습을 쏟아부어야 한다.

- 집중과 기억, 판단 및 추론 등 전반적인 사고 능력을 개선시킨다.

- 신경가소성을 높이고 두뇌의 신경 네트워크를 재구축한다.

- 언어를 배우거나 2개 국어를 하면 기억과 학습 중추인 해마와 같은 두뇌 영역의 크기를 증가시키고, 정보 처리 속도를 높이고, 두 반구 사이의 의사소통을 강화하고, 두뇌를 노화로부터 보호하는 것으로 알려져 있다.

- 춤은 다양한 개인적, 사회적, 정서적 이익과 더불어 두뇌에 많은 도움을 준다. 백질 내 섬유의 크기와 수를 증가시켜 처리 속도를 높이고, 노년 치매를 포함해 인지 퇴행 위험을 감소시킨다.

- 인지적으로 자극적인 활동은 '인지 예비'를 높임으로써 신체 트라우마나 노화 관련 인지 퇴행 등 살아가면서 직면하게 되는 난관에도 잘 대처하도록 한다.

- 인지적으로 자극적인 활동은 나이와 무관하게 두뇌에 도움을 준다. 두뇌에 도전하는 새로운 활동을 시작하기에 너무 늦은 때란 없다.

- 인지적으로 자극적인 활동이 인지 장애 위험을 감소시킨다는 증거들이 계속 나오고 있다.

- 두뇌 자극 활동을 중단할 때, 인지 퇴행 속도는 더 높아진다.

▌효과가 확실한 인지 훈련

우리 정신이 더욱 명료하고, 민첩하고, 나아지도록 그리고 나이 들면서도 두뇌 능력을 계속 유지하도록 훈련할 수 있을까? 약 백 년의 세월에 걸쳐 과학자들은 인지 훈련cognitive training(CT)에 대한 연구를 진행해 오고 있다. 인지 훈련(혹은 '두뇌 훈련')이란 인지적 도움을 주는 다양한 놀이나 활동을 의미하는 '인지적으로 자극적인 활동'과는 달리, 사고 기술의 향상이라는 구체적인 목표와 함께 심리 원칙에 기반을 둔 특정한 학습 프로그램을 말한다. 1910년에 수행된 최초의 인지 훈련 실험은 대학생 대상으로 관련 없는 알파벳 글자 목록을 기억하도록 했다. 그 과정에서 일부 개선이 나타났지만, 그 과제를 벗어나는 영역에서는 눈에 띄는 효과를 발견할 수 없었다. 인지 훈련은 문제 해결, 추론, 집중, 판단, 작업 기억 같은 두뇌 능력 개선을 목표로 삼으며, '신경가소성' 개념에 기반한다. 이미 여러 맥락에서 살펴봤듯, 신경가소성이란 변화하는 주변 환경에 대응하고 적응하는 두뇌의 능력을 의미한다. 신경가소성은 노화에 따라 퇴행하는 것으로 알려져 있다.

그렇다면 인지 훈련은 효과가 있는가? 이와 관련해 우리는 전반적으로 다음과 같은 이야기를 할 수 있다.

- 인지 훈련이 과제에서 성과가 개선된다는 많은 증거가 있다.
- 그러한 개선 효과가 밀접하게 연관된 과제로 전이된다('근전이near transfer')는 증거는 많지 않다.
- 거의 관련 없는 과제로 개선 효과가 전이된다('원전이far transfer')는 증거는 더욱 적다.

- 일부 연구는 인지 훈련이 인지 퇴행 속도를 늦추는 데 어느 정도 도움을 준다고 보고하지만, 치매나 알츠하이머 질환 같은 인지 장애의 발병을 늦추거나 예방한다는 부분에서 결정적인 증거는 알려진 바 없다.

그렇다면 십자낱말풀이나 까다로운 퀴즈, 숫자 문제는 어떨까? 이러한 과제는 우리 정신을 명료하게 하고 두뇌 능력을 개선할까? 많은 흥미로운 연구 프로젝트에서는 이 질문에 대한 몇 가지 답을 던진다. 2019년 엑스터 의과대학은 〈프로텍트PROTECT〉 프로그램의 일환으로 추진했던 한 연구 결과를 발표했다. 이는 엑스터 의과대학과 킹스칼리지 런던이 영국 건강보험과 함께 추진한 연구 프로젝트로, 건강한 두뇌가 어떻게 늙어가는지 그리고 왜 일부는 치매에 걸리는지를 밝혀내려 했다. 엑스터 의과대학의 연구는 50세 이상의 성인 1만 9천여 명을 25년간 추적했다. 그 결과, 십자낱말풀이나 스도쿠 같은 퍼즐을 규칙적으로 즐긴 사람일수록 집중과 기억, 추론(특히 속도와 관련해)을 평가하는 과제를 더 잘 수행했다는 사실이 드러났다. 한 가지 흥미로운 발견은 이러한 게임을 규칙적으로 수행한 사람들은 과제 성과와 관련해 게임을 하지 않았던 이들보다 '8년 더 젊은' 것으로 나타났다. 이 결과만 보면 우리는 이렇게 말할 수도 있다. "두뇌 노화 속도를 늦추려면 그리고 두뇌 능력을 유지하고자 한다면 십자낱말풀이가 그 해답이다." 하지만 속단하지는 말자. 연구 결과는 "상관관계가 존재한다"라는 언급 수준이었다. 다시 말해, 성과와 '두뇌 게임' 사이에 관련 있다고만 이야기했고 '원인과 결과'는 보여주지 않은 것이다. 두뇌 게임을 즐긴 사람들이 어떤 방식으로든 더 명석한 사람들이었다는 설명을 내놓을 수도 있다('역인과reverse causation'라고 부른다).

이런 게임이 본질적으로 복잡한 일상의 인지 기술 향상에 도움을 준다는 명백한 증거는 아직 없다. 독일에서 수행된 또 다른 흥미로운 연구는 조각 그림 맞추기에 주목했다. 연구원들은 플레이어가 조각 그림 맞추기를 할 때, 인식과 반응, 유연성, 작업 기억, 추론 등 특정한 주요 기술을 활용한다는 사실을 확인했다. 성인 집단 대상으로 30일간 매일 어려운 조각 그림 맞추기를 하게 했을 때, 조각 그림 맞추기와 관련된 특정 기술이 대조군(맞추기를 하지 않았던)에 비해 향상되었다. 하지만 "전반적인 시공간 인식"에서는 그러한 향상이 나타나지 않았다. 다시 말해, 개별적인 인지 기술은 나아졌지만 그것은 특정 게임의 틀 내부에 국한되었다.

인지 훈련은 우리를 더 똑똑하게 만들까? 버클리 캘리포니아 대학교 아서 젠슨 교수는 약 50년 전 『하버드 교육 리뷰Harvard Educational Review』를 통해 발표되면서 논란을 자극했던 한 논문에서 IQ(당시 유동지능 fluid intelligence의 일반적인 기준이었다)는 전반적으로 환경 변화에 따라 변하지 않는다고 주장했다. 아서는 그러한 주장을 이제는 널리 알려진 다음과 같은 말로 시작했다. "보상교육을 시도해봤으나 분명히 실패했다." 그의 논문은 미국은 물론 해외에서 정치적, 학술적 차원에서 많은 분노를 자극했다.

이후 수십 년간 애매모호한 논의가 이어지다가, 결국 2008년에 수잔 재기Suzanne Jaeggi와 미시건 대학교 동료들이 수행했던 기념비적인 연구에 의해 그의 논문은 폐기되는 운명을 맞이했다. 재기의 연구팀은 유동지능은 개선될 수 있으며, 이는 모든 수준의 지능에 해당한다고 주장했다. 더 나아가 그들은 '용량 반응'이 존재한다고 주장했다. 다시 말해, 더 많이 훈련할수록 효과는 더 뚜렷하게 나타난다는 것이다. 재기의 연구는 당시로는 생소하게 '작업 기억'이 핵심 결정 요인이 될 것이라는 전망으로 이어졌다. 재기 연구팀은 작업 기억과 관련해 두 가지 검증된 테스트를 활용했다. 2008년 이후로 그들의 발견을 재현하려는 시도는 애매모호한 결과로 이어졌고, 그래서 초기 주장은 힘을 잃고 말았다. 이제 우리는 유동 지능이 개인별로 큰 차이가 있기는 하지만 노화에 따라 퇴행한다는 사실을 알고 있다. 유동지능이 훈련으로 개선될 수 있다고는 하나, 그러한 개선이 어떻게 일상적인 삶으로 전이될 수 있는지에 관해선 여전히 모르고 있다.

특정 훈련 과제에서는 성과가 크게 개선될 수 있지만 "일상생활에 대한 전반적인 영향 같은, 다른 과제로의 전이는 미미하다"라는 사실을 보여주는 증거는 많다. 작업 기억에 대한 훈련이 다양한 효과 생성에 핵심이라는 주장은 결국 2016년에 87건의 과학 연구를 살펴본 '메타 검토'로 폐기되고 말았다. 세 저자는 작업 기억에 관한 훈련 프로그램이 단지 특정한 훈련 효과 생성에 그치고, "실제 세상의 일상적인 인지 능력으로는 전환되지 않는다"라고 결론 내렸다. 다시 말해, 우리가 기억 훈련을 한다면 뭔가를 더 잘 기억하게 되겠지만, 그렇다고 우리가 더 똑똑하고, 집중력 높고, 빠르게 사고하게 되는 것은 아니라는 의미다.

▌게임을 잘한다고 해서 …

전략 게임은 생소한 게 아니다. 그것은 인류만큼 오래되었다. 4세기 중국의 바둑, 인도의 차투랑가 그리고 고대 페르시아의 원시 체스는 모두 지적, 전략적 도전 과제라는 공통 요소를 포함하고 있다. 이후 그림 조각 맞추기와 루빅큐브가 등장하면서 시각, 촉각 과제가 추가되었다. 그리고 최근에는 비디오와 컴퓨터 게임이 새로운 수준의 복잡성을 가져다주면서 승리를 향한 끊임없는 싸움에 흥미를 더하고 있다.

라스트 오브 어스Last of Us. 지티에이Grand Theft Auto. 스나이퍼 엘리트 Sniper Elite. 모두 긴장감 넘치고, 흥미진진하고, 중독적인 게임이다. 이들은 우리의 정신적 속도와 처리 및 조작 능력을 테스트한다. 그리고 운동, 감각, 시각 등 두뇌의 다양한 네트워크를 활성화하고 보상 중추를 자극한다. 아드레날린과 코르티솔, 세로토닌이 몸에 흘러넘치게 만들고, 참을 수 없는 긴장감으로 우리를 가득 채운다. 마치 미로에 갇힌 작은 쥐가 된 것처럼 우리를 움직이게 만든다. 결국, 우리는 그 과제를 해결한다. 그런데 이러한 게임이 두뇌 건강에 어떤 역할을 하는가? 생각하고, 추론하고, 기억하는 능력에 무슨 영향을 미치는가?

오늘날 과학은 게임에 장점과 단점이 모두 존재한다고 들려준다(그래도 장점 쪽으로 기울어져 있다는 사실에 많은 게이머는 안도할 것이다). 하지만 게임에 대한 연구 역사는 불과 약 20년밖에 되지 않았으며, 이 분야에서 과학은 아직 걸음마 단계. 그럼에도 게임 기술이 널리 퍼지고, 취미 혹은 직업으로 게임을 하는 사람들이 늘면서 연구의 중요성은 점점 더 높아지고 있다(2017년 기준, 영국의 게임 인구는 약 3천 2백만 명이고, 영국은 세계 5위의 게임 시장이다). 2017년에는 게임과 두뇌에 관한 백여 편의 논문을 검토한 첫 번째 연구 결과가 나왔는데, 게임은 아이에서 노인에 이르기까지 모든 연령대에 걸쳐 두뇌 구조와 기능 그리고 더 나아가 행동까지도 바꾼다는 사실을 보여줬다.

그렇다면 게임의 장점은 무엇인가? 첫째, 집중력을 높여준다. 게이머들은 더 오랫동안 집중하고, 또한 더 효과적으로 선택적 집중(특정 대상에 대한 집중)을 할 수 있다. 게이머들의 경우, 집중에 관여하는 두뇌 영역은 보다 효율적으로 움직이며, 힘든 과제 해결을 위해 보다 쉽게 '전환'된다. 또한, 공간 시각적 이익(보는 것을 인식, 이해, 이용하는 능력)도 있다. 게임 중, 공간 시각적 활동에 관여하는 두뇌 영역에는 더 많은 회색질이 분포해 있으며 효율적으로 기능해 자극에 빠르게 반응한다.

연구 결과는 비디오 게임이 두뇌의 전기 활동을 바꾼다는 사실을 보여주기도 한다. 일부 영역에서는 세타파가 증가하고, 이는 이완 상태를 가리킨다. 반면 다른 영역에서는 알파파가 증가하는데, 이는 두뇌의 한 부분이 다른 부분을 위해 억제되어 있음을 말해준다. 흥미롭게도, 알파파가 많이 나타나는 게이머들은 반응 시간과 작업 기억에서 뚜렷한 향상을 보여줬다.

마지막으로, 통제에 관여하는 두뇌 영역은 게이머들에겐 더욱 활성화된 것으로 드러났다. 하지만 게임을 통해 훈련된 실행 기능은 다른 형태의 인지 훈련으로 개발된 기능과 비교할 때 "다른 행동으로 잘 전이되지는 않는다." 게임을 통한 훈련은 게임에 익숙해지기 위해 사용되는 두뇌 속 경로를 끊임없이 개선하는 것으로 나타날 뿐이다.

다음으로 단점은? 게임은 중독을 유발하고, IGP(internet gaming disorder, 인터넷 게임 장애)라고 하는 문제로 이어질 수 있다는 증거가 있다. 과학자들은 게임 중독자를 '게이밍 신호'에 노출한 뒤 그들의 두뇌 반응을 관찰하는 방식으로 확인한 결과, 두뇌 보상 시스템에서 기능적, 구조적 변화가 발생했다는 사실을 인정했다. 이러한 변화는 다른 중독 장애에서 발견되는 변화와 기본적으로 동일하다.

요약하자면, 게임은 특정 요구와 관련해서 구체적인 이익을 만들어

내긴 하지만, 이러한 이익은 일상적인 삶으로 잘 전이되지는 않는 것으로 보인다. 구체적으로 두뇌 능력을 향상한다고 주장하는 컴퓨터 기반의 게임이나 퍼즐은 어떨까?

2014년 뛰어난 신경과학자들로 구성된 두 그룹은 처음으로 연 매출이 10억 달러를 넘어선 전도유망한 컴퓨터 기반 두뇌 게임 산업에 대해 완전히 상반된 견해를 내놓다. 스탠퍼드 수명연구소 그리고 베를린에 있는 막스 플랑크 인간개발 연구소가 이끄는 한 그룹은 그해 10월에 연구 결과를 발표했다. 그들은 두뇌 게임을 홍보하는 이들이 내놓은 주장은 종종 과장되었으며, 때로는 오해를 조장한다고 직설적으로 언급했다. 그들은 이렇게 결론 내렸다. "우리는 두뇌 게임이 인지 퇴행을 완화하고 거꾸로 되돌릴 수 있다는, 과학적으로 근거 있는 방법을 소비자에게 제시한다는 주장에 반대한다."[5]

이에 대한 즉각적인 반응이 나왔다. 백 명 이상의 앞서가는 신경과학자와 연구원들은 공개서한을 통해 그들의 입장을 이렇게 밝혔다. "[두뇌 게임에는] '인지 퇴행을 완화하거나 거꾸로 되돌릴 수 있는, 과학적으로 근거 있는 방법을 소비자에게 제공한다는 설득력 있는 과학적 증거가 없다'라는 일부 주장에 동의할 수 없다."[6] 그들은 이 서한을 루모스랩스와 함께 두뇌 게임 산업을 이끄는 포짓 사이언스 코퍼레이션의 최고과학책임자 마이클 머제니치 박사의 지지를 얻어 〈인지 훈련 데이터Cognitive Training Data〉 웹사이트에 발표했다.

여기서 우리는 거대한 대립을 목격한다. 똑같이 유명하고, 많은 과학자가 서명한 두 진술이 서로 상반된 결론을 지지하는 것이다. 그렇다면 대중은 어느 쪽 말을 믿어야 할까? 이 딜레마를 해결하기 위한 첫걸음은 대니얼 사이먼스 박사와 그의 일리노이 대학교 동료 여섯 명이

2016년에 발표한 130건의 연구에 대한 분석이었다. 결론은? 그들은 두뇌 게임 훈련이 일상적인 인지 성과를 개선한다는 증거는 거의 발견하지 못했다. 영국에서는 케임브리지 대학교가 이끌고 『네이처』에 발표된 주요 연구 역시 스탠퍼드 연구소와 인지 훈련 데이터 사이의 충돌이 발생하기 4년 전에 비슷한 결론을 내놓았다. 그들은 1만 1천 명 이상의 성인을 대상으로 6주에 걸쳐 실험을 진행했다. 가장 먼저 연구원들은 피실험자에게 추론과 기억, 학습에 관한 테스트를 실행해 성과 기준을 마련했다. 다음으로 피실험자들이 온라인을 통해 매주 정기적으로 훈련을 하도록 했다. 첫 번째 그룹에는 추론과 계획 수립, 문제 해결에 관한 과제를 제시했고, 두 번째 그룹은 기억과 집중, 수학에 관한 게임 같은 테스트를 보도록 했다. 마지막으로 세 번째 그룹은 단지 인터넷을 이용해 '애매모호한' 질문에 대답하도록 했다. 각 그룹은 그들에게 할당된 과제를 수행하는 데서 개선을 보였다.

원래의 심리학 테스트 결과, 그룹 간 차이는 나타나지 않았다. 피실험자들은 원 점수에서 크게 개선되지 않은 것이다. 연구원들은 이렇게 언급했다. "이 결과는 건강한 성인으로 구성된 대규모 표본에서 '두뇌 훈련'에 따른 인지 기능과 관련해 전반적인 개선을 보여주는 어떠한 증거도 보여주지 못한다. … [그 데이터는] 훈련과 관련된 개선이 이루어졌다고 해서 비슷한 인지 기능을 활용하는 다른 과제로 일반화할 수 없다는 증거다."[7]

2013년 오슬로 대학교에서 추진한, 23건의 연구에 대한 메타분석 결과 역시 이러한 발견을 뒷받침했다. 두뇌 훈련은 당면과제 수행에서는 구체적인 개선을 보여줬지만, 전반적인 지능이나 기억, 집중 혹은 어떤 다른 인지 능력으로 일반화할 수 있는 개선을 만들어내지는 못했다고 연구팀은 결론지었다.

2017년 루모스랩스는 그들의 게임이 일상적인 정신 능력을 높이고 노화 관련 인지 장애를 완화하거나 늦출 수 있다는 '근거 없는' 주장으로 소비자를 기만했다는 연방거래위원회의 고발에 대해 벌금 2백만 달러를 물기로 합의했다. 그럼에도 여전히 많은 이들이 두뇌 게임에 열광하고 있다. 2019년에 파이낸셜타임스는 "증거 부족이 십억 달러 규모의 두뇌 훈련 시장을 계속 괴롭힌다"라는 제목의 기사에서 두뇌 게임 산업은 2021년이면 80억 달러 규모에 이를 것으로 내다봤다.

결론을 내리면서 세계 두뇌건강위원회가 발표한 내용을 소개할 필요가 있겠다.

'두뇌 게임'의 이름으로 판매되는 제품 대부분은 세계 두뇌건강위원회가 인지 훈련 장점에 대해 논의할 때 사용하는 개념을 쓰지 않는다. 물론 그 '두뇌 게임'을 하면, 사람들은 '게임'을 점점 더 잘하게 되지만, 그러한 향상이 개인의 일상적인 인지 능력 개선에 따른 것이라는 사실은 아직 밝혀지지 않았다. 게임 성과 개선이 일상에서 전반적인 기능 개선으로 이어진다는 증거는 여전히 충분치 않다. 예를 들어 스도쿠를 잘한다고 해서 금융관리를 더 잘한다고 주장할 만한 증거는 없다.[8]

인지 훈련에 관한 연구로부터 우리가 알 수 있는 바를 [상자 8.3]에 요약했다.

인지 훈련에 관한 연구로부터 알 수 있는 것들

- 연구 결과는 처리 속도와 작업 기억 혹은 집중력 같은 특정 기술이 특정 훈련, 예를 들어 비디오 게임이나 퍼즐 혹은 '까다로운 퀴즈'와 같은 여가 활동을 통해 개선될 수 있음을 말한다.
- 이러한 활동에는 인식, 처리 속도, 유연성, 작업 기억, 추론, 일화 기억 등 다양한 인기 기술이 관여하며, 이러한 기술은 게임 성과의 개선과 함께 향상된다.
- 그러나 이러한 이익이 전반적인 정신 능력으로 전이된다는 증거는 거의 혹은 전혀 없다. 다시 말해 '원 전이'는 없다.
- 십자낱말풀이와 스도쿠와 같은 인지 기반 활동에 대한 규칙적인 수행은 더 나은 기억력과 집중력, 속도, 추론과 관련이 있지만, 개선 원인이라고는 말할 수는 없다.
- 컴퓨터 기반 두뇌 게임은 그 게임을 숙달하는 과정에서 사용하는 기술은 향상하지만, 그러한 게임이 일상적인 인지 능력을 개선한다거나 혹은 인지 퇴행 속도를 늦추고 치매 위험을 막는다는 결정적인 증거는 없다.

▌정신적 명료함, 어떻게 유지할 것인가

최근에 나온 연구 결과를 기반으로 하여 실용적인 조언을 정리해보면 다음과 같다.

- 두뇌에 도전하자. 어렵고, 집중력이 요구되며, 숙달에 시간이 걸리는 자극적인 활동을 찾자. 쉽고 습관적이며 별 어려움 없이 흘러가는 활동은 도움이 되지 않는다.
- 두뇌를 자극하는 좋은 활동으로는 새 언어, 춤, 카드 게임, 체스 혹은 태

극권이나 요가, 저글링처럼 힘든 신체 활동이 있다. 또한, 새 기술 배우기, 창조적인 글쓰기, 예술품 만들기, 공동체 자원봉사도 좋은 예다.

- 이러한 활동들을 건강한 생활방식 안에 통합함으로써 두뇌를 노화 관련 변화에서 보호하자. 테니스나 볼링처럼 힘들지만 규칙적인 신체 활동 수행이 특히 두뇌 건강에 도움이 된다.
- 가급적 일찍 새로운 활동을 시작하면 좋지만, 그렇다고 너무 늦은 때란 없다. 또한, 배움이라는 필살기를 평생 유지하는 것이 중요하다. 나이가 활동이나 지적인 삶의 범위를 제한하지 말자.
- 의지력만으로는 끝까지 갈 수 없다. 계속 활동을 유지하도록 동료나 그룹 구성원과 함께하자.
- 조각 그림 맞추기, 십자낱말풀이나 스도쿠, 수학 게임 및 어려운 퍼즐을 좋아한다면 적극 즐겨보자. 이것이 전반적인 사고 기술을 향상시켜주진 않지만, 해결 과정에서 특정 기술은 향상된다.
- 컴퓨터 기반 '두뇌 게임' 역시 마찬가지다. 좋아한다면 즐기자. 하지만 전반적인 사고 기술을 개선하거나 노화에 따른 두뇌 변화를 늦추기 위해 컴퓨터 게임에 의존하지는 말자. 컴퓨터 게임이 알츠하이머나 다른 신경 퇴행 변화에서 우리를 보호하는 것은 아니다.

두뇌 건강 유지에 효과적인 '만병통치약'은 없다. 두뇌 능력을 끌어올려줄 '비법'이 있다는 주장은 대단히 유혹적으로 들린다. 다시 말하지만 그런 것은 없다. 그래도 우리는 과학의 도움으로 "두뇌가 새로운 것을 배우도록 자극할 수만 있다면" 어떤 활동을 선택하든 간에 목표에 가까이 다가갈 수 있다는 사실을 알게 되었다.

9장

자느냐 마느냐

1963년 비치보이스 음악이 라디오에서 흘러나오고 크리스마스가 다가오던 무렵, 캘리포니아의 두 학생은 동전을 던졌다. 그들이 구상한 과학 프로젝트에서 누가 실험 대상이 될 것인지 결정하는 중이었다. 두 사람이 고안한 실험은 잠을 자지 않고 얼마나 오랫동안 깨어 있는지에 관한 세계 기록을 세워보려는 것이었다. 그 행운의 '승자'인 랜디 가드너Randy Gardner는 샌디에이고 출신으로 당시 열여섯 살이었다. 실험이 끝났을 때, 가디너는 11일 하고도 25분간 깨어 있었다. 이는 대단히 중요한 사건으로 기록되었고, 다행스럽게도 당시 미국의 몇 안 되는 수면 연구가 중 한 명인 윌리엄 디멘트가 그 과정을 기록했다. 그로부터 거의 60년이 흐른 지금에도 가디너는 여전히 세계 기록 보유자로 남아 있다. 앞으로도 깨질 것 같지 않다. 그 이유는 기네스가 더 이상 이 주제와 관련된 도전을 받아들이지 않기로 했기 때문이다. 그 이유는 '두뇌 건강에 너무 위험하기' 때문이다.

불면만큼 현대인의 삶에 고집스럽게 남아 있는 건강 문제는 없다. 오늘날 세상에서 불면증과 수면 장애는 너무나 보편적인 문제다. 우리 모두 마치 끔찍한 수면 박탈 실험에 참여한 듯 보인다. 교대 근무제와 오랜 출퇴근 시간, 카페인, 스트레스, 사회적 삶, 여행, 기술 그리고 노화에 따른 변화 모두 우리의 수면 습관에 중대한 영향을 미친다.

수면 부족은 우리를 죽이지는 않지만 죽음 가까이 몰아간다. 불면은 우리 존재 구석구석까지 스며들어 건강과 행복 그리고 일과 휴식을 망친다. 수면은 우리가 삶에서 누릴 수 있는 부가적인 사치가 아니다. 『우리는 왜 잠을 자야 할까Why We Sleep』의 저자이자 신경과학자 매슈 워커에 따르면 수면은 "결코 타협할 수 없는 생물학적 필수 요소"이다. 우리가 잠을 잘 수 없다면, 그 이유는 우리 머릿속에 있다. 우리의 두뇌를 들여다보기 전에 먼저 역사가 들려주는 중요한 교훈을 살펴보자.

▌수면 과학의 시작

1907년 두 프랑스 과학자가 끔찍한 실험을 시작했다. 르네 르장드르René Legendre와 앙리 피에론Henri Piéron은 건강한 개 두 마리의 목줄을 벽에 고정시켜 앉거나 눕지 못하게 했다. 무려 열흘 동안이나. 그동안 가엾은 개들은 가혹하게도 불면의 나날을 보내야 했다. 두 과학자는 열흘 후 개들을 안락사시키고 뇌척수액을 뽑아 건강하고 활동적인 다른 개들에게 주입했다. 그러자 한 시간이 지나지 않아 개들은 잠이 들었다. 이 실험의 결론은? 수면을 유도하는 어떤 물질이 있다는 것이다. 르장드르와 피에론은 이를 '히프노톡신hypnotoxin'이라고 불렀다. 하지만 그게 뭔지는 몰랐다.

이들보다 더 먼저 수면 부족의 치명성을 인식했던 사람도 있었다. 가령 고대 문헌을 보면 중국인들은 오래전부터 수면 부족의 파괴적인 힘을 충분히 알고 있었다. 강제 불면은 고문이나 잔인한 형벌 수단으로 활용되었다. 유럽 최초의 여성 의사이자 모스크바 사관학교 의사를 지낸 마리 드 마네신은 이렇게 주장했다. "전반적인 수면 결핍은 같은 수준의 음식 결핍보다 더욱 치명적이다."[1]

르장드르와 피에론은 수면 연구라는 전통의 개척자였다. 다행스럽게도 연구 대부분의 과정은 그리 끔찍하지 않았고, 수면의 감춰진 비밀은 점차 그 모습을 드러냈다. 그리고 이를 통해 인간의 수면욕과 수면의 중요성, 수면 통제법 그리고 왜, 어떻게 수면 장애가 발생하게 되는지 많은 사실을 이해하게 되었다.

결론적으로 수면은 인간 건강에 필수적이다. 하지만 우리는 수면이 삶에 미치는 영향 그리고 삶이 수면에 미치는 영향에 대해 이제 막 이해하기 시작했을 뿐이다. 수면과 삶의 상호관계에 대한 이론은 불과 50년 전부터 부상하기 시작한 수면 문제에 기반을 두고 있다. 이러한 수면 문제는 기술 혁명과 더불어 촉발되었고, 이는 오늘날 24시간 돌아가는 사회 그리고 생활방식에서 중대한 변화로 이어졌다. 사실 영국은 세계에서 수면이 가장 부족한 사회 중 하나다. 영국인 37퍼센트가 충분한 수면을 취하지 못하고 있다고 느낀다.

두뇌 크기와 수면의 비밀

1907년 이후로 백 년 넘게 많은 연구가 이뤄졌음에도 수면에 관한 우리의 지식은 완벽함과는 거리가 멀다. 대학원 시절에 수면을 연구하던 한 교수님은 간단한 질문 하나로 학생들을 침묵하게 했다. 이런 질문이었다. "바다에 사는 포유류는 숨을 쉬려면 깨어 있어야만 하는데, 그들은 어떻게 잠을 자는 것일까?" 아무도 대답하지 못했다. 그 질문은 역설처럼 들렸다.

하지만 질문에 대한 답은 흥미로우면서도 동시에 대단히 독창적이다. 돌고래의 두뇌는 절반씩 잠을 잔다. 반대편 눈을 감고서 말이다. 나는 여기서 수면이 그만큼 중요하다는 사실을 깨달았다. 하지만 학생들이 던진 질문들 역시 어렵기는 마찬가지였다. "그렇다면 돌고래는 왜 굳이 잠을 자야 하나요? 생물학적으로 볼 때 수면의 목적은 무엇인가요? 왜 모든 포유류는 잠을 자야 하죠? 잠은 어떻게 진화해왔을까요?" 교수 역시 몇 가지 이론을 제시하긴 했지만 정확한 답변은 내놓지 못했다. 사실 수면의 생물학적 목적(생리학적 목적이 아닌)은 미스터리로 남아 있다. 그러나 이 질문은 인간 수면을 이해하기 위해 대단히 중요한 만큼 우리는 보다 세부적으로 접근할 필요가 있다.

생물학적인 차원에서 진화는 생존을 위해 필요하다. 질병 그리고 포식자와 기후 및 다양한 문제로부터 죽음 위험을 낮춤으로써 '적자'가 충분히 오래 살아남아 번식하고 성공적으로 적응해 나가도록 하기 위함이다. 그런데 겉으로만 보면 수면은 생존이라는 목적과 양립하기 힘들어 보인다. 수면은 음식물 섭취와 번식에 방해되며 포식자에 대한 노출 위험을 높인다. 그러나 반대로 생물이 집단을 이루어 살아가듯

개체 행동을 수정하도록 강요해 포식자에 대한 위험을 낮출 수 있다는 주장도 있다. 탄자니아 북부 지방의 하드자 부족 사람들에 관한 흥미로운 연구를 보면, 그들이 종종 밤에도 깨어 있으며 구성원마다 수면 시간이 크게 다르다는 사실을 알 수 있다. 3주일에 걸쳐 서른세 명의 부족 구성원 모두가 함께 잠드는 시간은 18분에 불과했다. 이 연구를 추진했던 과학자들은 이러한 단속적인 수면이 고대의 생존 메커니즘이며, 밤의 위협에서 부족을 지키기 위해 설계된 것이라고 결론 내렸다. 수면은 포식자의 위험으로부터 가장 취약한 시간 그리고 식량 공급이 가장 희박한 시간, 즉 밤에 종 구성원들의 활동성을 감소시키는 방향으로 진화한 것으로 보인다. 이 원칙은 점차 인간의 건강 요인으로 주목받는 24시간 주기설을 뒷받침한다. 이 주기에 대해서는 이번 장의 후반부에 다시 살펴볼 것이다.

진화와 관련해 나타나는 주요 흐름 중 하나는 특정 그룹의 포유류(인간 포함)에서 두뇌 크기가 커지고 그 구조와 기능이 점차 복잡해지는 현상이다. 인간에게, 이러한 진화적 흐름은 직립 자세, 물건 쥐기 편한 손 모양, 사회적 집단 기반 활동, 불필요한 감정(생존 활동에 도움이 되지 않는 감정) 억제, 고도의 계획 수립 및 의사결정과 관련 있다. 큰 두뇌는 곧 아이의 두뇌 발달에 충분히 긴 양육 기간이 필요하다는 의미다. 태아가 엄마 자궁에서 보내는 9개월은 두뇌가 성숙하기에 충분히 긴 기간은 아니다. 그러므로 출산 이후에 섬세한 육아 과정이 필요하며, 그동안 무력한 아이와 양육하는 엄마는 보호받아야 한다. 그리고 이를 위해 유아는 부모와의 긴밀한 결합을 이뤄야 한다. 이상하게 들리겠지만, 우리가 얼굴을 마주 보고 섹스를 하는 이유 중에는 복잡해지는 인간 두뇌를 위한 진화가 들어 있기도 하다. 실제로 인간은 영장류 중에서 유일하게 그렇게 한다. 여기서 눈을 마주치는 성적 접촉은 유대를 강화하고, 남성이 다른 어떤 영장류에 비해 가족 주변에 더 오랫동안 머무르게 한다.

오늘날 우리가 두뇌와 수면에 관해 알고 있는 지식에 비춰볼 때, 더 커진 두뇌가 우리의 생존 능력을 높이고, 또한 더 커지고 발전된 두뇌가 효과적으로 기능하려면 더욱 길고 복잡하고 역동적인 수면이 필요하다는 주장에는 일리가 있다. 결국, 수면은 그에 따른 위험을 충분히 상쇄할 만한 실질적인 이익을 제공해야 한다. 수면 과학 분야의 개척자 앨런 렉트샤펜Allan Rechtschaffen은 이를 이렇게 표현했다. "수면이 절대적으로 중요한 기능을 수행하지 않는다면 그건 진화 과정이 저지른 최대의 실수다."[2]

▎ 렘 수면의 발견

우리가 어떻게 수면의 이익을 이해하고 있으며 그 실체에 다가서게 되었는지 알아보기 위해 1893년 독일의 니더작센 주로 시선을 돌려보자. 당시 한스 베르거는 프로이센 군대에서 훈련받던 젊은 기병대 장교였다. 귀족 가문에서 성장한 베르거는 독일의 가장 오래되고 권위 있는 교육 기관 중 하나이자 쉴링과 헤겔, 슐레겔, 헤켈 등 유명 학자들의 학문적 고향인 예나 대학교에서 수학을 공부했지만 한 학기 만에 중단하고 말았다. 이후로 그는 짙은 보라와 빨강으로 장식된 대학 회랑의 난해한 분위기를 떠나 말을 타며 두각을 드러냈다.

그런데 갑작스러운 사고가 발생하고 말았다. 베르거가 타고 있던 말이 놀라 뛰어오르면서 그는 포차가 다가오고 있던 길로 떨어지고 말았다. 다행스럽게도 포차의 운전수가 재빨리 반응해 능숙하게 진로를 틀었다. 충격을 받았지만 다치지 않은 베르거는 기적 같은 행운에 놀라 벌떡 일어섰다.

지금까지 특별한 일은 없었다. 그러나 바로 그 순간, 베르거와 멀리 떨어져 있던 누이는 베르거가 죽음의 위험에 처했다는 강한 느낌에 사로잡혀 벌떡 일어나 앉았다. 그녀는 아버지에게 베르거가 있는 부대에 전보를 치도록 요청했다. 사건 정황이 드러나면서, 모두는 그 특별한 우연에 깜짝 놀랐다. 몇 년 후 베르거는 이렇게 주장했다. "죽음의 순간에 텔레파시가 작동한 게야. 죽음을 직감했을 때, 나는 신호를 전송한 거고. 그리고 나와 각별히 가까웠던 누이가 그 신호를 받았던 거지.' 이후 베르거는 군복무를 마치고 다시 예나 대학교로 돌아왔다. 하지만 이번에 선택한 전공은 수학이 아니었다. 자신의 생각이 어떻게 누이에게 가 닿았는지, 베르거가 선택한 분야는 의학이었다.

그는 '정신 에너지'의 생리학적 기반을 발견하겠다는 목표를 세웠다. 이제 그의 핵심 주제는 "두뇌의 객관적인 활동과 주관적인 정신 현상 사이의 상관관계에 대한 탐구"가 되었다.[3] 비록 그 목표는 달성하지 못했지만, 그로부터 30년 후 베르거는 최초로 뇌전도腦電圖(EEG, electroencephalogram)를 가지고 두뇌의 전기적 활동을 관찰함으로써 두뇌 과학의 거대한 진보에 기여했다. 당시엔 조소와 불신에 직면했던 그 기념비적인 발견은 오늘날 수면 연구의 초석이 되었다. 1953년 시카고 대학교의 유진 아세린스키와 너새니얼 클라이트먼은 이 뇌전도 기술을 활용해 렘(REM, rapid eye movement, 급속안구운동) 수면을 발견했다. 이로써 수면 연구가 본격적으로 시작되었고, 이와 더불어 우리는 수면의 본질과 이익을 차츰 이해하게 되었다.

| 수면의 본질

수면은 우리 삶에서 필수적이면서도 엄청나게 복잡한 부분이다. 잠이 들면 '전구가 꺼지고' 두뇌는 휴식을 취한다고 생각하기 쉽다. 그러나 그건 사실이 아니다. 앞으로 계속 살펴보겠지만, 두뇌는 잠자는 동안에도 대단히 활동적이다. 수면은 깨어 있는 구간 사이에 존재하는 생물학적 '비활동 기간'이 아닌 것이다. 더 나아가, EGG 연구는 모든 수면이 똑같지 않다는 사실을 보여준다. 우리 두뇌는 두 가지 서로 다른 유형의 수면, 즉 비 렘N-REM 수면("깊은 수면"으로 알려진 서파수면이 포함된다)과 렘 수면("꿈꾸는 수면"으로 알려졌다) 상태를 만든다. 잠잘 때, 두뇌는 서로 다른 두 유형의 수면을 반복적으로 순환한다.

그 주기에서 첫 번째는 비 렘 수면이다. 이는 다시 세 단계(N1, N2, N3)로 구분된다. 1단계는 우리 모두에게 익숙하듯 각성과 수면 사이의 졸린 상태를 말한다. 2단계는 가벼운 수면으로, 이때 심박수와 호흡, 체온이 서서히 떨어진다. 3단계는 깊은 수면이다(서파 수면). 우리가 취하는 수면의 대부분을 차지하며, 길고 느린 뇌파, 근육 이완, 느리고 깊은 호흡이 특징이다. 이제 과학자들은 두 그룹의 세포(시상하부와 뇌간)가 깊은 수면을 유도하는 역할을 하고 있음을 확실히 알고 있다. 이러한 세포가 활성화되면 의식은 희미해진다. 예전에는 렘 수면이 학습과 기억을 뒷받침하는 가장 중요한 수면 단계로 알려졌지만, 최근 데이터는 이러한 목적과 관련해 비 렘 수면이 더 중요한 역할을 하는 것은 물론,

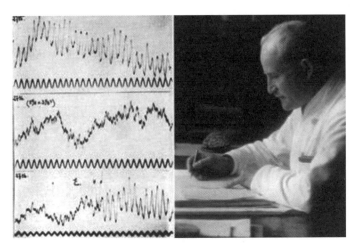

한스 베르거와 그의 초기 EEG 기록

가장 편안하면서 회복이 진행되는 수면 단계라는 이야기를 전한다.

렘 수면 단계로 넘어갈 때, 눈동자는 감긴 눈꺼풀 뒤에서 빠르게 움직이며, 뇌파(EEG를 통해 추적 가능)는 깨어 있을 때와 비슷한 형태를 보인다. 호흡은 가빠지면서 꿈꾸는 동안 신체는 일시 마비된다. 이 단계는 대단히 특이하다. 꿈꿀 때, 두뇌는 대단히 활성화되고 몸 근육은 마비되며, 호흡과 심박수는 흐트러진다. 생화학과 신경생물학 분야의 지식이 나날이 증가하고 있음에도, 렘 수면의 목적에 대해서는 여전히 생물학적 미스터리로 남아 있다. 그러나 우리는 하부청반 핵subcoeruleus nucleus이라고 하는 뇌간에 위치한 소규모 세포 그룹이 렘 수면을 관장한다는 사실을 알고 있다. 그 세포가 손상당하거나 감염되면 사람들은 렘 수면에 따른 근육 마비를 경험하지 않는다. 그리고 이는 렘 수면 행동 장애(난폭한 방식의 꿈을 꾸는)로 이어진다.

비 렘/렘 단계는 계속 반복된다. 그러나 각 주기마다 N3 단계는 짧고 렘 단계는 길다. 일반적으로 그 주기는 하루에 4~5회 반복한다. 이유는 아직 과학적으로 밝혀져 있지 않다.

▌왜 우리는 잠을 자는가

이를 이해하려면 단편적인 증거 이상이 필요하다. 잠자는 동안 두뇌에서 무슨 일이 벌어지는지를 설명하는 것은 이대로 하나의 과제이며, 왜 이러한 신비로운 일련의 과정이 그토록 중요한지 밝혀내는 것은 완전히 다른 과제다. 최근 수면을 주제로 이뤄지는 수많은 연구 덕분에 (미국에서만 200곳의 수면 연구소가 있고, 영국 대학 내에는 세계적인 연구소 열 곳이 있으며, 관련 학술지는 20종이 넘는다) 우리는 이제 두뇌가 수면을 필요로 하는 이유에 대해 조금씩 알아나가고 있다. 물론 이 질문에 관한 답변을 뒷받침하는 실증적인 증거는 아직 크게 부족한 상황이기는 하다.

우리가 하루 일과를 마칠 때, 뇌는 본격적인 활동을 시작한다는 말이 있다. 지금까지 나온 증거에 따르면 우리는 이런 이유로 잠을 잔다.

- 수면은 새로운 시냅스(신경 세포 사이의 연결)를 생성하고 기억과 경험, 감정을 강화한다.
- 수면으로 두뇌는 중요하지 않은 시냅스를 걸러내 뇌의 상위 부분(피질)에 몰리는 부하를 예방한다.
- 수면은 두뇌 독소를 없애고, 원치 않는 세포 파편이나 피해를 입힐 수 있는 단백질 분자(치매와 관련 있는 베타 아밀로이드 같은)를 최근에 확인된 '글림프 시스템glymphatic system'을 통해 걸러낸다. 글림프 시스템은

일종의 특별한 배출 메커니즘으로 잠잘 때 2~3배 더 빨리 움직인다.
- 수면은 노폐물 그리고 뇌세포 안에서 산화 스트레스를 유발하는 '활성
  산소'를 제거함으로써 뇌가 스스로 회복하도록 도움을 주는 방식으로
  뇌의 쓰레기 처리 시스템으로 기능한다.

수면은 심혈관계 시스템, 신진대사 및 면역 시스템은 물론 두뇌와 신경 시스템 등 체내 거의 모든 기관과 조직에 영향을 미친다. 우리는 수면 부족이 고혈압과 심혈관계 질환, 당뇨, 우울, 비만 같은 다양한 질병의 위험률을 높인다는 사실을 알고 있으며, 이 모든 질병은 수명 단축과도 관련 있다. 앞서 여러 부분에서 살펴봤듯 항산화 기능에 관한 이야기가 종종 거론되고 있는데, 이 또한 수면과 관련 있다. 수면 부족은 신체의 항산화 방어력을 위축시키고, 활성산소와 산소 반응 물질처럼 세포 손상과 염증을 유발하는 물질을 제거하는 능력을 막는다.

결론적으로, 수면은 우리 몸의 세포에 새 에너지를 불어넣고, 두뇌에서 노폐물을 처리하고, 학습과 기억을 강화하는 중요한 역할을 한다. 또한, 감정과 식욕, 성욕을 조절하는 중요한 기능도 수행한다.

그러나 수면이 어떤 메커니즘으로 이러한 기능을 하는지는 거의 알려져 있지 않다. 우리는 여전히 수면의 비밀을 밝혀내기 위한 기나긴 탐험에서 출발점에 서 있다. 그럼에도 삶을 더 좋게 만드는 정도의 목적으로는 충분히 많은 것을 이미 알고 있다.

부적절한 순간에 잠드는 것은 당황스럽고 심지어 대단히 위험한 일이다. 역사상 가장 위험했던 순간을 꼽으라면 아마도 1986년 1월 28일이었을 것이다. 그날, 우주왕복선 챌린저호가 발사 후 73초 만에 폭발하면서 우주비행사 7명 전원이 사망하는 사건이 벌어졌다. 그 사고의

주요 원인은 널리 알려져 있다. 그것은 압력을 받은 연소 가스를 배출시키는 'O'링 고장 때문이었다. 하지만 그보다 덜 알려진 원인이 있었으니, 발사 하루 전날 열린 화상회의에서 내려진 의사결정 때문이었을 것이다. 그때 중차대한 임무를 맡은 관리자들은 채 두 시간도 자지 못했고 새벽 한 시부터 일해야만 했다. 대통령 직속 우주왕복선 챌린저호 사고조사위원회는 수면 부족에 따른 인적 실수와 잘못된 판단을 사고의 핵심 요인으로 언급하기도 했다. 이는 너무나 중요한 문제였기에 향후 우주선 발사에 관한 의사결정과 관련해 새 정책이 수립되었다.

수면 부족은 또 다른 치명적 산업 재해로 이어지기도 한다. 1986년 체르노빌에서 벌어진 원전 사고와 1979년 스리마일섬 사건을 예로 들 수 있다. 모든 증거를 수집하는 것은 어렵지만, 두 사건 모두 잠을 제대로 자지 못한 이른 새벽에 벌어진 인적 실수가 원인으로 작용했다는 사실은 널리 알려져 있다.

우리는 이러한 사고가 자주 발생하지 않는 것에 감사해야 한다. 그리고 각성과 수면 패턴을 안정적으로 제어하는 두 가지 신체 시스템의 상호작용에 대해서도 감사해야 한다. 여기서 말하는 두 가지 신체 시스템이란 '24시간 리듬' 그리고 '항상성 수면 욕구'를 의미한다.

약 50년 전에 텍사스의 한 어두컴컴한 동굴 속에서 위험한 실험이 진행됐다. 이 실험은 이후 우리가 하루 리듬과 수면에 대해 알고 있던 지식을 완전히 바꿔놓았다. 1972년 프랑스 지질학자 미셸 시프레는 지하 30미터 깊이의 무시무시한 미드나이트 동굴 속으로 들어갔다. 그는 거기서 6개월간 머무를 생각이었다. 과학자로서 나는 그가 혼자서 실험을 감행했으리라고 생각한다. 다른 사람과 함께 시도하기 위한 윤리적 허가를 받을 수 없었을 것이기 때문이다(실제로 과학사를 보면 탐구에 목숨을 건 이들이 혼자 힘으로 해내는 놀라운 일로 가득하다).

시프레가 어떤 자연광이나 소리 없이 지하 동굴에서 생활을 시작했을 당시에도, 신체의 정상 생리 작용은 외부 세상과 연결된 '내부 시계'를 기준으로 이뤄진다는 사실을 사람들은 이미 알고 있었다. 약 2천 년 전 고대인들 역시 비록 그 정확한 의미는 알지 못했겠지만 그러한 리듬의 존재를 인식하고 있었다. 가령 고대 그리스 작가 안드로스테네스는 타마린드 나무가 낮에 잎을 벌렸다가 밤에 다시 오므리는 현상을 설명했다. 이는 아마도 틸로스(현재 바레인) 지역을 정복하는 동안 처음으로 이를 보고했던 알렉산더 대왕의 군인들에게는 대단히 신기한 현상이었을 것이다. 그리고 2천 년 세월이 흐른 1729년, 프랑스 천문학자 장자크 도루트 드 메랑Jean-Jacques d'Ortous de Mairan은 이러한 리듬이 '내적 기원'에서 비롯된다는 사실을 입증했다. 그는 그 예민하고 옅은 보라색 식물(미모사로 추정되는) 잎이 어둠 속에서도 똑같이 움직였다고 기록했다.

시프레는 스스로 고립시킨 절대적인 어둠 속에서 일반적인 밤과 낮의 주기와는 다른 자신의 반응을 기록했다. 그는 원할 때마다 잠을 자고, 일어나고, 음식을 먹었고 그 과정을 기록했다. 그의 기록은 중요한 발견으로 이어졌다. 그때까지도 과학자들은 인간의 자연적인 하루 혹은 '24시간 주기circadian'(대략 하루라는 의미를 지닌 라틴어 '키르카 디엠circa diem'에서 유래) 리듬이 하루의 길이와 일치한다고 믿었다. 그러나 시프레는 그게 사실이 아님을 입증했다. 밤과 낮의 자연적인 신호에서 격리된 그의 일일 생체리듬은 평균 24~25시간에 해당하는 주기를 벗어났고, 빛과 소리가 모두 사라진 환경 속에서는 잠자고 깨어 있는 시간이 변형되었다. 하루가 정확하게 24시간을 주기로 작동하지 않았으므로 리들은 매일 새롭게 형성되었다. 일반적으로 하루 리듬은 눈을 통해 두뇌로 들어오는 햇볕으로 이루어진다(이에 대해서는 나중에 다시 살펴볼 것이다). 다음으로 시프레는 시간에 대한 감각이 완전히 사라졌다는 사실을 발견했다. 햇볕과 어둠으로 이뤄진 자연적 주기가 사라지자 시간 흐름 파악이 불가능해졌다.

시프레가 자기 자신을 몰아넣었던 환경은 자연적인 환경과 완전히 동떨어진 것이었으며, 나중에 드러났듯 6개월 격리 생활은 건강에 큰 악영향을 미쳤다. 마침내 동굴에서 빠져나왔을 때, 시프레는 근육 움직임과 기억 면에서 어려움을 겪었다. 이는 두뇌가 자연 리듬에서 벗어날 때 부작용이 발생한다는 사실을 보여주는 직접적인 증거다. 여행에 따른 시차, 교대근무제 혹은 서머타임에 이르기까지 많은 이들은 내부 시계가 왜곡될 때 느끼고 일하고 잠자는 방식에서 일어나는 혼란에 익숙하다. 우주에서 장기간 생활하는 우주비행사들 역시 같은 혼란에 직면한다.

▌깊은 잠에 들기 위해 알아야 할 것들

그렇다면 이토록 중요한 24시간 주기란 무엇인가? 본질적으로 이는 각성 주기다. 그 주기에 따라 우리 의식 혹은 각성 수준이 올라갔다가 내려간다. 이 주기는 또한 체온과 호르몬 수치, 세포 신진대사를 제어하는 다른 주기와도 연결되어 있다. 예를 들어 체온은 아침 6시경에 오르기 시작해 정오경에 정점을 찍었다가 저녁 10시까지 안정세를 취하면서 조금씩 오르내린다(저녁 먹고 난 8시에 조금 상승한다). 그리고 다시 하강을 시작해 밤 시간에 점차 떨어진다. 이러한 움직임은 외부 조건에 상관없이 거의 독립적으로 진행되지만, 각성 수준과 긴밀하게 연결되어 있다. 그래서 우리는 주변 온도가 너무 높을 때 쉽게 잠들지 못한다. 체온이 떨어지면서 '수면 호르몬'인 멜라토닌이 분비되어 졸림을 유발한다. 그런데 역설적이게도 따뜻한 물로 하는 샤워나 목욕이 수면에 도움이 된다는 증거가 나와 있다. 이에 대한 설명은 두 가지 차원에서 가능하다. 첫째, 따뜻한 물로 하는 샤워나 목욕은 신체의 이완 상태를 높이고 각성 수준을 떨어뜨린다. 둘째, 신체를 따뜻하게 함으로써 냉각 메커니즘을 가동하고, 결국 체온이 떨어진다. 연구 결과는 비록 개인적으로, 문화적으로 큰 차이가 있지만 약 18도의 침실 온도가 수면에는 최적임을 말해준다. [상자 9.1]은 24시간 주기의 리듬 유지에 도움이 되는 몇 가지 방법을 제시하고 있다.

[그림 9.1] 24시간 주기 리듬은 생물학적 내부 시계의 작동으로 이뤄진다. 신체 기능을 뒷받침하는 다양한 리듬을 제어하는 이 시계는

상자 9.1 **주기와 동조하기: 수면에 도움이 되는 실용적인 방법**

- 침실 온도를 안락하게 유지하자. 권장온도는 18도.
- 침대에 눕고 나서 체온이 떨어지도록 하자.
- 자기 전에 따뜻한 물로 샤워하자.
- 침실 온도를 너무 낮추지는 말자.
- 욕실을 따뜻하게 유지하자(겨울에는 창문을 닫자).
- 잠들기 세 시간 이전에는 먹거나 마시지 말자.
- '과민성 방광'으로 밤에 자주 깬다면 의사와 상담해보자.

상대적으로 작은 신경 세포 집합으로 두뇌 깊숙이 자리 잡고 있다. 기본적인 하루 시계는 이 책에서 이미 중요하게 다뤘던 시상하부에 있다. 시상하부는 모든 생리 기능의 제어에 관여한다. 예를 들어 배고픔이나 갈증, 성욕 같은 근본적인 욕구를 관장한다. 또한, 시상하부는 호르몬 혹은 내분비 시스템 통제 센터인 뇌하수체와 신경 섬유로 연결되어 있다. 뇌하수체는 종종 '내분비 오케스트라 지휘자'라고 불린다. 이들 모두가 함께 대단히 중요한 통제 시스템 기반, 즉 HPA(장내 미생물군을 다룬 4장에서 언급했다)를 이룬다.

동물 실험에서 이 시계를 가동하는 시상하부 세포를 제거하면 규칙적인 수면-각성 리듬이 완전하게 상실된다. 그 시계는 눈을 통해 빛에 관한 정보를 받아들이고, 이를 통해 일반적인 조건하에서 수면-각성 주기와 긴밀하게 동조한다. 우리를 깨어 있게 하고, 낮 동안에 각성 정도를 높이는 것은 그 시계가 보내는 '경계' 신호다.

오늘날에는 일상 활동을 자연적인 리듬과 조화를 이루도록 하는 것이 평생 두뇌 건강을 유지하는 핵심 요인이다. 부적절한 시간(예를 들어

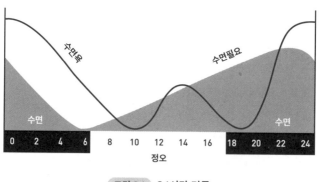

그림 9.1 24시간 리듬

새벽 2시)에 먹거나 매일 다른 시간에 먹는 것 혹은 밤에 활동적인 것(파티를 즐기거나 일하느라 밤늦게 깨어 있는 것)은 두뇌의 통제 메커니즘을 대단히 불안정하게 만든다.

그나마 다행스러운 소식은 그 악영향은 혼란이 일어나는 동안에만 지속한다는 것이다. 음식 섭취를 정상적인 시간으로 되돌릴 때, 혼란은 사라진다. 우리의 정신적, 신체적 능력은 리듬 유지에 그리고 리듬 내 위치 선정에 크게 의존한다. 24시간 리듬을 활용해 스포츠 성과를 측정하는 것이 도박사의 확률보다 승자를 더 잘 예측할 수 있다는 말이 있다. 과학적인 연구 결과에 따르면, 충분한 시간과 연속 그리고 강도(깊이)와 더불어 24시간 리듬에 대한 방해 없는 수면이, 깨어 있는 동안 집중력과 정신적 성과를 높이고 생리적 변화를 예방하는 데 필수적임을 분명하게 말해준다.

이러한 증거에 기반한 수면 관련 조언은 규칙성(수면 전문가들은 '수면 위생sleep hygiene'이라고 한다)이 핵심이다. 일반 규칙은 매일 똑같은 시간에 일어나고 매일 똑같은 시간에 잠자리에 드는 것이다. 잠드는 데 문제가 있다면 졸음이 느껴질 때까지 기다리는 게 더 낫다. 즉, 일단 잠자리에 들어 졸린 느낌을 기다리라는 뜻이다(앞서 설명했던 N1 단계). 잠자리에 들 때 어떤 느낌이 드는지는 우리가 낮에 어떻게 생활했는지와 밀접한 관련이 있다. 가령 낮잠을 잤는지, 육체적으로 지쳤는지와 상관 있다. 세계 두뇌건강위원회는 규칙적인 신체 활동이 양질의 수면에 도움을 준다고 권고한다. 저녁에 종종 졸리지만 밤에 잠들기 어렵다면 몸이 하는 이야기에 귀를 기울이고 피곤하면 잠자리에 들자.

약을 먹는 것은 수면에 도움이 될까? 그리 간단하게 답할 수 있는 질문은 아니다. 졸피뎀 같은 수면제와 신경안정제는 효과가 있다. 하지만 일반적으로 의사들은 이러한 약물을 처방해주려 하지 않는다. 처방한다고 해도 임시방편으로만 활용하도록 조언한다. 먼저는 약물 의존도를 낮추기 위함이다. 수면에 도움을 얻고자 처방약을 복용한다면, 의사의 특별 지시 없이는 일주일에 최대 3일로 제한을 두어야 한다. 일부는 의사 처방이 필요 없는 약을 복용하기도 한다. 그러나 이들 약물에는 부작용이 있으며, 특히 나이 들면서 주의해야 한다. 멜라토닌 보충제와 같은 수면 보충제는 일부 효과가 있지만, 그 효과를 입증하는 결정적인 증거는 아직 나오지 않았다.

　[상자 9.2]는 수면위생을 개선하기 위한 몇 가지 실용적인 방법을 소개한다.

상자 9.2　수면의 질을 개선하는 몇 가지 실용적인 방법

- 낮에 신체 활동을 강화하자. 소파에만 앉아 있는 습관은 수면에 도움이 되지 않는다.
- 침실을 수면 용도로만 활용하자. 즉, 침실에서 일이나 취미 활동 혹은 TV 시청을 하지 말자.
- 잘 때는 반려동물을 침실 밖에 두자.
- 규칙적인 수면 일정을 유지하자. 매일 같은 시간에 자고 일어나자.
- 수면에 문제가 없다면, 습관을 계속 이어나가자.
- 수면에 문제가 있다면, 잠자리 들기 전에 몸을 이완하고 마음을 편하게 하자. 졸음을 느낄 때까지 기다리자. 혹은 침대에서 졸음이 몰려올 때까지 기다렸다가 눕자.
- 저녁에 졸음이 몰려온다면 빨리 잠자리에 들자(몸이 하는 말을 들어라).
- 편안한 침대와 매트리스, 베개를 마련하자.

- 의사 처방 없이 구할 수 있는 약물은 최대한 멀리하고, 적어도 의존하지는 말자.
- 지속적인 수면 문제가 있다면 의사를 찾아가자. 하지만 처방약에 의존하지는 말자.

우리 두뇌는 충분한 수면을 요구하며, 24시간 리듬과 동조하기 위해 충분한 햇볕을 필요로 한다. 어둠이 다가올 때, 수면 호르몬 멜라토닌이 생성되면서 우리 몸은 잠잘 준비를 한다. 이것이 '공식적인' 설명이다. 그러나 빛과 수면에 관한 메시지는 이보다는 좀 더 복잡하다. 빛은 보통은 약이지만, '정크푸드'가 있는 것처럼 '정크 빛'도 있다. 결국, 중요한 것은 빛의 파장 그리고 노출 시간이다.

우리 일상은 빛으로 가득하다. 고대 선조들과는 달리, 현대인은 어둠을 적극 몰아내왔다. 우리는 인공조명의 바닷속에서 살아간다. 그리고 인공조명에는 짧은 파장 혹은 '블루' 라이트가 풍부하다. 짧은 파장은 특히 에너지 효율이 높은 전구나 노트북, 태블릿, 휴대전화, TV 화면 등 디지털 장비에 심하다. 아침이나 이른 오후 시간대에 자연적인 청색광은 엄청난 도움을 준다. 이는 우리의 각성 상태를 강화하고, 낮에 졸음을 몰아내고, 반응 시간을 개선하고, 집중력의 범위를 확장한다. 그러나 밤 시간대 청색광은 숙면의 암살자다. 이는 우리를 공격해 깨어있게 만든다.

2017년 이스라엘 아수타 수면 클리닉은 건강한 젊은 성인을 대상으로 밤 9시에서 밤 11시 사이에 컴퓨터 화면을 통해 청색광에 노출되도록 했다. 그 결과 그들의 총 수면 시간은 줄었고, 멜라토닌 생성이 억제되었으며, 밤에 깨는 횟수는 증가했다. 밤에도 체온이 떨어지지 않았고, 낮에 더 많은 피로감을 느꼈으며, 부정적인 감정은 더욱 강해졌다. 익숙하게 들리는가? 반면, 똑같은 밤 동안 적색(긴 파장) 광에 대한 노출은 수면에 방해가 되지 않았다. 체온은 떨어졌고 수면은 정상적으로 진행되었다.

왜 그럴까? 원리는 다음과 같다. 대기 중 입자에 의한 태양광 분산(레일리 산란Rayleigh scattering으로 알려져 있다) 때문에 하늘의 색상은 수평선에 대한 태양 위치에 따라 달라진다. 그래서 하늘은 한낮에는 푸르게 보이다가 태양이 수평선에 근접하는 저녁 시간에는 붉은색으로 보인다. 청색광에 노출될 때, 우리 두뇌는 한낮처럼 반응한다.

여기서 핵심 메시지는? 밤에는 청색광을 멀리하고, 낮에는 자연광을 충분히 쐬자. 밤에 침실을 어둡게 유지하는 것은 물론, 태블릿과 휴대전화, 노트북 같은 장비 사용은 적어도 잠자리에 들기 두 시간 전에 중단하자. 그리고 가능하다면 침실에서 스마트폰과 TV와 같은 모든 종류의 전자제품과 스크린을 몰아내자. 그럴 수 없다면 블루라이트 필터나 스크린을 사용해 해로운 파장의 빛을 제거하자. 마찬가지로 밤에 깼다면 천장 조명보다는 은은한 밤 조명을 켜자. 밤 조명에는 흰색이나 푸른색 전구 대신에 붉거나 오렌지색 전구로 갈아 끼우자.

기술에 대한 지나친 의존으로 오늘날 우리는 수면 부족과 불면이라는 전염병을 대가로 치르고 있다. 평생 그러한 나쁜 습관을 버리지 못할 때, 우리는 두뇌 건강에 좋은 결과를 기대할 수 없다. [상자 9.3]은 빛과 수면에 관한 핵심 메시지와 더불어 다양한 시간대에 노출을 관리하는 방법에 관한 실용적인 조언을 제시한다.

┃ 카페인과 수면의 질

　다음으로 체내에 탑재된 두 번째 수면 통제, 즉 항상성 수면 욕구로 넘어가자. 우리는 수면에 대한 떨칠 수 없는 욕구가 있다. 때로는 운전 중에 그런 일이 일어난다. 비록 우리가 인식하지 못하더라도 수면욕은 언제나 존재한다. 이는 하루 내 증가하다가 오직 잠을 통해서만 해소된다. 생물학자들은 이를 '항상성' 메커니즘으로 설명하며, 몸이 지속적인 내부 환경을 유지하는 방식을 보여주는 사례로 꼽는다. 항상성은 생명 유지에 필수적이며, 항상성이 무너지면 몸도 무너진다.

　항상성과 관련해 또 다른 일반적인 사례로는 포도당과 체온, 수화hy-dration에 대한 통제가 있다. 1932년 영국 생리학자 조셉 바크로트는 두 뇌가 고등 기능을 수행하려면 체내 모든 기관이 안정적인 내부 환경이 필요하다고 주장했다. 체온이 떨어질 때 혈관은 수축하고 우리는 몸을 떤다. 혈당 수치가 올라갈 때 췌장은 인슐린을 분비한다. 이런 시스템처럼 우리가 오랫동안 깨어 있을 때, 두뇌 시스템은 잠을 촉진한다.

신경과학자들은 수면욕의 강도는 깨어 있는 동안의 두뇌 활동 수준으로 결정된다고 말한다. 르장드르와 피에론이 주장했던 수면 유도 물질인 '하이프노톡신' 기억나는가? 이러한 수면 물질로 오늘날 거론되는 후보 중 하나는 아데노신이다. 아데노신은 세포가 에너지를 소비하는 과정에서 발생하는 부산물로 수면욕을 강하게 하는 데 중요한 역할을 한다.

이제 우리는 하루에 걸쳐 각성과 졸림 수준이 어떻게 변화하는지 설명할 수 있다. 아침 일찍 각성 신호가 울리기 시작하고, 그때 수면욕은 대단히 낮다. 우리는 서서히 깨어나기 시작한다. 이때가 아침 6시경부터 오전에 걸쳐 각성 수치가 상승하며, 이와 더불어 각성 수준을 높이는 스트레스 호르몬 코르티솔 수치도 함께 상승한다. 코르티솔 수치는 오전 9시경에 정점을 찍으며, 이때가 모닝커피나 차를 마시기에 가장 좋은 시간이다. 즉, 코르티솔 분비로 이미 높아진 각성 상태를 한층 더 강화할 수 있다. 반면 더 이른 시간에 마시는 커피는 온전한 이익을 주지 못한다. 코르티솔 수치는 오전 9시를 넘기면서 급격하게 떨어지다가 오후 1시경에 안정화된다. 그러므로 오전(9시에서 정오)에 마시는 커피가 더 많은 도움을 주는 것이다.

커피 속 카페인은 아데노신 활동을 막고, 수면을 유도하는 특정 호르몬을 억제하며, 각성을 강화함으로써 하루 리듬을 이어나간다. 물론 이것은 평균적인 일정표다. 핵심은 "자기 리듬을 확인하고 그에 따라 조언을 활용하자"라는 것이다. 하루 주기가 동일한 형태로 이어지듯 그 원칙도 동일하다. 단지 조금씩 시간 차이가 있을 뿐이다. 가령 당신이 좀 더 일찍 일어나는 사람이라면, 코르티솔 수치가 상승할 때까지 기다렸다가 모닝커피나 차를 마시는 편이 낫다. 물론 개인 습관과 취향은 저마다 다르다.

우리는 카페인 작용 방식을 이해할 필요가 있다. 한 잔의 커피를 마시고 나서 45분이 지나면 그 안의 모든 카페인은 혈액으로 흡수되어 두뇌를 향한다. 카페인은 혈관-두뇌 벽을 쉽게 관통한다. 카페인은 두뇌 속에서 아데노신 활동을 억제하고, 수면욕을 가라앉히며, 또한 세로토닌(26~30퍼센트 증가)과 가바GABA(65퍼센트 증가), 아세틸콜린(40~50퍼센트 증가) 같은 여러 중요한 신경전달물질의 수용체 수를 증가시킨다. 그러면 우리는 더욱 각성하게 된다. 그래서 커피를 마신 뒤에 기분이 고조되고 활력이 넘치는 느낌을 받는 것이다. 카페인은 간에서 '청소'되는데, 반감기는 약 5시간이다. 그러므로 오후 2시에 100밀리그램 카페인이 포함된 커피 한 잔을 마셨다면, 오후 7시에도 50밀리그램은 여전히 몸속을 돌고 있다. 또한, 점심 후 커피 두 잔을 마셨다면 50밀리그램 카페인이 자정까지도 체내에 남아 있을 것이다. 우리를 깨어 있게 만들기에 충분히 많은 양이다.

이제 낮 시간으로 와 보자. 경계 신호는 정오에 정점을 찍는다. 점심을 먹은 후 오후 1~2시가 되면 '일시적 하락'이 일어난다. 많은 이들이 오후 초반이나 중반에 종종 경험하는 나른함을 과한 점심이나 지루한 회의 때문이라고 생각하지만, 사실 이는 일반적으로 '경계 신호'가 갑작스럽게 떨어지면서 나타난 결과다. 수면욕이 지속적으로 상승하면서 경계 신호는 일시적으로 떨어지고, 그 한두 시간 동안 활동성과 각성은 힘을 잃는다. '파워 낮잠power napping'을 위한 최적 시간인 셈이다. 비록 많은 문화가 이러한 나른함을 오후의 낮잠 시간으로 받아들이고 있지만, 연구 결과는 40분 이상의 낮잠은 금물이라고 한다. 너무 오랜 낮잠은 수면욕을 감소시키고, 밤에 잠드는 것을 더욱 어렵게 만들기 때문이다.

이른 저녁이 되면 우리는 업무에 따른 피로감, 수면욕 증가 그리고 각성 신호 하락을 동시에 경험한다. 게다가 술을 마시면, 여기에 잠재적인 수면 유도 칵테일을 더하는 셈이다. 술은 신경전달물질을 통해 개입함으로써 우리 기분을 진정시키고 바꾸는 역할을 하는데, 그러한 신경전달물질로는 세로토닌이 있다. 종종 '행복 약물'로 언급되는 세로토닌은 행복감을 높이며, 낮은 수치의 세로토닌은 우울감과 관련 있다. 또한, 세로토닌은 수면 호르몬인 멜라토닌의 전조 물질이기도 하다. 더 나아가 음주는 대뇌 전두엽의 행동 통제 효과를 감소시킨다. 그래서 과음이 우리의 통제력을 무력하게 만드는 것이다. 많은 이들이 초저녁에 술을 마신다. 그러나 과음은 알코올의 초기 효과를 거꾸로 되돌린다. 알코올은 '전구를 끄는 데' 도움이 되지만 나쁜 이유 중 하나는 수면 중 계속 깨도록 만들기 때문이다. 이러한 효과는 연령과 건강 상태 및 개인 체질에 따라 다르게 나타난다. 하지만 일반적으로는 그렇다. 잠자기 몇 시간 전에는 술을 멀리하라.

수면과 카페인에 대한 공식적인 조언을 발표했을 때와 마찬가지로, 술과 연관된 지침을 발표하자 세계 두뇌건강위원회는 강한 저항에 직면했다. 쏟아졌던 반응 중에는 이런 것들이 있었다. "술을 마시지 않으면 도저히 밤에 잠이 안 와요." "영국은 애주가의 나라죠. 이게 말이 됩니까?" 술이 두뇌에서 세로토닌을 분비함으로써 행복감을 높이고 수면을 유도하는 기능을 하는 것은 사실이다. 그러나 모든 연구 결과(27건의 연구에 대한 통합 검토 포함)는 음주가 정상적인 수면 주기에 나쁜 영향을 미치고 수면의 질을 떨어뜨리며, 또한 두뇌에서 수분을 앗아가고(이게 얼마나 위험한지 상기하려면 5장으로 돌아가자), 두뇌 건강에 장단기적으로 악영향을 미친다고 지적한다. 카페인과 알코올 섭취에 대한 핵심 사항은 [상자 9.4]에 정리되어 있다.

상자 9.4 **알코올, 커피 그리고 각성제: 건강하게 즐기기**

- 잠자리에 들기 전 과음을 피하자.
- 나이와 성별에 따라 저녁 음주량을 안전한 수준으로 제한하자.
- 오후 2시 이후에는 커피를 마시지 말자.
- 차의 카페인 함유량은 커피보다 훨씬 적으며 일반적으로 커피만큼 수면에 영향을 미치지는 않는다.
- 개인차가 크다는 점을 명심하자. 자신의 개인 반응에 따라 조절하자.

저녁 8시 정도가 되면 '수면 욕구'가 '저항할 수 없는 힘'(24시간 주기 신호)을 만난다. 일반적으로 각성 신호는 시간이 흐르면서 더욱 강해지다가 저녁 중반에 정점에 도달하는데, 이때 우리 대부분은 잠들지 못한다. 아주 일찍 잠자리에 들지 않는 이상 큰 걱정거리는 아니지만, 인공조명이 '수면 호르몬' 멜라토닌 생성을 억제할 때, 수면 가능 시간은 뒤로 늦춰지며, 그래서 우리는 더 늦게 졸리고, 이는 수면 시간 단축으로 이어진다.

우리가 잠들기 시작할 때 무슨 일이 벌어질까? 수면 욕구 신호가 점차 높아지면서 나른한 느낌은 더욱 강화된다. 이후 몇 시간 동안 강력하게 작동하며, 각성 신호는 아주 낮은 수준에 머물면서 방해하지 않는다.

그러나 방해받지 않는 수면이 약 4시간 진행된 이후에 우리의 잠은 위험에 처한다. 이 시점에서 수면욕은 떨어지며, 각성 신호의 단순한 부재만으로는 우리를 '잠잠'하게 만들기에 충분치 않다. 이제 내생적 시계인 24시간 리듬이 등장해 두뇌의 여러 영역에 각성을 억제하라는 수면 촉진 신호를 전송한다. 이 신호는 각성 신호와 마찬가지로 수면을 관장하는 두뇌 영역(뇌간과 시상하부)에서 대뇌피질(전두엽)로 전송된다. 이 과정은 대부분 두뇌 세포에서 생성되는 강력한 화학 물질인 신경전달물질 형태로 이루어진다.

정신 기능을 최적화하고, 감정 통제를 잘하고, 사회적 압력에 잘 대처하려면, 자신의 수면 일정을 내적 시계와 동기화해야 한다. 시차나 야간 근무 같은 스트레스 요인은 수면-각성 패턴을 내적 시계의 24시간 리듬과 '비동기화'시킨다. 우리가 깨어 있고자 할 때 경계 신호는 너무 낮고, 잠들고자 할 때 경계 신호가 너무 높은 것이다. 이러한 비동기화 효과에 대한 우리의 개인적인 경험은 수백 건의 연구 결과가 뒷받침한다. 시차 그 자체로 피로와 두통, 짜증, 집중력 저하, 의욕 상실 그리고 학습 및 기억 장애를 유발하는 것으로 보인다.

하버드 대학교의 유명한 수면 연구 교수이자 NASA의 고문으로 활동하는 척 체이슬러가 내게 들려준 이야기다. 체이슬러는 몇몇 동료와 함께 브라질 쿠리치바에서 차를 타고 약 다섯 시간이나 들어가 밀림에서 살아가는 원주민을 만났다. 그 마을 사람들은 해가 질 때 잠자리에 들고, 해가 뜰 때 깼다. 가족들은 최대 아홉 명까지 더러운 바닥에서 함께 잠을 잤다. 체이슬러는 원주민들에게 이렇게 물었다. "아이들이 밤에 깨면 어떻게 합니까?" 통역자의 질문에 대해 잠시 생각하더니, 한 엄마가 이렇게 답했다. "아이들이 깨는 일은 없습니다." 거기에는 전기도, 인공조명도, 소셜미디어도, 카페인도, 알코올도, 알람시계도 없었다. 그 모든 것을 누리지만, 충분한 수면을 취하지 못하는 사회 속에서 살아가는 우리에게 도움이 되는 메시지다.

▌충분히 못 잤다고?

안타깝게도 불면에는 약물치료 이상의 방법을 찾기 어렵다. 그러나 최근 연구는 애초에 불면을 피할 수 있다는 사실을 보여준다.

보편적인 수면 장애는 50년 전에 처음 시작되었다. 그 시기는 기술 발전에 따른 거대한 사회적 변화 시점과 일치한다. 당시 인공 조명과 정보 기술(전기 및 전자 장비와 언론 매체) 보급이 증가하면서 카페인을 비롯한 다양한 각성제의 사용도 증가했다. 오늘날 하루 여섯 시간도 못 자는 사람의 수는 50년 전에 비해 열 배나 더 많아졌다. 그리고 나이를 떠나 오늘날 우리는 모두 1970년대보다 두 시간이나 덜 자고 있다. 영국의 경우, 최대 40퍼센트에 이르는 성인이 충분한 수면을 취하지 못하고 있다. 이는 유럽에서 가장 높은 수치다. 이러한 점에서 영국 사회의 생산성이 낮은 것은 그리 놀랄 일이 아니다. 밀레니엄 세대 및 십대의 경우, 그 수치는 가히 충격적이다. 그들은 소셜미디어와 문자 메시지에 하루 평균 8시간 30분을 쓰는데, 이는 수면보다 훨씬 더 긴 시간이다.

여기서 우리는 '수면 부족sleep deprivation'과 '수면 장애sleep disorder'를 구분할 필요가 있다. 수면 부족은 일반적으로 시차, 카페인, 알코올, 야근, 늦게까지 이어지는 사회 활동이나 소셜미디어 혹은 질병과 불안 및 스트레스와 같은 내적, 유기적 요인으로 유발되는 일시적인 불면을 의미한다. 수면 부족을 일으킨다는 점에서 비슷하지만, 수면 장애는 지속적이고, 만성적이고, 문제가 있는 수면 상태를 의미한다.

수면 장애에는 많은 유형이 있다. 국제질병분류에서는 88가지 항목의 수면 장애를 정의하고 있다. 거기에는 불면, 수면 무호흡증(호흡 장애), 이갈이, 운동장애(하지불안증후군 등), 사건수면parasomnia(꿈꾸는 대로 행동하기 등)이 포함된다. 불면은 잠들기 어렵거나 늦게까지 깨어 있는 것, 새벽에 깨는 것 그리고 수면의 양과 질에 대한 불만과 그에 따른 낮 시간의 피로감으로 정의된다. 영국에서는 40퍼센트 정도가 불면을 겪고 있는 것으로 보인다. 적어도 3개월에 걸쳐 일주일에 세 번 이상 잠들지 못하는 어려움을 겪는다면 그리고 그러한 수면 결핍이 낮 시간 활동이나 행복감에 영향을 미친다면, 그것은 불면증에 해당하며 상담이 필요하다.

우리 대부분은 이런 수면 장애에 익숙하다. '밤에 제대로 자지 못했다. 늦게까지 잠을 이루지 못했다. 아이 때문에 잠을 설쳤다. 혹은 밤늦게 하는 영화를 놓칠 수 없었다.' 그리고 그 다음날, 세상은 엉망진창이 된다. 왜 오늘따라 스타벅스는 그렇게 느린가? 왜 차는 이리도 막히는가? 왜 비는 계속 오는가? 왜 나한테만 그런가? … 연구 결과는 수면 부족이 이중고를 가져다준다는 사실을 말해준다. 우리는 더 짜증스럽고, 적대적이고, 까다롭고, 비열하고, 분노할(더 부정적일) 뿐만 아니라, 또한 친절함과 활력, 낙관성에 있어서도 달라진다. 수면 부족은 피질(통제 실행)과 두뇌 깊숙이에 있는 편도체(두려움과 증오, 분노가 비롯되는) 사이의 연결을 끊는다. 그리고 이러한 '탈억제'는 행복호르몬 세로토닌과 도파민처럼 기분을 바꾸는 신경전달물질의 개입으로 더욱 강화된다. 우리의 하루가 나쁜 것은 당연한 일이다.

그리고 문제는 부정적인 느낌으로 끝나지 않는다. 우리는 또한 집중할 수도 없고, 일을 제대로 처리하지도 못한다. 의사결정은 엉망이다. 문제를 제대로 구분하지도 못한다. 어제 했던 일도 잊어버린다. 명료하게 생각하지 못한다. 대체 무슨 일이 일어나는 걸까?

새 연구 결과는 우리가 수면을 제대로 취하지 못할 때, 뉴런들은 '흐릿해지며' 더 나아가 서로 제대로 대화를 나누지 못하게 된다는 사실을 보여준다. 기억하고 생각하고 집중하는 우리의 능력은 수많은 세포의 부드러운 협력에 달렸다. 수면 부족은 이처럼 내부에서 이루어지는 대화의 상당 부분을 가로막는다. 거꾸로 조용히 있어야 할 두뇌의 일부 영역을 활성화하면서 소란을 키운다. 특히 두뇌에서 사고를 담당하는 전두엽은 수면 부족 시 큰 피해를 입는다.

일주일에 걸친 한 실험에서 첫 번째 피실험자 집단에게는 하루에 다섯 시간 수면을, 두 번째 집단에게는 여덟 시간을 허락했다. 다음으로 피실험자들이 일상적인 의사결정에 직면하도록 했다. 즉, 보장된 금액을 받거나, 아니면 더 높은 금액을 받거나 아무것도 받지 못하는 위험을 감수하도록 했다. 실험이 진행되는 일주일 동안, 다섯 시간을 잔 집단은 점점 더 고위험 옵션을 선택했다. 그리고 그들은 점점 더 위험한 쪽을 선택하면서 '자신의 행동을 똑바로 바라보지 못하게' 되었다. 이처럼 수면 부족은 의사결정 능력에 피해를 입힐 뿐 아니라, 자신의 결정이 잘못되었음을 제대로 인식하지 못하게 한다(군사령관이라면 명심해야 할 부분이다).

더 좋지 않은 일은, 수면이 부족할 때 우리는 더 많이 속는다는 사실이다. 이것이 전부가 아니다. 수면 부족은 은유적으로뿐만 아니라 실제로도 우리 생명을 앗아간다. 잠을 제대로 자지 못하면, 우리의 반응 속도는 음주운전자보다 더 느려진다.

▌불면증은 우울증 발병을 10배까지 높인다

이제 우리는 수면 패턴 및 두뇌 건강과 관련해서는 다양한 예측을 내놓을 수 있을 정도로 충분히 많이 알고 있다. 특히, 중년의 수면 상태로부터 10년 후 그들의 두뇌 건강이 어떻게 될 것인지 어느 정도 정확하게 말할 수 있게 되었다. 한 연구에서는 불면을 포함하여 중년 시절의 수면 장애는 10년 혹은 그 이후의 인지퇴행과 연관이 있음을 보여줬다. 또 다른 연구는 흥미롭게도 하루에 9시간 이상 수면을 취할 경우에도 노년의 삶에서 인지 문제가 발생한다는 사실도 확인했다. 물론 일시적인 불면이나 늦잠 이야기가 아니다. 중요한 것은 장기적이고 지속적인 수면 습관이다.

모든 종단적 연구 결과는 나쁜 수면이 중년 이후의 인지퇴행과 관련 있음을 보여준다. 세계 두뇌건강위원회는 2016년 수면에 관한 보고서에서 이렇게 적시했다. "많은 연구는 수면 결핍이 집중력과 기억력 및 실행 기능에 손상을 입히고, 중년 성인에게서 인지 질환 위험을 높인다는 사실을 보여줬다." 그들의 이야기를 더 들어보자.

대규모 연구들은 불면과 분절 수면fragmented sleep의 주요 증상이 두뇌 기능에 악영향을 끼친다는 사실을 보여준다. 분절 수면을 취하는 나이 많은 성인은 대뇌미소혈관질환cerebral small vessel disease은 물론, 인지 및 감정

기능 저하의 위험이 높다. 분절 수면을 취하는 이들은 그렇지 않은 사람에 비해 인지 퇴행 속도가 빠르고 알츠하이머 질환에 걸릴 위험이 더 높다. 또한, 불면은 뇌졸중 위험 인자이며, 우울증 발병의 주요한 위험 인자다.[4]

마찬가지로, 두뇌 건강이 나쁜 이들은(우울이나 불안으로 어려움을 겪거나 뇌졸중을 일으킨 적이 있는) 안타깝게도 잠을 잘 이루지 못하는 경향이 있다. 이러한 점에서 전체적인 그림은 복잡하다. 연구 결과는 잠을 잘 자는 사람에 비해 불면증이 있는 사람은 우울증 발병 가능성이 열 배까지 높다는 사실을 말해준다. 그리고 우울증을 겪는 사람은 잠들거나 수면 상태 유지가 더 어렵고 낮에 졸음을 더 많이 느낀다.

나이 들면서 잠이 더 줄어드는 것은 맞는 사실일까? 일반적으로 그렇게 생각하지만, 사실은 오해를 불러일으키는 가정에 기반을 두고 있다. 전체 그림은 더 복잡하다. 성인기에 접어들고 나면 '수면 시간'은 안정화되지만, '수면 속성'은 변한다. 미국 수면의학회에 따르면, 삶의 다양한 단계에서 필요 수면 시간은 다음과 같다.

- 유아(4~12개월): 하루 12~16시간
- 1~2세 아동: 하루 11~14시간
- 3~5세 아동: 하루 10~13시간
- 6~12세 아동: 하루 9~12시간
- 십대(13~18세): 하룻밤에 8~10시간
- 성인(19세 이상): 하룻밤에 최소 7~9시간

이는 평균적인 시간을 말하며, 대부분은 개인 수면 필요량에서 차이가 난다. 그리고 많은 이들은 여러 이유로 필요량을 충족시키지 못한다. 예전에 수면 분야의 한 교수는 내게 이렇게 말했다. "충분한 수면을 취했다면 일어날 때 피곤하지 않고, 낮에 졸리지 않는다."

나이가 들수록 '수면 문제'가 증가한다고 주장하는 논문은 많지만, 이번에도 전체 그림은 다른 이야기를 들려준다. 수면이 나이에 따라 변하는 것은 일반적인 현상이지만, 나이가 들어가면서 수면의 질이 '떨어지는' 것은 정상이 아니다. 나이 들면서 수면 구조와 기간(항상성)은 질과 양에서 변한다. 우리는 25살에 그랬듯 50세에도 쉽게 숙면을 취하리라고 기대할 수 없다. 물론 일부는 가능하겠지만, 아마도 5~10퍼센트 정도의 소수일 것이다.

세계 두뇌건강위원회는 정신적, 신체적 건강을 유지하려면 나이와 무관하게 매일 7~8시간을 꾸준히 자야 한다는 미국 수면의학회의 조언을 지지한다. 여기엔 낮잠도 포함된다. 하지만 낮잠을 40분 넘게 자면 안 된다는 사실을 명심하자. 그 이상은 수면욕을 떨어뜨린다. 나이가 들면서 수면은 보다 분절화 된다. 다시 말해, 잠에서 쉽게 깬다. 이러한 현상은 중년 이후로 보편적으로 나타난다. 또한, 30~60세 사이에는 깊은 수면의 비중은 줄어든다. 그러므로 우리는 최소한으로 필요한 수면을 충족시키기 위해 노력해야 한다. 활력을 되찾게 해주는 수면 이익을 계속 누리려면 좋은 수면과 생활습관 유지가 필요하다.

왜 수면은 나이에 따라 변하는가? 그리고 수면과 관련해 여성의 노화는 남성과 다른가?

두 번째 질문을 먼저 들여다보자. 우리는 한 가지 역설을 발견한다. 남성은 여성에 비해 노년에 비 렘 수면에서 더 많은 장애와 어려움을 보고하는 반면, 여성은 나이가 들면서 남성보다 수면 부족을 더 많이 보고한다. 그 원인이 성별 차이인지 아니면 심리적 메커니즘 때문인지 아직 확실하지 않다. 여성의 경우, 수면 질의 저하는 아마도 폐경기와 관련 있을 것이며, 많은 여성 독자는 이러한 설명에 공감한다. 세계 두뇌건강위원회는 갱년기와 폐경기에 따른 호르몬 변화가 불면 및 수면 장애를 촉발한다고 주장한다. 안면홍조 혹은 두뇌를 잠에서 깨우는 아드레날린의 급증은 땀이 나게 하고 체온을 변화시키며, 수면과 편안한 감정을 방해한다.

그러나 좋은 소식이 있다. 2019년 3월 『월스트리트저널』은 한 기사를 통해 여성 두뇌의 노화 속도가 남성보다 '느리다'는 발견에 소개한다. 그 기사는 수면 문제나 폐경기에 따른 여러 다양한 문제에도 일반적으로 여성이 남성보다 더 천천히 나이 들고 그리고 더 오래 산다는 연구 결과를 제시했다.[5]

나이가 들면서 생기는 신경생리학적, 신경화학적 주요 변화는 뇌간과 시상하부, 시상에 있는 각성 시스템은 물론, 수면을 관장하는 대뇌피질의 여러 분산된 영역에서 일어난다는 사실을 우리는 알고 있다. 예를 들어 전전두피질에서 노화에 따른 뉴런 손실은 서파수면 감소와 관련 있다. 그리고 시상하부에서 갈라닌galanin과 오렉신orexin을 생성하는 세포의 손실은 잠들기까지 필요한 오랜 시간과 짧은 수면 시간, 얕은 수면으로의 더 잦은 이동, 더 많은 수면 분절 현상과 관련이 깊다. 마지막으로, 우리는 수면 부족의 객관적, 주관적 기준 모두 두뇌 속 베타 아밀로이드beta amyloid(알츠하이머 질환에서 나타나는 신경퇴행의 특정 단백질)의 높은 수치와 관련된다는 것도 알고 있다.

앞서 제시한 첫 번째 질문으로 가보자. 왜 수면은 나이가 들어가면서 변하는가? 최근 이와 관련해 한 가지 흥미로운 가설이 제기되었다.

그것은 나이가 들어도 수면에 대한 필요성은 높게 남아 있지만 수면 유도 능력에 손상이 발생한다는 것이다. 다시 말해, 나이를 먹을수록 일반적으로 취할 수 있는 것보다 더 많은 수면을 필요로 한다. 이 가설을 강력하게 지지하는 한 가지 증거로 수면유도 물질 아데노신에 주목한다. 나이 많은 집단(일반적으로 수면욕이 낮다)에서는 세포 외부의 아데노신 수치가 젊은 집단에 비해 더 높다는 사실이 밝혀졌다. 이 명백한 모순을 우리는 어떻게 설명해야 할까? 알고 보니 두뇌 세포 안에서 아데노신 수용체의 광범위한 손실이 발견되었다. 이로 인해 더욱 높아진 아데노신 수치는 우리를 잠들기 더욱 어렵게 만든다. 혈장 속 아데노신이 목표 세포로 들어가지 못하기 때문이다. 이는 제2형 당뇨병에서 벌어지는 현상과 흡사하다. 이 경우, 인슐린 수치는 정상이지만 체내 세포의 민감성이 떨어지면서 더 이상 제대로 반응하지 않는다.

나이가 들어감에 따라 수면 패턴 변화는 물론, 수면 장애도 보다 만연하게 나타난다. 여기서는 여러 다양한 건강 문제 차원에서 이를 살펴볼 필요가 있다. 노화는 질환 그리고 종종 동반질환(두 가지 이상의 질환이 동시 발병하는)의 가장 일반적인 원인이다. 앞서 언급했듯, 영국에서 65세 인구는 평균 1개의 만성 장기 질환을 갖고 있고, 75세는 3개, 80세 이상은 5~6개이다. 이러한 점에서 수면 장애가 65세 이후 더욱 만연한 것은 전혀 놀라운 사실이 아니다. 해결책은 노화 속도를 늦추고 체내 염증을 줄이는 것이다. 이를 통해 수면 장애와 두뇌 건강 저하를 포함, 모든 노화 관련 질환의 위험성을 낮출 수 있다.

불면은 두뇌에 염증을 유발한다. 숙면을 취할 때 우리는 염증과 그에 따른 두뇌 건강의 위험을 줄일 뿐만 아니라 동시에 지적 기능과 감정 균형, 행복감은 물론 생산적인 사회 활동을 위한 역량을 개선할 수 있다. 하지만 나이 자체에 집착할 필요는 없다. 앞서 언급했듯 나이가 들면서 개인 차이는 더욱 뚜렷해지고, 여기에 많은 다른 요인이 함께 작용하며 노화 과정과 상호작용을 통해 차이를 만들어내기 때문이다.

여기서 핵심 메시지는 대단히 긍정적이다. 초기 성인기로부터 이러한 상호작용하는 요인은 전반적으로 통제가 가능하고, 두뇌의 놀라운 적응력을 활용하면 나이가 들어도 충분한 수면 양을 얼마든지 확보할 수 있다는 것이다.

▌수면 부족은 청년에게 더 타격

요약하자면, 많은 연구는 수면 부족이 집중력과 기억력 그리고 두뇌의 수행 기능에 손상을 입히며, 중년 이후로 인지 질환 위험을 높인다는 사실을 보여준다. 대부분 과학자는 숙면 유지가 두뇌 건강에 도움을 준다고 주장하며, 일부는 수면 개선이 두뇌 노화를 늦추거나 되돌릴 수 있다고 믿지만, 아직 많은 연구가 필요하다. 가령, 숙면이 두뇌 기능을 개선하는지 혹은 더 나은 두뇌 기능이 숙면을 가능하게 하는지, 아니면 둘 다인지는 여전히 과제로 남아 있다. 수면 박탈 실험 결과는 수면 부족과 분절된 수면이 중년이나 노년보다 청년의 정신적 기능에 더 많이 영향을 미친다는 사실을 말해주기도 한다.

오늘날까지 이뤄진 수면 부족에 관한 연구 결과를 바탕으로 우리는 이렇게 주장할 수 있다. "평생에 걸쳐 좋은 수면의 질을 유지함으로써 두뇌 기능을 개선하고 두뇌를 더욱 명료하게 만들 수 있다." 우리가 수면에 더 일찍 관심을 기울일수록 두뇌 건강을 더 효과적으로 개선할 수 있다. 이는 영국 수면위원회, 유럽 수면연구협회, 미국의 국립수면재단, 미국 수면협회, 미국 수면의학회, 미국 건강수면연합 등 모든 권위 있는 수면 기관의 공통적인 주장이다.

상황이 이렇다 보니 자신의 수면 패턴에 지나치게 민감하거나 심지어 신경과민이 되기 쉽다. 세계 수면건강위원회의 한 전문가는 이런 말을 했다. "가끔 밤잠 설치는 것에 너무 걱정할 필요는 없습니다. 어떤 경우든 자기 예상보다 일반적으로 잠을 잘 잡니다." 그 말에 나는 한결 마음이 놓였다. 정말 중요한 것은 오랜 세월에 걸쳐 형성되는 삶의 전반적인 패턴이다.

10장

행복과 뇌과학

핀란드 국민은 세상에서 가장 행복한 사람들로 알려져 있다. 놀라운 결과지만, 그래도 그냥 추측은 아니다. 과학이 그렇다고 말한다. 〈세계 행복보고서World Happiness Report〉는 지난 8년 동안 행복과학자(이런 사람들이 분명 있다)들이 정의한, "우리를 행복하게 만드는 핵심 요인"을 기준으로 국가 순위를 매겼다. 요인에는 소득, 건강한 기대 수명, 사회적 지지, 자유, 신뢰, 관용이 포함된다. [상자 10.1]에는 상위 20개국이 나와 있다. 우리는 영국과 미국을 비롯한 강대국들이 선두권과는 거리가 멀다는 사실이 눈에 띈다.

상자 10.1 세계 행복 순위

1. 핀란드
2. 덴마크
3. 스위스
4. 아이슬란드
5. 노르웨이
6. 네덜란드
7. 스웨덴
8. 뉴질랜드
9. 오스트리아
10. 룩셈부르크
11. 캐나다
12. 호주
13. 영국
14. 이스라엘
15. 코스타리카
16. 아일랜드
17. 독일
18. 미국
19. 체코 공화국
20. 벨기에

출처: 세계행복보고서, 2020년

　그런데 국가적 행복에 대한 이러한 새로운 관심은 뜻밖의 나라에서 시작되었다. 1979년 부탄의 4대 국왕이 쿠바에서 델리 국제공항을 거쳐 고향으로 돌아오고 있었다. 그는 인도 기자와의 인터뷰에서 이렇게 주장했다. "국가의 발전을 가늠하는 기준은 국내총생산Gross Domestic Product이 아니라 국가총행복Gross National Happiness이 되어야 합니다." '행복'이라고 하는 애매모호한 개념이 전혀 예상치 못한 곳에서 진지한 모습을 드러낸 것이다.

　솔직히 말해 행복의 비밀에 관심 없는 사람은 없다. 인류의 자연스럽고 보편적인 갈망이기도 하다. 위대한 사상가들은 수천 년에 걸쳐 영원히 풀리지 않는 질문에 대해 생각했다. "좋은 삶이란 무엇이고 어떻게 가능한가?" 즉, 모두가 꿈꾸는 그러한 삶이란 무엇인가? 미국 계몽시대에 '행복 추구'는 자유 그리고 삶 그 자체와 맞먹는 중요한 개념이었다.

과학은 우리에게 그 비밀을 말해줄 수 있을까? 놀랍지 않지만 이렇게 답할 수 있다. 우리는 '행복이 무엇인지'를 알고 있다. 하지만 '무엇이 우리를 행복하게 만드는가'에 대한 대답은 사람마다 다르다. 이는 지극히 개인적인 질문이다. 정답은 없다. 보다 정확하게는, 행복이란 자기 삶에 만족하는 마음의 상태를 말한다. 구석기 시대 사람들의 일상적인 우선순위는 지금과는 완전히 달랐을 것이다. 당시 행복이란 또하루를 살아가고, 그 하루의 마지막에 살아 있는 것이었다. 하지만 만년의 세월 동안 모든 것이 바뀌었다. 농업과 산업 그리고 디지털 혁명이 차례로 일어나면서 인류는 원하는 것을 더 쉽게 손에 넣을 수 있었다. 역사상 처음으로 인류는 물질 차원에서 원하는 것을 대부분 확보할 수 있게 되었다. 그러나 이러한 물질적 풍요가 과연 우리를 더 행복하게 만들었을까?

행복은 아주 단순한 개념으로 보이지만 사실은 그렇지 않다. 무엇이 우리를 행복하게 만드는지를 정의하려고 지난 20년간 1만 7천여 편의 과학 논문이 발표되었다. 행복 개념은 우리가 인간으로서 자신에게 벌어지는 일을 "어떻게 인식할 것인가"에 달렸다. '효과적인 기능func-tioning well'도 행복에 크게 기여한다. 결혼생활에 문제가 없는가? 일은 잘 돌아가는가? 먹고살기 충분한 돈을 벌고 있는가? 아이들은 잘 크는가? 과학자들은 이를 '전반적인 삶의 만족도'라고 부른다. 다른 한편으로, '좋은 느낌feeling good' 역시 마찬가지로 중요하다. 좋은 느낌이란 기쁨, 유쾌함, 애정, 고마움 같은 긍정적인 감정 그리고 죄책감, 분노, 공포, 원한 같은 부정적인 감정 사이의 균형 상태를 의미한다. 이는 쾌락을 극대화하고 고통을 멀리하는 것이다. 그리고 이 모든 영역에 걸쳐 또 다른 근본 질문이 있다. "나는 잠재력을 실현하고, 꿈과 기대에 따라 살고 있는가?" 윈스턴 처칠에게 그것은 25세의 나이로 전국적인 명성을 얻는 것이었다. 너무 멍청해 아무것도 배울 수 없을 것이라는 말을 교사에게 들었던 에디슨에게는 발명가가 되는 것이었다. 아이작 뉴턴에게 그것은 위대한 학자가 되는 것이었다. 그가 어머니의 가난한 농장에서 밭을 갈고 있을 때는 불가능해 보였다.

▌삶의 전반적인 만족도를 높이려면

이제 효과적인 기능과 관련해 과학이 발견한 것을 살펴보자. 가장 먼저 돈 이야기를 시작하자. 돈으로 행복을 살 수 있을까? 연구는 그럴 수 있다는 사실을 말해준다. 단, '어느 정도까지는' 말이다. 프린스턴대학교 연구원 대니얼 카너먼과 앵거스 디턴은 2010년 연구를 통해 사람들은 어느 한계까지는 돈을 더 많이 벌수록 더 행복하게 느끼는 경향이 있다는 사실을 확인했다. 여기서 한계는 7만 5천 달러였다. 그 한계 이후로는 소득이 증가해도 행복은 높아지지 않았다. 2018년에 발표된 보다 최근 연구는 인플레이션을 고려하더라도 7만 5천 달러가 여전히 행복의 경계선인 것으로 보인다고 확인했다. 이러한 발견은 언뜻 이해하기 힘들다(특히 당신이 갑부가 아니라면). 대부분은 돈이 더 많을수록 더 많은 문제를 해결할 수 있다고 믿기 때문이다. 그러나 얼마나 많은 돈을 갖고 있던 간에 삶의 의미가 무엇인지, 누구와 함께 삶을 보낼 것인지, 나는 누구인지와 같은 근본적인 질문은 사라지지 않는다.

이 이야기에는 미묘한 반전이 있다. 연구원들은 돈이 많이 있어도 행복하지 않다면 그것은 돈을 '올바로' 쓰지 못하기 때문이라는 이야기를 들려준다.

하버드 비즈니스스쿨 연구원들은 밴쿠버의 한 쇼핑몰에서 흥미로운 실험을 했다. 그들은 쇼핑하는 사람들에게 5달러 혹은 20달러가 든 봉투를 주고 그날 그 돈을 다 쓰도록 했다. 여기서 절반에게는 원하는 대로 돈을 쓰도록 했고, 다른 절반에게는 자신을 위해서는 쓰지 말라고 했다. 여기에 해당하는 사람들은 자선단체나 홈리스에게 기부하거나 다른 누군가를 위해 썼다. 다음날에 결과를 살폈다. 5달러든 20달러든 금액은 중요하지 않았다. 자신을 위해 돈을 쓰지 않았던 이들은 분명 더욱 행복했고, 자신에 관해 더 긍정적으로 느꼈다.

또한, 많은 연구는 물건이 아니라 경험에 돈을 쓰는 것이 우리를 더 행복하게 한다는 이야기를 들려준다. 경험은 지금의 우리 자신을 만들어주지만 물건은 그럴 수 없기 때문이다. 시장 연구는 소비를 관리함으로써 행복을 높일 수 있는 다양한 방식을 보여준다. 핵심 포인트는 돈은 우리를 행복하게 만드는 데 도움을 주지만, 그 전체 그림은 '더 많은 돈=더 많은 행복'이라는 단순한 방정식보다 훨씬 더 복잡하다.

다음으로 결혼은 우리를 행복하게 만들어줄까? 지난 20년 동안 전 세계에 걸친 모든 연구는 결혼과 행복 사이의 관계가 결혼과 그 밖의 관계 형태, 가령 동거나 이혼, 별거, 독신 사이보다 더욱 강력하다는 사실을 보여줬다. 그 차이는 평생에 걸쳐 안정적으로 나타나고, 또한 세대에 걸쳐 크게 다르지 않아 보인다. 물론 '역인과' 요소도 있다. 즉, 더 행복한 사람이 행복한 다른 사람을 만나 결혼을 하는 경향 말이다. 그러나 전체 그림은 보기만큼 간단하지 않다. 행복은 결혼 과정에 걸쳐 감소하는 게 규칙 중 하나다(물론 예외는 있다). 그리고 역설적이게도 결혼 다음으로 행복한 경험은 이혼이라는 사실을 연구 결과는 말해준다. 우리는 이러한 두 결과를 하나로 묶어서 이렇게 정리할 수 있다. "좋은 결혼은 우리를 행복하게 만든다." 결혼 생활이 안 좋아지기 시작할 때 그 반대가 적용된다는 깨달음을 고려한 것이다.

세 번째 질문으로 가보자. 아이는 우리를 행복하게 할까? 모든 국가와 문화를 걸쳐 부모들은 자녀가 가져다주는 축복에 대해 망설임 없이 칭송한다. "아이는 기쁨의 꾸러미다." 그러나 객관적인 사실은 이러한 주장을 지지하지 않는다. 지난 50년간 이뤄진 모든 연구는 오히려 반대편 이야기를 들려준다. 즉, '일반적으로' 부모는 아이 없는 성인에 비해 덜 행복하다는 것이다. 그러나 그 차이는 근소하다. 아이는 부모 행복에 부정적인 영향을 비교적 작게 미치기 때문에, 행복한 부모에 해당하는 사람은 얼마든지 많이 있을 것이다. 이는 살아가는 지역(노르웨이와 헝가리의 부모는 다른 나라의 부모보다 더 행복하다)과 연령대(나이 많은 부모가 더 행복한 경향이 있다) 그리고 전반적인 탁아 시설에 달린 것으로 보인다. 그리고 '불행'의 주된 이유는 가족의 삶과 업무적인 압박 사이의 충돌이다. 물론 충분한 육아 휴직처럼 보다 합리적인 고용 관행이 정착된 지역에서 불행 수준은 훨씬 더 낮다.

시야를 좀 더 넓혀본다면, 2010년 하버드 심리학자들이 수행한 연구에 주목할 필요가 있다. 그들은 '행복 추적trackyourhappiness'이라는 아이폰 앱을 통해 전 세계 2천 명과 접촉하고, 그들에게 무슨 활동을 했는지 기록하고 그 활동에 따른 주관적인 행복을 1-100점을 기준으로 평가하도록 했다(100점이 '아주 좋은 느낌'이다). 일등은 분명했다. 섹스할 때 최고 점수인 90점을 줬다. 다음으로 75점을 기록한 운동이 2위를 차지했다. 그다음으로 다른 사람과 대화하기, 음악 듣기, 산책하기, 먹기, 기도하기, 명상하기, 요리하기, 쇼핑하기, 자녀 돌보기, 책 읽기 등 다양한 활동이 뒤를 이었다. 그렇다면 목록의 맨 밑에는 뭐가 있을까? 우리 삶에서 가장 짜증 나는 일 세 가지는 몸치장, 출퇴근, 일하기인 것으로 드러났다.

이 주제를 마무리하기에 앞서 두 가지 중요한 발견을 언급할 필요가 있다.

첫 번째, 우리가 일을 싫어한다고 해도 '아무 일도 하지 않는 것'은 행복을 위해 좋은 생각이 아니라는 점이다. 연구 결과를 보면 모든 문화에서 '전적인 무위'는 우리를 가장 불행하게 만드는 삶의 방식이라는 사실을 확인했다. 목적을 가진 삶은 행복의 핵심적인 부분으로 보인다. 삶의 목적이 행복 발견이라면(아리스토텔레스에서 달라이 라마까지 많은 현자가 그렇게 말했다), 행복에는 목적 있는 삶이 필요하다. 1926년으로 거슬러 올라가서 오스트리아 신경학자이자 정신과 의사인 빅터 프랭클은 최초로 '의미'를 인간의 내적 동인으로 정의했다. 그의 이론은 자신이 살아남은 아우슈비츠에서 가혹한 방식으로 검증되었다. 나치가 자신이 사랑하는 아내를 죽였다는 사실을 알면서도 도랑을 파야만 했던 프랭클은 이렇게 회상했다. "나는 인간의 시와 사상과 믿음이 전해야 할 가장 중요한 비밀의 의미를 깨달았다. 그것은 인간의 구원은 사랑을 통해 그리고 사랑 속에서 이뤄진다는 사실이다."[1] '목적'이 행복에 기여한다는 사실은 이제 심리학적 이해에 기반을 두고 있다.

두 번째, 무슨 활동을 하든 간에 마음이 그냥 떠돌아다니도록 둬서는 안 된다는 것이다. 집중의 결핍은 효과적으로 기능함에서 비롯되는 행복감을 망친다. 다시 하버드 아이폰 연구로 돌아가서, 연구원들은 모든 행동에 걸쳐 평균 47퍼센트에 해당하는 시간 동안 사람들의 마음이 '떠돌아다녔다wandered'는 사실을 확인했다. 활동에서 더 많은 행복감을 느낄수록 그들의 마음은 덜 돌아다녔다(섹스는 10퍼센트의 시간만 그랬다). 나아가 사람들이 무슨 일을 하든 간에(섹스든, 독서든, 몸치장이든) 그리고 '행복'의 기준에서 어떻게 평가했든 간에 자신이 하는 일에 집중할 때 사람들은 더 높은 행복감을 경험하는 경향이 있었다.

그런데 어느 쪽이 진실일까? 불행이 마음을 방황하게 했을까, 아니면 방황하는 마음이 그들을 불행하게 만들었을까? 여기서 연구원들은 흥미로운 발견을 했다. 한 사람의 마음이 오전 9시에 떠돌아다녔다면, 15분 후 그들은 9시보다 덜 행복했다. 반면 오전 9시에 비참했을 때, 그들은 15분 후에 초조해하거나 몽상에 잠기지는 않았다. 다시 말해, 떠돌아다니는 마음은 불행을 촉발한다는 증거는 있지만, 불행이 마음을 방황하게 한다는 증거는 없다는 것이다. 그렇다면 우리는 자신이 하는 일에 마음을 쏟아야 할 것이다.

▎주관적인 행복을 극대화하려면

좋은 느낌feeling good을 심리학자들은 '주관적인 행복'이라고 부른다. 1990년대 당시 버클리에서 연구하던 이스라엘 출신 심리학자 대니얼 카너먼은 소위 '쾌락주의 심리학hedonistic psychology'에 몰두했다. 이는 삶의 경험을 즐겁거나 불쾌하게 만드는 요인을 연구하는 학문이다.

1998년에 카너먼은 데이비드 샤케이드David Schkade와 함께 발표한

「캘리포니아에서 살면 행복해지는가?」라는 제목의 기념비적인 논문에서 이후 노벨 경제학상 수상의 가능성을 보여줬다. 두뇌가 불완전하게 기억하고 편향에 취약하다는 생각을 검증하기 위해 설계된 한 연구에서 카너먼과 그의 동료들은 대장내시경 검사의 불쾌함을 기록하게 함으로써 환자들이 이를 어떻게 경험하고 기억하는지 알아보았다. 연구원은 각 환자 옆에 앉아 검사 전반에 걸쳐 그들의 느낌을 분 단위로 기록했다. [그림 10.1]은 두 환자의 기록을 보여준다. 분명하게도 더 오랫동안 검사를 받았던 환자 B가 약 8분 만에 검사가 끝난 환자 A에 비해 더 많은 고통을 받았다. 그런데 두 환자에게 얼마나 많은 고통을 받았는지 물었을 때, 환자 B의 예상은 환자 A보다 그 강도가 더 낮은 것으로 나타났다. 그 이유는 뭘까? 환자 B가 느낀 최악의 순간은 검사 기간의 마지막에 있지 않았다. 즉, 그의 검사는 순조롭게 끝이 났다. 환자 B의 평가는 기억 편향으로 결정되었으며, 여기서 검사 시간은 중요하지 않았다.

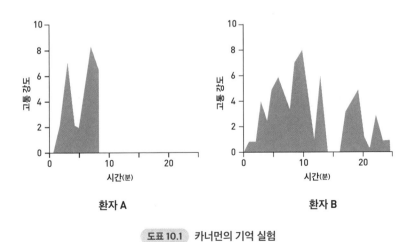

도표 10.1 카너먼의 기억 실험

이러한 발견으로부터 카너먼은 다음 결론에 도달했다. 좋은 느낌과 관련해, 두뇌는 두 가지 시스템을 갖고 있다.

첫째, '경험하는 자아experiencing self'는 우리가 지금 여기서 어떻게 느끼는지 인식한다. 이는 우리가 일련의 스쳐지나가는 감각을 통해 순간마다 행복을 경험하는 방식을 의미한다. '심리학적 현재psychological present'는 약 3초 정도로 알려져 있으며, 이는 한 달에 약 60만 건의 '경험'으로 이어진다. 그렇다면 이러한 경험에는 무슨 일이 일어나는가? 안타깝게도 이들 경험 중 대부분은 그냥 사라진다.

둘째, '기억하는 자아remembering self'는 기억으로 자리 잡은 경험으로 '이야기'를 만들어낸다. 그리고 이 이야기는 변화와 중요한 순간 그리고 마지막에 기반을 둔다. '기억하는 자아'는 행복과 관련해 전적으로 다른 평가를 제시한다. 이는 우리에게 자기 삶과 더불어 얼마나 행복한지를 말해준다. 즉, 회상했을 때 어느 정도로 만족스럽거나 기쁜지를 말해준다.

이제 우리는 카너먼과 샤케이드가 앞서 던진 질문, '캘리포니아에서 살면 행복해지는가?'에 답할 수 있다. 이 질문을 캘리포니아에 살지 않는 사람에게 던질 때, 그들은 캘리포니아의 이상적인 기후와 해변, 경치를 그들이 지금 살아가는 (주로) 만족하지 못하는 환경과 비교한다. 하지만 그들이 정말로 캘리포니아로 이주할 때, 그들의 '경험하는 자아'는 일반적으로 그리 행복하지 않다. 단, 그들에게 이전 삶을 떠올리도록 요구했을 때를 제외하고 말이다. 그럴 때, 그들의 '기억하는 자아'는 새로운 삶에 훨씬 더 만족한다는 이야기를 그들 자신에게 일관적으로 들려준다.

현대 과학의 여명이 시작될 무렵에 찰스 다윈은 『인간과 동물의 감정표현The Expression of the Emotions in Man and Animals』이라는 역작에서 감정의 기원에 대해 고찰했다. 오늘날 많은 이들은 당시 혁신적이었던 이 저서를 심리학의 시작을 알리는 자료로 꼽는다. 오늘날 많은 학문, 그중에서 특히 신경과학은, 각각의 감정은 생각과 느낌, 행동을 뒷받침하는 독립적인 정체성을 갖고 있다는 다윈의 결론이 옳았음을 보여준다. 다윈은 이 연구에서 모든 인간과 많은 동물종이 대단히 유사한 행동을 통해, 특히 우리가 감정 상태를 전달하기 위한 신호로 사용하는 표정을 통해 감정을 드러낸다고 주장했다. 비록 당시에 그는 명확하게 이해하지는 못했지만, 그의 위대한 통찰력에 대한 설명은 공통적인 진화적 역사 덕분에 우리가 다른 종과 공유하는 두뇌 구조에 기반한다. 감정은 두뇌 깊숙이 자리 잡은 원초적인 영역에서 비롯된다.

감정은 자동적이고 내생적인 심리적 반응으로, 생존적 가치를 담고 있다. 배고픔과 갈증, 성욕, 공포, 화, 혐오, 슬픔, 유쾌함 등이 여기 해당한다. 감정은 강력하고, 원초적이고, 본능적이다. 감정은 느낌의 기반이며 우리의 생각과 행동에 중대한 영향을 미친다. 실제로 감정은 사고와 무관한 행동을 촉발한다. 21세기에 나온 퀘벡의 한 TV 드라마는 17세기 프랑스 사상가 블레즈 파스칼이 남긴 불멸의 표현, "마음에는 이성이 파악하지 못하는 이유가 있다Le coeur a ses raisons que la raison ne connait point"를 패러디했다. 그리고 이것은 진정한 양방향이다.

주변 사람과 환경에 대한 인식은 우리의 감정과 느낌을 촉발한다. 생각하는 두뇌 전두엽이 위협이라고 말할 때 두려움과 혐오 반응이 일어나고, 변연계가 '투쟁 혹은 도주' 반응을 보이도록 촉발한다. 이 반응은 1936년 독일 심리학자 한스 셀리에Hans Selye가 처음으로 소개한 개념인데, 하나 혹은 다른 방식으로 위협을 제거하도록 설계되었다. 즉,

우리는 그 대상을 죽이거나 혹은 거기에서 도망을 친다. 심장이 뛰고, 몸(근육)은 긴장하고, 호흡은 가빠지고, 손바닥에는 '식은 땀'이 흥건하다. 우리 몸은 아드레날린과 노르아드레날린 같은 호르몬을 분비하고, 최종적으로는 스트레스 호르몬인 코르티솔을 분비한다. 이처럼 우리는 스스로 지키거나 달아날 준비를 한다. 또 다른 사례로는 음식이 있다. 시각과 후각은 내부에서 배고픔을 촉발한다. 또한, 번식을 위한 강력한 동인인 성욕도 마찬가지다. 이러한 기본 감정은 모두 '욕구적 appetitive'이다. 다시 말해, 이들 감정은 우리가 만족할 때까지 행동을 촉발하며, 만족한 뒤에야 감정과 함께 그 감정이 생성한 동인이 가라앉는다는 뜻이다.

이러한 기본 감정은 어디서 비롯되는 걸까? 2003년 아홉 명의 독일 과학자는 신중하게 선발한 열 명의 성인을 대상으로 말 그대로 끔찍한 실험을 수행했다. 이들 피실험자 모두 거미공포증이 있었다. 그저 욕실에서 거미를 보았을 때 느끼는 초조하고 약간은 불안한 정도의 상태가 아니다. 말 그대로 몸이 완전히 마비되는, 의학적 진단 수준을 말한다. 이 실험에서 연구원들은 피실험자들이 빠져나갈 수 없는 어두컴컴한 원통의 두뇌 스캐너 속에 집어넣고 그들에게 거미 이미지를 보여줬다. 그러자 모든 피실험자의 두뇌 깊숙한 영역에서 마치 크리스마스트리처럼 불이 들어왔다. 연구원들은 이를 바탕으로 두뇌에서 공포가 자리 잡은 영역을 확인했다. 그곳이 바로 편도체였다. 앞서 살펴봤듯 편도체는 '파충류의 뇌'라고도 하는 태곳적 조직의 집합체인 변연계의 일부다. 흩어져 있지만 긴밀하게 협력하는 이 영역은 생각의 중추인 고차원적인 전뇌 그리고 호흡과 체온처럼 생명 유지 과정을 관장하는 저차원적인 뇌간 사이에 존재한다. 바로 여기서 인간의 모든 감정이

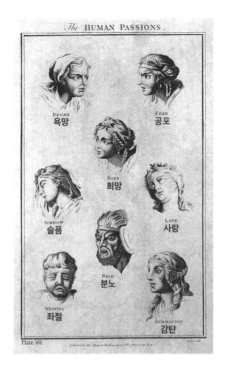

감정에 따른 여덟 가지 표정

비롯된다. 이러한 감정은 우리 생존을 보장하기 위해 진화된 강력하고 원초적인 충동이다. 그러므로 지속적인 제어가 필요하다. 그리고 전두엽이 그것을 제어한다. 그런데 맥주를 너무 많이 마셔서 전두엽이 힘을 잃으면, 우리는 감정에서 비롯된 행동이 고삐에서 풀려나는 모습을 보게 된다.

여기서 '원초적'이라는 의미는 '단순하다'라는 의미가 아니다. 변연계는 사실 대단히 복잡한 정보 처리 공장이다. 변연계는 피질(전두엽)과의 협력을 통해 감정을 통제하고 생성한다. 그리고 그 과정에서 체내와 체외에서 유입되는 엄청난 양의 정보를 꼼꼼히 살피는 것은 물론,

학습과 기억에서 중요한 역할을 수행한다.

여기서 호르몬이라고 하는 강력한 화학물질이 복잡성을 더한다. 호르몬은 우리가 느끼는 방식에 큰 영향을 미친다. 두뇌를 어지럽히는 네 가지 주요 호르몬으로는 노르에피네프린, 도파민, 세로토닌, 가바 GABA가 있다. 그중 세 가지는 앞서 살펴봤다. 이 네 호르몬의 화학구조는 유사하나, 담당하는 감정은 아주 다르다. 노르에피네프린은 공포와 분노(주로 편도체에서) 그리고 투쟁 혹은 도주 반응을 촉발하는 감정을 생성한다. 도파민은 기쁨과 유쾌함을 촉발한다('보상 호르몬'). 그리고 세로토닌은 수면과 소화, 치료 등 다양한 기능을 수행하지만, 두뇌 안에서는 감정을 진정시키는 역할을 한다. 세로토닌 수치가 정상일 때 우리는 더 행복하고 차분하며, 덜 걱정하고 변덕스럽다. 가바의 핵심 역할은 신경 세포 활동을 진정시키고, 이완을 강화하고, 스트레스를 낮추고, 기분을 차분하게 만들며, 심지어 수면을 개선하기까지 한다. 이러한 호르몬 수치의 균형이 파괴되었을 때, 우리는 어떻게 알 수 있을까? 가장 대표적인(실질적으로 유일하게 정확한) 방법은 혈액 분석이다. 하지만 이는 일상 절차가 아니며, 의사 처방으로만 가능하다.

이러한 호르몬은 두뇌 속 어디에서 작용하는가? 아이오와 대학교의 한 부부 연구팀은 세계에서 가장 특별한 기록물을 갖고 있다. 2천 5백 명에 달하는 인간의 두뇌 이미지 집합이다. 안토니오와 한나 다마시오 부부는 이러한 '두뇌 도서관'을 통해 한 가지 기본 법칙과 더불어(두뇌는 '행복'과 '불행'에 따른 서로 다른 회로를 운용한다) 우리가 쾌락과 고통을 정확하게 어디서 인식하는지에 관해 통찰을 던졌다. 두뇌에서는 서로 다른 부분이 다른 감정과 느낌을 촉발하는데, 고통이나 슬픔을 느끼지 않는다고 해서 행복을 느낀다는 말은 아니다.

실제로 다마시오 부부는 우리가 잘 알고 있는 것을 입증해 보였다. 서로 경쟁하는 여러 다양한 감정을 우리가 동시에 느낄 수 있다는 것이다. 가령 우리는 영화를 보면서 공포와 짜릿함을 함께 느낀다. 혹은 자신이나 타인을 좋아하면서 동시에 미워하고, 강아지가 지갑을 물어 뜯었을 때 짜증과 애정을 동시에 느낀다. 다마시오 부부의 연구 결과는 모순되는 다양한 감정을 동시에 느낄 뿐만 아니라, "두뇌의 절반은 각기 다르게 행동한다"라는 사실을 말해줬다.

사실 이건 그리 놀라운 소식은 아니다. 우뇌가 신체 좌측을 통제하고, 좌뇌가 우측을 통제한다는 것은 일반적으로 알려져 있기 때문이다. 거기에 더해 좌뇌는 주로 '긍정적인' 감정(감사함, 유쾌함, 흥분, 즐거움)을 관장하고, 우뇌는 '부정적인' 감정(혐오, 공포, 불안, 충격)을 관장하는 것으로 보인다. 그러나 어떤 이들의 반구는 다른 이들에 비해 더욱 평등하다. 연구 결과는 우반구가 지배적인 역할을 한다는 사실을 보여줬다. 우반구는 전반적으로 더 많은 감정을 통제하며, 또한 자신과 타인의 표정에 대한 인식(감정 통제에서 중요한 부분)을 관장한다. 하지만 모든 규칙에는 예외가 있다. 예를 들어 누군가를 좋아하거나 싫어하는 사회적 감정은 좌뇌가 담당한다.

네 가지 '핵심' 호르몬 외에도 다른 많은 호르몬이 감정에 관여한다. '좋은 느낌'에 기여하는 호르몬으로는 에스트로겐, 프로락틴, 테스토스테론 같은 소위 성 호르몬(더 다양한 기능을 하지만)이, '사랑' 호르몬으로 정서적, 신체적으로 친밀감을 느끼거나 섹스하는 동안에 분비되는 옥시토신 그리고 신체 활동에 활력을 공급하는 아드레날린이 있다. 그리고 다음으로 두뇌 자체의 내부적인 약물 시스템이 있다.

1972년 존스홉킨스 대학교 과학자들은 깜짝 놀랄 만한 발견을 했다. 그들은 인간의 두뇌 속 뉴런들이 마약(아편, 헤로인, 코데인, 모르핀)에 대한 수용체를 갖고 있다는 사실을 확인했다. 이 얼마나 이상한 일인가? 왜 인간의 두뇌는 이처럼 강력하게 중독적인 물질을 받아들이도록 설계되었을까? 우리는 수백만 년간 헤로인이나 코카인을 흡입하면서 진화하지 않았기 때문이다. 이를 어떻게 설명해야 할까? 과학자들은 그 답을 재빨리 발견했다. 그것은 중독이 아닌 쾌락을 위해 설계되었다는 것이다.

두뇌는 자체적으로 모르핀과 비슷한 물질인 엔도르핀을 생성한다. 엔도르핀은 인간의 '행복' 물질이다. 엔도르핀의 역할은 단지 절정감을 맛보게 하는 데 그치지 않는다. 엔도르핀은 우리 두뇌와 몸 안에서 생존과 관련된 변화를 촉진한다. 두뇌에서 생성되는 '기분 좋은' 화학물질로 고통과 스트레스를 이겨내도록 도움을 주거나 운동이나 섹스처럼 생존을 촉진하는 행동에 보상을 제공한다.

엔도르핀은 거대한 쾌락을 선사한다. 기쁨을 촉진하고 고통을 줄임으로써 심각한 부상이나 트라우마 혹은 출산 같은 극단적인 상황에서 천연 진통제로 작용한다. 그러나 안타깝게도 자연 세상에는 이처럼 우리에게 생명을 제공하는 물질과 똑같이 닮았지만, 생명을 위협하고 대단히 중독적인 도플갱어가 있다. 그리고 우리 두뇌는 그 물질에 활짝 열려 있다. 그것이 바로 5천 년 전 문명이 싹텄던 중동 평원에서 재배된 천연 모르핀이다. 마이클 브라운스타인은 이제는 고전이 된 30년 전 논문에서 호머의 『오디세이』를 인용하며 태곳적에 재배된 마약에 경의를 표했다. "이제 그녀는 와인에 약을 넣어 모든 고통과 분노를 달래고 슬픔을 잊도록 했다." 그 이전 그리고 이후로 수많은 이들이 어떻게든 공유하고자 했던 경험이었다.

엔도르핀과 함께 두뇌에서 생성되는 또 다른 유익한 물질이 있다. 그것은 바로 엔케팔린enkephalin이라는 호르몬으로, 척수에서는 두뇌로 넘어가는 고통 신호를 완화하고 두뇌 안에서 공포와 불안, 스트레스에 대한 반응처럼 감정 행동 통제 역할을 한다. 엔도르핀과 엔케팔린은 공포와 불안, 스트레스 상황 속에서도 우리 삶을 빛나게 한다. 이러한 물질이 없다면 삶은 더욱 삭막해질 것이다. 이들 물질은 쾌락을 강화하고 고통을 줄인다. 이들은 궁극적인 스트레스 처리자다. 또한, 색채와 활기를 더함으로써 우리의 일상 활동을 강화한다. 우리가 그렇게 적극 쾌락을 추구하는 것은 이상한 일이 아니다. 우리는 모두 준비가 되어 있다.

물리학 법칙은 작용과 반작용이 있다는 사실을 말해준다. 엔도르핀의 경우, 그 음침한 사촌이자 불쾌함의 약물 다이노르핀dynorphin이 있다. 다이노르핀은 신경 시스템 전반에 걸쳐 발견되며, 다양한 욕망과 감정을 촉발하는 과정에서 중요한 역할을 한다. 우리 두뇌 안에서는 삶과 똑같은 일이 벌어진다.

우리를 움직이게 만드는 필요악이 있는데, 불쾌함과 혐오, 반감이 그것이다. 이러한 감정도 다 함께 우리 행복에 중요하게 작용한다. 우리는 때로 자신이 위험에 처했다는 경고를 받아야 한다. 그리고 이러한 경고를 인식하게 하는 것이 다이노르핀의 역할이다. 음식이 부족할 때 배고픔을 느끼고, 탈수 시 갈증을 느끼며, 동료 인간에게서 멀리 떨어져 있을 때 외로움을 느낀다. 이러한 환경에 직면했을 때, 혐오감과 반감이 일어난다.

그런데 다이노르핀이 없다면 어떻게 될까? 다이노르핀은 불쾌함을 유발함으로써 우리가 원치 않는 것 혹은 가져서는 안 되는 것을 피하게 만들고, 원하는 것을 갖도록 유도한다. 얼핏 보기에는 사악해 보이는 이 약물은 사실 우리에게 최고의 친구다. 다이노르핀은 불쾌함을 촉발함으로써 우리가 다시 행복한 상태로 회복될 때까지 위험에서 벗어나게 한다.

▌ 감정과 느낌의 차이

TV 시리즈 《스타트렉》에 등장하는 유명한 등장인물 중에 유머라곤 찾아볼 수 없는 스포크(스팍)가 있다. 절반은 인간, 절반은 벌칸인 스포크는 주변 인간을 난폭하게 대했다. 극단적으로 이성적이고, 차갑고, 계산적인 스포크는 결함 있는 감정적 두뇌를 지닌 엔터프라이즈 호의 승무원들보다 훨씬 뛰어난 존재였다.

하지만 인류는 다르다. 인류가 감정 없이 진화했더라면 아마도 진정한 진화는 이뤄지지 못했을 것이다. 감정은 인간의 복잡한 행동을 이해하는 열쇠다. 우리 몸에서 비롯되는 감정emotion은 두뇌(전두엽)에 의식적 현실로 떠오를 때 느낌feeling이 된다. 감정은 가치와 판단 및 믿음과 서로 얽혀 있으며, 이것 때문에 우리는 다른 사람을 이용하거나 함께 협력할 수 있다. 즐거움과 화, 냉정함, 경외감 등이 그렇다. 그리고 우울과 욕망, 절망이 있다. 또한, 충격과 열정, 자부심이 있다. 이는 과학자들이 목록으로 작성한 여러 느낌의 일부다.

감정은 이성적 사고만큼 복잡한 행동을 촉발한다. 지적 우월함에 대한 우리의 자부심에도 불구하고, 감정은 우리가 왜 진정 강력한 존재인지를 설명해준다. 우리 두뇌 안에는 치명적인 기계가 있는데, 그 안에서 이성적인 사고와 감정이 상호작용하면서 협력한다. 사고는 감정을 돕고, 감정은 사고를 돕는다. 이처럼 서로 다른 두 요소가 함께 협력함으로써 자신에게 의사결정과 직관, 행동이라는 강력한 힘을 선사한다. 감정을 규제하고 통제하는 능력만이 아니라, 감정을 활용해 판단하고 계획하고 실행하는 두뇌의 능력이 있기에 우리는 다른 종과 구별된다.

그렇다고 우리가 다른 종에게서 배울 게 없다는 말은 아니다. 1954년 두 캐나다 과학자는 쥐를 가지고 실험했다. 그들은 두뇌 대상으로 미세한 전기적 신호를 보내 '강화하는'(보상을 주는) 효과를 살펴보고자 했다. 두 사람은 쥐의 두뇌에 전극을 연결하고, 스스로 작은 레버를 눌러 두뇌에 전기 자극을 줄 수 있도록 했다. 그리고 쥐들에게는 먹이와 물을 포함해 쾌락을 주는 모든 것에 마음껏 접근할 수 있도록 했다. 그러자 32번 쥐는 12시간 동안 7,500번이나 레버를 눌렀다. 시간당 평균 625회, 1분에 12번 혹은 5초에 한 번꼴로 누른 셈이다. 그러나 32번 쥐의 올림픽 기록은 또 다른 쥐가 갈라치웠다. 그 쥐는 한 시간에 1,920회, 즉 2초에 한 번꼴로 레버를 눌렀고, 그러다가 결국 지쳐 죽고 말았다.

전극은 두뇌의 어떤 부위를 자극했을까? 연구원들이 발견한 곳은 '두뇌의 쾌락 중추'였다. 그러나 그들은 완전히 반대되는 현상도 발견했다. 그 효과가 정반대로 나타났던 두뇌의 몇몇 영역이 있었다. 그럴 때 쥐들은 자극을 피하기 위해 최선을 다했다. 결론적으로 작은 쥐들은 우리에게 좋은 느낌에 대한 기본 원칙을 가르쳐줬다. 좋은 경험은 극대화하고 나쁜 경험은 피하라는 것이다.

감정은 어떻게 행복을 강화하는가

행복한 감정은 우리의 두뇌 건강 및 두뇌 기능과 어떤 상관이 있을까? 정신적 행복감은 건강하고 효과적으로 기능하는 두뇌에서 비롯되는 것일까? 오늘날 과학은 정신적 행복의 결핍(가령 비관적이거나 무가치한 혹은 비참한 느낌)이 두뇌의 주요한 세 가지 능력, 즉 사고하고 추론하는 능력, 다른 사람과 상호작용하는 능력, 감정을 통제하는 능력을 방해한다고 밝힌다. 행복과 관련해 우리가 알고 있는 바는 [상자 10.2]에 정리되어 있다.

상자 10.2 우리가 행복에 관해 알고 있는 것

- 행복은 자신의 삶에 만족하는 마음 상태를 말한다.
- 행복은 두 요소, 즉 '효과적인 기능'과 '좋은 느낌'으로 구성된다.
- 효과적인 기능은 전반적인 삶의 만족도에 관한 것이다. "나는 일, 가정생활 그리고 개인적인 문제를 잘 처리하는가? 변화하는 주변 환경에 잘 대처하는가?"와 같은 문제를 다룬다.
- 좋은 느낌은 지금 이 순간 얼마나 행복한지, 즉 얼마나 편안하고, 건강하고, 즐겁고, 의미 있다고 여기는지로 구성된다. 기쁨, 뿌듯함, 애정, 감사함 같은 긍정적인 느낌 그리고 죄책감, 분노, 원한 같은 부정적인 느낌 사이의 균형을 뜻한다.
- 감정은 생존적 가치가 있는, 자동적이고 내적인 심리 반응이다. 배고픔, 갈증, 성욕, 공포, 화, 혐오, 슬픔, 뿌듯함 등이 있다. 감정은 강력하고 원초적이며 본능적이다.
- 느낌이란 두뇌의 생각하는 부분(전두엽)에 떠오른 감정에 기반한 의식적이고 내적인 경험을 말한다.

- 감정과 느낌은 우리 생각과 행동에 중대한 영향을 미치며, 정상적인 인지 기능, 즉 사고와 추론, 의사결정, 계획 수립, 좋은 사회적 관계에 대단히 중요하다.
- 우리 두뇌는 쾌락을 추구하고 고통을 피하도록 설계되어 있다. 두 느낌은 행복에 중요하다. 행복하려면 우리의 관심을 놓고 경쟁을 벌이는 두 모순된 감정 사이에서 균형을 잡아야 한다.

선택이나 의사결정을 내려야 하는 상황에 처했을 때 우리는 사실을 확인하고 그것에 대해 깊이 생각한 뒤 합리적인 의사결정을 내린다. … 정말 그런가? 천만에. 우리 대부분은 '감정'과 더불어 사고하고 직관(본능이 우리에게 들려주는 이야기)을 바탕으로 의사결정을 내린다! 그러고 나서 이미 내린 판단을 합리화하기 위해 '사실'을 이용한다. 물론 우리는 과정과 규칙을 따른다. 하지만 대부분 일상적인 의사결정 과정에서는 감정이 우위를 점한다.

20세기 심리학은 대부분 이 부분을 이해하지 못했다. 1970년 무렵에서야 기존의 지혜에 의문을 던지기 시작한 것이다(2000년이 되어서야 겨우 진척을 보였다). 2004~2011년에는 이전에 발표된 것보다 여덟 배나 더 많은 연구가 발표되었다. 이 사실은 우리에게 어떤 이야기를 들려주는가?

감정을 바탕으로 하는 의사결정은 부정적 느낌(죄책감, 공포, 후회)에서 벗어나 긍정적 느낌(자부심, 기쁨, 만족감)으로 이동하는 것을 목표로 한다. 대부분은 스트레스와 불안, 걱정, 공포로부터 벗어나기 위함이다. 누구와 함께할 것인지, 무엇을 할 것인지, 무엇을 먹고 마실 것인지, 얼마나 많은 것을 쟁취할 것인지(사회적 지위와 돈)에 대한 의사결정은 모두

'좋은 느낌'을 향한 깊은 진화적 갈망에 따라 이뤄진다.

이 모든 것은 다음과 같은 핵심 결론에 이른다. 일단 우리가 좋은 느낌을 얻을 때, 의식적인 마음이 더 잘 작동한다. 한 기념비적인 연구가 이러한 사실을 분명하게 입증했다. 2008년 케임브리지 대학교에서 수행한 한 대규모 연구에서, 과학자들은 50세 이상의 성인 11,000여 명을 대상으로 심리적 행복을 측정했다. 다음으로 모든 피실험자에게 공간 능력과 기억력, 구술 능력, 숫자 관련 능력, 사고 속도 및 집중력을 측정하는 다양한 인지 검사를 실시했다. 결과는 분명했다. 행복 점수에서 상위 20퍼센트에 든 사람들 모두 인지 기술에서 훨씬 더 높은 성과를 보였다.

이에 대해 논문 저자들은 이렇게 언급했다. "심리적 행복은 모든 개별 인지 영역에서 드러난 성과와 밀접한 관련이 있다."[2] 이는 아주 많은 사람을 대상으로 하고, 대단히 장기적인 연구라는 점에서 대단히 인상적인 연구였다. 이후 연구들 역시 이러한 발견을 뒷받침했다. 2018년 AARP 리서치는 18세 이상의 미국인 2,287명을 대상으로 설문 조사를 실시해 그들에게 자신의 정신 행복과 두뇌 건강에 대해 어떻게 생각하는지 물었다. 그 결과, 정신적 행복에서 더 높은 점수를 기록한 50세 이상의 성인이 더 나은 기억과 사고 기술을 보고하는 경향이 있다는 사실이 확인되었다.

서구 경제권에서 실행된 연구 대부분은 행복과 나이 사이에 U자 형태의 관계가 형성된다는 사실을 보여준다. 다시 말해, 일반적으로 우리는 어릴 적에 행복했다가 중년(40~50세)에 불행해지고, 이후 나이가 들면서 다시 행복해지는 패턴을 경험한다. 미국에서 실시한 연구는 그 결과를 [도표 10.2]에 정리한다. 이 곡선의 형태를 놓고 여러 해석이 있

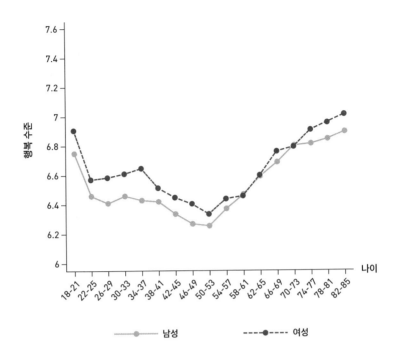

도표 10.2 행복과 나이 사이의 관계

다. 그중에서 중요한 한 가지는 경제적 상황과 줄어드는 업무적 압박, 퇴직의 긍정적 효과 그리고 자녀의 독립에 따른 가정에 대한 책임의 경감 모두가 50세 이후의 삶의 만족도를 끌어올리는 데 기여한다는 것이다. 그리고 우리가 더 좋게 느낄수록 이는 우리 두뇌를 위해 더 좋다.

또한, 나이가 들면서 행복이 증가하는 경향에 대한 또 다른 설명이 있다. 이는 두뇌가 작동하는 방식에 주목한다. '나이 많은 이들은 긍정적인 정보에 더 주의를 기울이고 더 많이 기억하고, 동시에 부정적인 사건과 경험을 경시하는 경향이 있다.' 우리는 이러한 경향을 뒷받침하는 한 가지 두뇌 메커니즘에 대해 알고 있다. 미국에서 이뤄진 한 연구에서 중년 및 노년의 피실험자들에게 '긍정적인' 그리고 '유쾌한' 그림을 보여줬을 때, 선조체striatum라는 두뇌 영역(두뇌에서 일반적으로 보상의 느낌을 처리하는 과정에 관여하는 조직)에서 지속적인 활동성이 나타났으며, 또한 그들은 전반적으로 더 높은 수준의 행복을 보고했다.

그러나 우리는 위험을 각오하고서 부정적 감정의 영향을 무시한다. 의사결정 과정에서 부정적 감정은 분명 존재 이유가 있다. 예를 들어 분노는 우리가 부조리에 대처하도록 하고, 공포는 위험한 선택을 피하도록 하며, 후회나 죄책감은 욕망에 대한 탐닉에서 벗어나도록 만든다. 이와 관련해 18세기 스코틀랜드 철학자 데이비드 흄은 이렇게 주장했다. "이성은 열정의 노예이며, 반드시 그래야만 한다. 이성은 열정에 기여하거나 복종하는 것 외에 다른 행세를 할 수 없다."[3] 그런데 부정적인 감정이 어떻게 우리 생각에 영향을 미치는 것일까?

가장 먼저 불쾌함에 대한 반응인 불안을 살펴보자. 2020년에 한 브라질 신경과학자 집단은 EEG를 활용해 두 환자 그룹의 두뇌 속 전기 신호를 측정한 뒤 독창적인 실험 결과를 발표했다. 과학자들은 한 그룹에는 '불쾌한 이미지'를 보여주고, 다른 그룹에는 보여주지 않았다(그 이미지가 어떤 것인지에 대해서는 밝히지 않았다). '불쾌함'이 영향을 미쳤는지 확인하기 위해, 연구원들은 모든 피실험자의 불안 수준을 측정했다. 다음으로 각 그룹에게 기억 테스트를 실시했고, 작업 기억에 저장된 과제 관련 항목 수에 민감하다고 알려진 전기 신호를 기록함으로써 그들의 반응을 측정했다. 이 신호는 불안하고 마음이 동요한 그룹에게는 대단히 낮게 나타났으며, 이러한 사실은 불안하지 않은 그룹에 비해 기억 성과 수치가 크게 낮다는 의미였다. 실제로 불안 수준이 높을수록, 작업 기억 성과도 더 낮게 나타났다. 여기서 작업 기억이 '고등'

두뇌 기능의 핵심, 즉 복잡한 지적 과제와 모든 형태의 학습 및 집중에 대단히 중요하다는 사실을 언급할 필요가 있겠다.

그러나 우리가 불안을 느낄 때 작업 기억만 피해를 입는 게 아니다. 높은 수준의 불안은 두뇌 자원을 앗아가고, 우리가 하는 과제에 기울이게 하는 집중력을 제한한다. 과제가 중요할수록 피해는 심각하다. 또한, 더 많은 불안을 느낄수록 우리의 관심은 더 많이 떠돌아다닌다. 심각한 정도의 집중력 분산은 우리가 어디서 잘못을 저질렀는지 인식하지 못하도록(실수를 파악하지 못하도록) 해서 판단과 의사결정 능력을 방해한다. 우리가 어떤 일을 하면서 정보를 업데이트하는 능력 또한, 불안으로부터 피해를 입는다. 마음속에서 이뤄지는 정보 업데이트는 유동 지능에 대단히 중요한데, 업데이트가 제대로 이뤄지지 않으면 추론과 문제 해결에서 전반적으로 낮은 성과를 기록한다.

공포 역시 마찬가지로 피해를 입힌다. 공포는 놀람과 집중력 분산을 촉발하고, 모든 에너지는 즉각적인 위협에 대처하도록 전환한다. 또한, 공포는 다른 사람의 인식과 그들과의 관계에 주목하게 만든다. 이는 일종의 사회적 학습이며, 주변 사람들(충격받고 얼어버렸거나 배꼽을 잡고 웃는!)을 관찰함으로써 자기 반응을 수정하도록 가르친다. 공포에는 또한, 맥락과 통제가 수반되는데, 편도체와 해마가 함께 작용함으로써 저장된 기억과 주변에서 벌어지는 일을 비교하는 과정이다. 문제는 통제력을 상실하고 공포가 지속해 이어질 때 나타난다. 한스 셀리에는 지속적인 스트레스에 대한 실험에서 공포에 대한 적응이 우리 몸의 스트레스 시스템이 붕괴되기 전까지만 가능하다는 사실을 확인했다. 이는 서구 선진 사회의 심각한 문제로, 네 명 중 한 명은 여러 형태의 불안장애로 어려움을 겪고, 또한 8퍼센트 정도는 다양한 형태의 외상 후

스트레스 장애로 고통받고 있다.

월터 미셸은 자신의 책, 『마시멜로 테스트The Marshmallow Test: why self-control is the engine for success』에서 우리가 최대한 차분함을 유지해야 한다는 설득력 있는 주장을 내놨다. 변연계가 주도하는 '뜨거운' 감정인 분노는 적대적인 행동을 촉발하는 것 이상의 역할을 한다. 분노는 작업 기억과 판단, 평가, 추론, 연산, 의사결정, 논리적 사고와 같은 인식적 능력을 제한한다. 분노를 조절해야 하는 이유와 관련해 긴 목록을 작성하는 것은 그리 어렵지 않다. 그러나 차분함을 유지해야 한다는 실질적인 주장에 더하여, 신경 과학은 새로운 이야기를 추가하고 있다.

우리가 화를 낼 때는, 두뇌에 혈액 공급이 제대로 이뤄지지 않아 명료한 사고가 어려워진다. 7,413명의 정신과 외래 환자를 대상으로 한 놀라운 실험에서, 신뢰성 있는 자기 보고 방식의 분노 평가를 기준으로 피실험자를 '높은' 분노 그룹(상위 25퍼센트)과 '낮은' 분노 그룹(하위 25퍼센트)으로 구분했다. 그리고 두 그룹 모두를 대상으로 단일광자 단층촬영(SPECT, single photon emission computed tomography) 기술을 활용하여 17곳에 달하는 두뇌 영역을 관찰했다. 그 결과, 높은 분노 그룹에 해당하는 피실험자들은 좌뇌 변연계 영역, 기저핵, 전두엽, 두정엽에서 혈류가 더 낮다는 사실을 보여줬다. 이들 영역은 중요한 피질 기능과 밀접한 관련 있다. 그 밖에 다른 중요한 혈류 이상은 발견되지 않았다. 분노는 위협과 관련된 자연적인 행동이기 때문이다. 그러나 분노가 일단 그 목적을 수행했다면, 자연스럽게 사그라지도록 내버려둬야 한다.

▌행복감을 높이는 몇 가지 인사이트

정신적 행복은 좋은 느낌을 얻었을 때, 효과적으로 기능할 때 그리고 목적의식을 갖고 살아갈 때 주어진다.

먼저, 좋은 느낌에 대해 살펴보자. 긍정적 감정과 부정적 감정 모두를 이해하고 받아들이는 것이 정신적 행복에 중요하다. 불안과 공포, 낙담과 비참함은 모두 일반 경험의 일부다. 자연은 이러한 부정적 감정이 우리에게 도움을 주도록, 다시 말해 보다 긍정적 느낌으로 옮겨갈 '변화 동기'를 느끼도록 설계했다는 사실을 이해해야 한다. 다만 이러한 부정적 감정이 그 쓸모를 넘어서 지속되면 문제가 생긴다. 지속적인 부정적 기분이나 느낌은 정신 건강에 문제를 일으키고 장애로 이어진다. 이러한 느낌을 더 이상 스스로 제어할 수 없을 때, 우리는 의학적 도움이나 심리 치료를 모색해야 한다.

행복의 감정을 유지하려면 의사 방문 외에도 방법이 여럿 있다. 좋은 느낌을 얻기 위해 그리고 이를 통해 두뇌가 더 효과적으로 기능하도록 힘을 실어주기 위해 우리가 할 수 있는 일을 살펴보자. 6장에서는 긍정적인 사고가 가져다주는 이익에 관해 살펴봤다. 긍정적인 사고는 전반적인 건강을 개선하고 두뇌 파워를 높이는 데도 놀라운 일을 한다. 삶에서 긍정성에 집중하는 것은 도움이 된다. 질병이나 고난, 혼란, 경제적 어려움을 만나더라도 마찬가지다. 긍정성에 집중하는 정도는 개인 특성에 따라 어느 정도 제한을 받는다. 연구 결과는 외향적인 사람이 내향적인 사람에 비해 행복의 수준을 더 높게 인식한다는 사실을 확인했다. 실제로 과학자들은 사람들이 긍정적으로 생각하도록 많은 전략을 연구했다. 그 전략에는 다음과 같은 것들이 있다.

- 버클리 행복연구소에서 만든 '행복 퀴즈'와 같은 것을 풀어보면 자신이 얼마나 긍정적인 사람인지 확인할 수 있다. 온라인에서 가능하며 자신의 긍정성 점수를 확인할 수 있다.[4] 기준점으로 삼을 만하다.

- '긍정적인 어휘' 개선하기. 과학자들은 즐거움 점수, 자극 점수, 지배 점수라는 세 가지 특성을 기준으로 평가한 수많은 단어 목록을 작성했다. 긍정적인 어휘를 확인하고 활용해보자. 목록을 적거나 연습해봄으로써 두뇌가 그러한 어휘를 더 잘 처리하고 활용하도록 도움을 줄 수 있다. 가장 긍정적인 어휘가 가장 덜 긍정적인 어휘만큼 우리를 자극한다는 사실은 흥미롭다. 이러한 목록과 관련된 앱들은 온라인(가령 positivepsychology.com) 혹은 앱스토어(가령 'I am-Positive Affirmations'이나 'Feelgood-Positive Thoughts' 등)에서 확인할 수 있다.

- 지속해서 즐거움을 추구하고 만끽함으로써 충만한 행복 경험을 누리자. 배고픔과 갈증, 성욕 같은 다양한 감정은 우리를 만족 지점으로 몰아간다. 그리고 그 지점에서 우리의 에너지는 쾌락 경험과 더불어 소진된다. 일부 저자는 쾌락 추구와 소진 사이의 움직임을 '긍정적인 느낌의 시소'라고 부른다. 기본적으로 이는 순간을 즐기고 음미하며, 쾌락 경험을 향해 무작정 돌진하지 말라는 오래된 지혜를 따르는 것이다.

- 불행이나 사별, 상실, 트라우마 상황에서 부정적인 감정을 드러내길 두려워하지 말자. 그러한 상황은 다이노르핀 분비를 촉발해 불편한 경험으로 벗어나도록 만든다. 그러므로 부정적인 감정이 떠올랐을 때 그냥 무시하지 말자. 그럼에도 우리는 공포와 불안, 분노와 같은 부정적인 감정이 정도를 넘을 때는 분명히 통제해야 한다. 여기서 중요한 점은 이러한 부정적인 감정이 우리에게 도움을 주는지 자신에게 묻는 것이다. 그렇다면 이것을 활용할 방법을 찾을 수 있다. 하지만 그 이상은 아니다.

- 불안하거나 심지어 무서운 기억을 다시 떠올려보고, 그 영향을 최소화하도록 기억을 재편해보자. 사실 우리는 기억을 떠올려 새로운 관점에서 재구성하는 일을 인식하지 못한 채 일상적으로 해낸다. 암벽등반이나 익스트림 스포츠, 원정대 혹은 포커와 같은 높은 위험을 무릅쓰는 분야에서 미래 불안 수준을 낮추기 위해 일상적으로 활용하는 기술이기도 하다. 또한, 심리학자들도 불안을 완화하기 위한 전략으로서 점차 많이 활용하고 있다.

- 좋은 경험을 음미하거나 유지하기 혹은 가장 행복한 순간 떠올리기. 행복감을 높인다고 알려진 이 기술은 '기억하는 자아'를 활용함으로써 행복하거나 즐거운 순간을 창조하거나 혹은 되살리는 것이다. 이러한 기억이나 확장된 경험은 엔도르핀 분비를 촉진하고, 이는 다시 강력한 보상 호르몬인 도파민 분비로 이어진다.

- 시각화를 활용함으로써 면접이나 연설 같은 중요하고 힘든 사건에 대비하기. 올림픽 코치들이 널리 활용하는 이 기술은 미래 사건을 최대한 상세하게 떠올리고 자기 '역량'을 시각화하는 것이다. 자신감 인식은 실패 불안이나 두려움 같은 부정적 감정을 완화함으로써 성과를 개선한다고 알려져 있다.

이는 긍정적인 느낌을 강화하는 다양한 방법 중 일부다. 나중에 '스트레스 관리' 부분에서 더 많은 방법을 살펴보자.

지금은 좋은 느낌을 얻기 위한 또 다른 방법인 '활동적인 태도'를 주목해보자. 2장에서 강조했던 것처럼 규칙적인 운동은 신체뿐만 아니라, 두뇌와 마음에도 도움을 준다. 기본적으로 신체적 활동성을 높이는 모든 시도는 두뇌에 도움을 준다. 운동은 BDNF와 같은 두뇌 성장 요소를 분비할 뿐 아니라, 엔도르핀과 엔케팔린을 두뇌에 분비함으로써 운동 후 긍정적인 경험을 가능하게 한다.

활동적인 습관과 관련해 아직 살펴보지 않은 주제가 하나 있다. 야외 활동으로 통칭할 수 있는 것이다. 자연 상실은 많은 도시민의 두뇌에 대단히 중요한 문제다. 자연 세상에서 누리는 즐거움(두뇌 깊숙이 자리잡은 능력)을 통해 스트레스와 불안에 효과적으로 대처할 뿐만 아니라, 두뇌 건강에 도움을 주고, 자존감을 높이고, 긴장이나 화, 우울 같은 부정적인 감정과 느낌에 맞서 싸울 수 있기 때문이다. 이러한 활동으로는 하이킹이나 암벽등반, 낚시, 승마, 오리엔티어링(지도와 나침반으로 목적지를 찾아가는 스포츠—옮긴이)뿐 아니라, 정원 가꾸기나 나무 심기, 파종하기 혹은 연못 가꾸기처럼 비교적 정적인 활동도 있다.

또 다른 야외 활동으로는 사격이 있다. 사격은 두뇌에 보상을 주고, 기분을 고양시키는 호르몬 옥시토신과 도파민을 분비한다. 실제로 전 세계 수많은 인구가 합법적인 형태로 사격을 여가나 스포츠로 즐기고 있다. 게다가 꼭 총으로 해야 하는 것은 아니다. 다트나 활쏘기, 볼링처럼 목표물을 겨냥하는 다양한 활동 역시 사격과 비슷한 형태의 보상을 준다. 이는 아마도 수렵채집 시절의 유산일 것이다.

물론 많은 신체적 활동은 사회적이다. 이미 6장에서 살펴봤듯 사회적 활동은 우리의 두뇌 건강에 대단히 강력한 영향을 미친다. 여기서 그 조언들을 다시 언급하지는 않겠지만, 한 가지 특별하고 중요한 연구 프로젝트인 「하버드 성인 발달 연구」의 핵심 메시지를 살펴보도록 하자. 행복을 주제로 세계에서 가장 오랫동안 진행되는 이 연구 프로젝트는 1938년에 시작되었다.

연구 초반에 피실험자들(724명으로 모두 남성) 중 거의 대다수는 사회적 배경 및 부의 수준과 무관하게 성인 시절을 시작하면서 부와 명예 획득이 인생에서 중요한 목표라고 말했다. 그러나 이들 모두가 90대에 접어든 연구의 마지막 시점에 그들의 생각은 바뀌었다. 삶의 굴곡을 경험한 피실험자들은 그들을 더 행복하고 건강하게 만든 핵심은 '좋은 관계'였다는 사실을 깨달았다. 자기 삶을 행복하고 건강하게 만드는 비법은 그냥 얻어지지 않는다. 계속 얼굴에 미소를 유지하려면 장기적으로 안정적인 관계가 필요하다. 그리고 이는 문제를 해결하고, 원한을 없애고, 가족 및 친구와 꾸준히 접촉하고, 가까운 사람을 사랑하는 평생에 걸친 힘든 노력을 요구한다.

행복을 극대화하기 위해 단지 관계만 신경 써야 하는 건 아니다. 우리는 앞서 할 일과 목적이 사라진 삶의 위험에 대해 생각해봤다. 개인의 두드러진 자질을 실현함으로써 만족을 성취한 사례도 많다. 이들 사례는 목적의식의 중요성을 말해준다.

이와 관련해 위대한 물리학자 스티븐 호킹은 다양한 조언을 한 바 있다. "첫째, 발을 내려다보지 말고 별을 올려다볼 것. 둘째, 절대 일을 그만두지 말 것. 일은 우리에게 의미와 목적을 건네준다. 의미와 목적 없는 삶은 공허하다. 셋째, 운 좋게도 사랑을 발견했다면 사랑이 거기에 있음을 기억하고 이를 저버리지 말 것."[5] 자기 행복을 위해 목표를 발견하고 이를 추구하는 것은 대단히 중요하다. 비록 항상 성공하지는 못하겠지만, 그럼에도 행복을 유지하려면 과거 의사결정과 자신이 바꿀 수 없는 것을 그대로 받아들이는 노력이 필요하다.

자신의 행복을 높이고, 이를 통해 두뇌 파워를 끌어올리는 노력의 핵심은 [상자 10.3]에 담겨 있다.

- 행복감을 높이기 위해 긍정적, 부정적인 감정의 균형을 모색하자.

- 행복감은 뛰어난 사고 기술, 정신적 순발력, 좋은 기억력과 관계 있다.

- 과도하게 부정적인 감정(분노, 공포, 불안 등)은 사고 능력과 집중력을 방해하고 인지 능력을 떨어뜨린다.

- 긍정적인 사고를 강화하기 위해 다음과 같이 해본다.

  ‣ 긍정적인 어휘 사용 빈도 늘리기

  ‣ 보상 추구와 즐거운 경험 늘리기

  ‣ 부정적인 감정을 적절히 인내하고 받아들이되 지속되도록 그냥 두지 않기

  ‣ 불안하고 두려운 기억을 다시 떠올리고 새롭게 구성함으로써 그 영향력 낮추기

  ‣ 좋은 경험을 인식하고 음미하거나 행복한 순간을 기억함으로써 행복감 높이기

  ‣ 시각화를 활용하여 연설이나 면접 혹은 시험 같은 미래의 힘든 과제에 대한 자신감 강화하기

  ‣ 스트레스 수준을 관리하고, 그것이 삶의 단계에 따라 변한다는 사실 이해하기. 일반적으로 중년 이후 스트레스는 줄어든다.

- 활동성을 유지하고 규칙적인 운동 프로그램 실행하기. 신체 활동성을 높이는 노력은 대체로 행복에 도움이 된다. 야외 활동과 경험을 적극 추구하자. 자연과 관련된 활동을 하거나 시골 및 해안 지역 방문하기

- 사회적인 삶 외면하지 말기. 가족 및 친구와 관계를 형성하고 유지하기. 클럽이나 공동체 등 단체 활동 기회 모색하기

- 개인 목표와 업무 목표를 세우고 적극 추구하기. 그러한 목표에는 가족이나 친구 돌보기, 열정과 노력이 필요한 취미나 즐길 거리 갖기, 경력 쌓기 등이 있다. 삶의 다양한 영역 사이에서 균형을 유지하자.

▌스트레스 관리하기: 요가, 웃기, 미술, 음악 등

스트레스가 우리에게 도움이 되고 행복이 스트레스에 달려 있다는 사실은 다소 의외로 느껴질 수 있다. 물론 어느 정도까지만 그렇다. 스트레스와 자극 그리고 성과 사이에는 종 모양의 관계가 있다. 그리고 그 관계를 발견한 두 명의 심리학자의 이름을 따서 '여키스-도슨 법칙 Yerkes-Dodson law'이라고 부른다. 이 법칙은 [도표 10.3]에서 확인할 수 있다.

이 도표가 말하는 바는 스트레스(외적인 요구나 위협)가 증가할 때 두뇌 자극 수준도 증가하고, 그에 따라 성과도 높아진다는 것이다. 곡선의 정점은 최고 성과를 위한 최적 스트레스 수준을 의미한다. 그러나 스트레스가 정점을 지나 계속 증가할 때, 성과는 떨어지기 시작한다. 다시 말해, 정점 이전에 해당하는 모든 수준의 스트레스는 '좋은' 스트레

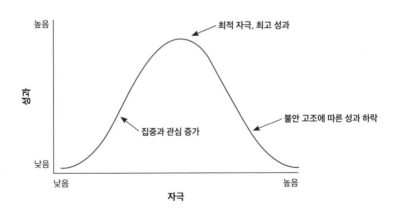

도표 10.3 성과 그리고 스트레스와 자극: 여키스-도슨 법칙

스이며, 그 이후의 스트레스는 '나쁜' 스트레스다. 중요한 것은 자신의 개인 '최적점'을 발견하는 일이다. 스트레스가 최적점을 넘어설 때, 이를 인식하고 자기 태도와 주변 상황을 바꿈으로써 곡선의 부정적인 경사면을 따라 내려가지 않도록 해야 한다. 자신이 언제 과도한 스트레스를 받는지 그리고 스트레스가 처리할 수 있는 수준을 넘어서는 지점은 어디인지 알아야 한다.

대처 가능한 스트레스 수준은 개인마다 다르다. 어떤 이들은 누구의 도움 없이 죽음을 무릅쓰고 험난한 산을 정복했을 때 만족감을 느낀다. 반면 다른 이들은 일과를 헤쳐나가는 것만으로도 충분히 스트레스를 받았다고 느낀다. 대부분은 이 사이 어딘가에 위치한다. 우리는 '나쁜' 스트레스에 대처하는 메커니즘 구축에 각별한 관심을 기울여야 한다. 다시 말해, 우리는 스트레스를 관리해야 한다. 이를 위해 무엇이 도움이 되고 그렇지 않은지 살펴보자.

인도에서 요가를 처음으로 본 영국인들은 이를 진지한 척하는 기만적인 방랑자들이 취하는 이상한 행동쯤으로 설명했다.[6] 그러나 오늘날 영국의 요가 인구는 약 50만 명에 달하며 인도 철학에서 비롯된, 마음과 몸을 단련하는 훈련법으로 잘 알려져 있다.[7] 참 놀라운 반전이다. 오늘날 요가는 미국에서 가장 인기 있는 현대적 치료법으로 1천 3백만 명 이상이 수련에 열중하고 있다. 하지만 요가가 탄생한 인도의 2억 명의 요가 수련자에 비할 바는 아니다. 요가는 깊은 호흡과 다양한 자세, 스트레칭 그리고 조용한 명상을 통해 몸과 마음을 하나로 통합한다는 점에서 다른 운동과 차별화된다. 다양한 연구 결과, 요가는 마음과 몸에 함께 도움을 준다는 것이 밝혀졌다.

"불안과 스트레스, 우울 및 전반적인 정신 건강에 미치는 긍정적인 영향을 포함해 요가가 행복에 도움이 된다는 사실을 보여주는 많은 증거가 있다." 더 나아가, 연구 결과는 "요가가 두뇌 구조 및 기능과 분명한 관계가 있다"라는 사실을 보여준다. 2019년에 발표된, 요가에 관한 11개 주요 신경과학 연구에 대한 체계적인 검토 자료는 이렇게 결론을 지었다. "이들 연구는 요가 수련이 해마와 편도체, 전두엽, 대상엽 그리고 디폴트 모드 네트워크DMN, default mode network를 포함하는 두뇌 네트워크의 구조 및 기능에 긍정적인 효과를 미친다는 사실을 보여준다."[8]

디폴트 모드 네트워크DMN. 세 단어로 된 이 용어는 뇌 이해에서 대단히 중요하다. DMN은 '자기 생각하기' 그리고 '마음 떠돌아다니기'에 관여하는 두뇌 네트워크다. 우리가 자신에게 집중할 때 DMN은 잠잠해진다. 그리고 마음이 떠돌아다니기 시작하면 DMN은 활성화된다.

명상과 홀로 있음 혹은 요가의 차분한 측면은 집중(의식적인 관심의 몰두)을 강조하고 DMN을 조용하게 하며 마음이 떠돌아다니지 않도록 한다. 앞서 나는 우리가 마음을 떠돌아다니게 내버려둘 때, 스스로 밝히는 행복감은 감소한다는 사실을 보여주는 연구 결과를 언급했다. 따라서 2019년 발표된 논문에서 요가와 명상이 인지 능력과 집중력, 기억력을 향상시켰다는 사실이 그리 놀랍지 않다. 신경전달물질을 통해서 그런 일이 이루어진다. 명상이 전두엽을 활성화시킬 때 뇌간은 불안을 누그러뜨리는 신경전달물질 가바GABA를 분비한다. 즉, 부정적인 감정과 긍정적인 감정에 대한 통제와 균형이 이루어진 것이다. 그러면 우리는 차분함을 느낀다. 또한, 명상은 도파민 보상 시스템으로 작동해서 우리는 긍정적인 느낌을 얻는다. 명상이 두뇌 건강과 인지 능력 그리고 행복에 특히 도움을 준다는 사실은 그리 놀랍지 않다.

요가에 관한 마지막 측면을 생각해보자. '고질라 두뇌'를 다룬 3장에서 우리는 미주신경이 미치는 광범위한 영향에 대해 살펴봤다. 요가에서 '옴' 주문을 낭송하는 것이 도움이 된다는 주장이 있다. 그러한 주문이 실제로 두뇌에 영향을 미친다는 신경생리학 설명이 곁들어진다. 그렇다. 주문 낭송 그리고 호흡의 리듬에 따른 반복적인 움직임은 의식ritual을 넘어 일종의 치료법에 가깝다. 그것은 일종의 치료법에 가깝다.

신중하게 구성된 행동과 움직임(어떤 보고서는 이를 '생명의 숨결'이라고 부른다")은 미주신경을 자극하고, 그 신경 시스템의 자동적인 통제 네트워크를 가동한다. 이에 따라 행복감과 감정적인 균형이 일어난다. 이와 더불어 두뇌 파워에 많은 도움을 준다. 요가 시간에 명상하고, 움직이고, 웅얼거릴 때, 우리는 무의식적으로 자신의 실행 기능과 작업 기억, 집중력, 창조성에 에너지를 공급하는 것이다. 이것이 명상의 힘이다. 스트레스와 불안을 낮추고, 두뇌에 에너지를 주기 때문이다.

또한, 웃음도 진지하게 생각해야 한다. 웃음은 인간이라는 종의 생존에 필수 요소다. 웃음은 인간 존재의 근본적인 부분이기도 하다. 수백만 년에 걸친 진화 과정에서 꾸준한 선택을 받은 웃음은 분명 우리의 유전자 안에 있다. 웃음이 사라질 때, 사회적 결속력은 크게 약화될 것이다. 누군가가 웃기 시작할 때 그것이 얼마나 전염력이 강한지 경험해보았는가? 그때 우리는 모두 하나로 뭉친다. 우리는 공통 경험을 공유하고 더욱 강해진다. 웃음은 또한, 긴장감을 가라앉히는 주요 신호다. 웃음의 공유는 갈등을 해소하고 의심을 제거한다. 실제로 웃음은 전염력이 매우 강해, 심지어 전 세계 문화 속에서 사람들의 웃음이 멈추지 않는 '웃음 전염병' 사례도 있다. 이제 과학은 웃음의 비밀을 조금씩 밝혀내는 중이다.

첫째, 우리는 단지 농담을 들을 때보다 다른 사람과 함께 즐거운 시간을 보낼 때 더 많이 웃는다. 우리는 혼자 있을 때보다 다른 사람들과 함께 있을 때 30배나 더 많이 웃는다. 웃음은 즉각적이고 자발적인 행동이다. 뇌는 무엇이 재미있는지 본능적으로 알고, 그에 따라 반응한다. 또한, 여성은 남성보다 더 많이 반응한다. 과학적 증거에 따르면 여성은 웃을 때 남성보다 두 배나 더 많이 반응한다. 두 독일 과학자에 따르면, 첫 만남에서 더 많이 웃은 여성은 그렇지 않은 여성에 비해 상대 남성에게 더 많은 관심이 있었다고 보고했다. 그리고 관계가 지속되는 과정에서 여성의 웃음은 두 사람의 관계가 얼마나 잘 진행되고 있는지를 보여주는 분명한 척도다. 웃음은 인간의 구애 행동이자 좋은 느낌의 일부다.

그런데 그 모든 과정은 어떻게 이루어질까? 그 과정은 복잡하고 빨리 일어난다. 뭔가가 우습다는 인식은 전두엽에서 일어난다. 그리고 '보조운동영역supplementary motor area' 부분이 활성화되면서 웃음과 관련된 움직임 같은 기억을 자극한다. 다음으로 변연계 속 '중격의지핵 nucleus accumben'이 활성화된다. 이야기의 즐거움과 유머의 촉발이 가져오는 보상을 평가하는 부분이다. 그러면 심박수가 올라가면서 웃음을 터뜨린다. 그리고 우리 두뇌는 '기분 좋은' 신경전달물질 도파민과 세로토닌, 일련의 엔도르핀을 분비한다.

이러한 이유로 웃음은 사회적 관계를 강화하고, 적대감을 허물고, 매력을 끌어올리고, 두뇌 연결을 강화하고, 좋은 기분을 만들어낸다. 일상적인 웃음은 스트레스를 완화하고 행복감을 크게 끌어올린다. 그러므로 우리는 웃음을 촉발하는 유머로 주변 환경을 가득 채우려고 노력해야 한다. 자신을 웃게 만드는 사람과 함께 시간을 보내고, 재미있는 영화나 코미디 공연을 보자. 삶의 어려움을 웃어넘기는 법을 익히자. 간단하면서도 좋은 기분을 만들어내기 위한 훌륭한 투자다.

세 가지 기분 좋은 제안으로 이번 논의를 마무리할까 한다. 《알파: 위대한 여정》이라는 영화를 보면, 인류가 수렵채집 활동으로 살아가던 약 4만 5천 년 전의 실제 사건에 대한 허구적이고 영감을 주는 설명이 나온다. 여기서 '그 사건'이란 개를 길들이는 일이었다. 인간과 개의 관계는 이제 양측 모두의 두뇌 구조를 바꾸어놓았다. 인간과 개의 친밀함은 두뇌의 보상 시스템에서 강력한 전기적 활동성을 촉발했고, 이는 옥시토신 그리고 다시 엔도르핀과 세로토닌 분비로 이어졌다. 그 결과, 인간은 차분함과 유쾌함, 행복과 평화를 누린다. 지난 20년 동안 치료를 목적으로 한 개와의 만남이 급증한 것은 놀라운 일이 아니다. 2002~12년 사이 미국에서는 이 비율이 1,000퍼센트나 증가했다.

또한, 다른 반려동물과도 친밀한 관계를 형성할 수 있다. 그리고 이는 정서적 지원 동물ESA, emotional support animal 제도에도 잘 드러나 있다. 큰부리새에서 비단뱀에 이르기까지 다양한 생물이 가능하다. 미국에서는 법으로 ESA 제도를 보장하고 있다. 이를 무시하면 연방정부에 고발을 당할 수 있다. 그러나 이러한 권리의 남용 사례 또한 늘었다. 가령 뱀이나 앵무새를 비행기에 데리고 타도록 요구하는 여행자들이 있다. 하지만 정말로 중요한 사실을 부정할 수는 없다. 반려동물, 특히 개를 키우는 일은 강력한 스트레스 방어책이자 우리의 행복 상자에서 꺼낼 수 있는 중요한 도구다.

다음으로 예술이 있다. 로이 리히텐슈타인의 거대한 팝아트 작품, 〈꽝!WHAAM!〉의 거대한 양면 캔버스가 1963년 레오 카스텔리 갤러리에 처음 전시되었을 때, 뉴욕 예술계는 충격에 빠졌다. 비평가들의 반응은 여러 차원에서 뜨거웠다. 그리고 3년 후 테이트 갤러리 재단은 그 작품에 4,665파운드를 지불해야 하는지를 놓고 논쟁을 벌였고(지금 가치로 환산하자면 87,538파운드, 약 1억3천7백만 원) 그렇게 하기로 결정했다. 결국, 대단히 인상적인 그 작품은 호기심과 열정으로 가득 찬 거대한 군중을 끌어모았다. 1968년 1월과 2월 두 달 동안에만 총 5만 2천 명이 미술관을 찾았다. 테이트 미술관이 그때까지 전시했던 어떤 다른 단일 작품보다 훨씬 더 높은 기록이었다. 시각 예술은 바라보고 관찰하고 흡수하도록 만든다. 그리고 때로는 '꽝!'의 순간에 직면하게 한다. 역사적으로 예술가들은 대중을 위해 강력한 정서적 경험을 창조했다. '꽝!'의 경우처럼 그림 속으로 '우리를 끌어들이는' 본능적인 영감은 대단히 깊숙한 곳에서 비롯되는 경험이며, 신경과학자들은 이를 '체화된 인지embedded cognition'라고 설명한다.

팝아트 작품 〈꽝!〉의 초안

칼리지 런던 대학에서 신경미학Neuroaesthetics 분야를 이끌고 있는 세미르 제키 교수는 예술의 신경과학적 요소에 관해 오랫동안 연구했다. 그는 예술이 우리의 의식적인 경험에 미치는 영향을 다음과 같이 설명했다.

> 예술은 우리를 치료하고, 영감을 주고, 두뇌의 화학을 바꾼다. … 숙고와 응시 그리고 아름다움은 두뇌의 쾌락 중추를 자극하며, 내측 안와전두엽 medial orbitofrontal cortex의 혈류를 최대 10퍼센트까지 확장시킨다. 이는 의식의 고양된 상태와 행복감 그리고 더 나은 정서적 건강으로 이어진다.[10]

이것으로 충분치 않다고 느낀다면, 최근 영국 의사들이 예술을 스트레스 해소와 행복 증진을 위한 예방적, 적극적 치료법으로 활용하고 있다는 사실을 생각해보자. 다양한 형태의 '예술 참여' 프로그램이 영국 전역에 걸쳐 추진되고 있으며, 그림을 그리거나 예술 전시회 혹은 미술관 방문 기회를 제공하는 지역 예술집단의 참여를 유도하고 있다. 우리는 어쩌면 자신의 감정 상태를 나타내는 그림일기를 그려볼 수도 있고 혹은 '예술 파티'를 열 수도 있다. 그리고 치료 목적으로 예술 작품과 예술가를 소개하는 다양한 웹사이트(가령 'The Healing Power of Arts and Artists')를 방문할 수도 있다.[11] 시각 예술에서 창조성 표현은 약 6만 4천 년 전, 두뇌의 가장 깊숙한 부분에 자리 잡은 인간의 근원 활동이다. 그림을 그리거나 관찰할 때마다, 우리는 이러한 태곳적 회로를 활성화함으로써 스스로 지속적인 도움을 준다.

물론 예술은 시각 범주를 넘어선다. 음악이 그렇다. 수많은 실증적 연구는 음악이 심리적, 정서적, 인지적 스트레스 반응에 도움을 준다는 사실을 입증하고 있으며, 이러한 효과는 모든 문화에 걸쳐 보편적으로 나타난다. 음악은 우리가 움직이고, 춤추고, 노래하고, 다른 사람과 함께하도록 자극하고, 또한 강렬한 즐거움과 행복감을 선사한다.

어떤 다른 활동도 음악이 하는 방식으로 두뇌의 다양한 영역을 자극하거나 협력하도록 하지 못한다. 듣기, 집중하기, 기억하기, 움직이기, 말하기, 생각하기, 느끼기. 이 모든 시스템은 우리가 음악을 들을 때 시작되며, 무엇보다 우리 감정에 영향을 미친다. 음악은 순간적으로 우리 기분을 전환한다. 두뇌가 어떻게 음악을 듣고, 인식하고, 처리하는지 그리고 실제로 음악이 기억과 사고 능력을 강화하는 데 직접적인 역할을 하는지를 완전하게 이해하려면 아직 더 많은 연구가 필요하지만, 우리는 다양한 실용적인 방법을 통해 음악의 힘을 활용함으로써 스트레스를 해소하고 행복감을 끌어올릴 수 있다. 그러한 방법으로 음악을 의도적으로 활용함으로써 긍정적인 기억과 연상 자극, 새로운 음악으로 낯선 멜로디가 두뇌를 자극하도록 하기, 다른 사람과 함께 음악 만드는 과정에서 도움 얻기, 음악을 활용해 움직임과 활동을 자극하고 춤 연습 하기 등이 있다.

수 세기에 걸쳐 인간은 스트레스를 덜기 위해 술을 마셨다. 셰익스피어는 『율리우스 카이사르』의 4막 3장에서 브루투스가 이렇게 외치도록 했다. "그녀 이야기는 더 이상 하지 말게. 여기 와인 한 잔 주게. 이 무정함을 모두 묻어버리게." 사실 인간이 술을 좋아하게 된 것은 수백 년 전 정도가 아니라, 선조들이 숲속 바닥에 떨어진 발효된 과일을 먹기 위해 나무에서 내려왔던 수십만 년 전이었다. 술을 향한 인류의 열정은 시들지 않았다. 전 세계적으로 그리고 거의 모든 문화에 걸쳐 매년 엄청난 양의 술이 소비된다.

왜 사람들은 그렇게 많은 술을 마시는 걸까? 적절한 음주는 대부분 엄청난 보상을 제공한다. 사람들은 술 취한 상태를 즐긴다. 술을 몇 잔 마시면 에너지가 솟고 더 사교적이 된다. 혈중 알코올 농도가 치솟을 때, 두뇌에서 도파민이 분비되면서 짜릿하고 유쾌한 감정이 일어난다. 또한, 노르아드레날린은 기운을 북돋워주고 피로와 긴장을 날린다. 여기서 몇 잔 더 마시면, 치솟은 알코올 수치가 (냉철한 의사결정을 관장하는) 전두엽 활동을 억제하면서 우리는 보다 충동적이고 무모해진다. 그리고 (움직임을 관장하는) 소뇌의 에너지 소비량은 현저하게 떨어진다. 해마의 경우, 혈중 알코올은 기억 형성에 영향을 미친다. 그리고 가바GABA 수치가 떨어지면서 느리고 멍한 상태가 된다. 그래서 우리는 '어눌하게 발음하기' 시작한다.

음주가 스트레스를 덜어준다는 거의 보편적인 믿음을 뒷받침하는 증거는 있는가? 습관적인 음주를 즐기는 사람들에게 좋은 소식이 있다. 1999년에 발표된 한 논문은 음주가 실제로 '특정 사람과 특정 환경에서' 스트레스를 감소시킬 수 있다고 주장했다.[12] 더 나아가, 동물 실험에서 하루에 한두 잔 정도의 음주는 두뇌 염증을 줄이고 두뇌의 배출 시스템을 활성화하는 것으로 드러났다. 그리고 두뇌 건강 및 전반적인 건강에 음주가 미치는 긍정적인 효과를 입증하는 연구가 점점 누적되고 있다.

그러나 우리는 멈춰야 할 때를 알아야 한다. 많은 연구 결과는 우리가 절제하지 않을 때, 사교적인 혹은 스트레스를 풀기 위한 음주가 심각한 장기 습관으로 이어지게 된다고 호소한다.[13] 그리고 그러한 습관이 두뇌에게 미치는 영향은 치명적이다. 다음의 세 연구 결과가 술꾼들에게 경고 메시지를 보내고 있다.

- 남성의 경우, 과음은 적어도 초기 노년기에 "기억력 상실을 가속화한다"라는 사실이 밝혀졌다. 2014년 연구에 따르면, 하루에 두잔 반 이상 음주했던 남성들은 술을 마시지 않거나, 술을 끊었거나 혹은 가볍거나 적절하게 마시는 사람들보다 6년 더 일찍 인지 퇴행 증상을 경험했다.[14]
- 학술지 『아카이브 오브 뉴롤로지Archives of Neurology』에 실린 한 보고서는 지속적인 과음이 "두뇌 크기를 줄어들게 한다"라는 사실을 보여줬다.[15] 그 연구는 20년에 걸쳐 일주일에 14잔 이상을 마신 사람들의 뇌가 술을 마시지 않는 사람의 뇌보다 1.6퍼센트 더 작다(노화의 한 가지 기준)는 사실을 확인했다.
- 영국 의학 학술지 『란셋』에 최근 게재된 한 연구는 두뇌에 대한 알코올 관련 피해는 실제로 기대 수명을 줄인다는 사실을 보여줬다.[16] 일주일에 열 잔 이상의 술을 마신 사람은 다섯 잔 이하로 마신 사람들과 비교해 기대 수명이 2~3년 줄어든 것으로 드러났다. 그리고 일주일에 18잔 이상 마신 사람들은 기대 수명이 4~5년 줄어들었다.

절제가 무엇보다 중요하다. 일반적으로 여러 기관에서는 여성은 하루 한 잔, 남성은 하루 두 잔을 권고한다. 와인의 경우 중간 크기 잔 그리고 맥주는 1파인트(568밀리리터)를 의미한다. 이를 넘어서면 장기적으로 두뇌 기능을 위축시키게 된다. 중요한 것은 어느 날 한 번으로 끝나는 일이 아니라 매일 일상적으로 가야 한다는 것이다. 스트레스와 이를 관리하는 방법에 관한 핵심은 [상자 10.4]에 요약되어 있다.

스트레스 관리하기

- 효과적인 스트레스 관리는 행복의 핵심 요소이며, 두뇌 기능과 건강을 끌어올린다.

- '좋은' 스트레스와 '나쁜' 스트레스가 있다는 사실을 명심하자. 어느 정도까지 스트레스는 두뇌 기능을 강화한다.

- 요가나 명상, 태극권 같은 명상적인 활동을 시도해보자. 그러한 활동이 행복에 도움이 되고, 불안과 스트레스, 우울은 물론, 두뇌 기능에 긍정적인 영향을 미친다는 사실을 보여주는 증거는 많다.

- 유머와 웃음의 기회를 최대한 활용하자.

- 반려동물은 스트레스를 덜어주고 행복감을 높인다.

- 모든 형태의 시각 예술을 감상 혹은 창작하는 활동은 스트레스를 덜고 두뇌에 직접적인 영향을 미친다.

- 음악을 감상하거나 만드는 행위는 기분을 좋게 하고 스트레스를 줄인다.

- 권고안에 따른 적절한 음주는 스트레스를 덜고 뇌 기능에 도움을 준다.

나에게는 통제력이 있다

그리스 신화에서 타나토스는 죽음의 신이다. 그의 어머니 닉스는 밤의 여신이고, 아버지 에레보스는 어둠의 신이다. 가공할 만한 조합이다. 프로이트는 우리 안에 타나토스가 살고 있다고 말했다. 그와 동시에 우리 안에는 사랑의 신 에로스도 살고 있다. 에로스의 어머니 아프로디테는 아름다움과 쾌락의 여신이며, 아버지 아레스는 전쟁 신이다. 행복을 얻기 위해, 우리는 서로 경쟁하는 힘 사이에서 균형을 잡아야 한다. 즉, 삶에서 부정성과 긍정성 사이의 균형점을 찾아야 한다.

이번 장에서 그리고 이 책 전체를 통틀어 언급했던 것 중 특히 강조하고픈 원칙이 있다면, 그것은 행복을 모색하고 추구하는 과정에서 우리는 자기 삶을 보다 즐겁고, 스트레스를 줄이고, 더 생산적으로 만들어나가는 데 필요한 충분한 통제력을 갖고 있다는 사실이다. 그리고 그 과정에서 우리는 더 좋은 느낌을 얻을 뿐 아니라 더 효과적으로 사고하게 된다.

찰스 어그스터는 나의 위대한 영웅이다. 당신은 아마도 그 이름을 들어보지 못했겠지만, 어그스터는 90대 말까지 두뇌 건강과 사고 능력을 유지하면서 이 책이 말하는 모든 이야기를 보여주는 좋은 사례가 되었다. 그는 85세의 나이로 '건강 프로그램'을 시작했다. 그의 말을 빌자면, 그건 "순수한 허영에서 비롯되었다. 거울 속 내 모습이 마음에 들지 않았기 때문"이었다. 그리고 11년 후 어그스터는 프랑스 리옹에서 열린 세계 마스터스 육상 챔피언십에서 두 개의 금메달을 땄다. 2012년에는 "93세에 보디빌딩이 좋은 이유"라는 제목으로 테드엑스TEDx 강연을 했다. 설득력 있고 충격적인 그의 강연은 청중의 마음을 사로잡았고 그들을 웃음과 감탄, 유쾌함의 물결로 몰아갔다. 두뇌 파워를 보여준 진정한 사례가 아닐 수 없다.

그의 이야기는 우리에게 무슨 교훈을 들려주는가? 서른이 되었을 때, 나는 65세면 노인이라고 생각했다. 그리고 쉰이 되었을 때는 85세면 완전한 노인이라 믿었다. 많은 독자 역시 내 생각과 크게 다르지 않을 것이다. 그런데 누군가 내게 다가와 몇 가지 간단한 실천만 하면 내 두뇌를 명석하게 만들고, 또한 그 상태를 계속 유지할 수 있다는 이야기를 한다면? 그리고 그 실천 과제는 쉬울 뿐만 아니라 별로 부담스럽지도 않고 재미있기까지 하다면? 더 나아가, 그 방법들 모두 과학적으로 '검증된' 것이므로 일시적인 유행을 쫓아가느라 시간을 허비할 위험도 없다면?

이제 우리는 그러한 이야기를 듣고 있다. 우리는 무척 운이 좋다. 내가 서른 살이었던 무렵에 이러한 증거들은 하나도 나오지 않았기 때문이다. 지난 몇십 년간에 걸쳐 신경과학과 심리학 그리고 정신의학 분야는 우리 두뇌를 '초몰입supercharge'하게 하는 비결을 밝혀냈다. 비결 일부는 사실 우리에게 대단히 익숙한 것들이다. 제대로 된 음식을 먹고, 과음하지 말며, 충분한 수면을 취하라. 하지만 과학자들은 까다로운 부류다. 우리는 설령 그것이 '상식'이라고 해도 증거가 없는 메시지를 제시하려 하지 않는다. 이제 우리는 이러한 방법이 두뇌에서 큰 차이를 만들어낼 수 있다는 사실 그리고 그 차이를 정량화할 수 있다는 사실을 알고 있다.

또한, 과학은 전체 그림을 대단히 풍성하게 만들어줄 완전히 새롭고 예상치 못한 이야기도 들려준다. 이 책에서 소개했던 몇 가지를 언급하자면, 장내 균이 두뇌 기능에 중대한 영향을 미친다. 놀라운 사실 아닌가! 그러므로 양치는 물론, 물론 껌을 씹고 사과 심지까지 먹는 게 좋다. (정말인가? 그렇다!) 그리고 오르가슴 횟수와 정도가 우리 뇌를 일깨우고 그 활동성을 유지하게 한다고 누가 상상이나 했겠는가?

우리가 주목할 핵심 메시지는 이것이다. 비록 손쉽게 복용 가능한 알약이나 간단한 열흘짜리 프로그램 혹은 100퍼센트 확실한 치료법은 없지만, 과학의 교훈을 일상적으로 실천함으로써 승리를 향해 나아갈 수 있다는 것이다. 유전자도 중요한 역할을 하는가? 그렇다. 하지만 우리 생각만큼 중요하지는 않다. 스코틀랜드 두뇌 연구인 〈단절된 마음〉 프로젝트 기억나는가? 우리의 유동 지능에서 절반 정도는 어릴 적 IQ로 거슬러 올라갈 수 있다. 하지만 나머지 절반은 우리 통제 범위 안에 있다.

두뇌에 대한 투자는 주식 투자와 비슷하다. 중요한 것은 투자하는 '순간'이 아니라 시장에 머무르는 '기간'이다. 물론 운 좋게 도박처럼 들어가 큰돈을 딸 수도 있지만, 그건 건강에 적용되는 일반적인 방법은 아니다. 두뇌 파워 관점에서 중요한 것은 어느 날 한 번이 아니라, 수년에 걸쳐 매일 실천함으로써 생활방식에서 그 효과를 복리적으로 쌓아나가는 것이다. 그 이익은 복리 이자처럼 어마어마하게 불어날 것이다.

그렇다고 해서 프로그램을 엄격하게 따르거나 금욕적인 삶을 살아가야 한다는 뜻은 아니다. 중요한 것은 우리가 일상적으로 하는 일이기 때문에 어느 날 한 번 규칙을 어긴다고 해서 두뇌가 이상해지진 않는다. 다만 매일 혹은 어떤 상황에서 매주 규칙을 어긴다면 문제가 될 것이다. 가령 일부 사람들은 하루에 와인 한 병 혹은 보드카 한 병을 아무렇지 않게 마신다. 이것이 '습관'이 된다면 추천하지 않는다. 하지만 가끔 축하하거나 느긋하게 즐긴다고 해서 삶이 망가지지는 않으며, 오히려 삶의 질을 개선하는 데 도움이 된다.

이 책에서 제시한 많은 메시지 가운데 특별히 중요한 것을 꼽는다면? 여기서 나는 세 가지로 이야기를 마무리하고자 한다.

개인적으로 가장 중요한 원칙은 운동하라는 것이다. 많은 이들은 이 말을 대단히 싫어한다. 계속 앉아서 생활하는 방식을 유지하는 것은 쉽지만, 업무와 통근 그리고 가정생활을 하면서 매주 150분 이상씩 유산소 운동을 하는 것은 대단히 힘들다. 그럼에도 우리는 운동할 수 있는 시간을 내야 하고 그것을 즐겁게 실천할 자기만의 방법을 발견해야 한다. 그렇다고 해서 매일 체육관에 나가 땀 흘리거나 비 오는 날에도 조깅할 필요는 없다. 다른 사람과 함께 운동하거나 강아지를 산책시키는 것처럼 자신이 좋아하는 일을 선택함으로써 중압감에서 벗어나자. 비록 150분은 아니라고 해도 자신의 활동 수준을 높일 수 있는 모든 시도는 평생에 걸쳐 차이를 만들어낼 것이다.

두 번째는 보다 특별한 원칙으로, 이 책 여러 장에서 다룬 바 있다. 그것은 '하루 리듬'을 지키라는 것이다. 얼마 전 영국의 한 신문은 〈과학에 따른 완벽한 하루〉라는 제목으로 건강 코너를 개설했다. 핵심 메시지는 하루 중 적절한 시간에 적절한 활동을 하라는 것이었다. 사실 우리 몸은 수백만 년에 걸쳐 두뇌 속에 자리 잡은 다양한 '리듬'의 집합이다. 나는 그것에 맞서 싸우라는 게 아니다! 계속 바뀌는 수면 시간, 밤낮으로 부주의한 과잉 활동, 시차, 밤샘 업무 그리고 모든 형태의 불규칙한 습관 등 평생에 걸친 파괴적인 패턴은 두뇌를 둔하게 만든다. 다시 한번 말하지만, 여기서 가끔 일어나는 원칙 위반은 문제되지 않는다. 특별한 예외는 두뇌 기능에 영구적인 피해를 입히지 못할 것이기 때문이다. 그러나 과잉이 지속되면 분명히 악영향을 미친다.

내가 중요하게 생각하는 세 가지 원칙 중 마지막은? 그것은 사회적 관계를 돈에 버금가는 사회적 자본으로 여기라는 것이다. 10장에서 소개했던 〈하버드 성인 발달 연구〉의 놀라운 결과가 기억나는가? 부요함의 수준을 떠나 여러 다양한 배경 출신의 피실험자들은 연구를 시작하면서 자신에게 중요한 것은 "열심히 일하고, 명예를 얻고, 부자가 되는 것"이라고 말했다. 그러나 연구가 끝나갈 무렵, 그들 '모두' 마음을 바꿨다. 그들에게 정말로 중요한 것은 "친구와 가족"이었다. 나는 그 결과에 강력한 인상을 받았다. 그것은 단지 그들만의 생각은 아니었다. 하버드 연구원들의 객관적인 발견은 좋은 관계(좋아하는 친구와 의지할 만한 가족)를 가진 사람들은 더욱 건강하고 행복한 사람들임을 보여줬다. 그리고 여러 다른 연구 결과가 보여주듯 그들은 장기적으로 더 건강한 두뇌를 가진 사람들이었다.

앞서 언급했듯 최고는 아직 오지 않았다. 지평선 너머는 무한한 가능성으로 가득하다. 이제 우리는 두뇌를 '슈퍼차지'하는 방법에 대해 많은 것을 알고 있다. 그럼에도 우리가 삶의 풍부한 경험을 누리도록 하는 이 환상적이고 복잡한 조직인 두뇌는 이제 막 베일을 벗는 중이다. 인공지능에 대한 주장은 접어두자. 슈퍼서버가 저글링을 하고, 개와 교감을 나누고, 셰익스피어가 남긴 위대한 문장의 심오함을 느낄 수 있을 때라야 비로소 인공지능이 '평균적인' 인간 두뇌에 근접했다고 생각할 것이다. 향후 수십 년에 걸쳐 과학은 이 놀라운 조직을 보살피는 방법에 대해 더 많은 비밀을 밝혀줄 것이다.

그러니 명심하자. 최고는 아직 오지 않았다.

감사의 글

감사를 드려야 할 분이 너무도 많아 어디서 시작해야 좋을지 모르겠다. 이 책은 헨리 바인스의 비전과 끈기, 편집 기술이 없었더라면 세상에 나오지 못했을 것이다. 헨리에게 감사의 마음을 전한다. 출판을 위한 원고를 준비하는 과정에서 교열자 길리언 소머스케일스의 날카로운 시선과 관심은 너무도 소중했다. 이메지네이트 LLC의 큐레이터 얀 슈타인에게도 감사드린다. 수많은 이메일로 헨리를 밤낮 괴롭혔던 그는 아트 포트폴리오를 위한 영감의 원천이었다. 다음으로 세계 두뇌건강위원회가 있다. 내 아이디어 중 많은 부분은 여기서 비롯되었다. 특히 위원장 사라 록과 회장 마릴린 앨버트에게 고마움을 표한다. 두 사람은 위원회 고문으로 나를 아낌없이 지원했다.

프레시전 푸드웍스의 대표이자 영양과 관련된 자문을 맡아준 크리스 탈리는 영감과 용기를 전하는 이 책의 인터뷰를 위해 소중한 시간을 기꺼이 할애했다. 그에게 큰 고마움을 느낀다.

두 대학교에 감사드린다. 우선 러프버러 대학교는 처음부터 내게 신뢰를 보내줬다. 특히 배리 보긴 에머리투스 교수는 이 책의 검토를 맡아줬다. 다음으로 엑스터 의과대학 학장 클라이브 발라드에게 감사하다. 이 책을 쓰는 동안 발라드는 나의 수많은 까다로운 질문에 인내심 있게 대답해줬다. 클라이브에게 고마움을 전한다. 서던 캘리포니아 대학교의 듀크 한 박사는 초고를 검토하고 나를 많은 실수에서 건져줬다. 그 역시 고마움을 전해야 할 인물이다.

출판 전에 이 글을 먼저 읽어준 독자들에게도 감사를 드린다. 너무 많아 따로 이름을 언급할 수는 없지만, 그들 모두 이 책에 엄청나게 기여했다. 그들의 다양한 조언과 아이디어는 큰 힘이 되었다.

오랫동안 나의 칩거와 불평을 참아준 그리고 동시에 나를 지지해준 가족 모두에게 감사한 마음이다. 마지막으로 이제 세상을 떠난 내 사랑스러운 강아지 클레오와 앰버에게 고마움을 전한다. 그들의 온화한 성품과 헌신적인 우정은 글을 쓰는 내내 나를 붙잡아줬다.

들어가며: 뇌과학 최전선에 서다

1   세계 두뇌건강위원회(GCBH)는 전 세계적으로 인간 인지와 관련된 두뇌 건강의 분야에서 일하는 과학자와 건강 전문가, 학자, 정책 전문가로 이뤄진 독립적인 협력 기관이다. 워싱턴 DC에 기반을 두고 있으며, 미국에서 50세 이상 인구를 위한 앞서가는 조직인 AARP의 후원으로 운영된다.

1장 날마다 젊어지는 뇌

1   '5 unsolved mysteries about the brain' (Seattle: Allen Institute for Brain Science, 14 March 2019), https://alleninstitute.org/what-we-do/brain-science/ news-press/articles/5-unsolved-mysteries-about-brain.

2장 건강에 가장 치명적인 습관

1   Hilary Hylton, 'Runner's high: joggers live longer', *Time*, 12 Aug. 2008, http://content.time.com/time/health/article/0,8599,1832033,00.html.

2   T. M. Manini, 'Energy expenditure and aging', *Ageing Research Reviews*, Vol. 9, No. 1, 2010, p. 9.

3   Susan McQuillan, 'Fidgeting has benefits', *Psychology Today*, 17 Sept. 2016.

3장 내 몸 안에 다른 뇌가 있다

1   Giulia Enders, *Gut*, trans. David Shaw (London: Scribe, 2015).

4장 두뇌와 미생물, 완벽한 운명 공동체

1   BMI는 쉽게 구할 수 있다. 체중을 키의 제곱으로 나누면 된다. 예를 들어 키가 1.75미터이고 체중이 70킬로그램이라면 BMI는 약 23이 된다. '정상 범위'는 18-25이다.

2   K. A. Dill-McFarland et al., 'Close social relationships correlate with human gut microbiota composition', *Nature Scientific Reports*, Vol. 9, Article 703, 2019, https://doi.org/10.1038/s41598-018-37298-9.

3   Charles Darwin, *The Expression of the Emotions in Man and Animals* (London: John Murray, 1872).

4   과학에서 확실한 발견은 반복된 실험에서 살아남아야 한다. 다시 말해, 반복된 실험을 통해 동일한 발견을 확인할 수 있어야 한다.

5   John F. Cryan and Timothy G. Dinan, 'Mind-altering microorganisms: the impact of the gut microbiota on brain and behaviour', *Nature Reviews Neuroscience*, Vol. 13, No. 10, 2012, p. 701.

5장 두뇌를 위한 슈퍼 푸드

1   Suartcha Prueksaritanond et al., 'A puzzle of hemolytic anemia, iron and Vitamin B12 deficiencies in a 52-year-old male', *Case Reports in Hematology*, Vol. 2013, art. ID 708489.

2   Cited in Harri Hemilä, 'A brief history of vitamin C and its deficiency, scurvy', open access paper, Department of Public Health, University of Helsinki, 2006, https://www.mv.helsinki.fi/home/hemila/history/.

3   Anne W. S. Rutjes et al., 'Vitamin and mineral supplementation for maintaining cognitive function in cognitively healthy people in mid and late life', *Cochrane Database of Systematic Reviews*, 17 Dec. 2018, p. 2, DOI: 10.1002/14651858.CD011906.pub2.

4   Global Council on Brain Health, *The Real Deal on Brain Health Supplements: GCBH recommendations on vitamins, minerals, and other dietary supplements*, 2019, p. 4, https://doi.org/10.26419/pia.00094.001.

6장 두뇌는 섬이 아니다

1   B. A. Primack et al., 'Positive and negative experiences on social media and perceived social isolation', *American Journal of Health Promotion*, Vol. 33, No. 6, 2019, pp. 859–68.

2   John Milton, *Paradise Lost*, book II.

3   Jill Lepore, 'A history of loneliness', *New Yorker*, 6 April 2020.

4   Charles Dickens, *American Notes for General Circulation* (London: Chapman and Hall, 1842), cited in S. Gallagher, 'The cruel and unusual phenomenology of solitary confinement', in *Frontiers in Psychology*, Vol. 5, 2014.

5   I. E. M. Evans, A. Martyr, R. Collins, C. Brayne and L. Clare, 'Social isolation and cognitive function in later life: a systematic review and meta-analysis', *Journal of Alzheimer's Disease*, Vol. 70, Suppl. 1, 2019, pp. S119–44.

6   Michael Babula, *Motivation, Altruism, Personality and Social Psychology: the coming age of altruism* (New York: Springer, 2013).

7   R. S. Weiss, *Loneliness: the experience of emotional and social isolation* (Cambridge, MA: MIT Press, 1972).

1   'Understanding the id, ego and superego in psychology', n.d., https://www. dummies.com/educa-tion/psychology/understanding-the-id-ego-and-superego- in-psychology/.

2   K. Kapparis, 'Aristophanes, Hippocrates and sex-crazed women', *Ageless Arts: The Journal of the Southern Association for the History of Medicine and Science*, Vol. 1, 2015, pp. 155–70, http://www. sahms.net/uploads/3/4/7/5/34752561/ kapparis_final.pdf.

3   Cited in Katherine Harvey, 'The salacious middle ages', 23 Jan. 2018, https:// aeon.co/essays/get-ting-down-and-medieval-the-sex-lives-of-the-middle-ages.

4   Dr Ashton Brown, cited in Therese Oneill, *Unmentionable: The Victorian Lady's Guide to Sex, Marriage and Manners* (London: Little, Brown, 2016).

5   Philip Larkin, 'Annus Mirabilis' (1967).

6   C. Beekman, '1950s discourse on sexuality', 2013, http://social.rollins.edu/ wpsites/third-sight/2013/04/11/1950s-discourse-on-sexuality/.

7   W. H. Masters and V. E. Johnson, *Homosexuality in perspective* (Boston: Little, Brown, 1979), p. 11.

8   'See what science says about women's pleasure', https://www.omgyes.com/.

9   Helen Rumbelow, 'Yes, yes, yes! The app that will turn you on', *The Times*, 1 March 2016.

10   I Corinthians, chapter 7, verse 1.

11   P. Elwood, J. Galante, J. Pickering, S. Palmer, A. Bayer, V. Ben-Shlomo et al., 'Healthy lifestyles reduce the incidence of chronic diseases and dementia: evidence from the Caerphilly Cohort Study', *PLoS ONE*, Vol. 8, No. 12, 2013, e81877.

12   'Benefits of love and sex', https://fisd.oxfordshire.gov.uk/kb5/oxfordshire/ directory/advice. page?id=YhqER5vFjpA.

13   R. M. Anderson, 'Positive sexuality and its impact on overall well-being', *Bundesgesundheitsblatt*, Vol. 56, 2013, pp. 208–14, https://doi.org/10.1007/ s00103-012-1607-z.

14   S. Brody, 'The relative health benefits of different sexual activities', *Journal of Sexual Medicine*, Vol. 7, No. 4, 2010, pp. 1336–61.

15   Hui Liu et al., 'Is sex good for your health?', *Journal of Health and Social Behaviour*, Vol. 57, No. 3, 2016, pp. 276–96 (emphasis added).

16   *Science Daily*, 22 June 2017, https://www.sciencedaily.com/ releases/2017/06/170622083020. htm.

17   James H. Clark, 'A critique of Women's Health Initiative Studies (2002–2006)', *Nuclear Receptor Signaling*, Vol. 4, 2006, e023, DOI: 10.1621/nrs.04023.

18   National Academies of Sciences, Engineering and Medicine, *The Clinical Utility of Compounded*

Bioidentical Hormone Therapy: a review of safety, effectiveness, and use (Washington DC, 2020).

19 'Hormone therapy: is it right for you?', Mayo Clinic, 9 June 2020, https://www. mayoclinic.org/ diseases-conditions/menopause/in-depth/hormone-therapy/ art-20046372.

8장 인지력 향상을 위한 뇌 사용법

1 Leonardo da Vinci, *A Treatise on Painting* (New York: Dover, 2005), unabridged re-issue of John Francis Rigaud's translation as published by George Bell & Sons, London, 1877, pp. 4, 7.

2 K. Rehfeld et al., 'Dance training is superior to repetitive physical exercise in inducing brain plasticity in the elderly', *PLoS ONE*, Vol. 13, No. 7, 2018, e0196636, https://journals.plos.org/plosone/ article?id=10.1371/journal. pone.0196636.

3 Ibid.

4 Global Council on Brain Health, *Engage Your Brain: GCBH recommendations on cognitively stimulating activities*, 2017, p. 4, https://www.aarp.org/content/ dam/aarp/health/brain_ health/2017/07/gcbh-cognitively-stimulating- activities-report.pdf.

5 Stanford Center on Longevity, *A Consensus on the Brain Training Industry from the Scientific Community*, 20 Oct. 2014, http://longevity.stanford.edu/a- consensus-on-the-brain-training-industry-from-the-scientific-community-2/.

6 Cognitive Training Data, *Cognitive Training Data Response Letter*, 2014, https://www.cognitive-trainingdata.org/the-controversy-does-brain-training- work/response-letter/.

7 A. M. Owen et al., 'Putting brain training to the test', *Nature*, Vol. 465, No. 7299, 10 June 2010, p. 778.

8 Global Council on Brain Health, *Engage Your Brain*. Washington DC: AARP.

9장 자느냐 마느냐

1 M. de Manaceine, 'Quelques observations experimentales sur l'influence de l'insomnie absolue', *Archives Italiennes de Biologie*, Vol. 21, 1894, pp. 322–5.

2 Cited in M. K. Scullin and D. L. Bliwise, 'Sleep, cognition, and normal aging: integrating a half century of multidisciplinary research', *Perspectives on Psychological Science*, Vol. 10, No. 1, 2015, pp. 97-137.

3 Hans Berger, *Psyche* (Jena: Gustav Fischer, 1940), p. 6.

4 Global Council on Brain Health, *The Brain–Sleep Connection: GCBH recommendations on sleep and brain health* (Washington DC: AARP, 2016).

5 'Women have younger brains than men', *Wall Street Journal*, 27 March 2019.

1   Viktor Frankl, *Man's Search for Meaning* (New York: Washington Square Books, 1984).

2   David J. Llewellyn et al., 'Cognitive function and psychological well-being: findings from a population-based cohort', *Age and Ageing*, Vol. 37, No. 6, 2008, p. 687.

3   David Hume, *A Treatise of Human Nature*, Book III, Part III, Section III, 'Of the influencing motives of the will' (1739).

4   https://www.berkeleywellbeing.com/well-being-survey.html.

5   Stephen Hawking, speech at opening of the Paralympic Games in London, 2012.

6   M. A. Nattali, *The Hindoos*, Vol. 2 (London, 1846), ch. 10.

7   Carolyn Gregoire, 'What India can teach the rest of the world about living well', *Huffington Post*, 11 Nov. 2013.

8   N. P. Gothe, I. Khan, J. Hayes, E. Erlenbach and J. S. Damoiseaux, 'Yoga effects on brain health: a systematic review of the current literature', *Brain Plasticity*, Vol. 5, No. 1, 2019, pp. 105-22.

9   Kaushik Talukdar, 'Breath of life', *Telegraph* online, 8 Dec. 2020, https://www. telegraphindia. com/health/breath-of-life-lets-explore-the-science-of- pranayama/cid/1785301.

10   Semir Zeki, 'Artistic creativity and the brain', *Science*, Vol. 293, No. 5527, 2001, pp. 51-2.

11   http://www.healing-power-of-art.org/.

12   M. A. Sayette, 'Does drinking reduce stress?', *Alcohol Research & Health: The Journal of the National Institute on Alcohol Abuse and Alcoholism*, Vol. 23, No. 4, 1999, pp. 250-5.

13   A. Abbey et al., 'Subjective, social, and physical availability, II: their simultaneous effects on alcohol consumption', *International Journal of the Addictions*, Vol. 25, 1990, pp. 1011-23.

14   Séverine Sabia et al., 'Alcohol consumption and cognitive decline in early old age', *Neurology*, Vol. 82, No. 4, 2014, pp. 332-9.

15   C. A. Paul et al., 'Association of alcohol consumption with brain volume in the Framingham study', *Archives of Neurology*, Vol. 65, No. 10, 1008, pp. 1363-7.

16   Angela M. Wood et al., 'Risk thresholds for alcohol consumption: combined analysis of individual-participant data for 599,912 current drinkers in 83 prospective studies', *Lancet*, Vol. 391, No. 10129, 2018, pp. 1513-23.

참고문헌

들어가며: 뇌과학 최전선에 서다

Frank L. Baum (1900). *The Wonderful Wizard of Oz*. Chicago: George M. Hill.

Martyn Harlow (1848). 'Passage of an iron rod through the head', *Boston Medical and Surgical Journal* 39 (20), 389-93. Boston: David Clapp.

I. J. Deary, L. J. Whalley and J. M. Starr (2009). *A Lifetime of Intelligence: follow-up studies of the Scottish mental surveys of 1932 and 1947*. Washington DC: American Psychological Association.

Séverine Sabia et al. (2018). 'Alcohol consumption and risk of dementia: 23 year follow-up of Whitehall II cohort study', *British Medical Journal*, 362, k2927.

1장 날마다 젊어지는 뇌

Thomas S. Kuhn (1962). *The Structure of Scientific Revolutions*. Chicago: University of Chicago Press.

Madhura Ingalhalikar et al. (2014). 'Sex differences in the structural connectome of the human brain', *Proceedings of the National Academy of Sciences of the United States of America*, 111 (2), 823-8.

Richard Nisbett et al. (2012). 'Intelligence: new findings and theoretical developments', *American Psychologist* 67 (2), 130-59.

Arthur R. Jensen (1969). 'How much can we boost IQ and scholastic achievement?', *Harvard Educational Review* 39 (1), 1-123.

C. G. Phillips (1973). Hughlings Jackson Lecture: 'Cortical localization and "sensori motor processes" at the "middle level" in primates', *Proceedings of the Royal Society of Medicine* 66 (10), 987-1002.

C. Daniel Salzman (2011). 'The neuroscience of decision making', *Kavli Foundation Newsletter*, Aug.

Paul E. Dux et al. (2009). 'Training improves multitasking performance by increasing the speed of information processing in human prefrontal cortex', *Neuron* 63 (1), 127-38.

Daniel W. Belsky (2015). 'Quantification of biological aging in young adults', *Proceedings of the National Academy of Sciences of the United States of America* 112 (30), E4104-10.

Norman Doidge (2007). *The Brain that Changes Itself*. New York: Viking.

E. P. Vining (1997). 'Why would you remove half a brain? The outcome of 58 children after hemispherectomy - the Johns Hopkins experience: 1968 to 1996', *Pediatrics*, 100 (2 Pt 1), 163-71.

T. Ngandu (2015). 'A 2 year multidomain intervention of diet, exercise, cognitive training, and vascular risk monitoring versus control to prevent cognitive decline in at-risk elderly people (FINGER): a randomised controlled trial', *Lancet* 385 (9984), P2255-63.

Ian J. Deary (2012). 'Genetic contributions to stability and change in intelligence from childhood to old age', *Nature* 482 (7384), 212-15.

J. G. Makin, D. A. Moses and E. F. Chang (2020). 'Machine translation of cortical activity to text with an encoder-decoder framework', *Nature Neuroscience* 23 (4), 575-82.

E. P. Moreno-Jiménez, M. Flor-García, J. Terreros-Roncal et al. (2019). 'Adult hippocampal neurogenesis is abundant in neurologically healthy subjects and drops sharply in patients with Alzheimer's disease', *Nature Medicine* 25 (4), 554-60.

D. Hakim, Jason Chami and Kevin A. Keay (2020). 'μ-opioid and dopamine-D2 receptor expression in the nucleus accumbens of male Sprague-Dawley rats whose sucrose consumption, but not preference, decreases after nerve injury', *Behavioural Brain Research* 381, art. no. 112416.

S. Kim et al. (2019). 'Transneuronal propagation of pathologic α-synuclein from the gut to the brain models Parkinson's disease', *Neuron* 103 (4), pp. 627-41, e7.

Lou Beaulieu-Laroche (2018). 'Enhanced dendritic compartmentalization in human cortical neurons', *Cell* 175 (3), p. 643.

S. Reardon (2019). 'Pig brains kept alive outside body for hours after death', *Nature* 568, pp. 283-4.

S. Reardon (2020). 'Can lab-grown brains become conscious?', *Nature* 586, pp. 658-61.

2장 건강에 가장 치명적인 습관

Michel Poulain and Giovanni Mario Pes (2004). 'Identification of a geographic area characterized by extreme longevity in the Sardinia island: the AKEA study', *Experimental Gerontology* 39 (9), 1423-9.

Dan Buettner (2009). *The Blue Zones: lessons for living longer from the people who've lived the longest.* Washington DC: National Geographic.

Charles Lyell (1830-3). *The Principles of Geology.* London: John Murray.

Freeletics Research (2019). *UK research finds majority fear their unhealthy lifestyles will lead to an early grave.* Munich: Freeletics, 10 Jan., 2019.

James Fuller Fixx (1977). *The Complete Book of Running.* New York: Random House.

Kenneth H. Cooper (1985). *Running Without Fear: how to reduce the risk of heart attack and sudden death during aerobic exercise.* New York: Evans.

Eliza F. Chakravarty et al. (2008). 'Reduced disability and mortality among aging runners: a 21-year longitudinal study', *Archives of Internal Medicine* 168 (15), 1638-46.

Frank W. Booth, Christian K. Roberts and Matthew J. Laye (2012). 'Lack of exercise is a major cause of chronic diseases', *Comparative Physiology* 2 (2), 1143-1211.

Marc R. Hamilton et al. (2008). 'Too little exercise and too much sitting: inactivity physiology and the need for new recommendations on sedentary behavior', *Current Cardiovascular Risk Reports* 2 (4), 292-8.

A. H. Shadyab (2017). 'Associations of accelerometer-measured and self-reported sedentary time with leukocyte telomere length in older women', *American Journal of Epidemiology* 185 (3), 172-4.

N. Genevieve et al. (2008). 'Television time and continuous metabolic risk in physically active adults', *Medicine and Science in Sports and Exercise* 40 (4), 639-45.

Ryan S. Falck et al. (2016). 'What is the association between sedentary behaviour and cognitive function? A systematic review', *British Journal of Sports Medicine* 51 (10), 800-11.

Yan Shijiao et al. (2020). 'Association between sedentary behavior and the risk of dementia: a systematic review and meta-analysis', *Translational Psychiatry* 10 (1), 112.

Waneen Wyrick Spirduso (1975). 'Reaction and movement time as a function of age and physical activity level', *Journal of Gerontology* 30 (4), 435-40.

Arthur F. Kramer and Kirk I. Erickson (2007). 'Effects of physical activity on cognition, well-being, and brain: human interventions', *Alzheimer's & Dementia: The Journal of the Alzheimer's Association* 3 (25), S45-51.

Kirk I. Erickson et al. (2011). 'Exercise training increases size of hippocampus and improves memory', *Proceedings of the National Academy of Sciences of the United States of America* 108 (7), 3017-22.

T. M. Manini (2010). 'Energy expenditure and aging', *Ageing Research Reviews* 9 (1), 1-11.

Carl W. Cotman and Nicole C. Berchtold (2002). 'Exercise: a behavioral intervention to enhance brain health and plasticity', *Trends in Neurosciences* 25 (6), 295-301.

David A. Raichlen and Gene E. Alexander (2017). 'Adaptive capacity: an evolutionary-neuroscience model linking exercise, cognition, and brain health', *Trends in Neurosciences* 40 (7), 408-21.

Michael J. Wheeler et al. (2017). 'Sedentary behavior as a risk factor for cognitive decline? A focus on the influence of glycemic control in brain health', *Alzheimer's and Dementia: Translational Research and Clinical Interventions*, 3 (3), 291-300.

Christopher Mark Spray et al. (2006). 'Understanding motivation in sport: an experimental test of achievement goal and self determination theories', *European Journal of Sport Science* 6 (1), 43-51.

J. A. Levine, L. M. Lanningham-Foster, S. K. McCrady et al. (2005). 'Interindividual variation in posture allocation: possible role in human obesity', *Science* 307 (5709), 584-6.

Guohua Zheng (2019). 'Effect of aerobic exercise on inflammatory markers in healthy middle-aged and older adults: a systematic review and meta-analysis of randomized controlled trials', *Frontiers in Aging Neuroscience,* https://doi.org/10.3389/fnagi.2019.00098.

P. Siddarth, A. C. Burggren, H. A. Eyre, G. W. Small and D. A. Merrill (2018). 'Sedentary behavior associated with reduced medial temporal lobe thickness in middle-aged and older adults', *PLoS ONE* 13 (4), e0195549.

Gabriel A. Koepp, Graham K. Moore and James A. Levine (2016). 'Chair-based fidgeting and energy expenditure', *BMJ Open Sport & Exercise Medicine* 2 (1), e000152.

3장 내 몸 안에 다른 뇌가 있다

Rachel N. Carmody et al. (2016). 'Genetic evidence of human adaptation to a cooked diet', *Genome Biology and Evolution* 8 (4), 1091-1103.

Bruno Bonaz, Thomas Bazin and Sonia Pellissier (2018). 'The vagus nerve at the interface of the microbiota-gut-brain axis', *Frontiers in Neuroscience* 12, 49.

Natasha Bray (2019). 'The microbiota-gut-brain axis', *Nature Research Milestones* 18, S22, June.

William Beaumont (1825). 'A case of wounded stomach', *Philadelphia Medical Recorder*, Jan. (cited in William Beaumont, *Experiments and Observations on the Gastric Juice and the Physiology of Digestion*, New York: Dover, 1959).

Giulia Enders (2015). *Gut*, trans. David Shaw. London: Scribe.

W. O. Atwater (1887). 'The potential energy of food. The chemistry of food. III'. *Century* 34, 397-405 (cited in James L. Hargrove, 'History of the calorie in nutrition', *Journal of Nutrition* 136, 2006, 2957-61).

Leah M. Kalm and Richard D. Semba (2005). 'They starved so that others be better fed: remembering Ancel Keys and the Minnesota experiment', *Journal of Nutrition* 135 (6), 1347-52.

C. M. McCay and Mary F. Crowell (1934). 'Prolonging the life span', *Scientific Monthly* 39 (5), 405-14.

Jasper Most, Valeria Tosti, Leanne M. Redman and Luigi Fontana (2017). 'Calorie restriction in humans: an update', *Ageing Research Reviews* 39, 36-45.

Shin-Hae Lee and Kyung-Jin Min (2013). 'Caloric restriction and its mimetics', *BMB Reports* 46 (4), 181-7.

Yonas E. Geda et al. (2013). 'Caloric intake, aging, and mild cognitive impairment: a population-based study', *Journal of Alzheimer's Disease* 34 (2), 501-7.

A. V. Witte et al. (2009). 'Caloric restriction improves memory in elderly humans', *Proceedings of the National Academy of Sciences of the United States of America* 106 (4), 1255-60.

Jason Brandt et al. (2019). 'Preliminary report on the feasibility and efficacy of the modified Atkins diet for treatment of mild cognitive impairment and early Alzheimer's disease', *Journal of Alzheimer's Disease* 68 (3), 969-81.

Rafael de Cabo and Mark P. Mattson (2019). 'Effects of intermittent fasting on health, aging, and disease', *New England Journal of Medicine* 381 (26), 2541-51.

Mark P. Mattson (2019). 'An evolutionary perspective on why food overconsumption impairs cognition', *Trends in Cognitive Science* 23 (3), 200-12.

4장 두뇌와 미생물, 완벽한 운명 공동체

T. Z. T. Jensen, J. Niemann, K. H. Iversen et al. (2019). 'A 5700-year-old human genome and oral microbiome from chewed birch pitch', *Nature Communications* 10, art. no. 5520.

R. Sender, S. Fuchs and R. Milo (2016). 'Revised estimates for the number of human and bacteria cells in the body', *PLoS Biology* 14 (8), e1002533.

A. Almeida, A. L. Mitchell, M. Boland et al. (2019). 'A new genomic blueprint of the human gut microbiota', *Nature* 568 (7753), 499-504.

D. Zeevi, T. Korem, A. Godneva et al. (2019). 'Structural variation in the gut microbiome associates with host health', *Nature* 568 (7750), 43-8.

G. Falony, M. Joossens, S. Vieira-Silva et al. (2016). 'Population-level analysis of gut microbiome variation', *Science* 352 (6285), 560-4.

Courtney C. Murdock et al. (2017). 'Immunity, host physiology, and behaviour in infected vectors', *Current Opinion in Insect Science* 20, 28-33.

L. Maier et al. (2018). 'Extensive impact of non-antibiotic drugs on human gut bacteria', *Nature* 555 (7698), 623-8.

C. Bressa et al. (2017). 'Differences in gut microbiota profile between women with active lifestyle and sedentary women', *PLoS ONE* 12 (2), e0171352.

K. A. Dill-McFarland, Z. Tang, J. H. Kemis et al. (2019). 'Close social relationships correlate with human gut microbiota composition', *Nature Scientific Reports* 9 (1), 703.

Emily R. Davenport et al. (2014). 'Seasonal variation in human gut microbiome composition', *PLoS ONE* 9 (3), e90731.

Ettje F. Tigchelaar et al. (2015). 'Cohort profile: LifeLines DEEP, a prospective, general population cohort study in the northern Netherlands: study design and baseline characteristics', *BMJ Open* 5 (8), e006772.

M. T. Bailey, S. E. Dowd, J. D. Galley et al. (2011). 'Exposure to a social stressor alters the structure of the intestinal microbiota: implications for stressor- induced immunomodulation', *Brain, Behavior, and Immunity* 25 (3), 397-407.

Siri Carpenter (2012). 'That gut feeling', Monitor on Psychology (American Psychological Association) 43 (8), 50.

Birgit Wassermann, Henry Müller and Gabriele Berg (2019). 'An apple a day: which bacteria do we eat with organic and conventional apples?' *Frontiers in Microbiology*, 24 July, https://doi.org/10.3389/fmicb.2019.01629.

M. Schneeberger, A. Everard, A. Gómez-Valadés et al. (2015). 'Akkermansia muciniphila inversely correlates with the onset of inflammation, altered adipose tissue metabolism and metabolic disorders during obesity in mice', *Nature Scientific Reports* 5, 16643.

Robert Caesar et al. (2015). 'Crosstalk between gut microbiota and dietary lipids aggravates WAT inflammation through TLR signaling', *Cell Metabolism* 22 (4), 658-68.

M. Lyte, J. J. Varcoe and M. T. Bailey (1998). 'Anxiogenic effect of subclinical bacterial infection in mice in the absence of overt immune activation', *Physiology and Behaviour* 65 (1), 63-8.

Javier A. Bravo et al. (2011). 'Ingestion of Lactobacillus strain regulates emotional behavior and central GABA receptor expression in a mouse via the vagus nerve', *Proceedings of the National Academy of Sciences of the United States of America* 108 (38), 16050-5.

Kirsten Tillisch et al. (2017). 'Brain structure and response to emotional stimuli as related to gut microbial profiles in healthy women', *Psychosomatic Medicine* 79 (8), 905-13.

Lisa Manderino et al. (2017). 'Preliminary evidence for an association between the composition of the gut microbiome and cognitive function in neurologically healthy older adults', *Journal of the International Neuropsychological Society* 23 (8), 700-5.

A. J. Jeroen (2006). 'Serotonin and human cognitive performance', *Current Pharmaceutical Design* 12 (20), 2473-86.

A. Emeran (2014). 'Gut microbes and the brain: paradigm shift in neuroscience', *Journal of Neuroscience* 34 (46), 15490-6.

N. M. Vogt et al. (2017). 'Gut microbiome alterations in Alzheimer's disease', *Scientific Reports* 7 (1), 13537.

M. Minter, C. Zhang, V. Leone et al. (2016). 'Antibiotic-induced perturbations in gut microbial diversity influences neuro-inflammation and amyloidosis in a murine model of Alzheimer's disease', *Nature Science Reports* 6: 1, 30028.

Stephen S. Dominy et al. (2019). 'Porphyromonas gingivalis in Alzheimer's disease brains: evidence for disease causation and treatment with small-molecule inhibitors', *Science Advances* 5 (1), eaau3333.

Lucy Moss, Andrew Scholey and Keith A. Wesnes (2002). 'Chewing gum selectively improves aspects of memory in healthy volunteers', *Appetite* 38 (3), 235-6.

C. S. Lin, H. H. Lin, S. W. Fann et al. (2020). 'Association between tooth loss and gray matter volume in cognitive impairment', *Brain Imaging and Behavior* 14, 396-407.

John F. Cryan and Timothy G. Dinan (2012). 'Mind-altering microorganisms: the impact of the gut microbiota on brain and behaviour', *Nature Reviews Neuroscience* 13 (10), 701-12.

Elaine Y. Hsiao, Sara W. McBride, Janet Chow, Sarkis K. Mazmanian and Paul H. Patterson (2012).

'Modeling an autism risk factor in mice leads to permanent immune dysregulation', *Proceedings of the National Academy of Sciences of the United States of America* 109 (31), 12776-81.

Filip Scheperjans MD, PhD et al. (2014). 'Gut microbiota are related to Parkinson's disease and clinical phenotype', *Movement Disorders* 30 (3), 350-8.

5장 두뇌를 위한 슈퍼 푸드

Ming-Yi Chiang, Dinah Misner and Gerd Kempermann (1998). 'An essential role for retinoid receptors RARβ and RXRγ in long-term potentiation and depression', *Neuron* 21 (6), P1353-61.

E. Bonnet et al. (2008). 'Retinoic acid restores adult hippocampal neurogenesis and reverses spatial memory deficit in vitamin A deprived rats', *PLoS ONE* 3 (10), e3487.

Coreyann Poly et al. (2011). 'The relation of dietary choline to cognitive performance and white-matter hyperintensity in the Framingham Offspring Cohort', *American Journal of Clinical Nutrition* 94 (6), 1584-91.

Ramon Velazquez et al. (2019). 'Maternal choline supplementation ameliorates Alzheimer's disease pathology by reducing brain homocysteine levels across multiple generations', *Molecular Psychiatry* 25 (10), 2620-9.

Tomasz Huc et al. (2018). 'Chronic low-dose TMAO treatment reduces diastolic dysfunction and heart fibrosis in hypertensive rats', *American Journal of Physiology – Heart and Circulatory Physiology* 315 (6), H1805-20.

Anika K. Smith, Alex R. Wade, Kirsty E. H. Penkman et al. (2017). 'Dietary modulation of cortical excitation and inhibition', *Journal of Psychopharmacology* 31 (5), 632-7.

J. F. Pearson, J. M. Pullar, R. Wilson et al. (2017). 'Vitamin C status correlates with markers of metabolic and cognitive health in 50-year-olds: findings of the CHALICE cohort study', *Nutrients* 9 (8), 831.

Nikolaj Travica et al. (2017). 'Vitamin C status and cognitive function: a systematic review', *Nutrients* 9 (9), 960.

Ibrar Anjum et al. (2018). 'The role of Vitamin D in brain health: a mini literature review', *Cureus* 10 (7), e2960.

David J. Llewellyn et al. (2009). 'Serum 25-hydroxyvitamin D concentration and cognitive impairment', *Journal of Geriatric Psychiatry and Neurology* 22 (3), 188-95.

D. M. Lee et al. (EMAS study group) (2009). 'Association between 25-hydroxyvitamin D levels and cognitive performance in middle-aged and older European men', *Journal of Neurology, Neurosurgery, and Psychiatry* 80 (7), 722-9.

E. Romagnoli et al. (2008). 'Short and long-term variations in serum calciotropic hormones after a single very large dose of ergocalciferol (vitamin D2) or cholecalciferol (vitamin D3) in the elderly', *Journal of Clinical Endocrinology and Metabolism* 93 (8), 3015-20.

M. C. Morris et al. (2002). 'Dietary intake of antioxidant nutrients and the risk of incident Alzheimer disease in a biracial community study', *Journal of the American Medical Association* 287 (24), 3230–7.

F. Mangialasche et al. (2013). 'Serum levels of vitamin E forms and risk of cognitive impairment in a Finnish cohort of older adults', *Experimental Gerontology* 48 (12), 1428–35.

Sahar Tamadon-Nejad et al. (2018). 'Vitamin K deficiency induced by warfarin is associated with cognitive and behavioral perturbations, and alterations in brain sphingolipids in rats', *Frontiers in Aging Neuroscience* 10, 213.

Ludovico Alisi et al. (2019). 'The relationships between Vitamin K and cognition: a review of current evidence', *Frontiers in Neurology* 10, 239.

Inna Slutsky et al. (2010). 'Enhancement of learning and memory by elevating brain magnesium', *Neuron* 65 (2), 165–77.

Enhui Pan et al. (2011). 'Vesicular zinc promotes presynaptic and inhibits postsynaptic long-term potentiation of mossy fiber-CA3 synapse', *Neuron* 71 (6), 1116.

Nicole T. Watt et al. (2010). 'The role of zinc in Alzheimer's disease', *International Journal of Alzheimer's Disease* 2011, 971021.

Aline Thomas et al. (2020). 'Blood polyunsaturated omega-3 fatty acids, brain atrophy, cognitive decline, and dementia risk', *Alzheimer's and Dementia*, Oct., https://doi.org/10.1002/alz.12195.

A. N. Panche, A. D. Diwan and S. R. Chandra (2016). 'Flavonoids: an overview', *Journal of Nutritional Science* 5, e47.

W. T. Wittbrodt and M. Millard-Stafford (2018). 'Dehydration impairs cognitive performance: a meta-analysis', *Medicine & Science in Sports & Exercise* 50, 2360–8.

Ann C. Grandjean and Nicole R. Grandjean (2007). 'Dehydration and cognitive performance', *Journal of the American College of Nutrition* 26 (Suppl. 5), 549S–54S.

Na Zhang, Song M. Du, Jian F. Zhang and Guan S. Ma (2019). 'Effects of dehydration and rehydration on cognitive performance and mood among male college students in Cangzhou, China: a self-controlled trial', *International Journal of Environmental Research and Public Health* 16 (11), 1891.

Rosa Mistica, Coles Ignacio, K-B. Jook and J. Lee (2012). 'Clinical effect and mechanism of alkaline reduced water', *Journal of Food and Drug Analysis* 20 (1), 394–7.

Sanetaka Shirahata, Takeki Hamasaki and Kiichiro Teruya (2012). 'Advanced research on the health benefit of reduced water', *Trends in Food Science & Technology* 23 (2), 124–31.

A. C. van den Brink, E. M. Brouwer-Brolsma, A. A. M. Berendsen and O. van de Rest (2019). 'The Mediterranean, Dietary Approaches to Stop Hypertension (DASH), and Mediterranean-DASH Intervention for Neurodegenerative Delay (MIND) diets are associated with less cognitive decline and a lower risk of Alzheimer's disease – a review', *Advances in Nutrition* 10 (6), 1040–65.

C. T. McEvoy, H. Guyer, K. M. Langa and K. Yaffe (2017). 'Neuroprotective diets are associated with better cognitive function: the Health and Retirement Study', *Journal of the American Geriatrics Society* 65 (8), 1857-62.

Anne W. S. Rutjes et al. (2018). 'Vitamin and mineral supplementation for preventing cognitive deterioration in cognitively healthy people in mid and late life', *Cochrane Database of Systematic Reviews*, 12, art. no.: CD011906.

Dagfinn Aune et al (2017). Fruit and vegetable intake and the risk of cardiovascular disease, total cancer and all-cause mortality – a systematic review and dose-response meta-analysis of prospective studies. *International Journal of Epidemiology*, 46 (3), 1029-1056.

6장 두뇌는 섬이 아니다

Igor Borisovich et al. (2014). 'Main findings of psychophysiological studies in the Mars 500 experiment', *Herald of the Russian Academy of Sciences* 84 (2), 106-14.

Esther Herrmann et al. (2007). 'Humans have evolved specialized skills of social cognition: the cultural intelligence hypothesis', *Science* 317 (5843), 1360-6.

John T. Cacioppo, Stephanie Cacioppo and Dorret I. Boomsma (2014). 'Evolutionary mechanisms for loneliness', *Cognition and Emotion* 28 (1), 1-22.

Office of National Statistics (2017). *Loneliness – what characteristics and circumstances are associated with feeling lonely? Analysis of characteristics and circumstances associated with loneliness in England using the Community Life Survey, 2016 to 2017.* London: Office for National Statistics.

Louise C. Hawkley, Kristen Wroblewski, Till Kaiser, Maike Luhmann and L. Philip Schumm (2019). 'Are US older adults getting lonelier? Age, period, and cohort differences', *Psychology and Aging*, 34 (8), 1144-57.

Kali H. Trzesniewski and M. Brent Donnellan (2020). 'Rethinking "Generation Me": a study of cohort effects from 1976-2006', *Perspectives on Psychological Science* 5: 1, 58-75.

D. Matthew, T. Clark, Natalie J. Loxton and Stephanie J. Tobin (2014). 'Declining loneliness over time: evidence from American colleges and high schools', *Personality and Social Psychology Bulletin* 41: 1, 78-89.

B. A. Primack et al. (2019). 'Positive and negative experiences on social media and perceived social isolation', *American Journal of Health Promotion* 33 (6), 859-68.

E. Caitlin, M. S. Coyle and Elizabeth Dugan (2012). 'Social isolation, loneliness and health among older adults', *Journal of Aging and Health* 24 (8), 1346-63.

Gretchen L. Hermes et al. (2009). 'Social isolation dysregulates endocrine and behavioral stress while increasing malignant burden of spontaneous mammary tumors', *Proceedings of the National Academies of Science of the United States of America* 106 (52), 22393-8.

M. Pantell, D. Rehkopf, D. Jutte, S. L. Syme, J. Balmes and N. Adler (2013). 'Social isolation: a predictor of mortality comparable to traditional clinical risk factors', *American Journal of Public Health* 103, 2056-62, doi: 10.2105/ AJPH.2013.301261.

J. Holt-Lunstad, T. B. Smith, M. Baker, T. Harris and D. Stephenson (2015). 'Loneliness and social isolation as risk factors for mortality: a meta-analytic review', *Perspectives on Psychological Science* 10 (2), 227-37.

F. R. Day, K. K. Ong and J. R. B. Perry (2018). 'Elucidating the genetic basis of social interaction and isolation', *Nature Communications* 9, art. no. 2457.

Claire Yang et al. (2013). 'Social isolation and adult mortality: the role of chronic inflammation and sex differences', *Journal of Health and Social Behavior* 54 (2), 183-203.

M. Zelikowsky, M. Hui, T. Karigo et al. (2018). 'The neuropeptide Tac2 controls a distributed brain state induced by chronic social isolation stress', *Cell* 173 (5), 1265-79.

G. A. Matthews, E. H. Nieh, C. M. Vander Weele et al. (2016). 'Dorsal raphe dopamine neurons represent the experience of social isolation', *Cell* 164 (4), 617-31.

D. Sargin, D. K. Oliver and E. K. Lambe (2016). 'Chronic social isolation reduces 5-HT neuronal activity via upregulated SK3 calcium-activated potassium channels', *eLife*, e21416, doi:10.7554/eLife.21416.

S. Düzel, J. Drewelies, D. Gerstorf et al. (2019). 'Structural brain correlates of loneliness among older adults', *Nature Science Reports* 9, 13569.

R. Kanai, B. Bahrami, B. Duchaine, A. Janik, M. J. Banissy and G. Rees (2012). 'Brain structure links loneliness to social perception', *Current Biology* 22 (20), 1975-9.

I. E. M. Evans, A. Martyr, R. Collins, C. Brayne and L. Clare (2019). 'Social isolation and cognitive function in later life: a systematic review and meta- analysis', *Journal of Alzheimer's Disease* 70 (S1), S119-44.

V. Heng, M. J. Zigmond and R. J. Smeyne (2018). 'Neurological effects of moving from an enriched environment to social isolation in adult mice', Society for Neuroscience Meeting, San Diego, 2018.

J. Bick, T. Zhu, C. Stamoulis, N. A. Fox, C. Zeanah and C. A. Nelson (2015). 'Effect of early institutionalization and foster care on long-term white matter development: a randomized clinical trial', *JAMA Pediatrics* 169 (3), 211-19.

M. Lehmann, T. Weigel, A. Elkahloun et al. (2017). 'Chronic social defeat reduces myelination in the mouse medial prefrontal cortex', *Nature Science Reports* 7, 46548.

Erin York and Linda Waites (2009). 'Social disconnectedness, perceived isolation, and health among older adults', *Journal of Health and Social Behavior* 50 (1), 31-48.

N. J. Donovan et al. (2017). 'Loneliness, depression and cognitive function in older US adults', *International Journal of Geriatric Psychiatry* 32 (5), 564-73.

E. Lara et al. (2019). 'Does loneliness contribute to mild cognitive impairment and dementia? A systematic review and meta-analysis of longitudinal studies', *Ageing Research Reviews* 52, 7-16.

B. R. Levy et al. (2002). 'Longevity increased by positive self-perceptions of aging', *Journal of Personality and Social Psychology* 83 (2), 261-70.

J. T. Kraiss et al. (2020). 'The relationship between emotion regulation and well- being in patients with mental disorders: a meta-analysis', *Comprehensive Psychiatry* 102, art. no. 152189.

E. J. Boothby, G. Cooney, G. M. Sandstrom and M. S. Clark (2018). 'The liking gap in conversations: do people like us more than we think?', *Psychological Science* 29 (11), 1742-56.

Michael Babula (2013). *Motivation, Altruism, Personality and Social Psychology: the coming age of altruism*. New York: Springer.

V. Klucharev et al. (2009). 'Reinforcement learning signal predicts social conformity', *Neuron* 61 (1), 140-51.

L. Rochat et al. (2019). 'The psychology of "swiping": a cluster analysis of the mobile dating app Tinder', *Journal of Behavioral Addictions* 8 (4), 804-13.

Chicago University (2019). 'UChicago professor developing pill for loneliness', *Chicago Maroon News*, 16 Feb.

R. S. Weiss (1973). *Loneliness: the experience of emotional and social isolation*. Cambridge, MA: MIT Press.

7장 섹스와 뇌 건강

Konstantinos Kapparis (2015). 'Hippocrates, Aristophanes and sex-crazed women', *Ageless Arts: the Journal of the Southern Association for the History of Medicine and Science* 1, 47-57.

Alfred Kinsey et al. (1948). *Sexual Behavior in the Human Male*. Philadelphia: W. B. Saunders.

Alfred Kinsey et al. (1953). *Sexual Behavior in the Human Female*. Philadelphia: W. B. Saunders.

W. H. Masters and V. E. Johnson (1966). *Human Sexual Response*. Toronto and New York: Bantam.

Debby Herbenick et al. (2018). 'Women's experiences with genital touching, sexual pleasure, and orgasm: results from a US probability sample of women ages 18 to 94', *Journal of Sex & Marital Therapy* 44 (2), 201-12.

Nigel Field MD et al. (2013). 'Associations between health and sexual lifestyles in Britain: findings from the third National Survey of Sexual Attitudes and Lifestyles (Natsal-3)', *Lancet* 382 (9907), 1830-44.

Susan E. Trompeter, Ricki Bettencourt and Elizabeth Barrett-Connor (2012). 'Sexual activity and satisfaction in healthy community-dwelling older women', *American Journal of Medicine* 125 (1), P37-43, E1.

Public Health England (2018). *What do women say?* London: Public Health England.

Josie Tetley (2018). 'Let's talk about sex – what do older men and women say about their sexual relations and sexual activities? A qualitative analysis of ELSA Wave 6 data', *Ageing and Society* 38 (3), 497–521.

Markus Parzeller, Roman Bux and Christoph Raschka (2006). 'Sudden cardiovascular death associated with sexual activity: a forensic autopsy study (1972–2004)', *Forensic Science Medicine and Pathology* 2 (2), 109–14.

P. Elwood, J. Galante, J. Pickering, S. Palmer, A. Bayer, Y. Ben-Shlomo et al. (2013). 'Healthy lifestyles reduce the incidence of chronic diseases and dementia: evidence from the Caerphilly cohort study', *PLoS ONE* 8 (12), e81877.

G. Persson (1981). 'Five-year mortality in a 70-year-old urban population in relation to psychiatric diagnosis, personality, sexuality and early parental death', *Acta Psychiatrica Scandinavica* 64, 244.

Julier Frappier et al. (2013). 'Energy expenditure during sexual activity in young healthy couples', *PLoS ONE* 8 (10), e79342.

Helle Gerbild et al. (2018). 'Physical activity to improve erectile function: a systematic review of intervention studies', *Sexual Medicine* 6 (2), 75–89.

Tomás Cabeza de Baca et al. (2017). 'Sexual intimacy in couples is associated with longer telomere length', *Psychoneuroendocrinology* 81, July, 46–51.

B. Whipple and B. R. Komisaruk (1985). 'Elevation of pain threshold by vaginal stimulation in women', *Pain* 21 (4), 357–67.

Vicky Wang et al. (2015). 'Sexual health and function in later life: a population-based study of 606 older adults with a partner', *American Journal of Geriatric Psychiatry* 23 (3), 227–33.

Jennifer R. Rider et al. (2016). 'Ejaculation frequency and risk of prostate cancer: updated results with an additional decade of follow-up', *European Urology* 70 (6), 974–82.

G. G. Giles et al. (2003). 'Sexual factors and prostate cancer', *BJU International* 92 (3), 211–16.

W. Penfield and T. Rasmussen (1950). *The Cerebral Cortex of Man*. New York: Macmillan.

F. L. McNaughton (1977). 'Wilder Penfield: his legacy to neurology. Impact on medical neurology', *Canadian Medical Association Journal* 116 (12), 1370.

Paula M. di Noto et al. (2013). 'The hermunculus: what is known about the representation of the female body in the brain?', *Cerebral Cortex* 23 (5), 1005–13.

Beverly Whipple and Barry R. Komisaruk (1997). 'Sexuality and women with complete spinal cord injury', *Spinal Cord*, 35 (3), 136–8.

Benedetta Leuner, Erica R. Glasper and Elizabeth Gould (2010). 'Sexual experience promotes adult neurogenesis in the hippocampus despite an initial elevation in stress hormones', *PLoS ONE* 5 (7), e11597.

Mark D. Spritzer et al. (2016). 'Sexual interactions with unfamiliar females reduce hippocampal neurogenesis among adult male rats', *Neuroscience* 318, 24 March, 143–56.

Mark S. Allen (2018). 'Sexual activity and cognitive decline in older adults', *Archives of Sexual Behavior*,

47, 1711-19.

Hayley Wright, Rebecca A. Jenks and Nele Demeyere (2019). 'Frequent sexual activity predicts specific cognitive abilities in older adults', *Journals of Gerontology: Series B* 74 (1), 47–51.

Larah Maunder, Dorothée Schoemaker and Jens C. Pruessner (2017). 'Frequency of penile-vaginal intercourse is associated with verbal recognition performance in adult women', *Archives of Sexual Behavior* 46 (2), 441–53.

Olivier Beauchet (2006). 'Testosterone and cognitive function: current clinical evidence of a relationship', *European Journal of Endocrinology* 155 (6), 773–81.

Jacqueline Compton, Therese van Amelsvoort and Declan Murphy (2001). 'HRT and its effect on normal ageing of the brain and dementia', *British Journal of Clinical Pharmacology* 52 (6), 647–53.

8장 인지력 향상을 위한 뇌 사용법

Frederick J. Zimmerman, A. Christakis and Andrew N. Meltzoff (2007).

'Associations between media viewing and language development in children under age 2 years', *Journal of Pediatrics* 151 (4), 364–8.

Jaylyn Waddell and Tracey J. Shors (2008). 'Neurogenesis, learning and associative strength', *European Journal of Neuroscience* 27 (11), 3020–8.

E. A. Maguire, K. Woollett and H. J. Spiers (2006). 'London taxi drivers and bus drivers: a structural MRI and neuropsychological analysis', *Hippocampus* 16 (12), 1091-1101.

Gerd Kempermann et al. (2018). 'Human adult neurogenesis: evidence and remaining questions', *Cell Stem Cell* 23 (1), 25-30.

K. I. Erickson, R. S. Prakash, M. W. Voss et al. (2009). 'Aerobic fitness is associated with hippocampal volume in elderly humans', *Hippocampus* 19 (10), 1030–9.

Alison Abbott (2019). 'First hint that body's "biological age" can be reversed', *Nature* 573 (173).

P. M. Wayne, J. N. Walsh, R. E. Taylor-Piliae et al. (2014). 'Effect of tai chi on cognitive performance in older adults: systematic review and meta-analysis', *Journal of the American Geriatrics Society* 62 (1), 25–39.

Johan Mårtensson et al. (2012). 'Growth of language-related brain areas after foreign language learning', *NeuroImage* 63 (1), 240.

P. K. Kuhl et al. (2016). 'Neuroimaging of the bilingual brain: structural brain correlates of listening and speaking in a second language', *Brain and Language* 162, 1-9.

O. A. Olulade et al. (2016). 'Neuroanatomical evidence in support of the bilingual advantage theory', *Cerebral Cortex* 26 (7), 3196-3204.

S. Alladi, T. H. Bak, V. Duggirala et al. (2013). 'Bilingualism delays age at onset of dementia, independent of education and immigration status', *Neurology* 81 (22), 1938–44.

D. Perani, M. Farsad, T. Ballarini, F. Lubian et al. (2017). 'The impact of bilingualism on brain reserve and metabolic connectivity in Alzheimer's dementia', *Proceedings of the National Academy of Sciences of the United States of America* 114 (7), 1690–5.

T. H. Bak, J. J. Nissan, M. M. Allerhand and I. J. Deary (2014). 'Does bilingualism influence cognitive aging?' *Annals of Neurology* 75, 959–63.

K. D. Lakes et al. (2016). 'Dancer perceptions of the cognitive, social, emotional, and physical benefits of modern styles of partnered dancing', *Complementary Therapies in Medicine* 26, 117–22.

S. Edwards (2016). 'Strength in movement', *Harvard Gazette*, 5 Jan.

A. Z. Burzynska, Y. Jiao et al. (2017). 'White matter integrity declined over 6-months, but dance intervention improved integrity of the fornix of older adults', *Frontiers in Aging Neuroscience*, 9, 59.

Joe Verghese et al. (2003). 'Leisure activities and the risk of dementia in the elderly', *New England Journal of Medicine* 348 (25), 2508–16.

Rehfeld, K. et al. (2018). 'Dance training is superior to repetitive physical exercise in inducing brain plasticity in the elderly', *PLoS ONE* 13 (7), e0196636, https://journals.plos.org/plosone/article?id=10.1371/journal.pone.0196636.

Global Council on Brain Health (2017). *Engage Your Brain: GCBH recommendations on cognitively stimulating activities*. Washington DC: A AR P.

Y. Stern (2012). 'Cognitive reserve in ageing and Alzheimer's disease', *Lancet Neurology* 11 (11), 1006–12.

G. M. Whipple (1910). 'The effect of practice upon the range of visual attention and of visual apprehension', *Journal of Educational Psychology* 1 (5), 249–62.

Helen Brooker, Keith A. Wesnes, Clive Ballard et al. (2019). 'The relationship between the frequency of number-puzzle use and baseline cognitive function in a large online sample of adults aged 50 and over', *International Journal of Geriatric Psychiatry* 34 (7), 932–40.

P. Fissler et al. (2017). 'Jigsaw puzzles as cognitive enrichment (PACE): the effect of solving jigsaw puzzles on global visuospatial cognition in adults 50 years of age and older: study protocol for a randomized controlled trial', *Trials* 18 (1), 415.

Arthur R. Jensen (1969). 'How much can we boost IQ and scholastic achievement?', *Harvard Educational Review* 39 (1), 1–123.

Susanne M. Jaeggi, Martin Buschkuehl, John Jonides and Walter J. Perrig (2008). 'Improving fluid intelligence with training on working memory', *Proceedings of the National Academy of Sciences of the United States of America* 105 (19), 6829–33.

Monica Melby-Lervåg, Thomas S. Redick and Charles Hulme (2016). 'Working memory training does not improve performance on measures of intelligence or other measures of "far transfer": evidence from a meta-analytic review', *Perspectives on Psychological Science* 11 (4), 512-34.

T. D. Brilliant, R. Nouchi and R. Kawashima (2019). 'Does video gaming have impacts on the brain? Evidence from a systematic review', *Brain Sciences* 9 (10), 251.

Kyle E. Mathewson et al. (2012). 'Different slopes for different folks: alpha and delta EEG power predict subsequent video game learning rate and improvements in cognitive control tasks', *Psychophysiology* 49 (12), 1558-70.

Aviv M. Weinstein (2017). 'An update overview on brain imaging studies of internet gaming disorder', *Frontiers in Psychiatry* 8, art. no. 185.

D. J. Simons et al. (2016). 'Do "brain-training" programs work?', *Psychological Science in the Public Interest* 17 (3), 103-86.

Monica Melby-Lervåg and Charles Hulme (2012). 'Is working memory training effective? A meta-analytic review', *Developmental Psychology* 49 (2), doi: 10.1037/a0028228.

Adrian M. Owen et al. (2010). 'Putting brain training to the test', *Nature* 49 (12), 1558-70.

9장 자느냐 마느냐

Matthew Walker (2017). *Why We Sleep*. London: Penguin.

R. Legendre and H. Piéron (1908). 'Distribution des altérations cellulaires du système nerveux dans l'insomnie expérimentale', *Comptes Rendus Hebdomadaires des Séances et Mémoires de la Société de Biologie* 64, 1102-4.

M. de Manaceine (1894). 'Quelques observations expérimentales sur l'influence de l'insomnie absolue', *Archives Italiennes de Biologie* 21, 322-5.

Gandhi Yetish et al. (2015). 'Natural sleep and its seasonal variations in three pre-industrial societies', *Current Biology* 25 (21), 2862-8.

M. K. Scullin and D. L. Bliwise, 'Sleep, cognition, and normal aging: integrating a half century of multidisciplinary research', *Perspectives on Psychological Science* 10 (1), 97-137.

Hans Berger (1940). *Psyche* (Jena: Gustav Fischer).

E. Aserinsky and N. Kleitman (1953). 'Regularly occurring periods of eye motility, and concomitant phenomena during sleep', *Science* 118 (3062), 273-4.

Rogers Commission (1986). *Report of the Presidential Commission on the Space Shuttle Challenger Accident*. Washington DC: US Government Publications.

M. Siffre (1988). 'Rythmes biologiques, sommeil et vigilance en confinement prolongé', in *Proceedings of the Colloquium on Space and Sea*, SEE N 88-26016 19-51, 53-68. Marseille: European Space Agency.

N. Goel, M. Basner, H. Rao and D. F. Dinges (2013). 'Circadian rhythms, sleep deprivation, and human performance', *Progress in Molecular Biology and Translational Science* 119: 155–90.

A. Green, M. Cohen-Zion, A. Haim and Y. Dagan (2017). 'Evening light exposure to computer screens disrupts human sleep, biological rhythms, and attention abilities', *Chronobiology International* 34 (7), 855–65.

J. Barcroft (1932). 'La fixité du milieu intérieur est la condition de la vie libre (Claude Bernard)', *Biological Reviews* 7, 24–8.

I. O. Ebrahim, C. M. Shapiro, A. J. Williams and P. B. Fenwick, 'Alcohol and sleep I: effects on normal sleep', *Alcoholism: Clinical and Experimental Research* 37 (4), 539–49.

U. M. H. Klumpers et al. (2015). 'Neurophysiological effects of sleep deprivation in healthy adults, a pilot study', *PLoS ONE* 10 (1), e0116906.

S. L. Worley (2018). 'The extraordinary importance of sleep: the detrimental effects of inadequate sleep on health and public safety drive an explosion of sleep research', *Pharmacy and Therapeutics* 43 (12), 758–63.

Y. Nir, T. Andrillon, A. Marmelshtein et al. (2017). 'Selective neuronal lapses precede human cognitive lapses following sleep deprivation', *Nature Medicine* 23 (12), 1474–80.

S. D. Womack, J. N. Hook, S. H. Reyna and M. Ramos (2013). 'Sleep loss and risk-taking behavior: a review of the literature', *Behavioral Sleep Medicine* 11 (5), 343–59.

Joseph R. Winer, Bryce A. Mander, Randolph F. Helfrich et al. (2019). 'Sleep as a potential biomarker of tau and β-amyloid burden in the human brain', *Journal of Neuroscience* 39 (32) 6315–24.

Global Council on Brain Health (2016). *The Brain–Sleep Connection: GCBH recommendations on sleep and brain health*. Washington DC: AARP.

L. Li, C. Wu, Y. Gan et al. (2016). 'Insomnia and the risk of depression: a meta-analysis of prospective cohort studies', *BMC Psychiatry* 16 (1), 375.

Shalini Paruthi et al. (2016). 'Consensus statement of the American Academy of Sleep Medicine on the recommended amount of sleep for healthy children: methodology and discussion', *Journal of Clinical Sleep Medicine* 12 (11), 1549–61.

N. F. Watson, M. S. Badr, G. Belenky et al. (2015). 'Recommended amount of sleep for a healthy adult: a joint consensus statement of the American Academy of Sleep Medicine and Sleep Research Society', *Sleep* 38 (6), 843–4.

Manu S. Goyal et al. (2019). 'Persistent metabolic youth in the aging female brain', *Proceedings of the National Academy of Sciences of the United States of America* 116 (8), 3251–5.

Monica P. Mallampalli and Christine L. Carter (2014). 'Exploring sex and gender differences in sleep health: a Society for Women's Health Research report', *Journal of Women's Health* 23 (7), 553–62.

Bryce A. Mander, Joseph R. Winer and Matthew P. Walker (2017). 'Sleep and human aging', *Neuron*

Review 94, 19-36.

Pierre Philip et al. (2004). 'Age, performance and sleep deprivation', *Journal of Sleep Research* 13 (2), 105-10.

10장 행복과 뇌과학

J. Helliwell, R. Layard and J. Sachs (2019). *World Happiness Report 2019*. New York: Sustainable Development Solutions Network.

Daniel Kahneman and Angus Deaton (2010). 'High income improves evaluation of life but not emotional well-being', *Proceedings of the National Academy of Sciences of the United States of America* 107 (38), 16489-93.

Ashley V. Whillans et al. (2017). 'Buying time promotes happiness', *Proceedings of the National Academy of Sciences of the United States of America* 114 (32), 8523-7.

M. Luhmann, W. Hofmann, M. Eid and R. E. Lucas (2012). 'Subjective well-being and adaptation to life events: a meta-analysis', *Journal of Personality and Social Psychology* 102 (3), 592-615.

Matthew A. Killingsworth and Daniel T. Gilbert (2010). 'A wandering mind is an unhappy mind', *Science* 330 (6006), 932.

D. A. Schkade and D. Kahneman (1998). 'Does living in California make people happy? A focusing illusion in judgments of life satisfaction', *Psychological Science* 9 (5), 340-6.

H. Selye (1936). 'A syndrome produced by diverse nocuous agents', *Nature* 138, 32.

S. Dilger et al. (2003). 'Brain activation to phobia-related pictures in spider phobic humans: an event-related functional magnetic resonance imaging study', *Neuroscience Letters* 348 (1), 29-32.

Antoine Bechara, Hanna Damasio and Antonio R. Damasio (2000). 'Emotion, decision making and the orbitofrontal cortex', *Cerebral Cortex* 10 (3), 295-307.

C. B. Pert and S. H. Snyder (1973). 'Opiate receptor: demonstration in nervous tissue', *Science* 179, 1011-14.

M. A. Crocq (2007). 'Historical and cultural aspects of man's relationship with addictive drugs', *Dialogues in Clinical Neuroscience* 9 (4), 355-61.

Michael J. Brownstein (1993). 'A brief history of opiates, opioid peptides, and opioid receptors', *Proceedings of the National Academy of Sciences of the United States of America* 90, 5391-3.

J. Olds and P. Milner (1954). 'Positive reinforcement produced by electrical stimulation of septal area and other regions of rat brain', *Journal of Comparative and Physiological Psychology* 47 (6), 419-27.

David J. Llewellyn et al. (2008). 'Cognitive function and psychological well-being: findings from a population-based cohort', *Age and Ageing* 37 (6), 685-9.

Laura Mehegan and Chuck Rainville (2018). *AARP Brain Health and Mental Well-Being Survey*. Washington DC: AARP Research.

Arthur A. Stone, Joseph E. Schwartz, Joan E. Broderick and Angus Deaton (2010). 'A snapshot of the age distribution of psychological well-being in the United States', *Proceedings of the National Academy of Sciences of the United States of America* 107 (22), 9985–90.

A. S. Heller, C. M. van Reekum, S. M. Schaefer et al. (2013). 'Sustained striatal activity predicts eudaimonic well-being and cortisol output', *Psychological Science* 24 (11), 2191–2200.

L. B. Pacheco, J. S. Figueira, M. G. Pereira, L. Oliveira and I. A. David (2020). 'Controlling unpleasant thoughts: adjustments of cognitive control based on previous-trial load in a working memory task', *Frontiers in Human Neuroscience* 13, 469.

Walther Mischel (2014). *The Marshmallow Test: why self-control is the engine for success*. Boston: Little, Brown.

Rachel M. Zachar et al. (2016). 'A SPECT study of cerebral blood flow differences in high and low self-reported anger', American Psychological Association 124th Convention.

Ana Loureiro and Susana Veloso (2017). 'Green exercise, health and well-being', in Ghozlane Fleury-Bahi, Enric Pol and Oscar Navarro, eds, *Handbook of Environmental Psychology and Quality of Life Research*, 149–69. New York: Springer.

D. Mosher (2017). 'Professor Kevin K. Fleming PhD interview: what can happen to your brain and body when you shoot a gun', *Business Insider*, Oct. Berlin: Axel Springer.

L. Mineo (2017). 'Good genes are nice, but joy is better: the Harvard Adult Development Study', *Harvard Gazette*, 11 April.

R. M. Yerkes and J. D. Dodson (1908). 'The relation of strength of stimulus to rapidity of habit-formation', *Journal of Comparative Neurology and Psychology* 18 (5). 459–82.

T. Cartwright, H. Mason, A. Porter et al. (2020). 'Yoga practice in the UK: a cross-sectional survey of motivation, health benefits and behaviours', *BMJ Open* 10, e031848.

D. Krishnakumar, M. R. Hamblin and S. Lakshmanan (2015). 'Meditation and yoga can modulate brain mechanisms that affect behavior and anxiety – a modern scientific perspective', *Ancient Science* 2 (1), 13–19.

B. G. Kalyani et al. (2011). 'Neurohemodynamic correlates of "OM" chanting: a pilot functional magnetic resonance imaging study', *International Journal of Yoga* 4 (1), 3–6.

Robert Provine (2000). 'The science of laughter', *Psychology Today*, Nov.

B. Wild, F. A. Rodden, W. Grodd and W. Ruch (2003). 'Neural correlates of laughter and humour', *Brain* 126, 2121–38.

D. M. Buss (1989). 'Sex differences in human mate preferences: evolutionary hypotheses tested in 37 cultures', *Behavioral and Brain Sciences* 12, 1–49.

Global Council on Brain Health (2020). *Music on Our Minds: the rich potential of music to promote brain health and mental well-being.* Washington DC: AARP. Available at www.GlobalCouncilOnBrainHealth. org.

All-Party Parliamentary Group on Arts, Health and Wellbeing (2017). *Creative Health: the arts for health and wellbeing,* inquiry report, 2nd edn, http://www. artshealthandwellbeing.org.uk/appg-inquiry/.

이미지와 표 출처

이 책에서 소개한 모든 자료의 저작권자에게 연락을 취하기 위해 최선을 다했으나, 혹시 누락된 부분이 있다면 추후에 반영하도록 하겠다. 이 책에 자료를 소개하도록 허락해준 다음의 기관과 개인에게 감사드린다.

들어가며

p. 14, 'Dorothy gazed thoughtfully at the scarecrow': illustration by William Wallace Denslow, from L. Frank Baum, *The Wonderful Wizard of Oz* (1900).

p. 17, 'Phineas Gage holding the tamping iron that injured him': photographer unknown (c.1860), courtesy of the Gage family of Texas photo collection.

1장

p. 27, 'Meet your brain': line engraving by J. Tinney (1743), after A. Vesalius (1543), courtesy of The Wellcome Collection.

p. 29, 'The four humours': from *Book of Alchemy* by Thurn-Heisser, Leipzig, Germany (1574).

p. 33, figure 1.1, 'The human brain in situ': adapted from Dr Ananya Mandal, *Human Brain Structure*, news-medical.net.

p. 35, figure 1.2, 'The limbic system': adapted from waitbutwhy.com.

2장

p. 65, figure 2.1, 'Energy expenditure at various ages': redrawn from T. M. Manini, 'Energy expenditure and aging', *Ageing Research Reviews* 9 (1), 2010, p. 9.

p. 71, 'Tennis champions, 1920': 'Wimbledon mixed doubles champions Suzanne Lenglen and Gerald Patterson', *Le Miroir des Sports*, 1920.

3장

p. 92, 'Surgeon William Beaumont and his patient Alexis St Martin': by Dean Cornwell, 1938; courtesy of the Library of Congress Prints and Photographs Division, Washington DC.

p. 94, 'Wilbur Olin Atwater and his respiration calorimeter chamber': courtesy of Special Collections,

US Department of Agriculture National Agricultural Library, Wilbur Olin Atwater Papers.

p. 103, 'Fasting': *Café table with absinthe* by Vincent van Gogh (1887), courtesy of the Van Gogh Museum, Amsterdam Vincent van Gogh Foundation.

4장

p. 113, 'A woman lying down breast-feeding her baby': by Francesco Bartolozzi (1726–1815), courtesy of The Wellcome Collection.

p. 121, 'A casual kiss': *Billiards – A Kiss* by Nathaniel Currier and James Merritt Ives (1874), lithographers. From *Currier & Ives: A Catalogue Raisonné*, compiled by Gale Research, Detroit, MI, c.1983.

p. 129, 'Eating the whole apple': *Eating the Profits* by J. G. Brown (1878).

p. 137, 'A visit to the dentist': *Unfair Advantage* by F.H. (1892), courtesy of The Wellcome Collection.

6장

p. 223, *Hip, Hip Hurrah! Artists' Party at Skagen*: by Peder Severin Krøyer (1888), courtesy of the Gothenburg Museum of Art.

7장

p. 230, 'Greek vase – the art of seduction': ancient Greek terracotta vase, signed by Hieron as potter and attributed to Makron as painter (c.490 bc), courtesy of The Metropolitan Museum of Art, New York.

p. 252, Femunculus and homunculus: © Improving Research Limited, UK 2021.

p. 253, figure 7.1, 'Sensory locations in the female brain': adapted from Barry R. Komisaruk et al., *Journal of Sexual Medicine* 8 (10), 2011, pp. 2822–30.

p. 254, figure 7.2, 'Sexual activation in the brain': adapted from *Daily Mail*, 7 Nov. 2010.

8장

p. 278, 'The clever cabbie': *Knowledge is Power* by Glen Marquis.

p. 279, figure 8.1, 'Hippocampus volume at different ages': adapted from L. Nyberg, L-G. Nilsson and P. Letmark, 'Det åldrande minnet: nycklar till att bevara hjärnans resurser', *Natur & Kultur* (Stockholm), 2016 (in Swedish).

9장

p. 313, 'Hans Berger and his early EEG recordings': from Oksana Zayachkivska, *Adolf Beck, Co-Founder of the EEG* (Utrecht, Digitalis/Biblioscope, 2013).

p. 320, figure 9.1, 'Circadian rhythm': adapted from Michael Reid, 'Strategies for crossing time zones'.

10장

p. 349, figure 10.1, 'Kahneman's experiment on memory': adapted from Donald A. Redelmeier and Daniel Kahneman, 'Patients' memories of painful medical treatments: real-time and retrospective evaluations of two minimally invasive procedures', *Pain* 66 (1), 1996, pp. 3-8.

p. 353, 'Eight physiognomies of human passions': etching by Taylor (1788), after Charles Le Brun (1619–90), courtesy of The Wellcome Collection.

p. 363, figure 10.2, 'Well-being and age': adapted from 'A snapshot of the age distribution of psychological well-being in the United States, a 2010 study by Arthur Stone PhD, University of Southern California (USC).

p. 373, figure 10.3, 'Performance, stress and arousal: the Yerkes–Dodson law': adapted from David M. Diamond et al., 'The temporal dynamics model of emotional memory processing: a synthesis on the neurobiological basis of stress-induced amnesia, flashbulb and traumatic memories, and the Yerkes- Dodson Law' *Neural Plasticity*, 2007, article ID 060803.

p. 379, An early study for *WHAAM!* by Roy Lichtenstein: © Estate of Roy Lichtenstein/DACS/Artimage 2021.

All graphs and figures © Global Blended Learning Ltd.

건강의 뇌과학

날마다 젊어지는 뇌의 비밀

1판 1쇄 발행 2022년 7월 12일
1판 7쇄 발행 2025년 1월 14일

지은이 제임스 굿윈
옮긴이 박세연
발행인 박명곤 **CEO** 박지성 **CFO** 김영은
기획편집1팀 채대광, 이승미, 김윤아, 백환희, 이상지
기획편집2팀 박일귀, 이은빈, 강민형, 이지은, 박고은
디자인팀 구경표, 유채민, 윤신혜, 임지선
마케팅팀 임우열, 김은지, 전상미, 이호, 최고은

펴낸곳 (주)현대지성
출판등록 제406-2014-000124호
전화 070-7791-2136 **팩스** 0303-3444-2136
주소 서울시 강서구 마곡중앙6로 40, 장흥빌딩 10층
홈페이지 www.hdjisung.com **이메일** support@hdjisung.com
제작처 영신사

ⓒ 현대지성 2022

"Curious and Creative people make Inspiring Contents"
현대지성은 여러분의 의견 하나하나를 소중히 받고 있습니다.
원고 투고, 오탈자 제보, 제휴 제안은 support@hdjisung.com으로 보내 주세요.

현대지성 홈페이지